教育部高等学校地矿学科教学指导委员会
矿物加工工程专业规划教材

矿物加工工程设计

主　　编　王毓华　王化军
副 主 编　邱廷省　牛福生

中南大学出版社
www.csupress.com.cn
·长沙·

图书在版编目(CIP)数据

矿物加工工程设计 / 王毓华,王化军主编. —长沙:
中南大学出版社,2012.3(2021.12 重印)
ISBN 978 - 7 - 5487 - 0269 - 6

Ⅰ. ①矿… Ⅱ. ①王… ②王… Ⅲ. ①选矿 Ⅳ. ①TD9

中国版本图书馆 CIP 数据核字(2011)第 088062 号

矿物加工工程设计

主 编 王毓华 王化军

□责任编辑	胡业民	
□责任印制	唐 曦	
□出版发行	中南大学出版社	
	社址:长沙市麓山南路	邮编:410083
	发行科电话:0731 - 88876770	传真:0731 - 88710482
□印 装	长沙鸿和印务有限公司	

□开 本	787 mm×1092 mm 1/16 □印张 21.25 □字数 524 千字	
□版 次	2012 年 3 月第 1 版 □印次 2021 年 12 月第 3 次印刷	
□书 号	ISBN 978 - 7 - 5487 - 0269 - 6	
□定 价	58.00 元	

教育部高等学校地矿学科教学指导委员会
矿物加工工程专业规划教材

编 审 委 员 会

矿物加工工程设计

编委会

主 编	王毓华	王化军	
副 主 编	邱廷省	牛福生	
参编人员	高惠民	杨慧芬	周庆华
	王淑红	易龙生	匡敬忠
	罗仙平	刘志红	邱跃琴
	高志明		
主编单位	中南大学		
	北京科技大学		
副主编单位	江西理工大学		
	河北理工大学		
参编单位	武汉理工大学		
	昆明理工大学		
	山东理工大学		
	贵州大学		

总序

    "人口、发展与环境"是 21 世纪人类社会发展过程中的重要问题，矿物资源是人类社会发展和国民经济建设的重要物质基础。从石器时代到青铜器、铁器时代，到煤、石油、天燃气，到电能和原子能的利用，人类社会生产的每一次巨大进步，都与矿物资源利用水平的飞跃发展密切相关。

    人类利用矿物资源已有数千年历史，但直到 19 世纪末至 20 世纪 20 年代，世界工业生产快速发展，使生产过程机械化和自动化成为现实，对矿物原料的需求也同步增大，造成了"矿物加工"技术从古代的手工作业向工业技术的真正转变，在处理天然矿物原料方面获得大规模工业应用。

    特别是 20 世纪 90 年代以来，我国正进入快速工业化阶段，矿产资源的人均消费量及消费总量高速增长，未来发展的资源压力随之加大。我国金属矿产资源总量不少，但禀赋差、品位低、颗粒细、多金属共生复杂难处理，矿产资源和二次资源综合利用率都比较低。

    矿物加工科学与技术的发展，需要解决以下问题。

    （1）复杂贫细矿物资源的综合回收：随着富矿和易选矿物资源不断开采利用而日趋减少，复杂、贫细、难处理矿产资源的开发利用成为当前的迫切需要。

    （2）废石及尾矿的加工利用：在选矿过程中，全部矿石经过碎磨，消耗了大量原材料和能源，通常只回收占总矿石质量 10%～30% 的有用矿物，大量的伴生非金属矿不仅未能有效利用，并且当作"废石"和"尾矿"堆存成为环境和灾害的隐患。

    （3）二次资源：矿山、冶炼厂、化工厂等排出的废水、废渣、废气中的稀有、稀散和贵金属，废旧汽车、电缆、机器及废旧金属制品等都是仍然可以利用的宝贵的二次资源。由于一次资源逐步减少，二次资源的再生利用技术的开发无疑成了矿物加工领域的重要课题。

（4）海洋资源：海洋锰结核、钴结壳是赋存于深海底的巨大矿产资源，除富含锰外，铜、钴、镍等金属的储量也十分丰富，此外，海水中含有的金属在未来陆地资源贫化、枯竭时，也将成为人类的宝贵资源。

（5）非矿物资源：城市垃圾、废纸、废塑料、城市污泥、油污土壤、石油开采油污水、内陆湖泊中的金属盐、重金属污泥等，也都是数量可观的能源资源，需要研发新的加工利用技术加以回收利用。

面对上述问题，矿物加工科技领域及相关学科的科技工作者不断进行新的探索和研究，矿物加工工程学与相邻学科的相互交叉、渗透、融合，如物理学、化学与化学工程学、生物工程学、数学、计算机科学、采矿工程学、矿物学、材料科学与工程已大大促进了矿物加工学科的拓展，形成各种高效益、低能耗、无污染矿物资源加工新知识、新技术及新的研究领域。

矿物加工的主要学科方向有：

（1）浮选化学：浮选电化学；浮选溶液化学；浮选表面及胶体化学。

（2）复合物理场矿物分离加工：根据流变学、紊流力学、电磁学等研究重力场、电磁力场或复合物理场（重力＋磁力＋表面力）中，颗粒运动行为，确定细粒矿物的分级、分选条件等。

（3）高效低毒药剂分子设计：根据量子化学、有机化学、表面化学研究药剂的结构与性能关系，针对特定的用途，设计新型高效矿物加工用药剂。

（4）矿物资源的生化提取：用生物浸出、化学浸出、溶剂萃取、离子交换等处理复杂贫细矿物资源，如低品位铜矿、铀矿、金矿的提取，煤脱硫等。

（5）直接还原与矿物原料造块：主要从事矿物原料造块与精加工方面的科学研究。

（6）复杂贫细矿物资源综合利用：研究选－冶联合、选矿、多种选矿工艺（重、磁、浮）联合等处理一些大型复杂贫细多金属矿的工艺技术和基础理论，研究资源综合利用效益。

（7）矿物精加工与矿物材料：通过提纯、超细粉碎、纳米材料制备、表面改性和材料复合制备等方法和技术，将矿物加工成可用的高科技材料。

现今的矿物加工工程科学技术与 20 世纪 90 年代以前相比，已有更新更广的大发展。为了适应矿业快速发展的形势，国家需要大批掌握现代相关前沿学科知识和广泛技术领域的矿物加工专业人才，因此，搞好教材建设，适度更新和拓宽教材内容对优秀专业人才的培养就显得至关重要。

矿物加工工程专业目前使用的教材，许多是在 20 世纪 90 年代前出版的教材基础上编写的，教材内容的进一步更新和提高已迫在眉睫。随着教育部专业教育规范及专业论证等有关文件的出台，编写系统的、符合矿物加工专业教育规范的全国统编教材，已成为各高校矿物加工专业教学改革的重要任务。2006 年 10 月在中南大学召开的2006—2010年地矿学科教学指导委员会（以下简称地矿学科教指委）成立大会指出教材建设是教学指导委员会的重要任务之一。会上，矿物加工工程专业与会代表酝酿了矿物加工工程专业系列教材的编写拟题，之后，中南大学出版社主动承担该系列教材的出版工作，并积极协助地矿学科教指委于2007年6月在中南大学召开了"全国矿物加工工程专业学科发展与教材建设研讨会"，来自全国17所院校的矿物加工工程专业的领导及骨干教师代表参加了会议，拟定了矿物加工专业系列教材的选题和主编单位。此后分别在昆明和长沙又召开了两次矿物加工专业系列教材编写大纲的审定工作会议。系列教材参编高校开始了认真的编写工作，在大部分教材初稿完成的基础上，2009年10月在贵州大学召开了教材审稿会议，并最终定稿，交由中南大学出版社陆续出版。

本次矿物加工专业系列教材是在总结以注教学和教材编撰经验的基础上，以推动新世纪矿物加工工程专业教学改革和教材建设为宗旨，提出了矿物加工工程专业系列教材的编写原则和要求：①教材的体系、知识层次和结构要合理；②教材内容要体现科学性、系统性、新颖性和实用性；③重视矿物加工工程专业的基础知识，强调实践性和针对性；④体现时代特性和创新精神，反映矿物加工工程学科的新原理、新技术、新方法等。矿物加工科学技术在不断发展，矿物加工工程专业的教材需要不断完善和更新。本系列教材的出版对我国矿物加工工程专业高级人才的培养和矿物加工工程专业教育事业的发展将起到十分积极的推进作用。

形成一整套符合上述要求的教材，是一项有重要价值的艰巨的学术工程，决非一人一单位之力可以成就的，也并非一日之功即可造就的。许多科技教育发达的国家，将撰写出版了水平很高的、广泛应用的并产生了重要影响的教材，视为与高水平科学论文、高水平技术研发成果同等重要，具有同等学术价值的工作成果，并对获得此成果的人员给予的高度的评价，一些国家还把这类成果，作为评定科技人员水平和业绩和判据之一。我们认为这一做法在我国也应当接纳及给予足够的重视。

感谢所有参加矿物加工专业系列教材编写的老师，感谢中南大学出版社热情周到的出版服务。

王淀佐

2010年10月

序 ......

    新编《矿物加工工程设计》一书，是根据教育部高等学校地矿学科教学指导委员会关于统一全国地矿类教学用书的精神和大纲要求，由中南大学、北京科技大学等高校多年从事矿物加工工程设计教学和实际工程设计的经验丰富的教师共同编写。根据矿物加工本科专业教育规范和教学大纲的要求，在使用的《选矿厂设计》（周龙廷主编）一书的基础上，结合当今矿物加工工程设计的新成果和新思想进行补充、修改编写而成。其主要特点是，博采了国内外同类教材之所长，在重视矿物加工专业基础知识的同时，特别重视吸收了国内外近年来矿物加工工程设计的最新研究成果和设计构思，使教材内容与实际工程设计融为一体，既突出了系统性、实用性、重点和难点，又紧密地与实际工程设计接轨，具有很强的可操作性和实践性，使读者更容易理解和掌握，以达到融汇贯通的效果。此外，从学科扩展角度出发，书中系统地编入了计算机辅助设计和工程项目咨询与设计管理，其中特别介绍了涉外工程设计的相关内容。这些内容既有现实可靠性，又是学科前沿的趋向。

    全书共九章，前呼后应，构成有机的整体，论述既由浅入深，又深入浅出，每章附有适量的思考题和习题，以便巩固学习内容。该书文字精练、层次分明、图文并茂，确为目前国内少有的一本好的、有特色的矿物加工专业教学用书。在此，特向地矿类高等院校、设计和科研所以及地矿类生产厂矿等单位推荐使用。

周龙廷

2011 年 12 月 30 日

前　言 ......

　　《矿物加工工程设计》是根据教育部地矿类专业教学指导委员会制定的矿物加工工程专业教育规范，在周龙廷教授主编的《选矿厂设计》教材基础上编写的，作为全国地矿类高等院校矿物加工工程专业的教学统一用书，亦可供厂矿和设计单位工程技术人员参考。

　　本教材系统地介绍了矿物加工工程设计的步骤、内容及方法。其主要内容包括：工艺流程的选择和计算、主要工艺设备的选择和计算、工艺设备配置和计算机辅助设计等。此外，书中还适当叙述了与矿物加工工艺有关的辅助设备和设施等的选择和计算，以及工程设计管理等内容，并在各章末附有思考题和习题。

　　需说明的是"矿物加工工程设计"是一个较广义的名词，本教材的主要内容是选矿厂的设计，因此，书中提及的"矿物加工工程"即指"选矿厂"。

　　本教材由中南大学和北京科技大学担任主编单位，江西理工大学和河北理工大学担任副主编单位，参编院校有武汉理工大学、昆明理工大学、山东理工大学和贵州大学。

　　本教材由王毓华和王化军任主编，共同对全文进行了仔细的审核和修改工作。其中，第1章和附录部分由中南大学王毓华编写；第2、3章由中南大学易龙生编写；第4章由北京科技大学王化军(4.1～4.2)、中南大学王毓华(4.3～4.6)编写；第5章由河北理工大学牛福生(5.1～5.3)、高志明(5.4～5.5)、武汉理工大学高惠民(5.6)、中南大学王毓华(5.7～5.8)、江西理工大学邱廷省(5.9)、罗仙平和匡敬忠(5.10)、贵州大学刘志红和邱跃琴(5.11)编写；第6章由河北理工大学牛福生(6.2.5)、江西理工大学邱廷省(6.2.7、6.3)、武汉理工大学高惠民(6.4)、中南大学王毓华(6.1、6.2.1～6.2.4、6.2.6、6.5)编写；第7章由中南大学王毓华(7.1、7.3、7.5)和昆明理工大学周庆华(7.2、7.4)编写；第8章由北京科技大学王化军编写；第9章由中南大学王毓华编写。

周龙廷教授担任本教材编写顾问，并对教材内容进行了审查和修改。此外，本教材在编写过程中，还得到了教育部地矿类专业教学指导委员会、各高等院校和设计研究院的大力协助和支持。北京有色设计总院邓朝安和冯栓明、南昌有色设计研究院雷存友和长沙有色设计研究院马士强等同志为本教材提出了许多宝贵的修改意见，藉此一并深表谢意。

由于编者水平的限制，书中错误、疏漏之处敬请批评指正，以便不断完善。

编　者

2011 年 4 月

目 录

第1章 绪 论

内容提要 *本章内容包括：矿物加工工程设计的目的和任务、设计的工作步骤、选矿厂规模划分和服务年限。*

社会经济的迅速发展也促进了矿物加工工业的发展和进步。为了更好地满足矿物加工工业发展的需要，矿物加工工程设计的内容、任务和方法也在不断地改进和完善。

随着全球矿产资源开发利用程度的不断深入，20世纪60年代末以来，人们就已发现矿产资源的特性逐步向贫、细、杂等方面转变。到了21世纪，许多矿产资源类型已接近枯竭，可供开采利用的金属品位也迅速降低，这一趋势不仅给矿物加工工业提出了新的课题，而且也是矿物加工工业所面临的严峻挑战。

所谓"贫"，即指原矿品位日益降低。大部分矿产资源的品位已降低至工业边界品位或以下，导致大量矿石都需要进行分选才能满足后续冶炼对原料（精矿）质量的要求。同时，矿物加工的技术难度也越来越大。比如我国氧化铝工业在20世纪90年代以前，可供开采利用的铝土矿的原矿铝硅比均在9以上，直接开采就可作为拜耳法生产氧化铝的原料。仅仅在短暂的十几年时间内，由于氧化铝工业的迅速发展，导致铝土矿的原矿铝硅比迅速降低至5左右（或以下），从而必须采用矿物加工工艺，得到高铝硅比的选精矿产品，才能供后续氧化铝工业使用，因此，在氧化铝行业也出现了新兴的矿物加工工艺。钨矿资源经过几十年的开采利用，原矿 WO_3 含量由 $0.5\% \sim 0.7\%$ 降到了 $0.1\% \sim 0.27\%$。铁矿原矿品位则由 40.65% 降到 25%，甚至更低。所谓"细"，即指原矿中有用矿物的嵌布粒度越来越细。比如我国一些尚待开采的赤铁矿资源，需要细磨至100%小于40 μm 才能基本解离。美国铁燧岩的絮凝浮选也要细磨至80%小于25 μm，才基本单体解离。所谓"杂"，即矿床矿物组成复杂，多金属复合矿和难分选矿愈来愈多，要求综合回收的金属种类也越来越多。虽然我国矿产资源相对较丰富，但贫矿多、富矿少、嵌布粒度细、伴生元素多、矿床类型复杂、资源开发利用难度大。由此可见，矿产资源的"贫、细、杂"给矿物加工工程设计和建设也提出了更高的要求。

1.1 矿物加工工程设计的意义、目标和要求

1.1.1 矿物加工工程设计的意义

矿物加工工程设计是矿山建设中极其重要的关键环节和组成部分。矿山建设项目确定之前，它为项目决策提供科学依据。建设项目确定之后，它又为建设项目提供设计文件。同时，矿物加工工程设计也是将矿物加工领域的科研成果转化为生产力的纽带和桥梁。生产中的先进经验和先进技术以及科研的新成果，都需要通过工程设计来推广应用到生产实践中。因此，做好设计工作，对项目在建设中节约投资，在建成投产后迅速达到设计规模和指标，

迅速取得经济效益将起着决定性的作用,对提高矿物加工学科整体的技术水平也有着重要的现实意义。

1.1.2 矿物加工工程设计的目标

矿物加工工程设计总体目标是:设计出体现国家对矿产资源开发利用的有关方针和政策,体现企业的发展规划,切合生产实际,技术和设备先进可靠,经济效益好的选矿厂。具体而言,根据待处理矿石特性和选矿试验成果,做好以下工作:

1)确定合理的工艺流程和指标;

2)选择合适的工艺设备;

3)进行合理的设备配置;

4)设计合理的工艺厂房;

5)配备必要的劳动定员。

这几项既是设计的目标,也是设计的任务和主要内容。此外,对矿产资源综合回收、环境保护、安全生产、辅助设施和厂房结构等也要进行精心设计,使选矿厂的基建投资发挥最大的经济效益,并为未来选矿厂的生产获得最佳技术经济指标奠定基础。

1.1.3 矿物加工工程设计的要求

矿物加工工程设计的基本要求是:

1)设计必须按国家相关政策规定的基本程序进行,所需条件必须完全具备,所需资料必须齐全,设计文件必须符合相应设计阶段的内容和深度要求。

2)设计原则和方案的确定必须符合国家工业建设有关方针、政策和规定,符合行业规程和规范等的要求,同时还应符合企业的发展规划。

3)设计的工艺流程和指标应具有很好的先进性和可靠性,并应注重矿产资源的综合利用。

4)尽可能采用高效率、低能耗、大型化的系列工艺设备,满足节能降耗的要求。

5)注意环境保护和生产安全,尽可能符合绿色生产的要求。

1.2 矿物加工工程设计的步骤和发展趋势

1.2.1 矿物加工工程设计的步骤

改革开放以来,我国对原有投资体制进行了一系列的改革,打破了计划经济体制下高度集中的投资管理模式,初步形成了投资主体多元化、资金来源多渠道、投资方式多样化、项目建设市场化的新格局。为此,矿物加工工程设计的具体步骤在不同情况下也相应有所不同。

对于国家(政府)投资的工程项目,设计按工作步骤仍分为3个阶段,即设计前期工作阶段(主要包括建设规划、项目建议书、可行性研究及厂址选择等);设计工作阶段(主要包括初步设计和施工图设计);设计后期工作阶段。

按我国现行基本建设程序,设计工作阶段又可划分为两步设计和三步设计。两步设计指初步设计和施工图设计。三步设计则指初步设计、技术设计和施工图设计。

对矿石性质特别复杂的大型选矿厂，或采用新工艺、新设备的选矿厂，或援外设计的选矿厂，为保证设计质量，多采用三步设计。对矿石性质简单，工艺流程可靠，并有类似选矿厂生产实践参考时，多采用两步设计。

对于企业不使用政府投资建设的项目，则一律不再实行审批制，区别不同情况实行核准制和备案制。政府仅对重大项目和限制类项目，从维护社会公共利益的角度进行核准，其他项目无论规模大小，均改为备案制。企业投资建设实行核准制的项目，仅需向政府提交项目申请报告(主要包括资源开采利用方案、环境影响评价报告、安全评价报告、水土保持和地质灾害评估报告等)，也就是说企业投资建设的项目不再经过批准项目建议书、可行性研究报告和开工报告的程序。

政府对企业提交的项目申请报告，主要从维护经济安全、合理开发利用资源、保护生态环境、优化重大布局、保障公共利益、防止出现垄断等方面进行核准。对于外商投资项目，政府还要从市场准入、资本项目管理等方面进行核准。企业投资建设项目核准或备案后，其设计步骤可参考政府投资建设项目来进行。

1.2.2 矿物加工工程设计的发展趋势

为有效利用贫、细、杂矿产资源，满足国家经济增长对基础原材料的日益增长的需求，矿物加工工程设计面临着扩大选矿厂生产能力和不断更新选矿生产技术的任务和要求。在20世纪五六十年代，我国日处理原矿量 1000~5000 t 的选矿厂已属大型选矿厂，而进入70年代以来，已建成日处理原矿量超万吨到数万吨，甚至超过十万吨的选矿厂。这就给矿物加工工程设计提出了一个新的任务——选矿厂设计现代化，即设备能耗低量化、设备规格大型化、生产过程及设备操作自动化、设计过程的计算机化，这也是矿物加工工程设计的总体发展趋势。

(1)设备能耗低量化

选矿厂是矿山企业中能耗较大的工厂之一，其中又以破碎和磨矿设备的能耗最为突出，约占选矿厂总能耗的40%至70%。根据格林(W·R·Green)等人的调查，选矿厂的单位能耗(kW·h/t)分别为：破碎 1~3.5、磨矿 5~12、浮选 1~6、精矿处理 0.5~1。日本金石选矿厂的单位能耗比例分别为：破碎 4.4%、磨矿 32.8%、磁选 6.3%、浮选 28.8%、精矿处理 10.2%、尾矿处理 11.6%、用水 3.1%、其他 2.8%。由此可见，如何降低矿物加工设备的能耗，特别是降低磨矿设备能耗是工程设计中非常重要的任务，从而提出了"多碎少磨"的设计原则。针对这种情况，出现了节能型破碎机(即改进传统破碎机和新型破碎机，如 JC56 型、A-1 型、冲击式、PEX 系列、S-T 型等颚式破碎机；美国液压型、Rexnord 重型、Fuller-Traylor 型、苏联 Y3TM 型等旋回破碎机；美卓的 HP 和 MP 型、山特维克的 CS 和 CH 型等圆锥破碎机以及高压辊磨机)和节能磨矿机(即改进传统磨矿机和新型磨矿机，如无齿轮传动型球磨机、QSG-2836 型球磨机、塔磨机、搅拌磨机及 ZQM 球磨机等)。

(2)设备规格大型化

20世纪60—70年代，矿物加工设备的设计，特别是磨矿机的设计趋势，始终是向大型化发展，以满足矿产资源日益贫、细、杂以及因金属消耗量日益增加而不断扩大选矿厂生产规模的需要。然而，从70年代末，由于世界能源价格上涨，磨矿机不再一味追求大型化，而是以节能为中心，改善磨矿机的结构和性能，提高易损件寿命，提高设备的可靠性和耐久性以及减小设备重量等。目前，大型化的球磨机有我国中信重工为澳大利亚 SINO 铁矿项目设计制造的 $\phi7.93\ m\times13.6\ m$ 溢流型球磨机，传动功率达到 15600 kW。挪威西瓦兰格公司基尔内克斯铁矿选矿厂安装的 8100 kW 无齿轮传动 $\phi6.5\ m\times9.65\ m$ 球磨机以及我国德兴铜矿三选厂安装的 $\phi5.49\ m\times8.54\ m$ 球磨机等。此外，其他大型化设备还有 $1.5\ m\times2.1\ m$ 颚式破碎机、$\phi2.03\ m$ 旋回破碎机、$\phi3.0\ m$ 圆锥破碎机、$160\sim300\ m^3$ 浮选机等。

（3）生产过程及设备的自控化

实现生产过程及设备的自控化，是设计现代化选矿厂的重要标志。对于改进选矿作业条件、保持生产稳定、提高技术经济指标，将起到十分重要的作用。近年来，由于计算机的发展和应用以及矿物加工设备的大型化，使选矿生产过程的自动控制达到了新的水平。根据矿物加工过程的特点和我国的国情，各选矿厂目前主要采用了分散控制和局部集中控制的策略，并将逐步实现生产全过程的自动化。

（4）设计过程计算机化

矿物加工工程设计过程的计算机化，是指在工艺设计过程中，以计算机为工具，采用计算编程来完成工艺流程和设备的选择与计算，借助 CAD 平台完成工程图纸的绘制等。其内容大致包括：工艺流程计算、实验数据处理、CAD 绘图等。设计过程的计算机化，可以大幅度提高设计效率和质量。

计算机在矿物加工领域的应用始于 20 世纪 50 年代末期。早期的应用在于建立过程的模型和工厂的最佳化，而后发展到选矿厂的自动控制。70 年代末和 80 年代初，计算机开始用于选矿工艺流程的计算和绘图。由于计算机设计具有速度快、质量高，可使设计内容深化等特点，特别是国家有关文件指出，国家甲级设计院的计算机工作要实现"八二"要求，即 80%的计算工作量、20%的绘图工作量要由计算机承担，继而掀起一个选矿工艺流程计算、CAD绘图电脑化的研究高潮。全国各家设计院、高等院校先后开发出用于矿物加工工程设计方面的软件，包括破碎、磨矿、选别等数质量流程和矿浆流程的计算程序以及各生产车间设备配置的绘图软件。目前，已开始研究专家系统在矿物加工工程设计方面的应用，并取得了显著效果。时至今日，我国各大设计院的设计工作已基本实现了计算机化。尽管如此，矿物加工工程设计全过程的计算机化仍处在发展之中，有待进一步完善和提高。

1.3 选矿厂规模的确定

1.3.1 选矿厂规模的确定原则

选矿厂的设计规模，是根据国家、地方和企业的建设需要，经项目可行性研究论证，最后由上级主管部门(指政府投资建设项目)或企业(企业投资建设项目)根据项目批文下达的设计任务书来确定。确定选矿厂设计规模还应充分考虑以下基本原则：

（1）产品需求量

根据国家和用户对产品的需要，考虑地质资源和矿床赋存情况，选矿厂建设条件(如厂址、运输、供水、供电等)以及矿物加工工艺技术上的可行性和经济上的合理性来综合确定。

（2）一次建厂与分期建厂

中小型选矿厂可一次性建成。大型选矿厂（特别是由地下开采的矿山供矿）一般要充分考虑分期建设，分系列建成投产，以便在短期内形成生产能力，尽快发挥投资效果。

（3）分散建厂与集中建厂

选矿厂的设计规模要与采矿场的供矿能力相适应，应充分考虑矿产资源的分散与集中性。对于资源多而矿点相距较远的矿区，一般考虑分散建厂。矿点相距较近，矿石性质基本相同时，可考虑集中建厂。选矿厂的分散或集中建厂需根据具体条件进行技术经济比较后确定。

（4）选矿厂服务年限

当矿山资源储量一定时，选矿厂规模越大，则选矿厂服务年限就越短。因此，对选矿厂的规模和服务年限之间的平衡应加以充分考虑，以求获得投资最小和效益的最大化。

1.3.2 选矿厂规模的划分

一般工业企业的规模，通常采用一年中所生产的成品数量来表示。选矿厂的规模则一般用选矿厂所处理的原矿数量来表示。其原因在于，尽管矿石中有用成分的种类和品位不同，经分选后得到的精矿数量也就不同，但只要处理的原矿数量相同，选矿厂就具有大致相同的主要工艺设备（如破碎、磨矿、分选设备等）、工艺设施（如工艺厂房等）、辅助设施（如矿仓等）和管理机构等。

在设计不同规模的选矿厂时，为了在确定生产和生活设施标准、技术装备水平和基本建设投资等方面有规可循，根据国土资源部2004年颁布的最新建设规模标准的划分，可将选矿厂规模分为大、中、小三种类型，如表1－1所列。

表1－1 主要矿种的矿山建设规模的划分

矿 种 类 别	矿山生产建设规模/(万 t·a⁻¹)			最低生产建设规模	备 注
	大型	中型	小型		
金（岩金）	≥15	6～15	<6	1.5(万 t·a⁻¹)	
银、铬、钛、钒	≥30	20～30	<20		
铁（地下开采）	≥100	30～100	<30	3(万 t·a⁻¹)	新调整
铁（露天开采）	≥200	60～200	<60	5(万 t·a⁻¹)	新调整
锰	≥10	5～10	<5	2(万 t·a⁻¹)	
铜、铅、锌、钨、锡、锑、铝土矿、钼、镍	≥100	30～100	<30	3(万 t·a⁻¹)	
钴、镁、铋、汞	≥100	30～100	<30		
稀土、稀有金属	≥100	30～100	<30	6(万 t·a⁻¹)	新调整
萤石	≥10	5～10	<5		
硫铁矿	≥50	20～50	<20	5(万 t·a⁻¹)	
磷矿	≥100	30～100	<30	10(万 t·a⁻¹)	新调整
硼矿	≥10	5～10	<5		
钾盐	≥30	5～30	<5		新调整

1.3.3 选矿厂服务年限

选矿厂的服务年限应根据矿山可靠的矿床工业储量(或资源量)进行计算。它与选矿厂的建设规模有着密切的关系,一般可参照表1-2来确定。

表1-2 不同规模选矿厂的服务年限

选矿厂规模	大型	中型	小型
服务年限/a	≥20	≥15	≥10

下列情况并经上级主管部门批准(或企业投资者自行决定),可以缩短选矿厂的服务年限:

1)国家迫切需要的金属或矿物;

2)需要快速回收利用的矿床;

3)简易的小型选矿厂;

4)小富矿、开采条件较好的富矿和矿床远景贮量较多的矿山。

思考题

1-1 简述矿物加工工程设计的目的和步骤。

1-2 选矿厂规模的表征与一般工业企业有什么不同?为什么选矿厂的规模能使用这种特殊的表示方法?

1-3 阐述划分选矿厂规模的依据和原则。

第2章 设计的前期工作

内容提要 本章内容包括：设计前期工作及内容、企业建设规划、项目建议书、可行性研究、设计任务书、厂址选择、采样与选矿试验、地质勘探的深度与要求。

矿物加工工程设计的前期工作，一般包括由建设单位或上级主管部门委托，由设计部门承担，完成或参加编制的企业建设规划、项目建议书、厂址选择报告、可行性研究、设计任务书以及提出采样和选矿试验要求等工作。此外，为充分做好设计准备，还必须了解矿山地质勘探、矿山采矿和供矿条件等，并收集和掌握设计需要的资料。

根据我国投资体制的改革，按"谁投资、谁决策、谁收益、谁承担风险"的原则，除政府投资建设的项目外，对企业不使用政府投资的建设项目，一律不再实行审批制，区别不同情况实行核准制和备案制。其中，政府仅对重大项目和限制类项目，从维护社会公共利益的角度进行核准，其他项目无论规模大小，均改为备案制。建设项目的市场前景、经济效益、资金来源和产品技术方案等均由企业自主决策、自担风险，并依法办理环境保护、土地使用、资源利用、安全生产、城市规划等许可手续和减免税的确认手续。对于企业使用政府补助、转贷、贴息投资建设的项目，政府只审批资金申请报告。也就是说企业自行投资建设的项目不再经过批准项目建议书、可行性研究报告和开工报告的程序。与矿山项目有关的核准规定如下：

1）钢铁：已探明工业储量5000万t及以上规模的铁矿开发项目和新增生产能力的炼铁、炼钢、轧钢项目由国务院投资主管部门核准，其他铁矿开发项目由省级政府投资主管部门核准。

2）有色：新增生产能力的电解铝项目、新建氧化铝项目和总投资5亿元及以上的矿山开发项目由国务院投资主管部门核准，其他矿山开发项目由省级政府投资主管部门核准。

3）化肥：年产50万t及以上钾肥矿项目由国务院投资主管部门核准，其他磷、钾肥矿项目由地方政府投资主管部门核准。

4）水泥：除禁止类项目外，由省级政府投资主管部门核准。

5）稀土：矿山开发、冶炼分离和总投资1亿元及以上稀土深加工项目由国务院投资主管部门核准，其余稀土深加工项目由省级政府投资主管部门核准。

6）黄金：日采选矿石500t及以上项目由国务院投资主管部门核准，其他采选矿项目由省级政府投资主管部门核准。

下面仅以国家（政府）投资建设项目的设计前期工作加以介绍，其他建设项目可参照这些内容进行。

2.1 企业建设规划

2.1.1 目的与任务

选矿厂企业建设规划的主要目的是为国家、地区、部门和企业的规划，项目的建议书和可行性研究提供依据。企业建设规划要解决的主要问题是：在基本探明资源及初步摸清建设条件和建设环境的情况下，根据矿石储量、矿石类型和性质、可能的开采方案、可选性试验成果和外部条件，初步提出建设规模、生产年限、选别方法、原则流程、产品方案和用户、集中与分散建厂等可能的方案。初步估算建设投资，并对建厂的经济效益做出初步评价。

2.1.2 选矿厂企业建设规划的内容

选矿厂企业建设规划内容：①规划的必要性和依据。②资源情况的简述。③选矿试验成果的评价。④选矿厂建设规模、工艺原则流程、产品及用户、关键性设备的设想。⑤选矿厂外部建设条件的简单述评。⑥选矿厂建设投资、职工人数的初步估计。⑦区域环境和环保状况简单述评。⑧问题与建议。⑨绘制选矿厂厂区布置简图和厂区的交通位置图。⑩改建和扩建选矿厂的建设规划，除应达到上述新建选矿厂的内容外，还需补充原有企业生产现状、改（扩）建的理由与依据等内容。

2.2 项目建议书

2.2.1 目的与任务

凡拟列入长期计划或建设前期计划的项目，都应编制项目建议书。选矿厂项目建议书是在部门（行业）规划或企业建设规划的基础上，通过调查研究，对拟建项目的主要原则问题，如市场需求、资源情况、外部条件、产品方案、建设规模、基建投资、建设效果和存在问题等做出初步论证和评价，据以说明项目提出的必要性和依据，为项目初步决策提供依据。

2.2.2 项目建议书的内容

选矿厂项目建议书的内容：①建设项目提出的必要性和依据。对于改建和扩建项目要说明生产现状；对于引进技术和进口设备的项目要说明国内外技术差距和概况、进口理由、利用外资的可能性及偿还能力，并对引进国别和厂商进行初步分析。②资源情况的简述。③选矿试验成果的评价。④选矿厂建设规模、工艺原则流程、产品及用户的初步方案以及关键性设备的设想。⑤建设地点的初步方案，选矿厂外部建设条件和区域环境述评。⑥建设投资、职工人数的初步估算，资金筹措设想。⑦项目进度安排的初步意见。⑧经济效果、社会效益和环境影响的初步估计。⑨存在问题与建议。⑩附选矿厂厂区平面布置简图和厂区的交通位置图。

2.3　可行性研究

2.3.1　可行性研究的基本任务

选矿厂建设的可行性研究是依据上级主管部门批准的项目建议书或企业建设规划进行编制的。其基本任务是对拟建选矿厂建设中的原则问题，如市场需求、资源条件、建设规模、产品方案、原则流程、厂址、外部条件、环保方案、基建投资、资金筹措、建设进度、经济效果、环境影响和竞争能力等进行分析论证，从而对该选矿厂是否建设、如何建设作出结论并编写出可行性研究报告。

可行性研究报告经上级主管部门批准后，一般可起到如下作用：①作为平衡国民经济建设计划、确定工程建设项目、编制和审批设计任务书的依据。②作为筹措资金、向银行申请贷款、控制基建投资的初步依据。③作为建设单位与建设项目有关的各部门签订合同、协议的初步依据。④作为编制新技术、新设备研制计划及大型专用设备预订货的依据。⑤作为从国外引进技术、引进设备、与国外厂商谈判和签约的依据。⑥作为工程建设安排前期工程（如补充地质勘探、选矿试验研究、补测地形图等）的依据。⑦作为向有关部门委托环境评价的依据。

2.3.2　编制可行性研究所需的基础资料

编制可行性研究所需的基础资料包括：①地质勘探资料：经国家有关部门审批的矿床地质详细勘探总结报告。②采矿资料：送至选矿厂的逐年矿量、矿石类型和品位以及向选厂的供矿方式。③经鉴定或批准，或者企业认可的选矿试验报告。④地形测量资料：选矿厂厂区 1/1000 地形图、尾矿库 1/5000 地形图。⑤建厂地区的气象、地震等资料。⑥必要的外部条件资料：水、电、运输及燃料供应等外部条件的规划资料、协议草案或意向书。⑦经济评价基础资料：国内外价格资料及各种定额等其他有关资料。⑧某些厂址条件较复杂的大型选矿厂，还要有经过上级主管部门批准的厂址选择报告。

对改建和扩建项目，还应取得如下资料：①反映原有企业现状的总平面图、厂房设备配置图、建（构）筑物图、生产流程图。②原有企业生产的主要情况（如历年处理的原矿量，精矿产量及回收率，原、精、尾矿品位等）、流程查定、设备生产能力测定资料。③供水、供电、运输、尾矿及其他生产条件的现状。④原有企业职工人数、劳动生产率、已用投资、固定资产净值、生产成本资料。⑤原设计有关资料等。

2.3.3　可行性研究的内容

根据国家对工业建设项目可行性研究编制内容的规定，结合矿物加工工程的具体情况，选矿厂建设项目可行性研究报告的文字部分一般要求具备以下内容：

1）总论部分应对项目提出的背景（改建和扩建项目要说明企业现有概况）、建设的必要性、经济意义、研究工作的依据和范围等进行说明。

2）应对产品的需求、价格、销售等进行预测；对拟建规模、产品方案进行研究，并推荐最佳方案。

3)厂址选择方案比较与结论性意见(某些厂址条件复杂的大型选矿厂,该项工作应在可行性研究之前进行)。

4)拟建内容、建设条件的论证及方案比较,包括①项目的构成范围。②资源及采矿供矿情况的述评。③选别流程的初步确定及主要设备选型方案比较。④外部条件(外部运输、供水、供电、燃料及生产中所需特殊材料供应情况)的论证。⑤土建结构形式的初步选择。⑥公用辅助设施和厂内运输方式的初步选择。⑦全厂布置方案的初步选择(改建和扩建项目还要说明对原有固定资产的利用情况)。

5)企业组织、劳动定员和人员培训的设想。

6)建设工期和实施进度的建议。

7)投资估算和资金的筹措,包括①主体工程和辅助配套工程所需的投资。②生产流动资金的估算。③资金来源、筹措方式及贷款的偿还方式。

8)在环境保护方面应调查环境保护现状,预测建设项目对环境的影响,提出环境保护和"三废"治理的初步方案。

9)经济效果和社会效益分析:不仅计算选矿厂本身的经济效果,还要计算对国民经济的宏观效果(一般情况下,采、选、冶联合企业计算至冶炼工序),甚至还应分析对社会的影响。

10)存在问题、解决方法(或途径)的建议。

可行性研究除提供文字报告外,参加工作的部门和专业还要提供本专业主要工作成果的图纸。如总图运输专业应提供交通位置图、总体布置图、厂区总平面图,电气专业应提供全厂供电系统图,选矿工艺专业应提供工艺流程图、工艺建筑物联系图等。

2.4 设计任务书

2.4.1 设计任务书的作用

设计任务书是确定基本建设项目及其轮廓、编制初步设计文件的主要依据。所有的新建、改建和扩建项目,在编制初步设计之前,都要根据国家发展国民经济的长远规划和建设布局,按照项目的隶属关系,由上级主管部门组织规划、设计和建设等单位编制设计任务书,经审查批准后下达给设计单位据以进行设计。对企业自行投资建设的项目,由企业根据项目批文下达给有资质的设计单位。设计任务书明确的投资限额与初步设计概算的出入不应大于10%,如设计规模、产品方案、建设地点等与原批准下达的设计任务书有较大变动或投资超过控制数额时,必须经原批准部门同意。

2.4.2 设计任务书的编制

设计任务书的编制有以下两种情况:

1)拟建项目经过了可行性研究阶段的。这时的设计任务书由上级主管部门对可行性研究报告审查批准,并对工程建设的主要原则问题进行批复,这些原则问题一般是:建厂规模、产品方案及用户、厂址、供矿方式、选矿方法或原则流程、交通运输、供水、供电、机修、装备水平、投资控制、建设进度、施工单位、存在问题地解决办法或途径、补充试验及补勘安排。其批复的文件就是设计任务书(可行性研究报告作为设计任务书的附件)。

2)拟建项目未经可行性研究的,即设计任务书是在项目建议书乃至企业建设规划的基础上编制的。这种设计任务书的编制又有两种方式:一种方式是由上级主管部门主持编制,设计单位仅只参加,这时设计任务书的内容在符合国家有关基本建设规定深度的情况下由主持单位酌情掌握;另一种方式是上级主管部门委托设计单位代行编制的,其成果称为设计任务书(草案),它必须经过上级主管部门审查批准方能成为上级正式下达的设计任务书。其文件包括正文和附件(任务书的编制说明)两部分:正文部分是一些原则问题(与前述一致,即建厂规模、产品方案及用户、厂址、供矿方式、选矿方法或原则流程、交通运输、供水、供电、机修、装备水平、投资控制、建设进度、施工单位、存在问题地解决方法或途径、补充试验及补勘安排)的结论性的意见;附件是正文中确定的原则问题的详细说明,它的内容和深度与可行性研究报告的内容和深度一致,所需基础资料也相同。

2.5　厂址选择

2.5.1　厂址选择的意义

选矿厂的厂址选择(包括尾矿库、水源地及生活区等),是矿物加工工程设计前期工作中一项政策性很强的综合性技术经济工作。它必须贯彻我国工业建设的各项方针、政策,满足工艺要求,充分体现生产与生活的长期合理性。

选择厂址时,一般是在上级主管部门或建设单位的组织下,会同当地政府、有关专业职能机构、设计单位等有关人员共同进行现场踏勘。其目的是收集必要的资料,听取多方面的意见,以便提出多种可能的厂址方案,进行综合性技术经济比较,推荐最佳方案。

依据我国国情,中、小型选矿厂或厂址条件简单的大型选矿厂可在编制可行性研究报告或设计任务书(草案)阶段的同时进行厂址选择工作;对某些条件复杂的大型选矿厂,在编制可行性研究报告或设计任务书(草案)之前,一般应先进行厂址选择并编制厂址选择报告,呈报上级主管部门审批。

2.5.2　厂址选择的原则

1)选矿厂厂址在一般情况下应尽量靠近矿山。但对处理富矿或精矿产率较高的多金属矿选矿厂,当用户与矿山距离很近,或限于水、电和燃料供应等原因,亦可靠近用户,或者建在用户厂区内,使选矿厂的精矿仓与用户的储料仓合为一体,有利节省投资。对某些贵金属选矿厂,为避免其精矿在散装运输途中的损耗,或某些选矿厂的精矿必须干燥而其用户又有废热可供利用的情况下,也可将选矿厂靠近用户,甚至将选出的精矿浆用砂泵直接扬送至冶炼厂进行脱水处理。当矿山资源分散,需要集中建选矿厂时,则宜在矿山与用户之间合理选择厂址,以求原矿与精矿两者综合运费最低。当选矿厂精矿外部运输建设困难,投资和经营费用高,经综合技术经济比较后,可考虑精矿浆远距离管道输送至冶炼厂附近,进行脱水处理。靠近矿山建厂时,选矿厂应避免建在矿体上、磁力异常区、塌落界限和爆破危险区内。

2)厂址地形地貌要尽可能地适合选矿厂工艺流程的需要。选矿厂的地形条件,除必须满足场地面积要求外,最好能使选矿厂主矿浆自流,其次为半自流,再其次才采用压力输送。一般布置破碎厂房较合适的地形自然坡度为25°左右,主厂房为15°左右。如无此理想的地形条件,甚至要平地建厂时,考虑到厂区排水需要,厂址仍应有 4% ~5% 的自然坡度为宜。矿浆半自流式的选矿厂要求的地形坡度介于上述两者之间。

3)要贯彻节约用地的原则。不论是在山坡还是在平地建厂,在满足生产需要的前提下,要尽量少占地,尤其要少占或不占好地。对尾矿库,在条件允许的情况下要适当考虑复垦。

4)尾矿库的容积应与选矿厂服务的年限相适应。应选择低凹形状的山谷或洼地,使土石方工程量最小而库容量最大。尾矿库的位置要尽量靠近选矿厂,以节省尾矿输送费用,有条件时要力争实现尾矿自流或半自流输送。还应防止尾矿对环境、河流、农牧渔业及居民区的危害与污染。尾矿库选址与选矿厂选址一起进行技术经济综合比选。尾矿库选址一般遵循以下原则:

①尾矿库的容积应与选矿厂的服务年限相适应。可一次建设或分期建设,每期使用年限应不少于 10 年。

②尾矿库的位置要尽量靠近选矿厂,尾矿输送距离短,可节省建设和经营费用,并有利于考虑尾矿库回水再利用。有条件时要力争实现尾矿矿浆自流或半自流输送。

③尾矿库的选址尽量在低凹形状的山谷或洼地,库区汇水面积小,库容量大,工程量小。库区和坝址工程地质条件好,库区和尾矿输送线路地形地势条件好时,要求尾矿库初期坝及堆积坝工程量小,管沟桥涵及路面工程量小。

④尾矿库应避开有价矿床和采矿安全区,避开矿山开采塌陷区和山体滑坡区,避开高裂度地震区,避开文物和生态保护区,尽量避免其下游和常年主导风向的下方有人居密集的工业企业和村镇。还应防止尾矿对环境、河流水系、农牧渔业生产及居民的危害和污染。

5)供水条件:选矿厂用水量大,部分作业对水质亦有要求。因此,在确保水质、水量满足生产和生活需要的前提下,选矿厂厂址要尽量靠近水源,避免往高处大量扬水;要特别注意不得与农业争水。

6)供电条件:选矿厂既要有可靠的电源,又要尽量缩短输电线路。凡有条件利用电力网供电的,要尽量利用,以免自建电厂而增加投资和经营管理费用。

7)要有适宜的交通运输条件。选矿厂入厂的原矿石,各种消耗物资以及输出的成品精矿,都应有方便的运输条件。铁路运输要便于与国家的干线接轨,减少专用线建设。公路运输要便于与国家公路干线衔接。水路运输要便于共用已有的码头或选定需要新建码头的合适位置。

8)厂址应有较好的工程地质条件。厂址应避免建设在断层、滑坡上及洪水位下,应避开溶洞、淤泥、腐殖土、坑硐、古井等不良地段。厂区土壤承载力一般要求大于 100 kN/m²。破碎厂房、选矿主厂房、矿仓等重型建筑地段要求不小于 200 kN/m²。不宜在九级以上地震区域或三级以上湿陷性黄土层区域建厂。厂址地下水位不宜过高,以减少基础工程的复杂性和基建费用。

9)重视环境保护。厂址要尽可能选在城镇或居民区的下风方向,最大限度地减少粉尘、烟气及其他排放物对环境的污染,厂址应避开文物、生态和景观保护区。

10)选矿厂生活区的位置,要本着有利生产,方便生活、充分协作的原则进行选择。居民区距厂区不宜太远,交通联系要方便。

11)对有发展前途的矿山,选矿厂应该留有扩建的余地。

2.5.3 厂址选择的步骤

1）准备工作。包括人员、资料、物资等三方面。即：①成立厂址选择工作组。一般由政府有关部门领导组织，会同设计单位各个专业工程技术人员以及当地建委、城建、施工、建设等单位人员参加；②初步拟定有关技术经济指标资料。根据建设规模，用扩大指标定出，即各主要车间轮廓尺寸，厂房占地面积，水、电、材料消耗量，原、精矿运输量，基建材料需要量，职工人数等；③物质条件准备。主要包括：地形图、专用手册、专用仪表以及工作人员的生活、工作条件等。

2）现场勘踏。准备工作就绪后，工作组去现场进行调查踏勘，这是厂址选择的关键环节。其目的在于，通过实地调查和踏勘，深入细致地进行比较研究，具体落实建厂条件，充分收集厂址选择基础资料（一般有收集提纲）。

3）方案比较与论证。根据踏勘结果和收集的资料，从技术条件、建设费用、经营费用等进行多方案和全面的技术经济分析，然后提出较为理想的推荐方案及其推荐的理由。方案比较包括技术条件与基建投资和经营费两大部分。

①技术条件比较。主要包括：地理位置与城乡关系；地形地貌、占地面积（良田、菜地、山地）；工程地质、水文地质条件；尾矿库容、堆存及运输条件；基建土石方工程量；拆迁村镇、民房、经济林情况；供排水、供电、供热条件；燃料、生产物资供应情况；交通运输条件；施工条件；机修、电修外协情况；对环境影响；当地市政部门意见；详细见表 2－1。

表 2－1　厂址方案基本条件对比表

序号	项　　目	甲方案	乙方案
1	地理位置及与城乡关系		
2	地形地貌占地面积（良田、荒地或山地）		
3	工程地质、水纹地质条件		
4	尾矿库容、堆存及运输条件		
5	基建土石方工程量		
6	拆迁村镇、民房、经济林情况		
7	供排水情况		
8	供电情况		
9	供热情况		
10	燃料、生产物资供应情况		
11	交通运输条件		
12	施工条件		
13	机修、电修外协情况		
14	当地市政部门意见		
15	对环境的影响		
16	其他条件		

②基建投资和经营费。主要内容包括：选矿厂的基建投资、经营费；供水、供电、供热的

基建投资、经营费；土建的基建投资、经营费；尾矿库及尾矿输送的基建投资、经营费；总图运输的基建投资、经营费；环境保护的基建投资、经营费；其他方面的基建投资、经营费等，详见表2－2。

表2－2　基建投资及经营费比较表

项　目	基建投资,万元			经营费,万元		
	甲方案	乙方案	（甲－乙差值）	甲方案	乙方案	（甲－乙差值）
选矿						
供水						
供电						
供热						
土建						
尾矿库及输送						
总图						
环保						
其他						
合计						

4) 编写报告。完成方案比较与论证后，即可编写厂址选择报告。其内容是：主管部门、建设单位的意见、依据的基础资料、选矿厂规模与生产工艺、组织工作的进行情况等；各厂址方案主要情况；各厂址方案比较情况；综合分析与推荐最佳方案；当地有关部门对推荐方案的意见。

2.6　采样和选矿试验要求

矿样的代表性是选矿试验的根本，选矿试验报告是选矿厂建设的主要依据之一。因此，其深度和内容应符合国家有关规范的要求。设计人员应认真审查和分析试验报告，如有不符合设计要求的情况，应提请试验单位进行补充。

2.6.1　采样要求

选矿试验成果是矿床评价和矿物加工工程设计的重要依据。选矿试验矿样的采取和配制是否正确，会直接影响矿样的代表性，从而影响选矿试验成果的正确性。如果代表性不够，将影响工程设计的质量，甚至会使建成后的选矿厂不能正常生产，达不到预期的技术经济效果，造成建设资金的浪费和矿床资源的损失。因此，为设计选矿厂提供依据的选矿试验所用的矿样，必须根据采样设计和有关采样规定规范的要求采取。

向负责编制采样设计单位提出采样要求，是设计单位的一项重要工作。选矿工艺设计应结合选矿试验要求，会同试验研究单位对矿样的代表性、矿样个数、矿样粒度、矿样重量等提出采样要求。

选矿试验矿样的代表性最根本的要求，就是所采取和配制的矿样与今后矿床开采时送往选矿厂选别的矿石性质基本一致。矿样代表性的要求一般如下：

1）一般情况下，应采取全矿床或矿床开采范围内的具有充分代表性的矿样。当采样条件不具备，或考虑到矿床的开采特点时，也可采取代表选矿厂投产初期若干年所处理的矿石性质的矿样，对于黑色金属矿山应能代表选矿厂投产后 5～10 年内处理的矿石，对于有色金属矿山和化学原料矿山则应不少于 5 年。

2）矿样应能代表矿床内各种类型和各种品级的矿石。应根据不同类型和品级分别采取，使矿物组成、化学成分、结构构造、有用矿物粒度和嵌布特征、伴生有益有害成分以及可供综合回收成分的分布情况和赋存状态等，与该类型和品级的矿石在矿床内的情况基本一致；各种类型和各种品级的矿样重量比，应与矿床内各种类型和各种品级矿石储量的比例基本一致，或应与矿山投产若干年内送选矿石中的比例基本一致。

3）矿样的物理机械性质和化学性质（如密度、松散密度、硬度、脆性、抗压强度、黏性、湿度、含泥量、氧化程度、可溶性盐类含量等）应与矿床开采范围内（或应与矿山投产后若干年内送选矿石）的矿石性质基本一致。

4）矿样主要组分的平均品位、品位波动情况、伴生有益有害成分和可供综合回收成分的含量，应与矿床相应范围内的各类型和品级矿石（或矿山投产后若干年内送选矿石）的情况基本一致。

5）从矿体顶底板围岩和夹石中采取的矿样种类、成分和比例应与矿床开采时的实际情况基本一致。

2.6.2 选矿试验规模

选矿试验规模直接体现试验工作的深度和要求。试验规模按有关规定分为可选性试验、试验室小型试验、试验室扩大连续试验、半工业试验和工业试验等。

选矿试验规模的确定取决于矿石性质、工艺方法和拟设计选矿厂的规模。具体确定条件见表 2-3。

表 2-3 试验规模确定条件

序号	条 件	试验规模
1	矿床评价、中小型选矿厂可行性研究、编制设计任务书	可选性试验
2	中、小型易选矿石选矿厂初步设计、大型选矿厂可行性研究和设计任务书	实验室试验
3	大型易选、中小型难选矿石选矿厂初步设计	实验室扩大连续试验
4	大型难选、中型极难选矿石选矿厂初步设计	半工业试验
5	大型极难选矿石选矿厂初步设计	工业试验

进行选矿试验时，应注意以下几点：

1）对新建选矿厂，必须进行矿石相对可磨度或功指数测定的试验。

2）矿石黏土和细泥含量多、水分大并难以松散时，应做洗矿试验，必要时还应进行泥、砂分选试验。

    3）矿石有可能采用自磨工艺时，应进行自磨试验。

    4）矿石中含脉石、或开采过程中混入围岩量大于 25% 时，宜做预选试验。

    5）浮选流程试验中，应做回水试验、产品沉降和过滤试验。

    6）排放产物中有害组分超标时，应做治理或防护试验。

    7）最终产品应进行密度、浓度、粒度、矿物组成、有害药剂含量、化学成分等测定。

2.6.3　选矿试验要求

    不同规模的选矿试验，在内容和深度上有所不同，但归纳起来，选矿试验的具体要求如下：

    1）选矿试验的矿样要有代表性。

    2）根据矿石性质、工艺流程和技术复杂程度、选矿厂建设规模等，提出选矿工艺流程试验和选矿单项技术试验的规模要求。

    3）选矿工艺流程试验的内容，要求有详细的原矿工艺矿物学研究，要有选矿方法和选矿流程试验比选，要进行碎磨、选别、脱水、全流程工艺试验研究、环境保护试验研究以及其他协议解决的特殊问题的试验研究。

    4）对于扩大连续试验以上规模的选矿试验，要保证足够的选矿试验连续稳定运转时间。其中，扩大连续试验和半工业试验的连续稳定运转时间应达到或超过 72 h，工业试验连续稳定运转时间一般为 10 ~15 d。

    5）选矿试验报告的内容要详细完整、数据齐全可靠、文字图表清晰明确，内容能满足设计的要求。试验报告结论符合实际，要有明确的试验结果和工艺流程评述、推荐意见及存在问题和建议。

    6）对于政府投资建设的项目，选矿试验报告经审查批准后，方可作为设计依据。而对于企业自行投资建设的项目，则经过企业认可就可作为设计依据。

2.7　地质勘探的深度和要求

    经上级领导机关（储量委员会）鉴定和审批的矿床地质详细勘探报告也是矿物加工工程设计的重要依据之一，其深度和内容也应符合国家有关规范的要求。

    地质勘探工作的深度，最终表现在提供矿石储量的等级上。根据"固体资源储量分类"的国家标准（GB/T17766—1999），固体矿产资源储量可分为储量、基础储量、资源量三大类，共有十六种类型，如表 2 – 4 所示。

    储量是指基础储量中的经济可采部分。有可采储量（111）、预可采储量（121）和（122）等 3 种。在预可行性研究、可行性研究或编制年度采掘计划当时，经过了对经济、开采、选冶、环境、法律、市场、社会和政府等诸因素的研究及相应修改，结果表明在当时是经济可采或已经开采的部分。用扣除了设计、采矿损失的可实际开采数量表述，依据地质可靠程度和可行性评价阶段不同，又可分为可采储量和预可采储量。

表 2 - 4 固体矿产资源/储量分类表

分类 类型 经济意义 \ 地质可靠程度	查明矿产资源			潜在矿产资源
	探明的	控制的	推断的	预测的
经济的	可采储量(111)			
	基础储量(111b)			
	预可采储量(121)	预可采储量(122)		
	基础储量(121b)	基础储量(122b)		
边际经济的	基础储量(2M11)			
	基础储量(2M21)	基础储量(2M22)		
次边际经济的	资源量(2S11)			
	资源量(2S21)	资源量(2S22)		
内蕴经济的	资源量(331)	资源量(332)	资源量(333)	资源量(334)?

注：表中所用编码(111 - 334)

第 1 位数表示经济意义：1 = 经济的，2M = 边际经济的，2S = 次边际经济的，3 = 内蕴经济的，? = 经济意义未定的；

第 2 位数表示可行性评价阶段：1 = 可行性研究，2 = 预可行性研究，3 = 概略研究；

第 3 位数表示地质可靠程度：1 = 探明的，2 = 控制的，3 = 推断的，4 = 预测的。b = 未扣除设计、采矿损失的可采储量。

基础储量是查明矿产资源的一部分。有探明的(可研)经济基础储量(111b)、探明的(预可研)经济基础储量(121b)、控制的经济基础储量(122b)、探明的(可研)边际经济基础储量(2M11)、探明的(预可研)边际经济基础储量(2M21)和控制的边际经济基础储量(2M22)6种。它能满足现行采矿和生产所需的指标要求(包括品位、质量、厚度、开采技术条件等)，是经详查、勘探所获控制的、探明的并通过可行性研究、预可行性研究认为属于经济的、边际经济的部分，用未扣除设计、采矿损失的数量表述。

资源量是指查明矿产资源的一部分和潜在矿产资源。有探明的(可研)次边际经济资源量(2S11)、探明的(预可研)次边际经济资源量(2S21)、控制的次边际经济资源量(2S22)、探明的内蕴经济资源量(331)、控制的内蕴经济资源量(332)、推断的内蕴经济资源量(333)和预测的资源量(334)? 共 7 种。它包括经可行性研究或预可行性研究证实为次边际经济的矿产资源以及经过勘查而未进行可行性研究或预可行性研究的内蕴经济的矿产资源以及经过预查后预测的矿产资源。

值得提出的是，地质报告在矿物加工工程设计中，也不是确定资源量的唯一依据，企业还可以通过收购矿石或其他措施(如从国外进口矿石等)来提供选矿厂需要的原料。

思考题

2－1 矿物加工工程设计前期工作的内容是什么?

2－2 新的投资体制下,企业自行投资建设项目的设计前期工作内容有何变化?

2－3 阐明厂址选择的意义、原则及步骤。

2－4 简述选矿试验规模类型及其适应条件。

2－5 固体矿产资源储量分为哪几类?

第3章　设计工作及设计后期工作

内容提要　　*本章内容包括：初步设计的原始资料、内容和深度；矿物加工专业的初步设计内容及与相关专业的关系；施工图设计应具备的原始资料、条件、要求、内容及深度；设计后期服务与竣工验收工作。*

3.1　设计工作

矿物加工工程的设计工作主要包括初步设计和施工图设计。

3.1.1　初步设计

初步设计是在上级主管部门或企业根据项目批文所下达的设计任务书之后进行的，它是将设计任务书所规定的原则问题具体化的一项设计工作。

对设计任务书中所确定的主要设计原则和方案，如建厂规模、服务年限、产品方案及用户、厂址、供矿方式、选矿方法或原则流程、交通运输、供水、供电、机修、装备水平、投资控制和建设进度等，在初步设计中一般不应变动。确因设计基础资料或其他重要条件发生较大变化，使原来确定建厂的主要设计原则或方案有较大变化或不能成立，或因初步设计概算大于设计任务书投资估算的允许限额(一般为10%)，此时应在充分的技术经济论证的基础上，将拟变动的内容呈报原审批设计任务书的单位重新审批，履行批准手续之后方能在初步设计中变更。

经批准的(或企业认可的)初步设计和概算，是控制建设工程拨(贷)款、编制基建投资计划、签订建设项目总包合同和贷款总合同、实施投资包干、组织主要设备订货、进行施工准备以及编制施工图设计(或技术设计)文件等的依据。

3.1.1.1　初步设计所需的原始资料

设计工作是在具备充足而又可靠的原始资料基础上进行的。设计前，资料收集得不充分，则将拖延设计完成的期限。收集的资料不可靠，则可能做出错误的决定，影响设计质量。因此，在开展设计工作之前，设计人员必须深入地调查研究，以便收集充足而可靠的原始资料，然后，加以审慎地鉴定和选取，作为设计的依据。

编制选矿厂初步设计应具备下列必需的基础资料：①经过相应主管储委审查批准的详细勘探地质报告。②经过鉴定或审查批准的选矿试验研究报告。③由各单位提供的工程地质、水文地质、气象、地震等资料以及地形测绘图。④水、电、交通、机修、燃料供应、征地拆迁等外部协作协议书或意见书。⑤前期的设计工作成果，如企业建设规划、项目建议书、厂址选择报告、矿山开发利用方案、可行性研究报告、环境影响评价报告及批文等。⑥主要工艺设备资料。

对改、扩建选矿厂除应具备上述基础资料外、还应具备下述资料:

①原有企业处理矿石的性质、最大粒度、废石混入率、含水率、含泥率、密度、松散密度和化学分析结果等;②原有企业工艺流程及近期各项平均生产指标;③原有企业的生产消耗指标;④原有企业的劳动组织、定员及劳动生产率;⑤原有企业的工作制度;⑥原有企业的主要设备名称、规格、台数、作业率、负荷率、处理量和操作条件等;⑦原有企业辅助设施,如机修、化验、试验、仓库、药剂制备、尾矿设施的装备情况及使用情况;⑧原有企业各主要产品的筛析和分析资料;原有企业"三废"处理以及环保情况;⑨原有企业供水、供电和运输条件;⑩原有企业图纸,如选矿厂各厂房设备配置实测图、交通位置图、厂区总平面布置图和隐蔽工程竣工图;⑪原有企业经济资料,如固定资产总额、设计投资总额、施工决算、年经营费用、原矿及精矿的成本和成本分析、企业经济效益盈亏情况等;⑫原有企业技术革新及生产技术总结资料;⑬原有企业的经验总结以及对改、扩建选矿厂的意见。

3.1.1.2 初步设计的内容

选矿厂的初步设计是在工程负责人(亦称工程项目总设计师或工程总负责人)的组织下,各专业分篇编写其专业说明书、绘制设计图纸、编制设备清单及概算表,然后由工程负责人组织有关专业汇总或亲自汇总成设计文件。

初步设计文件一般分成下列四卷:

第一卷 说明书;

第二卷 设计图纸;

第三卷 设备表;

第四卷 概算书。

矿物加工专业在初步设计中负责选矿工艺设计,属于矿物加工专业述及的内容一般包括:概述、矿床与矿石类型、矿山供矿条件、矿石的工艺矿物学研究、选矿试验研究、产品方案与设计流程、工作制度与生产能力、主要设备选择计算、厂房布置与设备配置、药剂设施、辅助设施、自动化、技术检查、试(化)验室及试料加工站、其他、存在问题及建议、绘制图纸、编制表格等方面。

矿物加工专业在初步设计中要负责矿物加工工艺设计,设计说明书中的工艺部分及其图纸和表格等。矿物加工专业和其他专业之间是相互影响、相互促进的关系。设计时,矿物加工专业需要先接收地质、采矿、矿机等专业提供的设计条件;然后,根据矿物加工专业工艺设计方案,向相关各专业提供必要的设计条件(文字数据和图纸资料);收到返回条件或经各有关专业协商确定后,方可进行正式的设计工作。在初步设计中,互换设计条件的专业和资料内容请参阅《选矿设计手册》。

初步设计说明书主要分以下各章:

(1)总论和技术经济部分 简述企业地理交通位置、隶属关系和区域经济地理特点、设计依据及主要设计基础;扼要论述企业的外部建设条件、设计的基本原则、设计规模、企业组成及重大设计方案、企业综合经济效益及评价、问题及建议等。

(2)工艺部分 包括原矿供矿情况、矿石性质、选矿试验结果、原则流程和产品方案的评述;设计流程和指标、设备选型计算、厂房布置和设备配置特点;设备检修、药剂设施、试验室、化验室、技术检查站等辅助设施的设计说明。

(3)土建部分 包括主要生产车间、厂房建筑结构的确定;特殊构筑物结构形式和建筑用材的选择;行政生活福利设施项目和建筑标准的确定;职工住宅的规划、定额指标、建筑标准、建筑面积、绿化面积及占地面积的计算。

(4)总体布置部分(原总图运输部分) 包括区域概况、厂址及总体布置;工业场地总平面及竖向布置;行政福利及生活区总平面布置;仓库以及企业内、外部运输等的设计。

(5)给排水、尾矿和采暖通风及热工部分 给排水包括给水量、水源、输水系统及净化设施、排水量、排水系统及污水处理。尾矿设施包括尾矿库址选择、尾矿坝的筑坝方式、尾矿输送系统的设计、尾矿水的综合利用。采暖通风包括主要生产厂房、辅助厂房及生活福利设施内的采暖、通风、除尘、空调、制冷系统的设置标准及其主要设施的设计。热工包括工业锅炉房和热力管网的设计等。

(6)电力、自动化仪表及电信部分 电力包括供电、电力传动及电力照明。自动化仪表包括生产工艺主要环节的控制、检查、监视方式、装备水平、仪表类型等的设计。电信包括确定对外通信方式、通信制式及容量,阐明设置电视共用天线系统、工业电视系统、火灾报警系统、广播系统、电声系统等的原则及设备选型;确定调度系统。

(7)机修、汽修及电修部分 包括确定机修、汽修和电修的任务、规模、组成、工作制度、装备水平、车间场地面积及劳动定员等。

(8)环境保护、安全卫生、消防及节能部分 环境保护包括废水、废气、废渣、废石及尾矿等的治理工艺过程和噪声、震动防治措施。安全卫生包括通风防尘监测及化验设施、人员配备、防火、防水以及生产安全措施等;选矿工艺过程中降低粉尘,缩小扩散范围,净化空气的综合措施;厂区公共福利、卫生绿化设施。此外还要评价企业建设前的环境背景和企业建成后对环境的影响;说明选矿厂的环境保护管理机构,环境监测体制、手段,主要仪器及当地环境保护部门的意见。新建选矿厂的节能措施是:全面贯彻精料方针;积极采用先进技术、先进工艺;推广使用新的耐磨材料和新设备;建立和健全能源管理制度。

(9)概算部分 包括编制各项工程概算、综合概算及总概算,进行投资分析,说明投资的合理性等。

3.1.1.3 矿物加工专业初步设计的内容

(1)概述

概述应包括:①选矿厂设计的依据。②选矿厂设计的规模、服务年限。③选矿厂厂址的主要特点。④设计中需要特别说明的问题。⑤改建和扩建企业应说明原有选矿厂的现状、特点及其存在的主要问题。

(2)矿床与矿石的类型

对矿床类型,矿石类型、品级、质量情况等的简单叙述。

(3)矿山供矿条件

简述原矿开采条件、开采方法、运输矿石的方式以及供给选矿厂的原矿品种(类型)、各时期采出的各种原矿量及品位、原矿中混入废石(夹石、顶底板围岩)的种类、品位及混入率;原矿中含泥与含水率、原矿粒度等。

(4)矿石的工艺矿物学研究

包括:①对工艺矿物学研究矿样的代表性的评价。②矿石的化学成分及含量。列出各种矿样的有用、有害、造渣及可综合利用的化学元素及其含量、烧损等。此外,还应列出废石(夹石、顶底板围岩)的主要化学成分及含量。③矿石的矿物组成及含量。列出各种矿物的种类、含量、有益和有害元素的赋存状态及其在各主要矿物中的分布。④原矿粒度的组成及金属分布。⑤矿物的结构及嵌布粒度特征。⑥矿石的理论选矿指标分析。⑦矿石和矿物的主要物理、化学性质及其他工艺参数。简述矿石和矿物的密度、松散密度、比磁化系数、导电率、湿度、泥化程度、矿石的安息角和摩擦系数、破碎功指数和磨矿功指数(或可磨度)、其他必要的物理和化学性质、工艺参数的分析测定数据。必要时，还应列出废石的有关数据。

(5)选矿试验研究

主要包括：①选矿试验流程：说明进行试验的依据、试验规模(列出主要设备规格、性能)、各种选矿流程试验结果与推荐流程、主要产品检查分析结果、有关部门的鉴定结论。②选矿试验的评价：扼要地叙述矿样代表性，试验的规模、内容和深度以及是否可作为设计依据，并提出试验存在的问题和解决的意见等。

(6)产品方案与设计工艺流程

包括：①简述确定产品方案的依据和结论。②阐明确定设计工艺流程的主要原则和依据(如属改建或扩建选矿厂，应对原有生产工艺流程进行评述)、工艺流程的方案比较及有关情况、工艺流程的主要特点等。③论述设计中所采用的新工艺、新设备、新药剂的合理性、可靠性以及特殊的要求。④论述综合回收、综合利用的情况。⑤确定选别指标(主要指原矿和最终产品的指标)的原则、方法和依据，调整试验指标的说明，并列出主要选别指标。⑥制订工艺数质量流程图及工艺矿浆流程图。

(7)工作制度与生产能力

主要内容包括：①简述选矿厂工作制度与矿山开采工作制度的异同。②确定选矿厂各作业的工作制度、设备作业率。③根据选矿厂规模、工作制度、作业率、计算出各作业(如破碎、磨矿、选别、脱水)的日、时生产量。

(8)主要工艺设备选择及计算

主要内容包括：①确定设备选择及计算的原则。②计算并确定主要设备的规格型号、数量(有色及化工系统设计单位还将选定的主要设备的类型、规格、性能、数量、单位处理量、负荷率、作业率、备用率等参数按设备类型或作业类型分别列表示出)。③评述设备选择中的方案比较。④评价选矿厂机械化装备水平。

(9)矿仓(矿堆)

主要内容包括：①简述各种矿仓(矿堆)的型式、有效容积、储存时间的确定原则。②简述矿仓(矿堆)的排矿方式(或装车方式)及设备。

(10)厂房布置与设备配置

包括：①厂房组成：简述矿石预选、破碎、筛分、磨矿分级、选别、浓缩、过滤、干燥、药剂制备、矿仓(矿堆)、包装等厂房(间、室、站)的组成，工艺厂房平面布置特点。②工艺过程：简述选矿厂与矿山开采、运输的衔接情况、厂内外物料运输方案及运输系统，叙述各厂房连接关系及生产过程。③设备配置：评述配置方案的特点及其技术经济比较结果。④关于改扩建以及远、近期相结合问题的说明。

(11)药剂设施

主要内容包括：①选矿作业添加药剂的种类、浓度、地点、单位消耗及总消耗量等。②药剂的储存、运输、制备。③药剂添加方式、药剂工作制度。④浮选药剂中如果有石灰乳，尚须说明石灰乳的储存、制备、运输、添加方式。

（12）辅助设施

辅助设施一般需要说明如下事项：①矿浆输送设施。②检修设施，包括各厂房检修装备水平及设备、选矿厂机修站的位置。③钢球（棒）的添加方式。④回水利用设施。⑤设备过铁保护、金属探测器等生产设施。⑥压气设备。

（13）自动控制、通讯及信号

主要内容包括：①简述自动控制（包括计算机）的设置原则。②简述自动控制项目及要求达到的技术水平。③简述选矿厂通讯、信号、联络系统的设置要求。

（14）技术检查

主要内容包括：①简述技术检查监督站的组成及工作制度。②阐明取样、检测和计量设施，产品取样条件。

（15）试（化）验室及试料加工站

主要内容包括：①简述试（化）验室及试料加工站的任务、范围（说明是否包括地质、采矿等专业的任务）、组成及工作制度。②确定试（化）验室及试料加工站设备和仪表选型的原则。③阐明化验方法、按元素计算的化验工作量。

（16）其他

包括①简述节能主要措施；②简述环境保护、卫生防护及安全技术的措施。

（17）存在问题及建议

扼要说明设计原始条件、基础资料、试验研究以及设计中存在的主要问题，并提出解决这些问题的建议意见。

（18）图纸

矿物加工专业图纸既是初步设计图纸的重要组成部分，又是编制单位工程概算的基本依据。在初步设计文件的图纸中，矿物加工专业的图纸有：①工艺数质量流程图。②工艺矿浆流程图（亦可与工艺数质量流程图合并）。③取样流程图（必要时提供，或在工艺数质量流程图中标明取样点和取样内容）。④设备形象联系图（必要时提供）。⑤工艺建（构）筑物联系图。⑥全厂带式输送机平面布置示意图（必要时提供，或在工艺建（构）筑物联系图中示出）。⑦主要工艺厂房设备配置图。

（19）表格

初步设计文件中，矿物加工专业应编制的表格有：①工艺部分主要技术经济指标表。②工艺设备性能及订货表。③劳动定员表。④主要材料、水、动力、燃料等消耗表。⑤单位工程概算。

上述各种表格由矿物加工专业设计人员编制并提交给有关专业或工程负责人统一汇总。

3.1.1.4 初步设计深度

编制初步设计，必须遵照国家规定的基本建设程序，批准的可行性研究报告的内容和要求；必须遵照国家和上级部门制定的法规和技术政策；必须执行有关的标准、规范、规定以及履行设计合同规定的有关条款。

初步设计的深度是为主管部门或委托单位（人）提供可供选择比较的方案，尤其是要推荐最优方案供建设单位选择；为控制基建投资、开展工程项目投资包干、招标承包以及编制基建计划提供依据；为主要设备订货提供依据；为土地征购和居民搬迁签订协议、指导和编制施工图设计、开展施工组织设计、施工和生产准备提供依据。

技术设计是介于初步设计和施工图设计之间的设计阶段。是在已批准的初步设计基础上进行的。目的是对工艺流程、设备配置和基建投资进行详细的审查和完善。

3.1.2 施工图设计

3.1.2.1 施工图设计的原始资料

施工图设计的原始资料包括：①初步设计已经过上级主管部门审查并批准。②初步设计中遗留问题和审查初步设计时提出的重大问题已经解决。③施工图设计所需的地形测量、水文地质、工程地质详勘资料已经准备。④主要设备订货单已落实，并已具备所需的设备资料。⑤已签订供水、供电、外部运输、机修协作、征地等协议。⑥已经了解施工单位的技术力量和装备情况。⑦施工图设计所需要的其他资料已经具备。

3.1.2.2 选矿厂施工图设计的内容

矿物加工专业施工图设计图纸是选矿厂施工图设计图纸的组成部分，是进行选矿工艺设备和构件(包括管道、溜槽)配置、制作、安装、编制工程预算和施工组织设计的依据。施工图设计阶段，矿物加工专业一般应绘制下列类别的图纸。

1)工艺数质量流程图(对初步设计有所改变时才绘制)。

2)工艺矿浆流程图(可与工艺数质量流程图合并，对初步设计有改变时才绘制)。

3)设备形象联系图(对初步设计有所改变时才绘制)。

4)工艺建(构)筑物联系图(对初步设计有所改变时才绘制)。

5)厂房(含各类生产厂房、矿仓、转运站、砂泵站、药剂制备间、试验室等)。

6)设备或机组(含各类主要设备、带式输送机、集中润滑系统、两种以上设备组成的机组)安装图。

7)金属结构件安装图(对简单的结构件的安装关系可在结构件制造图表示)。

8)金属结构件制造图。

9)非标准零件制造图。

10)配管图(含各种矿浆、药剂、抽风、压气等管道配置、安装)。

11)配槽图(含各种矿浆溜槽的制造、安装)。

在施工图设计阶段，凡对初步设计有所修改或补充的部分项目，若以图纸尚不能充分表达设计意图，或者某些设计内容没有必要采用图纸来表达时，均应编制施工图设计说明。

施工图设计说明用文字表达并以独立的图纸形式编制。对一般的施工说明(如验收技术条件、某些设备的操作条件、某些设备或设施使用注意事项等)应尽可能编入有关的图纸中去，而不应写入施工图设计说明中。

初步设计阶段的设备表，一般只编入主要设备，因此在施工图设计阶段还应编制补充设备订货表。

3.1.2.3 施工图设计的深度要求

施工图设计的深度要求是：①满足设备、材料的订货要求。②满足非标准设备和金属结构件的制作要求。③作为施工单位编制施工预算和施工计划的依据。④进行工程施工的依据。⑤作为竣工投产与工程验收的依据。

3.2　设计后期工作

3.2.1　设计后期服务

设计后期服务的主要内容一般包括以下几个方面：①施工图设计交底。项目开工前由项目经理组织各专业人员向业主、施工单位、非标准设备制造单位等进行施工图设计交底。介绍设计内容和设计意图，重点讲清在施工、安装、非标准设备制造中的特殊技术要求和必须充分重视的问题，并负责解释和解决施工图中存在的不清楚或不合理的问题。②配合施工，解决施工过程中遇到的设备或材料代用，工程质量及施工安装等方面的问题。③补充、修改施工图设计中遗漏的、错误的部分，重大问题变更应履行有关规定程序。④参加试车、投产、交工和竣工验收。

3.2.2　竣工验收工作

设计单位在竣工验收工作中的主要任务包括：了解施工、安装、非标准设备制造中对设计文件的执行情况，施工、安装和非标准设备加工质量，并在交工验收文件上签署意见，履行必要的手续。因此，项目经理或驻现场工作组代表，应充分掌握设计原则，理解设计意图，熟悉技术要求及某些特殊要求，通晓全部设计文件和资料，参加施工过程中的有关技术协调会议，协助做好竣工验收工作。

思考题

3 - 1　设计工作包括哪几个阶段？为什么说初步设计是重要的设计阶段？

3 - 2　初步设计的主要依据是什么？主要原始资料有哪些？

3 - 3　初步设计的设计文件包括哪几部分？矿物加工专业应完成哪几部分工作？

3 - 4　施工图设计阶段的内容有哪些？

3 - 5　设计后期工作包括哪些内容？

第4章 工艺流程的选择和计算

内容提要 本章内容包括:选矿厂工作制度、设备作业率、处理量的确定;破碎流程选择与计算(破碎产物最大粒度的确定及其粒度特性曲线;破碎段数确定;预先筛分、检查筛分、洗矿及手选等作业的应用条件;常规破碎流程的选择与计算);磨矿分级流程选择与计算(磨矿段数的确定;预先分级、检查分级、控制分级等作业的应用条件;自磨、常规磨矿流程及应用条件;常规磨矿流程的选择与计算);选别流程选择与计算(选别工艺流程的选择;选矿试验报告评价;选别流程计算所需原始指标的确定及分配;指标计算方法与步骤);矿浆流程计算(原始数据;计算方法、步骤及结果的表示);脱水流程的选择与计算。

4.1 工作制度、设备作业率和处理量的确定

4.1.1 工作制度和设备作业率

选矿厂工作制度是指选矿厂各车间的工作制度。设备作业率是指选矿厂各车间设备年作业率。

各车间的工作制度是根据各车间设备年作业率确定的。所谓设备年作业率,是指各车间设备全年实际运转小时数与全年日历小时数(即 365×24 h)之比。设备年作业率是衡量设备运转时间长短的标志,是影响选矿厂处理量的一个重要因素。设备全年实际运转小时数,一般取决于设备的质量(即材质与制造技术)、设备的装备水平、生产管理水平、原矿供应、水电供应以及检修能力等诸多因素。

破碎车间的工作制度,一般应与采矿的供矿工作制度相适应。有连续工作制度与间断工作制度两种情况,特别是小型选矿厂,可采用间断工作制。

磨矿车间和选别车间是选矿厂的主体车间,通常称为主厂房,其工作制度采用连续工作制度,即一天工作3班,每班工作8小时。

精矿脱水车间的工作制度应与主厂房相适应。若精矿量很少(如有色金属矿、稀有金属矿等选矿厂),或脱水车间选用的设备能力较大时,可采用间断工作制度,即一天工作一班或两班。

根据我国选矿厂生产实践统计,选矿厂各车间的工作制度与设备年作业率的设计规范如表4-1所示。

表4－1　主要设备作业率和作业时间

设备名称	年作业率/%	年工作日/d	每班作业时间/h
破碎及洗矿	52.4～67.81	306～330	5～7
自磨及选别	85～90.4	310～330	8
球磨及选别	90.4～92.0	310～330	8
精矿脱水	60.3～90.4	250～330	6～8

4.1.2　处理量的计算

选矿厂处理量是指各车间年、日或小时处理量。其中,破碎车间和主厂房是指年、日和小时处理的原矿量。精矿脱水车间则是指年、日和小时处理的精矿。主厂房(主要指磨矿车间)的年或日处理原矿量,称之为选矿厂规模。有色金属矿选矿厂,常用日处理原矿量表示选矿厂规模。黑色金属矿选矿厂,常用年处理原矿量表示选矿厂规模。要特别注意的是,重选厂的规模是指日处理合格原矿量(即选出部分废石后的原矿)。

有色金属矿选矿厂的破碎车间和磨矿车间(主厂房)的处理量包括年处理量、日处理量及小时处理量。其确定方法如下。

(1)年处理量

年处理量以选矿厂规模为计算依据。

①无手选或洗矿等预选作业时,破碎车间年处理量与磨矿车间(主厂房)年处理量相同,即:

$$Q_a = Q_d \times T \tag{4-1}$$

式中　Q_a——年处理量,t/a;

　　　Q_d——选厂规模,t/d;

　　　T——磨矿车间(主厂房)年工作天数,d。

②有手选或洗矿等作业时,破碎车间年处理量大于磨矿车间年处理量。破碎车间年处理量为:

$$Q_a = \frac{Q_d \times T}{1 - r} \tag{4-2}$$

式中　r——手选等预选作业丢弃的产率(小数代入);其他符号同前。

(2)日处理量

破碎车间和磨矿车间的日处理量可能相同,也可能不同,取决于各车间的年处理量和年工作天数。

$$Q_d = \frac{Q_a}{T} \tag{4-3}$$

式中　Q_d——破碎车间或磨矿车间(主厂房)日处理量,t/d;

　　　T——破碎车间或磨矿车间(主厂房)年工作天数。

(3)小时处理量

由于破碎车间和磨矿车间的日工作小时数不同,因此小时处理量也不相同。

$$Q_h = \frac{Q_d}{t} \qquad\qquad (4-4)$$

式中 Q_h——破碎车间或磨矿车间(主厂房)小时处理量,t/h;

t——破碎车间或磨矿车间(主厂房)日工作时数(t = 每日班数 × 每班小时数)。

值得强调的是,处理量的计算十分重要,其计算结果的正确与否,直接决定着工艺流程及设备选择计算的正确性。

4.2 破碎流程的选择和计算

破碎和筛分的主要任务包括:为磨矿作业准备最适宜的给矿粒度;或为粗粒矿物的选别作业(如跳汰、重介质等)准备最佳的入选粒度;或为高品位铁矿石、冶炼熔剂等生产合格的产品。

4.2.1 破碎流程选择

(1)破碎流程类型

破碎流程由破碎作业和筛分作业(包括预先筛分和检查筛分)构成,必要时还包括洗矿作业。因此,组成破碎流程可能的单元流程有图4-1中(a)、(b)、(c)、(d)和(e)共5种。理论上,由这些单元流程可组合出各种不同的破碎流程。如两段破碎流程可能的总数为 $5^2 = 25$ 种,而三段破碎流程可能的总数为 $5^3 = 125$ 种。但是,生产实践中常用的破碎流程仅仅是其中的几种典型流程。

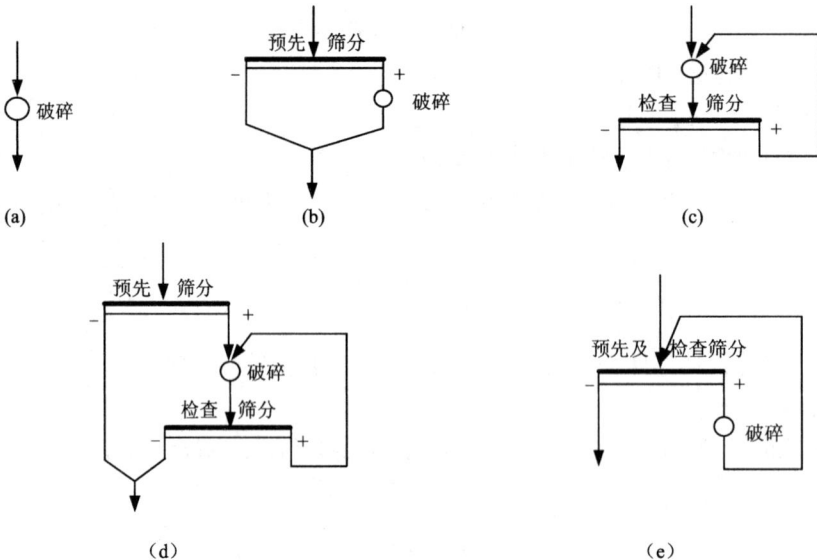

图 4 – 1 破碎单元流程

(2)常用破碎流程

破碎流程的类型很多,但根据预先筛分和检查筛分的设置条件以及实际生产中的原矿粒度和破碎最终粒度大小范围, 最常用的破碎流程有如图 4 – 2 所示的 4 种。

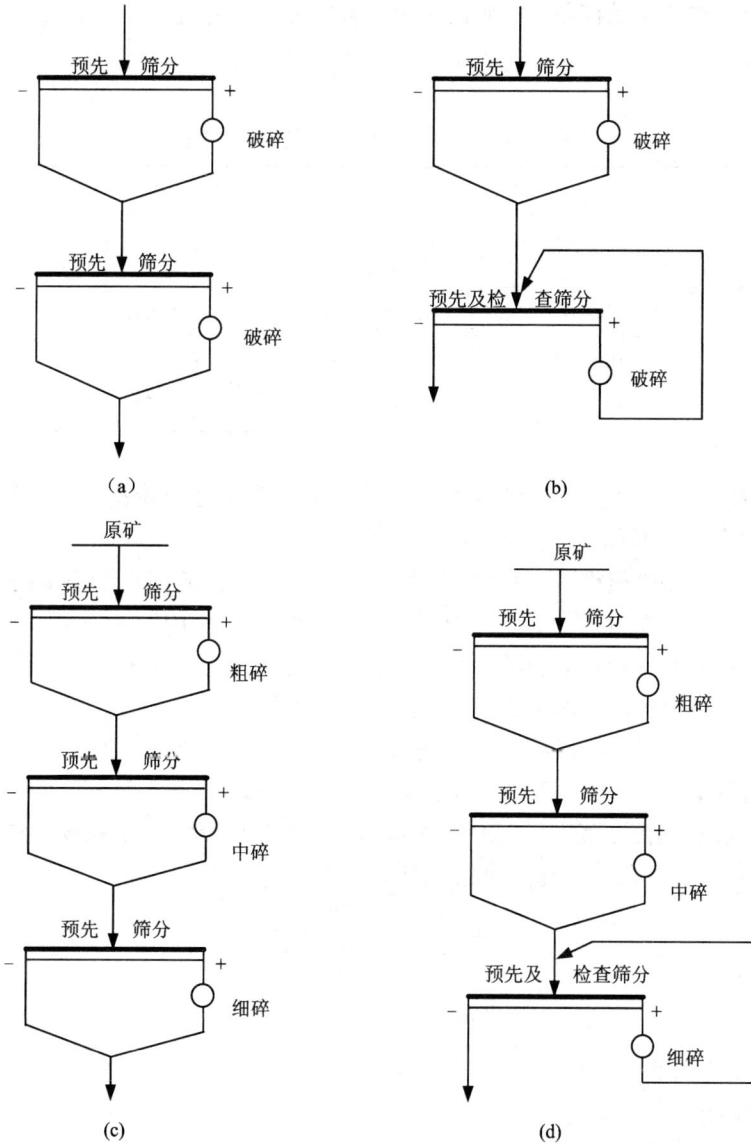

图 4 – 2　常用的破碎流程

（3）破碎流程的选择

破碎流程的选择主要应解决好以下 5 个问题：确定破碎段数、预先筛分必要性、检查筛分必要性、洗矿必要性和手选必要性等。

1）破碎段数的确定。

破碎段数主要取决于选矿厂原矿的最大粒度与破碎最终产物的粒度, 即取决于总破碎比（S）。总破碎比等于原矿最大粒度（D）除以破碎最终产物粒度（d）。即

$$S = \frac{D}{d} \qquad\qquad (4-5)$$

原矿最大粒度与矿床赋存条件、矿山规模、采矿方法、装运设备等有关，它们之间的关系如表4-2所示。

表4-2 原矿最大粒度与采矿方法的关系

选矿厂规模	露天开采		地下开采	
	铲斗容积 /m³	原矿最大粒度 /mm	采 矿 方 法	原矿最大粒度 /mm
大 型	3~6	1200~1400	深孔采矿	500~600
中 型	0.5~2	600~1000	深孔采矿	400~500
小 型	0.4~1	450~800	浅孔采矿	200~350

所谓最大粒度，在工程上是指95%的矿量通过某一筛孔时的筛孔尺寸。从表4-2中的数据可知，原矿最大粒度范围一般为200~1400 mm。

破碎最终产物粒度是根据选矿厂规模、磨矿细度和选别工艺的要求确定的。由于磨矿作业的电耗一般占选矿厂总电耗的50%~60%，而破碎作业仅占10%~15%。因此，设计时要尽可能减小破碎最终产物粒度。目前，磨矿最适宜的给矿粒度范围是：球磨机为10~20 mm；棒磨机开路时为15~20 mm，含泥含水较多时，可增大到20~25 mm；砾磨机需要部分破碎最终产物作为磨矿介质时，给矿粒度范围是40~100 mm；自磨机一般为200~350 mm；此外，某些粗粒选别作业的给矿粒度范围是：跳汰机为-20 mm；重介质选矿为25~3 mm。

根据上述原矿最大粒度范围(即200~1400 mm)和破碎最终产物粒度范围(即球磨机给料为10~20 mm)，则常规破碎流程的总破碎比范围为：

$$S_{max} = \frac{D}{d} = \frac{1400}{10} = 140$$

$$S_{min} = \frac{D}{d} = \frac{200}{20} = 10$$

式中　S_{max}——最大总破碎比；

　　　S_{min}——最小总破碎比；

　　　D——原矿最大粒度，mm；

　　　d——破碎最终产物粒度，mm。

总破碎比等于各段破碎比之乘积，即 $S = S_1 \times S_2 \times S_3 \times \cdots \times S_n$。各段破碎比与各段破碎机的型式、流程类型和矿石性质有关。各种破碎机在不同条件下，其破碎比范围如表4-3所示(难碎性矿石时取小值、易碎性矿石取大值)。

根据总破碎比范围(10~140)以及表4-3中各种破碎机在不同工作条件下的破碎比范围，采用常规破碎流程时，即使最小的总破碎比为10，一般情况下，采用一段破碎流程时也不可能达到。最大的总破碎比为140，只能采用三段(或以上)破碎流程($S_{max} = S_1 \times S_2 \times S_3 = 4.5 \times 5 \times 6.2 = 140$)。所以，常规破碎流程应是两段或三段，特殊情况下可考虑四段破碎流程(如难碎性矿石的大型选矿厂)。

表4-3 各种破碎机在不同工作条件下的破碎比范围

破碎段	破碎机形式	工作条件	破碎比范围
第Ⅰ段	颚式破碎机和旋回破碎机	开路	3~5
第Ⅱ段	标准圆锥破碎机	开路	3~5
第Ⅱ段	中型圆锥破碎机	闭路	4~8
第Ⅲ段	短头圆锥破碎机	开路	3~6
第Ⅲ段	短头圆锥破碎机	闭路	4~8
第Ⅲ段	对辊机	闭路	3~15
第Ⅱ、Ⅲ段	反击式破碎机	闭路	8~40

2) 预先筛分的必要性。

预先筛分是矿石进入破碎机之前的筛分作业。目的是：预先筛出给矿中的细粒物料，防止矿石过粉碎，减少进入破碎机的给矿量，从而提高破碎机的处理量。

根据矿石中水分的含量，可将矿石分为干矿石（水分＜3%）、润湿矿石（水分3%~4%）、较湿矿石（水分4%~6%）和湿矿石（水分＞6%）四种类型。水分在破碎时的有害程度，还与矿石中矿泥含量有关。当矿石含泥多、水分高时，采用预先筛分还可以减少破碎机的堵塞现象。生产实践证明，人多数情况下，原矿中均含有一定数量的细粒物料，特别是较易碎性矿石，其细粒含量较多（如图4-3所示）。所以，粗碎前设置预先筛分总是有利的。

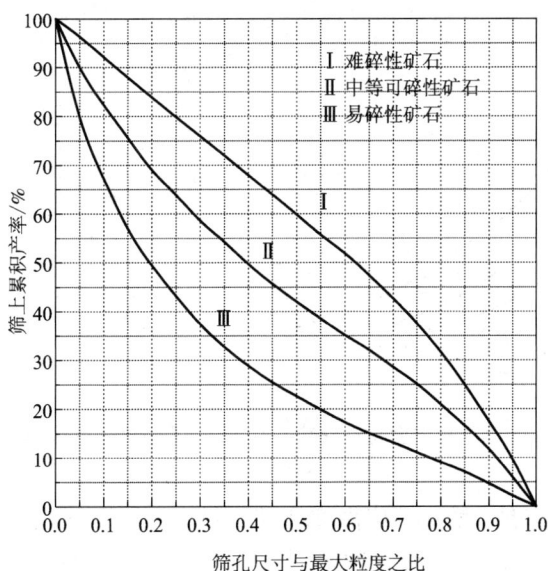

图4-3 原矿粒度特性曲线

粗碎和中碎的排矿产物中，其细粒级含量则更多，排矿产物的粒度特性曲线总是呈凹型，如图4-4、图4-5、图4-6、图4-7、图4-8和图4-9所示。因此，中碎和细碎前设置预先筛分也总是有利的。

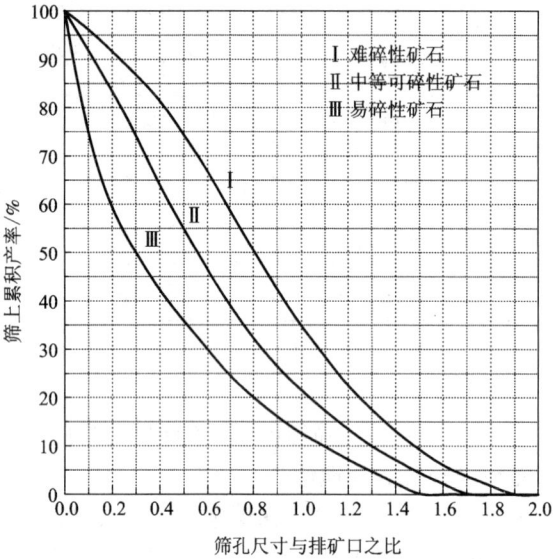

图4-4 旋回破碎机破碎产物粒度特性曲线

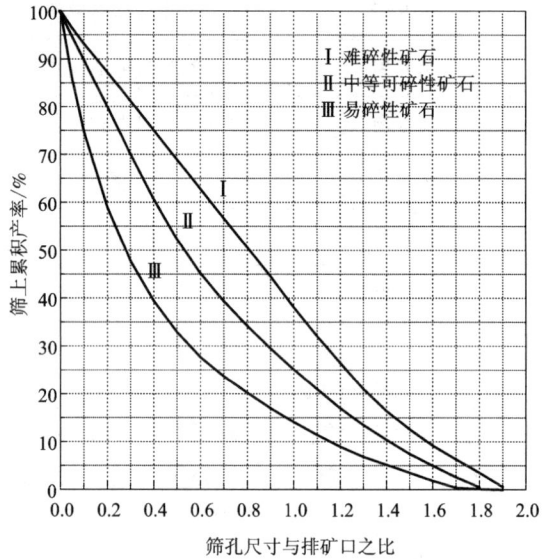

图4-5 颚式破碎机破碎产物粒度特性曲线

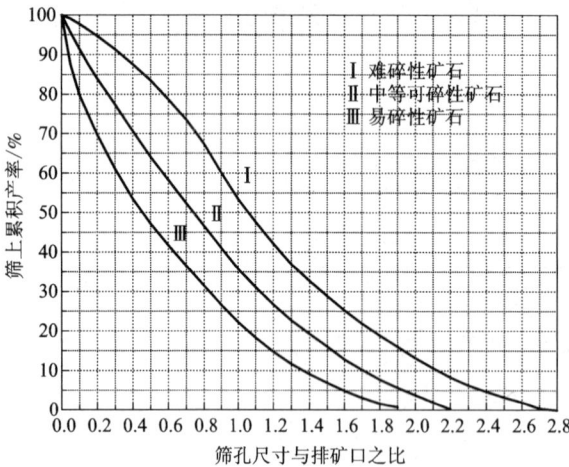

图4-6 标准圆锥破碎机破碎产物粒度特性曲线

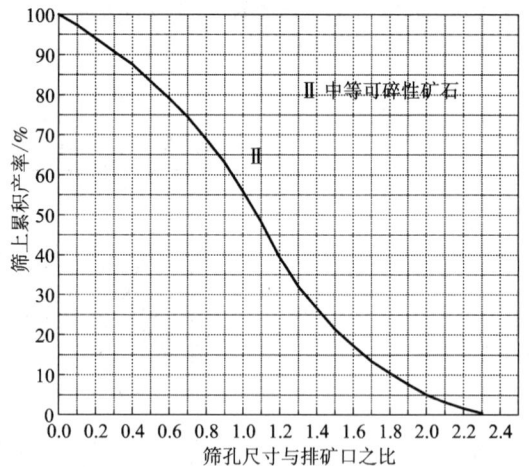

图4-7 中型圆锥破碎机闭路破碎产物粒度特性曲线

设置预先筛分的缺点是：增加厂房高度和基建投资，使设备配置复杂化。因此，在下列情况下，可以不设置预先筛分，即难碎性矿石，细粒含量少；破碎机有富余的处理能力；受地形条件限制，难于设置预先筛分；大型选矿厂的粗碎机给矿采用车厢直接倒入，即所谓的"挤满给矿"等。

3)检查筛分的必要性。

检查筛分是与破碎机(主要是细碎机)构成闭路的筛分作业。目的是控制破碎最终产物粒度和充分发挥细碎机的处理能力。

各种类型破碎机,不管是开路破碎,还是闭路破碎,其排矿产物中都含有小于和大于排矿口尺寸的产物,后者称过大颗粒,如图 4-8 和图 4-9 所示。对小于排矿口尺寸的产物,设置预先筛分是有利的。对大于排矿口尺寸的产物,则应设置检查筛分加以控制。排矿产物中最大粒度与排矿口尺寸之比,称为最大相对粒度 Z_{max}。同理,排矿产物中某一粒度(如某一筛孔)与排矿口尺寸之比,称为某一相对粒度 Z。排矿产物中,大于排矿口尺寸的过大颗粒含量 $\beta(\%)$ 与最大相对粒度 Z_{max} 之间的关系如表 4-4 所示。

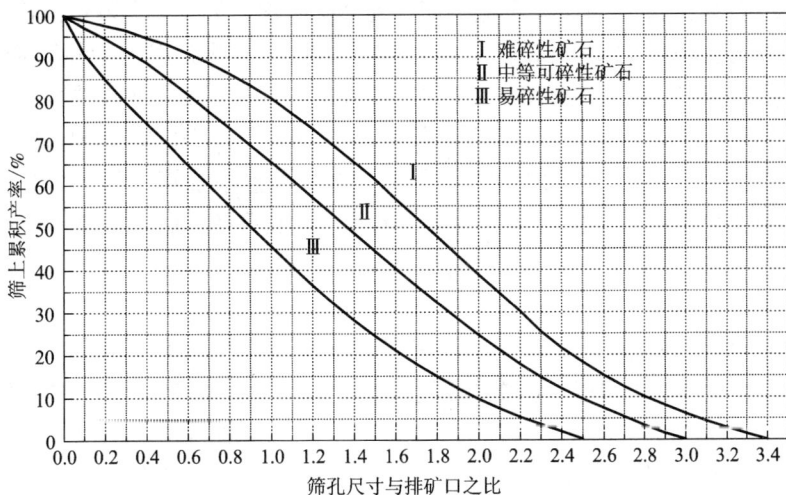

图 4-8　短头圆锥破碎机开路破碎产物粒度特性曲线

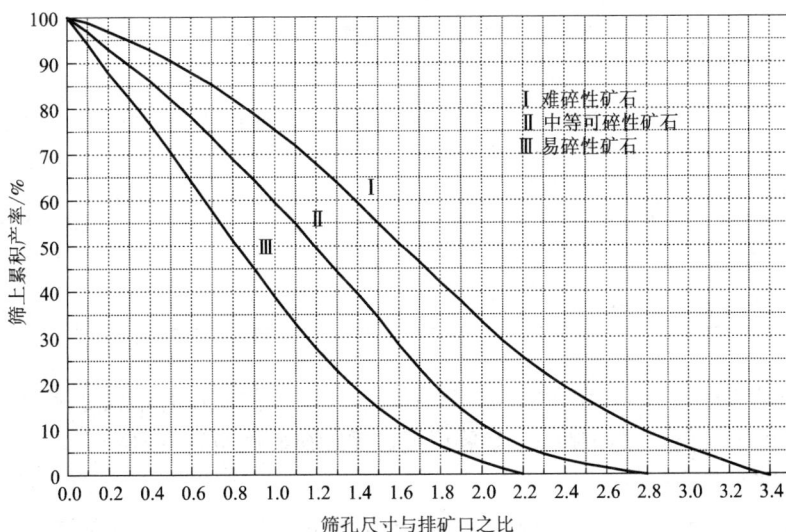

图 4-9　短头圆锥破碎机闭路破碎产物粒度特性曲线

表 4 – 4 破碎机排矿产物中过大颗粒含量 β 与最大相对粒度 Z_{max}

矿石可碎性等级	破碎机型号							
	旋回破碎机		颚式破碎机		标准圆锥破碎机		短头圆锥破碎机	
	$\beta/\%$	Z_{max}	$\beta/\%$	Z_{max}	$\beta/\%$	Z_{max}	$\beta/\%$	Z_{max}
难碎性矿石	35	1.65	38	1.75	53	2.4	75	2.9 ~ 3.0
中等可碎性矿石	20	1.45	25	1.60	35	1.9	60	2.2 ~ 2.7
易碎性矿石	12	1.25	13	1.40	22	1.6	38	1.8 ~ 2.2

从表 4 – 4 可以看出，各种类型的破碎机，其排矿产物中都有过大颗粒，而且过大颗粒的含量都很高，如短头圆锥破碎机破碎中等可碎性矿石时，排矿产物中过大颗粒含量高达 60%，最大粒度为排矿口尺寸的 2.2 ~ 2.7 倍。破碎难碎性矿石时就更为严重，$\beta = 75\%$，$Z_{max} = 2.9 ~ 3.0$。所以，在破碎流程中，最后一段破碎作业通常设置检查筛分是非常必要的。

应当指出，从技术上讲，各段均有过大颗粒，都可设置检查筛分，但由于设置检查筛分会增加投资，并使破碎车间设备配置复杂化。因此，一般只在最后一段破碎作业设置检查筛分，以控制破碎最终产物粒度，前面各段破碎则不设置检查筛分。

4）洗矿的必要性。

选矿厂处理含泥量较多的氧化矿或其他矿石时，必须设置洗矿作业。一般认为原矿含水大于 5%、含泥（一般指 – 0.074 mm 粒级）超过 5% ~ 8% 时，就应考虑洗矿。有些需要预选（如手选、光电选、重介质选等）的矿石，在预选前也需要设置洗矿。所以，洗矿要根据具体情况确定。洗矿方法和设备选择取决于矿石的可洗性，而矿石可洗性与所含黏土的种类、比例、可塑性、膨胀性及渗透性等物理机械性质以及洗矿设备的效率等因素有关。一般情况下，矿石的可洗性与洗矿方法的关系如表 4 – 5 所示。

表 4 – 5 矿石可洗性与洗矿方法的关系

矿石类别	黏土存在状态	黏土的塑性指数	必要洗矿时间/min	单位电耗/$(kW \cdot h \cdot t^{-1})$	洗矿效率/$(t \cdot kW^{-1} \cdot h^{-1})$	一般可用的洗矿设备及方法
易洗矿石	砂质黏土	<7	<5	<0.25	4	振动筛冲水
中等可洗矿石	黏土在手上能擦碎	7 ~ 15	5 ~ 10	0.25 ~ 0.5	2 ~ 4	槽式洗矿机洗一次
难洗矿石	黏土黏结成团，在手上难擦碎	>15	>10	0.5 ~ 1.0	1 ~ 2	槽式洗矿机洗二次或水枪和槽式洗矿机联合

典型的洗矿流程如图 4 – 10 和图 4 – 11 所示。洗矿后的矿泥有单独处理和矿砂与矿泥合并处理的两种方案。究竟采用哪种方案要根据矿泥和矿砂的可选性确定。

5）手选的必要性

有些矿石（如黑钨矿等），由于矿脉较薄，在开采过程中，废石混入率高达 80% 左右，这样就使原矿品位降低，不能直接入选，因而必须进行手选，以提高原矿品位和获得部分合格产品。所以，手选虽然劳动强度大且效率低，但对这类矿石仍然是非常必要的。

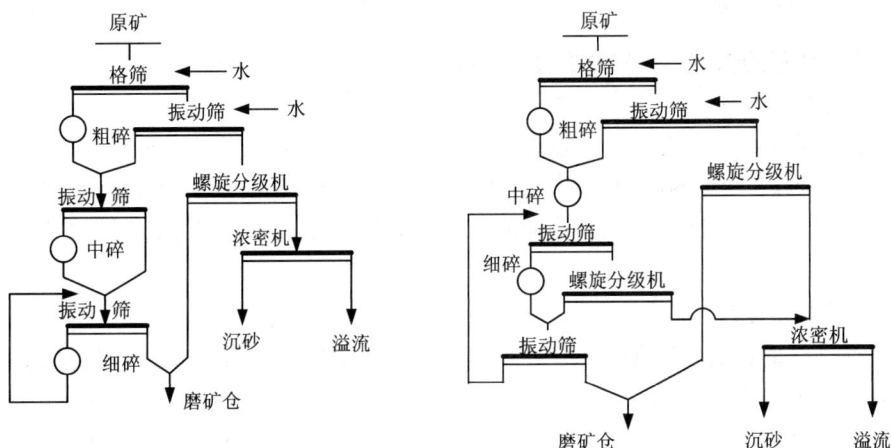

图 4 – 10　粗碎前的洗矿流程

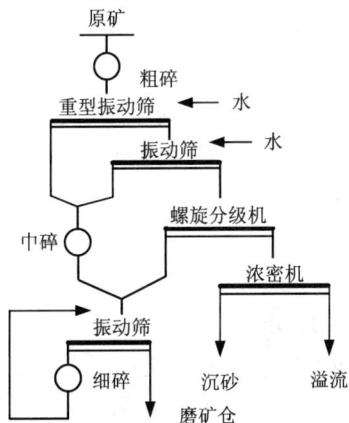

图 4 – 11　粗碎后的洗矿流程

　　根据江西、广东和湖南等选矿厂的生产实践统计,废石选出率为 35% ~ 70%,手选工效约 3 t/人·班,手选回收率为 96.5% ~ 99.0%。手选定额如表 4 – 6 所示。

表 4 – 6　手 选 定 额

矿石粒级/mm	需要拣出部分(废石或合格矿石)含量/%		
	6 ~ 10	10 ~ 20	>30
	手选定额(t/人·班)		
150 ~ 60	2.5 ~ 2.0	3.0 ~ 2.5	4.5 ~ 3.0
60 ~ 35	1.5 ~ 1.0	2.0 ~ 1.5	2.5 ~ 2.0
35 ~ 18	0.5 ~ 0.2	1.5 ~ 0.5	2.0 ~ 1.5

4.2.2 破碎流程计算

4.2.2.1 计算的内容、目的及原理

（1）计算内容

在破碎筛分作业中，只有矿石粒度和粒度组成的变化，而无品位和回收率的变化（洗矿和手选除外）。所以，计算的内容包括：各破碎产物和筛分产物的重量 $Q(t/h)$ 和产率 $\gamma(\%)$。如果破碎流程中有手选、洗矿和选别作业时，则还应计算手选、洗矿和选别作业等产物的品位和回收率。

（2）计算目的及原理

破碎流程计算的目的：为选择和计算破碎、筛分及辅助设备提供依据。计算的原理：各产物的重量和产率按平衡方程式求出。即进入作业的重量和产率，等于该作业排出产物的重量和产率之和。在计算中，不考虑破碎过程的机械损失和其他流失，认为各作业进入和排出产物的重量不变。

4.2.2.2 计算所需原始资料

破碎流程计算时，须具备下列原始资料：

（1）破碎车间的处理能力

由于破碎车间的工作制度一般与主厂房不同。所以，破碎车间的处理能力（t/h），应以选矿厂规模（t/d 或 t/a）除以破碎车间的工作小时数来计算。

（2）原矿最大粒度和破碎最终产物粒度。

（3）矿石的物理性质

主要指矿石的可碎性、含水、含泥量和矿石松散密度等。

（4）原矿、各段破碎机排矿产物粒度特性

原矿、各段破碎机排矿产物粒度特性，可以通过工业性试验直接测定，也可以参照类似矿石选矿厂的实际粒度特性资料。如果原矿和各段破碎机排矿产物粒度特性无法进行实际测定，又无类似矿石选矿厂的实际粒度特性资料可供参考，则可使用图 4 - 3 至图 4 - 9 所示的粒度特性曲线进行破碎流程计算。

（5）各段筛分作业的筛分效率

筛分效率应参考实际生产资料合理确定。粗碎和中碎使用固定棒条筛时，其筛分效率为50% ~ 60%。中碎和细碎的预先筛分使用振动筛时，其筛分效率为 80% ~ 85%。细碎采用的检查筛分，其筛分效率应按筛分工作制度（即常规筛分和等值筛分两种工作制度）来确定。筛孔尺寸和筛分效率的正确选择与否，对筛子的处理能力影响很大。

预先筛分的筛孔尺寸应在本段破碎机排矿口（e）与排矿产物中最大粒度（d_{max}）之间选取。即：

$$e \leqslant a \leqslant Z_{max}e \qquad (4-6)$$

亦即 a 在 $e \sim d_{max}$ 中选取。

式中　e——排矿口尺寸（mm）；

　　　　a——筛孔尺寸（mm）；

　　　　Z_{max}——最大相对粒度；

　　　　d_{max}——排矿产物中最大粒度（mm）（即 $d_{max} = Z_{max}e$）。

检查筛分的筛孔尺寸，可由两种筛分工作制度确定，即常规筛分工作制度（即检查筛分筛孔、排矿口与破碎最终产物粒度相等，此时筛分效率为85％）和等值筛分工作制度（即增大检查筛分筛孔、降低排矿口和检查筛分效率）。这两种筛分工作制度，就筛下产物的粒度特性和对磨矿机的生产效率而言是等效的。例如，破碎最终产物粒度为10 mm时，其检查筛分有两种筛分工作制度：常规筛分工作制度，其筛孔为10 mm，排矿口为10 mm，筛分效率为85％；等值筛分工作制度，其筛孔取12 mm，排矿口取8 mm，筛分效率为65％。经研究证明，这两种筛分工作制度的筛下产物有着相近的比表面（前者为1.0，后者为1.03），即它们的破碎产物具有相近的平均粒度。

两种筛分工作制度的算术表达式为：

常规筛分工作制度：

$$a = d,\ e = d,\ E = 85\% \tag{4-7}$$

等值筛分工作制度，又有三种情况：

① $\quad a = 1.1d,\ e = 0.8d,\ E = 73\%;$ (4-8)

② $\quad a = 1.2d,\ e = 0.8d,\ E = 65\%;$ (4-9)

③ $\quad a = 1.3d,\ e = 0.8d,\ E = 60\%。$ (4-10)

上述式中　a——检查筛分筛孔(mm)；

$\qquad e$——闭路破碎机排矿口(mm)；

$\qquad d$——破碎最终产物粒度(mm)；

$\qquad E$——检查筛分效率(%)。

等值筛分工作制度，一般适用于大、中型选矿厂，特别是大型选矿厂。由于增大筛孔（比破碎最终产物粒度大10％~20％）和降低筛分效率（比常规筛分工作制度降低12％~25％，即加大筛子安装角度来实现），从而提高筛子的处理能力，减少筛子的台数。既节省了投资，又简化了筛分车间的设备配置，对大、中型选矿厂是非常有利和必要的。

4.2.2.3　各种基本破碎流程的计算

各种基本破碎流程的计算公式如表4-7所示。

4.2.2.4　破碎流程计算步骤(详见计算实例)

破碎流程一般计算步骤是：①计算破碎车间处理量；②计算总破碎比；③初步拟定破碎流程；④计算各段破碎比；⑤计算各段破碎产物的最大粒度；⑥计算各段破碎机的排矿口宽度；⑦确定各段筛子的筛孔尺寸和筛分效率；⑧计算各产物的产率和重量；⑨绘制破碎数(质)量流程图。

4.2.2.5　破碎流程计算实例

设计已知条件为：选矿厂规模为1500 t/d，原矿最大粒度为500 mm，破碎最终产物粒度为10 mm，矿石松散密度$\delta = 1.9$ t/m³，中等可碎性矿石，破碎车间工作制度为每日3班，每班5.5 h。

(1)计算破碎车间小时处理量

$$Q = \frac{1500}{5.5 \times 3} = 91\ \text{t/h}$$

(2)计算总破碎比

$$S = \frac{D}{d} = \frac{500}{10} = 50$$

表 4-7 破碎筛分流程类型与计算公式

流程类型	流程结构	计算公式	符号说明
I		$Q_1 = Q_2$	
II		$Q_2 = Q_1\beta_1 E$ $Q_3 = Q_4 = Q_1(1 - \beta_1 E)$ $Q_5 = Q_1$	
III		$Q_4 = Q_1 = Q_3\beta_3 E$ $Q_5 = Q_3(1 - \beta_3 E)$ $Q_5 = C_1 Q_1$ $Q_2 = Q_3 = Q_1 + Q_5$ $C_1 = \dfrac{(1 - \beta_3 E)}{\beta_3 E} \times 100\%$	Q_n—各产物矿量(t/h) β_n—各产物小于筛孔级别含量,% E—筛子的筛分效率,% C_1—破碎机的循环负荷,% C_2—振动筛的循环负荷,%
IV		$Q_3 = (Q_1\beta_1 + Q_5\beta_2)E$ $Q_4 = Q_5 = C_2 Q_1$ $Q_2 = Q_1 + Q_5$ $C_2 = \dfrac{(1 - \beta_1 E)}{\beta_5 E} \times 100\%$	
V		$Q_2 = Q_1\beta_1 E$ $Q_3 = Q_1(1 - \beta_1 E)$ $Q_6 = Q_3 = Q_5\beta_5 E$ $Q_5 = \dfrac{Q_1(1 - \beta_1 E)}{\beta_5 E}$ $Q_7 = C_1 Q_3 = Q_5(1 - \beta_5 E)$ $C_1 = \dfrac{Q_1(1 - \beta_5 E)}{\beta_5 E} \times 100\%$	

(3)初步拟定破碎流程

根据总破碎比,选用三段一闭路破碎流程,如图 4-12 所示。

(4)计算各段破碎比

平均破碎比 $S_a = \sqrt[3]{50} = 3.68$,

故 $S_1 = S_2 = 3.5$,略小于 S_a。

根据总破碎比等于各段破碎比的乘积,则第三段破碎比 S_3 为:

$$S_3 = \frac{S}{S_1 \times S_2} = \frac{50}{3.5 \times 3.5} = 4.08$$

(5)计算各段破碎产物的最大粒度

$$d_4 = \frac{D}{S_1} = \frac{500}{3.5} = 143 \text{ mm},$$

$$d_8 = \frac{d_4}{S_2} = \frac{143}{3.5} = 40.8 \text{ mm}$$

$$d_{11} = \frac{d_8}{S_3} = \frac{40.8}{4.08} = 10 \text{ mm}$$

（6）计算各段破碎机排矿口宽度

破碎机排矿口宽度与破碎机型式有关，即与最大相对粒度有关。初定粗碎用颚式破碎机，中碎用标准圆锥破碎机，细碎用短头型圆锥破碎机，则各段破碎机排矿口宽度分别为：

$$e_4 = \frac{d_4}{Z_{1\max}} = \frac{143}{1.6} = 89.4 \text{ mm}，取 90 \text{ mm}$$

$$e_8 = \frac{d_8}{Z_{2\max}} = \frac{40.8}{1.9} = 21.5 \text{ mm}，取 22 \text{ mm}$$

e_{13}根据筛分工作制度确定。若采用常规筛分工作制度，$e_{13} = d_{11} = 10$ mm，若采用等值筛分工作制度，$e_{13} = 0.8d_{11} = 0.8 \times 10 = 8$ mm。

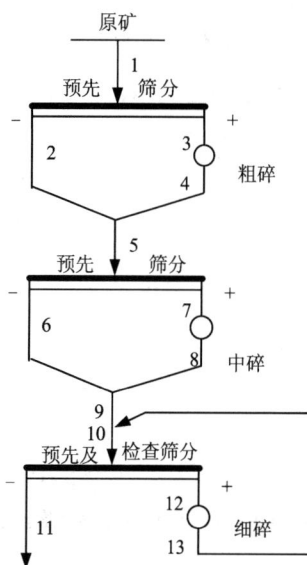

图 4 – 12

（7）选择各段筛子筛孔和筛分效率

粗筛：筛孔在 $e_4 \leqslant a_1 \leqslant d_4$ 选取。

即在 $90 \leqslant a_1 \leqslant 143$ 之间，取 $a_1 = 100$ mm，$E_1 = 60\%$

中筛：筛孔在 $e_8 \leqslant a_2 \leqslant d_8$ 选取。

即在 $22 \leqslant a_2 \leqslant 40.8$ 之间，取 $a_2 = 40$ mm，$E_2 = 80\%$

细筛：检查筛子筛孔和筛分效率按常规筛分工作制度或等值筛分工作制度确定。

常规筛分工作制度：$a_3 = d_{11}$，即 $a_3 = 10$ mm，$E_3 = 85\%$。

等值筛分工作制度：

① $a_3 = 1.1d_{11}$，即 $a_3 = 1.1 \times 10 = 11$ mm，$e_{13} = 0.8d11 = 0.8 \times 10 = 8$ mm，$E_3 = 73\%$

② $a_3 = 1.2d_{11}$，即 $a_3 = 1.2 \times 10 = 12$ mm，$e_{13} = 0.8d11 = 0.8 \times 10 = 8$ mm，$E_3 = 65\%$

③ $a_3 = 1.3d_{11}$，即 $a_3 = 1.3 \times 10 = 13$ mm，$e_{13} = 0.8d11 = 0.8 \times 10 = 8$ mm，$E_3 = 60\%$

此例采用等值筛分工作制度的第二种情况，即 $a_3 = 12$ mm，$e_{13} = 8$ mm，$E_3 = 65\%$。

（8）计算各产物的产率和重量

① 粗碎作业：

$$Q_1 = 91 \text{ t/h}，\gamma_1 = 100\%$$

$$Q_2 = Q_1\beta_1^{-100}E_1 = 91 \times 0.31 \times 0.6 = 16.93 \text{ t/h}$$

$$\gamma_2 = \frac{Q_2}{Q_1} \times 100\% = \frac{16.93}{91} \times 100\% = 18.6\%$$

$$Q_3 = Q_4 = Q_1 - Q_2 = 91 - 16.93 = 74.07 \text{ t/h}$$

$$\gamma_3 = \gamma_4 = \gamma_1 - \gamma_2 = 100 - 18.6 = 81.4\%$$

$$Q_5 = Q_1 = 91 \text{ t/h}，\gamma_5 = \gamma_1 = 100\%$$

上述式中，β_1^{-100}——原矿中小于 100 mm 的粒级含量

此例中，粗筛筛孔与原矿最大粒度的比值 $Z_1 = \dfrac{100}{500} = 0.2$，从图 4–3 中，查中等可碎性矿石，得 $\beta_1^{-100} = 0.31 = 31\%$。

② 中碎作业：

$$Q_6 = Q_1\beta_5^{-40}E_2 = 91 \times 0.432 \times 0.8 = 31.45 \text{ t/h}$$

$$\gamma_6 = \frac{Q_6}{Q_1} \times 100\% = \frac{31.45}{91} \times 100\% = 34.56\%$$

$$Q_7 = Q_8 = Q_5 - Q_6 = 91 - 31.45 = 59.55 \text{ t/h}$$

$$\gamma_7 = \gamma_8 = \gamma_5 - \gamma_6 = 100\% - 34.56\% = 65.44\%$$

$$Q_9 = Q_5 = Q_1 = 91 \text{ t/h}$$

$$\gamma_9 = \gamma_5 = \gamma_1 = 100\%$$

上述式中，β_5^{-40}——产物 5 中小于 40 mm 粒级含量。其数值等于原矿中小于 40 mm 粒级含量与产物 4 中小于 40 mm 粒级含量之和，即：

$$\beta_5^{-40} = \beta_1^{-40}E_1 + \gamma_4\beta_4^{-40} \tag{4-11}$$

此例中，中筛的筛孔与原矿最大粒度的比值 $Z_1 = \dfrac{40}{500} = 0.08$。从图 4–3 中，查中等可碎性矿石，得 $\beta_1^{-40} = 0.15 = 15\%$。中筛筛孔与粗碎机排矿口尺寸的比值 $Z_2 = \dfrac{40}{90} = 0.44$。从图 4–5 中，查中等可碎性矿石，得 $\beta_4^{-40} = 0.42 = 42\%$，故：

$$\beta_5^{-40} = \beta_1^{-40}E_1 + \gamma_4\beta_4^{-40} = 0.15 \times 0.6 + 0.814 \times 0.42 = 0.432 = 43.2\%$$

应当指出，在设计中，为了简化计算，也采用以下两种方法求得 β_5^{-40}：

a）设原矿中小于 40 mm 的粒级含量全部通过粗筛，即 $E_1 = 100\%$，故：

$$\beta_5^{-40} = \beta_1^{-40} + \gamma_4\beta_4^{-40} = 0.15 + 0.8 \times 0.42 = 0.492 = 49.2\%$$

b）直接用粗碎机排矿产物（即产物 4）中小于 40 mm 的粒级含量，即：

$$\beta_5^{-40} = \beta_4^{-40} = 0.42 = 42\%$$

显然，三种方法有差别，但不影响中碎机的选择，基本上均可采用。

③ 细碎作业

根据平衡关系，细碎作业可以列出以下平衡方程式：

$$Q_{11} = (Q_9\beta_9^{-12} + Q_{13}\beta_{13}^{-12})E_3$$

即

$$Q_1 = (Q_1\beta_9^{-12} + Q_{13}\beta_{13}^{-12})E_3$$

所以

$$Q_{13} = Q_1\frac{1 - \beta_9^{-12}E_3}{\beta_{13}^{-12}E_3} = 91 \times \frac{1 - 0.3591 \times 0.65}{0.68 \times 0.65} = 157.85 \text{ t/h}$$

$$\gamma_{13} = \frac{Q_{13}}{Q_1} \times 100\% = \frac{157.85}{91} \times 100\% = 173.46\%$$

$$Q_{12} = Q_{13} = 157.85 \text{ t/h}$$

$$\gamma_{12} = \gamma_{13} = 173.46\%$$

$$Q_{10} = Q_9 + Q_{13} = 91 + 157.85 = 248.85 \text{ t/h}$$

$$\gamma_{10} = \gamma_9 + \gamma_{13} = 100\% + 173.46\% = 273.46\%$$

$$Q_{11} = Q_1 = 91 \text{ t/h}$$
$$\gamma_{11} = \gamma_1 = 100\%$$

上述式中，β_{13}^{-12}——产物 13 中小于 12 mm 的粒级含量。在此例中，细筛筛孔与细碎机排矿口尺寸的比值 $Z_3 = \dfrac{12}{8} = 1.5$。从图 4 - 9 中，查中等可碎性矿石，得：

$$\beta_{13}^{-12} = 0.68 = 68\%$$

β_9^{-12}——产物 9 中小于 12 mm 的粒级含量，其数值等于原矿中小于 12 mm 粒级含量、粗碎机排矿产物中小于 12 mm 粒级含量和中碎机排矿产物中小于 12 mm 粒级含量的三者之和。即：

$$\beta_9^{-12} = \beta_1^{-12} E_1 E_2 + \gamma_4 \beta_4^{-12} E_2 + \gamma_8 \beta_8^{-12} \qquad (4-12)$$

细筛筛孔与原矿最大粒度的比值 $Z_1 = \dfrac{12}{500} = 0.024$。从图 4 - 3 中，查中等可碎性矿石，得 $\beta_1^{-12} = 0.04 = 4\%$。细筛筛孔与粗碎机排矿口尺寸的比值 $Z_2 = \dfrac{12}{90} = 0.133$。从图 4 - 5 中，查中等可碎性矿石，得 $\beta_4^{-12} = 0.13 = 13\%$。细筛筛孔与中碎机排矿口尺寸的比值 $Z_3 = \dfrac{12}{22} = 0.55$。从图 4 - 6 中，查中等可碎性矿石，得 $\beta_8^{-12} = 0.39 = 39\%$。故：

$$\beta_9^{-12} = \beta_1^{-12} E_1 E_2 + \gamma_4 \beta_4^{-12} E_2 + \gamma_8 \beta_8^{-12}$$
$$= 4 \times 0.6 \times 0.8 + 0.814 \times 13 \times 0.8 + 0.6544 \times 39 = 35.91\%$$

同理，为了简化计算，也可以用以下两种方法求得 β_9^{-12}：

a）设原矿中小于 12 mm 的粒级含量和粗碎机排矿产物中小于 12 mm 的粒级含量均全部通过粗筛、中筛，即 $E_2 = E_1 = 100\%$。故：

$$\beta_9^{-12} = \beta_1^{-12} + \gamma_4 \beta_4^{-12} + \gamma_8 \beta_8^{-12}$$
$$= 4 + 0.814 \times 13 + 0.6544 \times 39 = 40.1\%$$

b）直接用中碎机排矿产物中小于 12 mm 的粒级含量，即：

$$\beta_9^{-12} = \beta_8^{-12} = 0.39 = 39\%$$

显然，三种方法有差别，但不会影响细碎机的选择，基本上都可采用。

（9）绘制破碎数量流程图

将上述破碎流程的计算结果，按产物编号和一定的规范要求分别填写在流程图上即可得到破碎流程的数量流程图。如图 4 - 13 所示。

应当指出，破碎流程的计算必须结合破碎设备选择计算同时进行。其原因是：

① 破碎流程的计算，要采用所选破碎机的排矿产物粒度的特性曲线。因此，在破碎流程计算前，先要确定破碎机类型，如粗碎可用旋回和颚式破碎机；中碎可用标准型和中型圆锥破碎机；细碎可用短头型、中型圆锥破碎机和对辊破碎机等；

② 按各段已确定的排矿口计算破碎机的处理量和负荷系数（一般为 60% ~ 100%）时，可能会出现各段破碎机的负荷不平衡，即某段破碎机负荷系数太高，另一段的负荷系数又太低。所以，必须要进行各段破碎机负荷系数的调整，使各段破碎机负荷系数基本接近。调整方法包括：改变排矿口（即在产品目录中，所选破碎机可调的范围内改变）；改变筛孔（预先筛孔在 $e \leqslant a \leqslant Z_{max} e$ 之间改变，检查筛孔按筛分工作制度调整）；改变筛分效率；决定某段筛分作业是否需要；改变破碎车间工作制度；改变设备规格等。

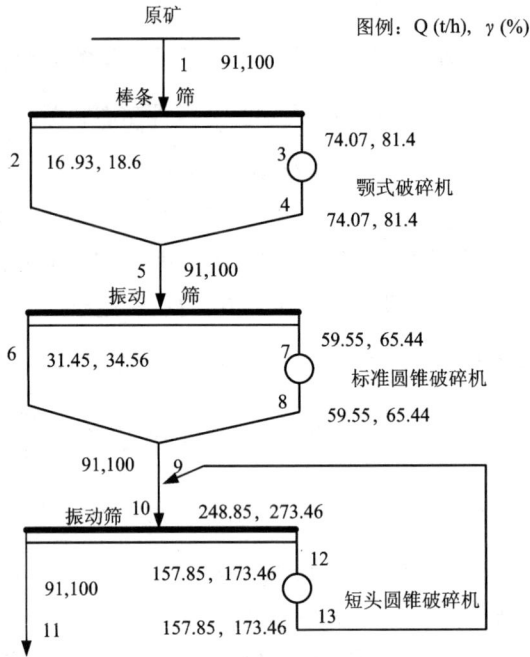

图 4 – 13　破碎数量流程图

显然，不管采用哪一种或哪几种办法，都会涉及破碎流程计算中的某些参数（如 a_n、e_n、β_n、E_n 或 Q_n）。这些参数一旦改变，破碎流程就得重新计算（一次或者多次），只有这样，破碎流程的计算才能获得满意的结果。

4.3　磨矿流程的选择和计算

4.3.1　磨矿流程选择

磨矿流程由磨矿和分级作业构成，其中，分级作业类型有预先分级、检查分级和控制分级。磨矿作业类型有自磨、棒磨和球磨。磨矿和分级的主要任务是使有用矿物达到理想的单体解离度，为后续选别作业提供合适的入选粒度和粒度组成，并防止物料的过粉碎。

（1）常规磨矿流程

根据选别工艺要求，将磨矿和分级作业进行组合，可得到各种不同类型的磨矿流程，有一段、两段和多段磨矿流程以及开路和闭路磨矿流程等。生产中使用的各种类型的磨矿流程如图 4 – 14 和图 4 – 15 所示。

由此可见，生产实践可使用的磨矿流程类型很多，但是根据磨矿细度、预先分级、检查分级和控制分级设置等条件，最常采用的磨矿流程有以下 4 种，如图 4 – 16 所示。

（2）自磨流程

生产实践证明，上述常规破碎和磨矿流程，虽能保证选矿厂的正常生产，但同时存在流程较复杂、设备种类过多、设备和基建费用偏大以及经营管理费较高等弱点。因此，从节能

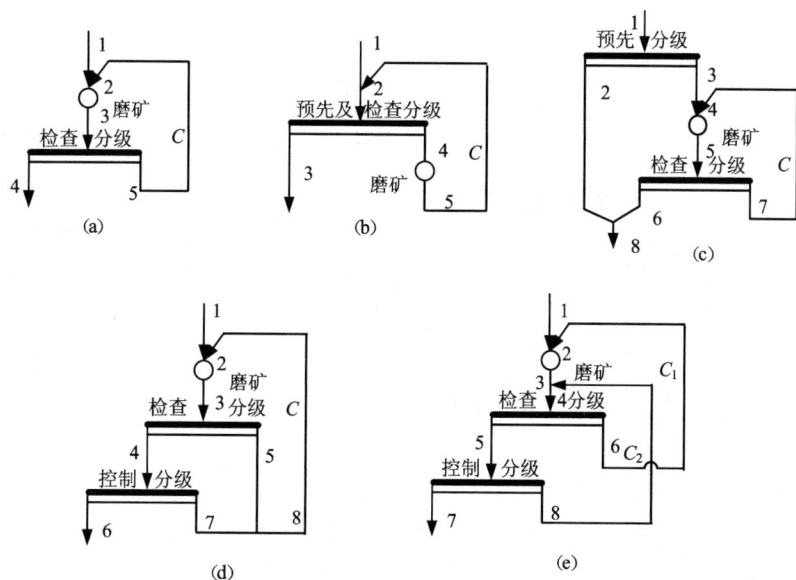

图 4 - 14 一段磨矿流程类型

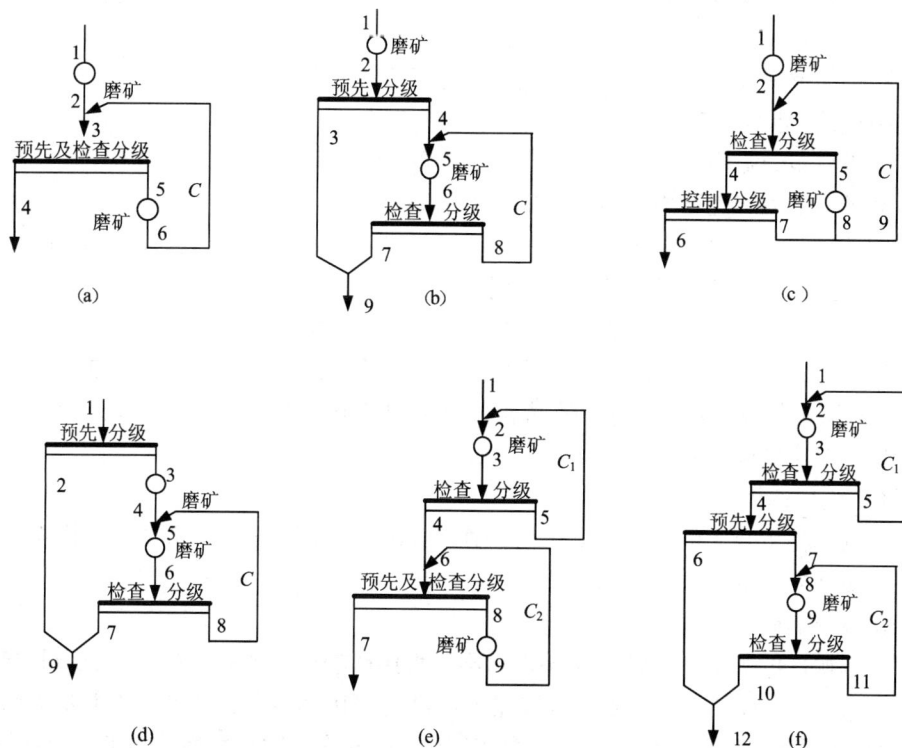

图 4 - 15 两段磨矿流程类型

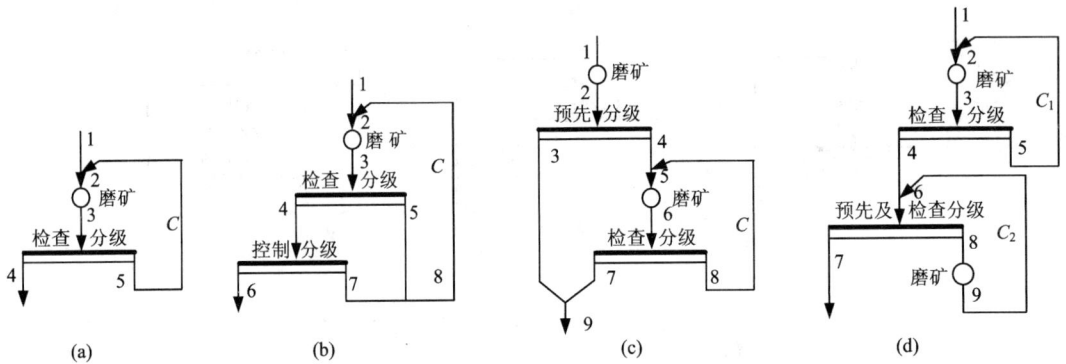

图 4 – 16 常用磨矿流程

降耗的角度出发,在设计时可考虑采用自磨流程的可能性。

选矿厂常用的自磨流程是湿式自磨流程(干式自磨流程一般只在干选和缺水的地区采用)。根据生产要求,可采用一段自磨流程或两段自磨流程。

为了解决难磨粒子的问题,可在自磨机内添加少量钢球,一般不超过自磨机容积的 10%(通常在 5% ~8%),即所谓的"半自磨流程"。

自磨流程有开路和闭路流程 2 种。开路流程简单,处理量大,但因排矿粒度难以控制而会影响下一作业,所以很少采用。闭路流程是选矿厂最常用的自磨流程,可以与不同分级设备组合成各种闭路流程。生产中常见的有:

①自磨机与螺旋分级机构成闭路。优点是分级机操作稳定,易于管理,配置简单。缺点是分级效率较低,返砂量较大。

②自磨机与振动筛构成闭路。优点是流程简单,但只适宜粗磨。

③自磨机与水力旋流器构成闭路。适宜于细磨。

以上 3 种组合闭路中,均可在自磨机排矿端安装圆筒筛,筛分出过大矿石,以减轻分级设备负荷和保护分级设备。常见的自磨流程如图 4 – 17 所示。

影响自磨的因素很多,特别是矿石性质、矿石结构和构造影响更大。因此,在采用自磨流程前,尤其是设计大型选矿厂时,必须进行自磨试验研究(包括半工业性和工业性试验)。此外,由于自磨机作业率较低、电耗较高和自动化配套设备较多。因此,设计前必须与常规磨矿方法进行对比试验,为设计提供可靠的数据。

(3)磨矿流程选择

磨矿流程选择主要应解决的问题包括:确定磨矿段数、预先分级必要性、检查分级必要性和控制分级必要性等。

①磨矿段数的确定

磨矿是选矿厂的关键生产环节之一。它不仅直接影响选别效果,而且还影响基建投资和电能消耗。所以,在设计之前,必须由研究单位进行磨矿细度与选别指标(主要指精矿品位和回收率)的关系试验,确定矿石的最佳磨矿细度,以此作为磨矿段数确定的主要设计依据。

根据已有生产实践和技术经济比较,一般磨矿产物粒度大于 0.15 mm(即磨矿细度小于70% −0.074 mm)时,可采用一段磨矿流程。但对于小型选矿厂,有时为了简化流程,节省

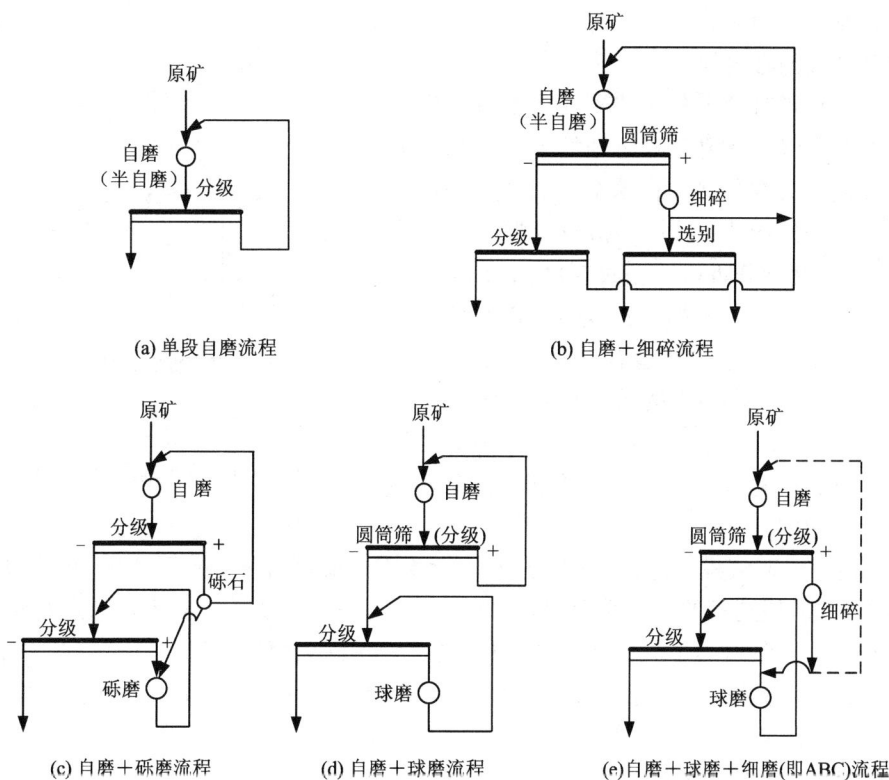

(a) 单段自磨流程

(b) 自磨＋细碎流程

(c) 自磨＋砾磨流程

(d) 自磨＋球磨流程

(e) 自磨＋球磨＋细磨(即ABC)流程

图4-17 常见自磨流程

投资，也可在分级作业上采取必要的措施(如增加控制分级作业等)，进而使得磨矿细度虽然超过70% -0.074 mm，也可采用一段磨矿流程。如果磨矿产物粒度小于0.15m(即磨矿细度大于70% -0.074 mm)，或者选别工艺需要阶段磨矿时，则多采用两段或两段以上的磨矿流程，特别是大、中型选矿厂。因此，选矿生产实践中，磨矿段数大多数采用一段或两段，特殊情况下可考虑多段。

应当指出，在两段或多段磨矿中，各段磨矿细度的分配要求确定得比较合理，以使各段磨矿机的负荷基本平衡，达到高效率的磨矿(关于如何分配磨矿细度，详见本章后续的两段磨矿流程的计算)。

②预先分级的必要性

预先分级是矿石进入磨矿机之前的分级作业。其目的是：预先将磨机给矿中合格粒级分出，提高磨矿机的处理量，减少过粉碎；或者预先分出矿泥、有害可溶性盐类，以利于进行分别处理。生产实践证明，大多数情况下，磨机给矿中均含有一定数量的合格粒级。要合理地进行预先分级，其合格粒级含量一般应不小于14% ~15%，而且给矿中最大粒度不得大于6~8 mm。因此，预先分级不是在任何情况下均可采用，而是要根据上述条件来确定。

③检查分级的必要性

所谓检查分级，是指与磨矿机构成闭路的分级作业。设置的目的是：保证得到合格的磨矿细度，同时将粗粒级别返回磨矿机再磨，形成合适的返砂量(即循环负荷)，以提高磨矿效率(即单位时间内的通过量),减少矿石过粉碎。可见,在任何情况下,检查分级在磨矿流程中是非常必要而有利的。

④控制分级的必要性

控制分级是指对检查分级或预先检查分级作业溢流进行再次分级,得到粒度更细的溢流产物的分级作业。设置的目的是在一段磨矿条件下,获得溢流粒度更细的磨矿产物,或第一段分级要采用水力旋流器(之前用螺旋分级机除去过粗粒),或对阶段选别尾矿进行的分级。根据生产实践,控制分级一般设置在一段磨矿检查分级溢流之后[如图4-14中的(d)和(e)],两段磨矿的预先检查分级作业溢流之后(如图4-15中的c),或阶段选别尾矿之后(如图4-18)。由此可见,控制分级也不是在任何情况下都可采用的。

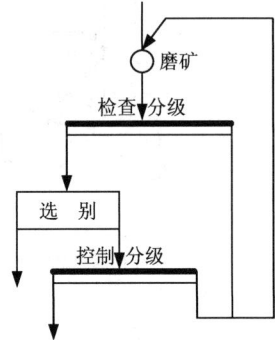

图4-18 阶段选别中的控制分级

综上所述,磨矿流程的选择,要充分考虑所要求的磨矿细度、矿石性质(可磨度、泥化、嵌布特性等)和阶段选别的必要性等因素,此外,还应考虑选矿厂的规模。从经济角度考虑,对处理细粒或不均匀嵌布矿石的小型选矿厂,也可采用一段磨矿流程。生产实践中,最常用的磨矿流程是:磨矿与检查分级构成闭路的一段磨矿流程,如图4-16(a)所示;两段全闭路的磨矿流程,如图4-16(d)所示。

(4)磨矿流程选择的基本原则

磨矿流程选择主要依据矿石性质、矿物嵌布粒度和嵌布特性、选别工艺要求等条件决定。其基本原则是:

①原矿石中含泥含水较多、且有大量黏土矿物时,采用常规的破碎磨矿工艺,破碎流程很难畅通。增加洗矿作业将使流程复杂,对大型选矿厂不利,这时应考虑采用湿式自磨工艺的可能性和必要性。同时可采用自磨和常规磨矿时,应进行技术经济比较加以确定。

②当入选的矿石粒度在55%~65% -0.074 mm时,一般可考虑:

矿石破碎到10~15 mm后,采用图4-16中的(a),即带检查分级的一段磨矿流程。当选矿厂规模较大时,可将矿石破碎至20~25 mm,采用图4-16中的(c),其中一段采用棒磨,二段采用球磨。对大型选矿厂,当矿石破碎至300~350 mm时,可采用自磨加球磨或半自磨加球磨流程[图4-17中的(d)],或者自磨+球磨+细碎的流程[图4-17中的(e)]。

③当入选矿石粒度要求较细,70%以上 -0.074 mm时,或者需要进行阶段选别,此时可采用图4-16中的(d),即两段全闭路流程。

4.3.2 磨矿流程计算

与破碎流程计算一样,磨矿流程计算的基本原理仍然是:各作业进入与排出的产物的重量平衡。磨矿流程计算指标包括各产物的重量 Q(t/h)和产率 γ(%)。目的是为磨矿和分级设备的选择与计算以及矿浆流程计算提供基础资料。

（1）磨矿流程计算所需的原始资料

磨矿流程计算时，须具备下列原始资料：

①磨矿车间的处理能力。浮选厂或磁选厂的磨矿车间的处理能力，一般为原矿处理量，即选矿厂规模(t/d 或 t/h)。重选厂的处理能力，一般为合格原矿处理量，即经手选或重介质等预选后，实际进入磨矿机的矿量。如果是某些阶段选别流程，或联合流程的选矿厂，磨矿的处理能力则是流程中实际进入磨矿作业的矿量。

②要求的磨矿细度。磨矿细度一般根据试验单位所推荐的最佳磨矿细度确定。

③最合适的循环负荷。最合适的循环负荷能使磨矿获得最佳效果。一般由工业性试验确定，或采用类似矿石选矿厂的实际资料，或按表4－8所示资料选取。

表 4 - 8　不同磨矿条件下最合适的循环负荷

磨矿条件	$C_{合适}$值/%
磨矿机和分级机自流配置(第一段)：粗磨至 0.5 ~ 0.3 mm	150 ~ 350
粗磨至 0.3 ~ 0.1 mm	250 ~ 600
（第二段）：由 0.3 mm 磨至 0.1 mm 以下	200 ~ 400
磨矿机和水力旋流器配置(第一段)：粗磨至 0.4 ~ 0.2 mm	200 ~ 350
粗磨至 0.2 ~ 0.1 mm	300 ~ 500
（第二段）：由 0.2 mm 磨至 0.1 mm 以下	150 ~ 350

应当指出，最合适的循环负荷选定之后，还必须用磨矿机允许的最大通过量进行校核，即磨矿机单位容积的小时通过量(新给矿＋返砂)不得大于 12 t/(m³·h)。否则，磨矿机会被矿石过分充塞(形成所谓的"胀肚")，而导致不能正常工作或失去磨矿作用，此时应减少所选定的循环负荷值。

④磨矿机给矿、分级溢流和分级返砂中计算级别的含量。

所谓计算级别，就是指参与磨矿流程计算的某一特定粒级。设计中，通常以小于 0.074 mm 粒级作为计算级别，但细(再)磨作业一般以小于 0.043 mm 作为计算级别。需要注意，计算时，磨矿机给矿、分级溢流和分级返砂中的计算级别，也应是同一个计算级别。

磨机给矿中计算级别的含量，一般由选矿试验的筛分测得，或采用类似矿石选矿厂的实际资料，或按表4－9所示资料选取。

表 4 - 9　磨矿机给矿中小于 0.074 mm 粒级含量(%)

给矿粒度/mm	40	20	10	5	3
难碎性矿石	2	5	8	10	15
中等可碎性矿石	3	6	10	15	23
易碎性矿石	5	8	15	20	25

分级溢流中计算级别的含量，就是指要求达到的磨矿细度。根据选矿试验单位的试验报告中的数据确定。如用其他计算级别来计算磨矿流程，可参考表4－10中的资料。该表说明了分级溢流中小于 0.074 mm 粒级含量与其他计算级别含量之间的大致对应关系。

表 4-10　溢流产物中不同级别含量之间的对应关系

溢流产物中不同级别的对应含量/%	溢流产物中最大粒度/mm									
	—	—	—	0.43	0.32	0.24	0.18	0.14	0.094	0.074
0.074 mm	10	20	30	40	50	60	70	80	90	95
0.04 mm	5.0	11.3	17.3	24.0	31.5	39.5	48.0	58.0	71.5	80.5
0.02 mm	—	—	9	13	17	22	26	35	46	55
0.2 mm	—	46	62	75	85	92	96	—	—	—

分级设备返砂中计算级别的含量,与分级溢流产物的粒度密切相关,如表4-11所示。

表 4-11　返砂中计算级别含量与溢流产物粒度的关系

产物中 -0.074 mm 级别的含量/%	分级机溢流产物的粒度/mm					
	0.4	0.3	0.2	0.15	0.1	0.074
分级机溢流中	35 ~ 40	45 ~ 55	55 ~ 65	70 ~ 80	80 ~ 90	95
分级机返砂中	3 ~ 5	5 ~ 7	6 ~ 9	8 ~ 12	9 ~ 15	10 ~ 16

表 4-11 中所列计算级别含量,是对密度为 2.7 ~ 3.0 的中等可碎性矿石而言的。若密度大的矿石,返砂中计算级别含量要增大 1.5 ~ 2.0 倍。若为预先分级或控制分级,其给矿中计算级别含量超过 30% ~ 40% ,返砂中计算级别含量应取上限。若为水力旋流器,返砂中计算级别含量要比表 4-11 中所列数据高 15% 左右。

⑤两段磨矿机单位生产能力之比值 k 。

在两段磨矿流程中,第一段磨矿机按新生成计算级别的单位生产能力(q_1)与第二段磨矿机同一计算级别的单位生产能力(q_2)有差别。一般说,给矿中最易磨碎的矿石,在第一段磨矿机中首先被磨碎,而较难磨碎的矿石进入第二段磨矿机。因此,第二段磨矿机生产能力较小,它们之间的关系为:

$$k = \frac{q_2}{q_1} = 0.8 \sim 0.85$$

⑥两段磨矿机容积之比值 m 。

如上所述,在两段磨矿流程中,两段磨矿机的生产能力不同,也必然导致两段磨矿机的容积(即 V_1 和 V_2)有差别。特别是两段一闭路流程中,两段磨矿机容积差别就更大。两段磨矿机容积之间的关系为:

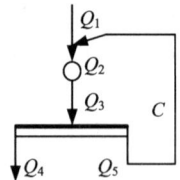

图 4-19

$$m = \frac{V_2}{V_1}$$

两段一闭路: $m = 2$,或 $m = 3$

两段全闭路: $m = 1$

(2)常规磨矿流程的计算

常规磨矿流程的计算可参考表 4-12 中的公式进行。其中,4 种最典型常规磨矿流程的计算过程举例如下:

表 4 – 12　常规磨矿流程计算公式与步骤

流程类型	流 程 图	已知条件和待求参数	计算公式与步骤
带检查分级的一段磨矿流程		已知: Q_1, C(查表 4 – 8) 待求参数: Q_2, Q_3, Q_4, Q_5	$Q_4 = Q_1$ $Q_5 = CQ_1$ $Q_2 = Q_1(1 + C)$ $Q_3 = Q_2$
预先和检查分级合一的一段磨矿流程		已知: Q_1, C(查表 4 – 8), β_1、β_3 和 β_4 查表(4 – 11) 待求参数: Q_2, Q_3, Q_4, Q_5	$Q_3 = Q_1$ $Q_5 = Q_4$ $Q_4 = \dfrac{Q_1(\beta_3 - \beta_1)(1 + C)}{\beta_3 - \beta_4}$ $Q_2 = Q_1 + Q_4$
带预先分级的一段磨矿流程		已知: Q_1, C(查表 4 – 8), β_1、$\beta_8 = \beta_2 = \beta_6$、$\beta_3$(表 4 – 11) 待求参数: Q_2, Q_3, Q_4, Q_5, Q_6, Q_7, Q_8	$Q_8 = Q_1$ $Q_3 = Q_6 = \dfrac{Q_1(\beta_2 - \beta_1)}{\beta_2 - \beta_3}$ $Q_2 = Q_1 - Q_3$ $Q_7 = Q_3 C$ $Q_4 = Q_5 = Q_3(1 + C)$
带控制分级的一段磨矿流程		已知: Q_1, C(查表 4 – 8), β_1、β_4、β_6、β_7(表 4 – 11) 待求参数: Q_2, Q_3, Q_4, Q_5, Q_6, Q_7, Q_8	$Q_6 = Q_1$ $Q_4 = \dfrac{Q_1(\beta_6 - \beta_7)}{\beta_4 - \beta_7}$ $Q_8 = Q_1 C$ $Q_7 = Q_6 - Q_4$ $Q_5 = Q_8 - Q_7$ $Q_2 = Q_3 = Q_1(1 + C)$
第一段开路的两段磨矿流程		已知: Q_1, C(查表 4 – 8), β_1、β_3、β_7、β_9、β_4(查表 4 – 11), m, k 待求参数: Q_2, Q_3, Q_4, Q_5, Q_6, Q_7, Q_8, Q_9	$Q_9 = Q_2 = Q_1$ $\beta_2 = \beta_1 + \dfrac{\beta_9 - \beta_1}{1 + km}$ $Q_4 = Q_7 = Q_1 - Q_3 = \dfrac{Q_1(\beta_3 - \beta_2)}{\beta_3 - \beta_4}$ $Q_3 = Q_1 - Q_4$ $Q_8 = Q_4 C$ $Q_5 = Q_6 = Q_4(1 + C)$
两段全闭路磨矿流程		已知: Q_1, C_1, C_2(查表 4 – 8), β_1、β_7、β_8(查表 4 – 11), m, k 待求参数: Q_2, Q_3, Q_4, Q_5, Q_6, Q_7, Q_8, Q_9	$Q_7 = Q_1 = Q_4$ $Q_3 = Q_2 = Q_1(1 + C_1)$ $Q_5 = Q_1 C_1$ $\beta_4 = \beta_1 + \dfrac{\beta_7 - \beta_1}{1 + km}$ $Q_9 = Q_8 = \dfrac{Q_1(\beta_7 - \beta_4)(1 + C_2)}{\beta_7 - \beta_8}$ $Q_6 = Q_7 + Q_8$

①带检查分级的一段磨矿流程。

流程如图 4 – 19 所示。产物 1 的重量 Q_1 为已知。

计算内容：产物 2、5 的重量及其相应产率。

计算重点：确定合适的循环负荷 c。

计算步骤：

$$Q_4 = Q_1$$
$$Q_5 = CQ_1$$
$$Q_2 = Q_3 = Q_1 + Q_5$$

根据各产物的重量，除以原矿重量 Q_1，则得各产物的产率 γ_n（以下计算均同，故省略）。

实例 1：已知 $Q_1 = 200$ t/h，中等可碎性矿石，分级溢流粒度 0.2 mm，查表 4 – 8，确定 $c = 350\%$。

$$Q_4 = Q_1 = 200 \text{ t/h}$$
$$Q_5 = CQ_1 = 3.5 \times 200 = 700 \text{ t/h}$$
$$Q_2 = Q_3 = Q_1 + Q_5 = 200 + 700 = 900 \text{ t/h}$$

②带控制分级的一段磨矿流程。

流程如图 4 – 20 所示。产物 1 的重量 Q_1，检查分级和控制分级溢流中计算级的含量 β_4、β_6 为已知。

计算内容：产物 2、4、5、7、8 的重量及其相应的产率。

计算重点：算出产物 4 的重量和确定合适的循环负荷 C。

计算步骤：

$$Q_6 = Q_1$$

按平衡关系，列出控制分级的联立方程式求 Q_4。

$$\begin{cases} Q_4 = Q_6 + Q_7 \\ Q_6\beta_6 + Q_7\beta_7 = Q_4\beta_4 \end{cases}$$

解联立方程得：

$$Q_4 = \frac{Q_6(\beta_6 - \beta_7)}{\beta_4 - \beta_7} = \frac{Q_1(\beta_6 - \beta_7)}{\beta_4 - \beta_7} \tag{4 – 13}$$

式中　β_7——控制分级返砂中计算级别含量（由表 4 – 11 查得）。

$$Q_7 = Q_4 - Q_6 = Q_4 - Q_1$$
$$Q_8 = CQ_1$$
$$Q_5 = Q_8 - Q_7$$
$$Q_2 = Q_3 = Q_1 + Q_8$$

实例 2：已知 $Q_1 = 200$ t/h；中等可碎性矿石；检查分级溢流粒度为 0.3 mm，即 β_4 为 50% 小于 0.074 mm；控制分级溢流粒度为 0.15 mm，即 β_6 为 75% 小于 0.074 mm；据此查表 4 – 8，确定 $c = 450\%$，查表 4 – 11，确定 $\beta_7 = 12\%$。

$$Q_6 = Q_1 = 200 \text{ t/h}$$
$$Q_4 = \frac{Q_1(\beta_6 - \beta_7)}{\beta_4 - \beta_7} = \frac{200 \times (75 - 12)}{50 - 12} = 331.58 \text{ t/h}$$
$$Q_7 = Q_4 - Q_1 = 331.58 - 200 = 131.58 \text{ t/h}$$

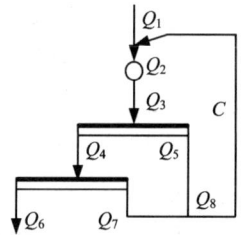

图 4 – 20

$$Q_8 = CQ_1 = 4.5 \times 200 = 900 \text{ t/h}$$

$$Q_5 = Q_8 - Q_7 = 900 - 131.58 = 768.42 \text{ t/h}$$

$$Q_2 = Q_3 = Q_1 + Q_8 = 200 + 900 = 1100 \text{ t/h}$$

③两段一闭路磨矿流程。

流程如图 4-21 所示。已知原始指标是:产物 1 的重量 Q_1;产物 1、3、7、9 中计算级别的含量 β_1、β_3、β_7、β_9;两段磨矿机容积之比值 m;两段磨矿机按新生成计算级别计的单位生产能力之比值 k。

计算内容:产物 3、4、5、6、7、8 的重量及其相应的产率。

计算重点:算出第一段磨矿排出产物中计算级别的含量 β_2,产物 3 的重量和确定第二段磨矿合适的循环负荷 C。

计算步骤:

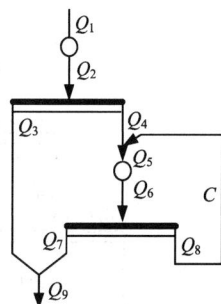

图 4-21

$$Q_9 = Q_2 = Q_1$$

$$\beta_2 = \beta_1 + \frac{\beta_9 - \beta_1}{1 + km} \qquad (4-14)$$

按平衡关系,列出预先分级的联立方程式求 Q_3。

$$\begin{cases} Q_2 = Q_3 + Q_4 \\ Q_2\beta_2 = Q_3\beta_3 + Q_4\beta_4 \end{cases}$$

解联立方程得:

$$Q_3 = \frac{Q_2(\beta_2 - \beta_4)}{\beta_3 - \beta_4} = \frac{Q_1(\beta_2 - \beta_4)}{\beta_3 - \beta_4} \qquad (4-15)$$

式中 β_4——预先分级返砂中计算级别含量(因 $\beta_3 = \beta_7 = \beta_9$,故查表 4-11 可得)。

$$Q_7 = Q_4 = Q_2 - Q_3 = Q_1 - Q_3$$

$$Q_8 = CQ_4$$

$$Q_5 = Q_6 = Q_4 + Q_8$$

实例 3:已知 $Q_1 = 200$ t/h;中等可碎性矿石;给矿粒度 10 mm,查表 4-9 得 $\beta_1 = 10\%$;预先分级溢流粒度,检查分级溢流粒度和最终溢流粒度均为 0.1 mm,即 $\beta_3 = \beta_7 = \beta_9 = 85\%$ 小于 0.074 mm;据此,查表 4-11,得 $\beta_4 = 12\%$,查表 4-8,得 $C = 300\%$;$k = 0.82$;$m = 2$(因第一段为开路)。

$$Q_9 = Q_2 = Q_1 = 200 \text{ t/h}$$

$$\beta_2 = \beta_1 + \frac{\beta_9 - \beta_1}{1 + km} = 10 + \frac{85 - 10}{1 + 0.82 \times 2} = 38.41\%$$

$$Q_3 = \frac{Q_1(\beta_2 - \beta_4)}{\beta_3 - \beta_4} = \frac{200 \times (38.41 - 12)}{85 - 12} = 72.36 \text{ t/h}$$

$$Q_7 = Q_4 = Q_1 - Q_3 = 200 - 72.36 = 127.64 \text{ t/h}$$

$$Q_8 = CQ_4 = 3.0 \times 127.64 = 382.92 \text{ t/h}$$

$$Q_5 = Q_6 = Q_4 + Q_8 = 127.64 + 382.92 = 510.56 \text{ t/h}$$

④两段两闭路磨矿流程

流程如图 4-22 所示。其展开形式如图 4-23 所示。

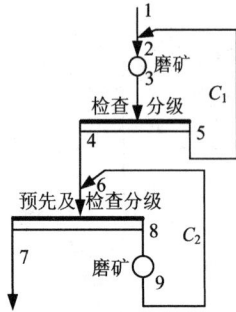

图 4 - 22

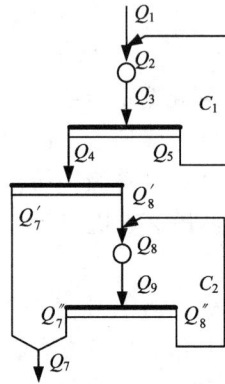

图 4 - 23

从展开形式可以看出：①第一段与带检查分级的一段磨矿流程完全相同；②第二段与两段一闭路的第二段磨矿流程完全相同。因此，它们的已知条件，计算内容，计算重点与计算步骤等；均与以上所述相同。即：

一段：$Q_4 = Q_1$

$\qquad Q_5 = C_1 Q_1$

$\qquad Q_2 = Q_3 = Q_1 + Q_5$

二段：$Q_7 = Q_4 = Q_1$

$\qquad \beta_4 = \beta_1 + \dfrac{\beta_7 - \beta_1}{1 + km}$

按平衡关系，列出预先分级的联立方程式求 Q'_7。

$$\begin{cases} Q_4 = Q'_7 + Q'_8 \\ Q_4 \beta_4 = Q'_7 \beta'_7 + Q'_8 \beta'_8 \end{cases}$$

解得：

$$Q'_7 = \frac{Q_4(\beta_4 - \beta'_8)}{\beta'_7 - \beta'_8} = \frac{Q_1(\beta_4 - \beta_8)}{\beta_7 - \beta_8} \qquad (4 - 16)$$

在图 4 - 22 中预先分级与检查分级是合一的，故 $\beta'_7 = \beta''_7 = \beta_7$，$\beta'_8 = \beta''_8 = \beta_8$。同时按表 4 - 8，查得 C_2，按表 4 - 11，查得 β'_8。

$$Q''_7 = Q'_8 = Q_4 - Q'_7 = Q_1 - Q'_7$$

$$Q''_8 = C_2 Q'_8$$

$$Q_8 = Q_9 = Q'_8 + Q''_8$$

实例 4：已知 $Q_1 = 200$ t/h；$\beta_1 = 10\%$；$\beta_7 = 85\%$，$k = 0.82$；$m = 1$（因第一段是闭路）；$C_1 = 350\%$；$C_2 = 300\%$；$\beta_8 = 12\%$。

一段：$Q_4 = Q_1 = 200$ t/h

$\qquad Q_5 = C_1 Q_1 = 3.5 \times 200 = 700$ t/h

$\qquad Q_2 = Q_3 = Q_1 + Q_5 = 200 + 700 = 900$ t/h

二段：$Q_7 = Q_4 = Q_1 = 200$ t/h

$$\beta_4 = \beta_1 + \frac{\beta_7 - \beta_1}{1 + km} = 10 + \frac{85 - 10}{1 + 0.82 \times 1} = 51.21\%$$

$$Q'_7 = \frac{Q_1(\beta_4 - \beta_8)}{\beta_7 - \beta_8} = \frac{200 \times (51.21 - 12)}{85 - 12} = 107.42 \text{ t/h}$$

$$Q''_7 = Q'_8 = Q_1 - Q'_7 = 200 - 107.42 = 92.58 \text{ t/h}$$

$$Q''_8 = C_2 Q'_8 = 3.0 \times 92.58 = 277.74 \text{ t/h}$$

$$Q_8 = Q_9 = Q'_8 + Q''_8 = 92.58 + 277.74 = 370.32 \text{ t/h}$$

$$Q_6 = Q_4 + Q_8 = Q_1 + Q_8 = 200 + 370.32 = 570.32 \text{ t/h}$$

（3）常见自磨流程计算

自磨流程的种类繁多，仅介绍生产实践中最常见的半自磨加球磨流程的计算。半自磨加球磨流程见图 4 - 24。

已知原始指标：产物 1 的重量 Q_1；产物 3 中小于筛孔级别的含量 β_3，产物 4、7、8 中计算级别的含量 β_4、β_7、β_8；振动筛分效率 E。

计算内容：产物 2、3、4、5、6、7、8、9 的重量及其相应的产率。

计算重点：计算出产物 4 的重量和确定第二段球磨合适的循环负荷 C_2。

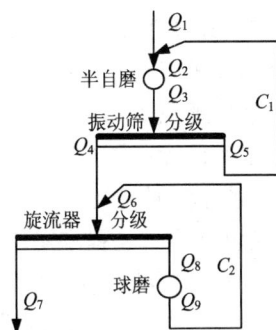

图 4 - 24　半自磨加球磨流程

计算步骤：

①对于半自磨作业，可以按照破碎流程进行计算，此时：

$$Q_4 = Q_1$$

$$Q_3 = Q_2 = \frac{Q_1}{\beta_3 E}$$

$$Q_5 = Q_2 - Q_1 = \frac{Q_1(1 - \beta_3 E)}{\beta_3 E}$$

自磨机的循环负荷率

$$C_1 = \frac{Q_5}{Q_1} = \frac{100 \times (1 - \beta_3 E)}{\beta_3 E}$$

②对于球磨作业，则可按照预先和检查分级合一的磨矿流程计算。

$$Q_7 = Q_4$$

$$Q_8 = Q_9 = \frac{Q_4(\beta_7 - \beta_4)(1 + C_2)}{\beta_7 - \beta_8}$$

$$Q_6 = Q_4 + Q_8$$

4.4　选别流程的选择和计算

4.4.1　选别流程选择

选别流程即指选矿厂所采用的选矿方法和流程结构的总称。选别流程是选矿厂的关键工艺过程。其选择是否正确，关系到选矿厂能否选出合格精矿和给选矿厂带来最大的经济效益。选别流程选择的重点在于确定选别流程方案和相应的产品方案。

4.4.1.1 选别流程选择的依据

在设计之前，必须进行矿石的选矿试验，以确定最合理的选别流程。因此，针对原矿石进行的各种类型的选矿试验以及所推荐的选别流程是确定设计拟采用选别流程的主要依据。

由于矿山在规模化开采前，代表性试验矿样的采集比较困难，同时试验室条件与生产过程存在差异，因此，要求设计者要根据自己的经验，参考类似矿石选矿厂的生产实践以及精矿产品的销售情况等，对选矿试验结果进行综合评价，以确定合理的选别流程和产品方案。

4.4.1.2 选矿试验的评价

对选矿试验的评价，主要指评价选矿试验的内容和深度是否满足相应设计阶段的要求，是否需要进行补充试验，原则流程的选择是否正确以及流程内部结构（如粗、精、扫选次数，中矿返回地点等）是否合理等。因此，评价的内容包括：试验矿样代表性（详见2.6节）、试验规模和深度（详见2.6节）、试验选别流程、产品方案、选别指标（指重复性、稳定性和先进性）、浮选药剂（指种类、来源、用量和危害性）、综合回收和"三废"处理等。

4.4.1.3 流程方案的确定

选别试验的评价，不仅要评价流程本身的可靠性和先进性，更重要的是要评价原则流程的正确性。如湖南黄砂坪铅锌矿的选矿试验方案有直接优先浮选、全混合浮选和等可浮选原则流程等。湖南柿竹园多金属矿的选矿试验有先重后浮和先浮后重等原则流程方案。为了便于评价，对常用的原则流程的类型和选择归纳如下：

（1）浮选原则流程

浮选原则流程主要包括单金属和多金属矿石的浮选流程。浮选原则流程的主要区别在于：选别段数、选别循环、精扫选次数和中矿返回地点。其中，选别段数和选别循环数是区别浮选原则流程最重要的特征。粗、精、扫选次数和中矿返回地点等则决定了浮选流程的内部结构。

① 单金属矿浮选原则流程。

单金属矿石中有用金属矿物只有一种。生产实践中常见的浮选原则流程类型有以下几种：

一段浮选原则流程（含一段一循环和一段两循环两种），如图4-25所示。

两段浮选原则流程（含粗精矿再磨、尾矿再磨和中矿再磨），如图4-26所示。

三段浮选原则流程（含富尾矿再磨再选＋中矿再磨再选以及富尾矿再磨再选＋尾矿再磨再选两种），如图4-27所示。

影响单金属矿浮选原则流程选择的主要因素包括：有用矿物的嵌布粒度和泥化特性。根据矿石嵌布特性，分为粗粒嵌布、细粒均匀嵌布、粗细不均匀嵌布、复杂不均匀嵌布和集合嵌布等5种。

对粗粒嵌布矿石，因有用矿物嵌布粒度较粗，有用矿物易与脉石矿物解离，一般宜用一段一循环流程，如图4-25(a)所示。如果有用矿物易过粉碎，也可在粗磨条件下，浮选出部分合格精矿，粗粒富尾矿再磨再选，如图4-26(b)所示。

细粒均匀嵌布矿石，因有用矿物嵌布粒度细而均匀，一段磨矿浮选只能分选出部分已单体解离的有用矿物，其余部分有用矿物仍呈连生体存在，一般宜用中矿再磨两段浮选原则流

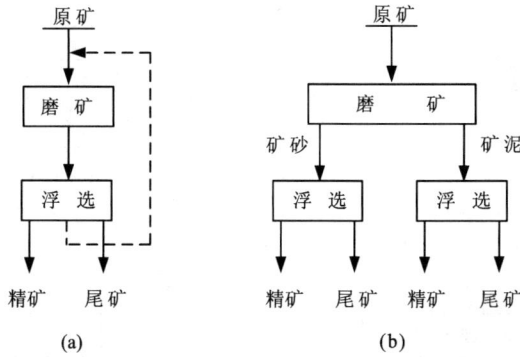

图 4 – 25 一段浮选原则流程

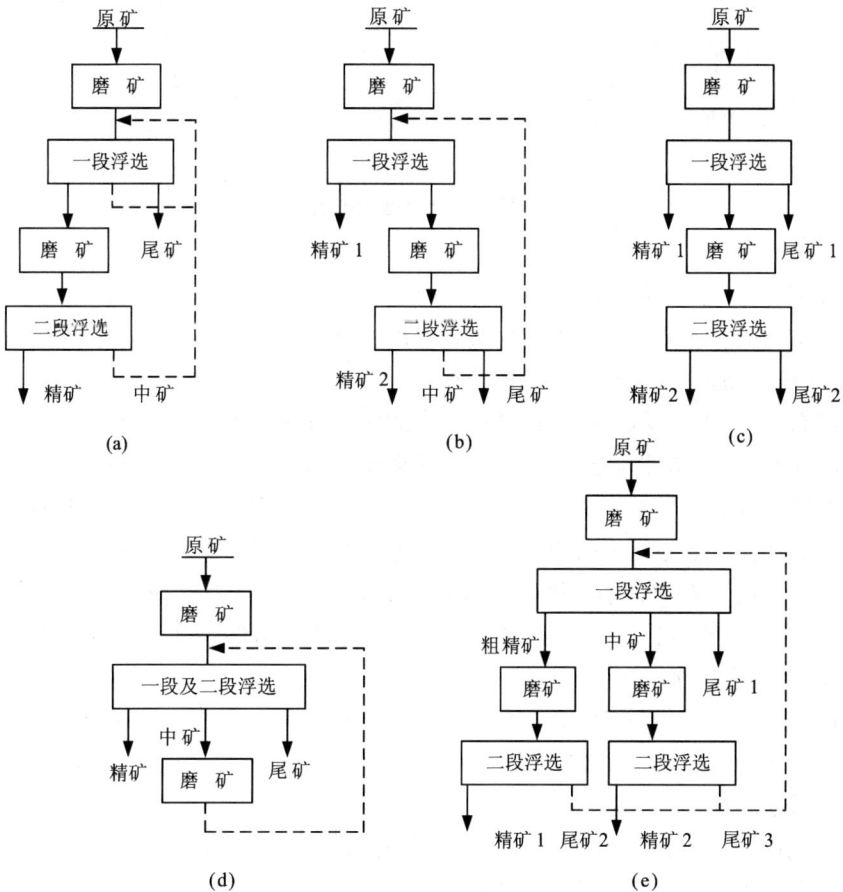

图 4 – 26 两段浮选原则流程

程,如图 4 – 26(c)或(d)所示。

对粗、细不均匀嵌布矿石,因有用矿物嵌布粒度有粗有细,一段浮选可得到部分粗粒合格精矿,而细粒连生体需再磨再选,宜采用尾矿再磨两段浮选原则流程或三段浮选原则流

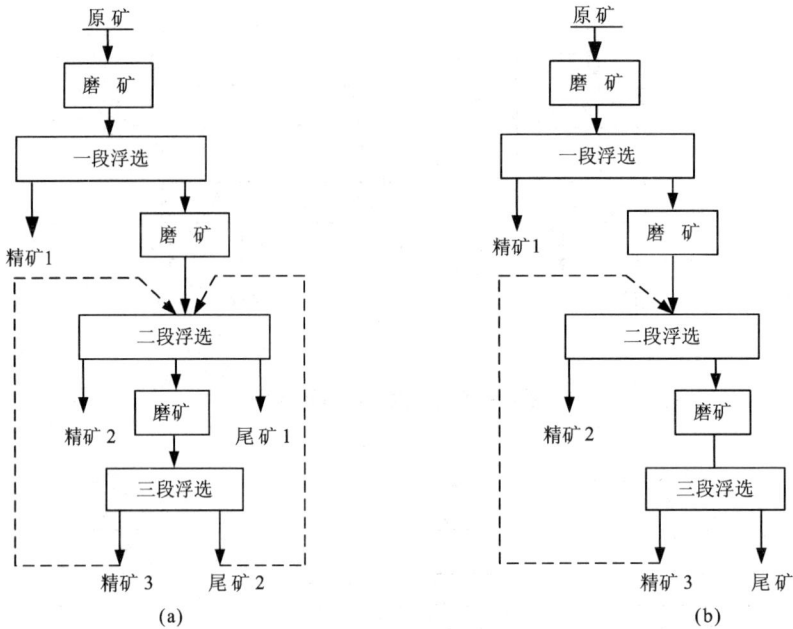

图 4 - 27　三段浮选原则流程

程，如图 4 - 26(b) 和图 4 - 27 所示。

对复杂不均匀嵌布矿石，因有用矿物嵌布粒度极不均匀，而且解离的粒度范围很宽，此时，宜用三段浮选原则流程，如图 4 - 27 所示。

对集合嵌布矿石，因有用矿物都包含在较大的集合体内，粗磨时易使集合体与脉石矿物分开，而集合体中的有用矿物需经细磨后才能解离出来，因此，宜采用粗精矿（即集合体）再磨两段浮选原则流程，如图 4 - 26(a) 所示。也可采用图 4 - 26(e) 的对粗精矿和中矿实施再磨再选的流程，此流程能得到较高的选别指标，已成为处理斑岩铜矿的典型流程。

对易泥化及可溶性盐类矿石，因矿石易泥化，导致矿泥与矿砂的浮选特性存在较大差别，因此，宜采用泥、砂分选的一段两循环浮选原则流程，如图 4 - 25(b) 所示。

② 多金属矿浮选原则流程。

多金属矿是指有用矿物有两种以上的矿石。生产中常见的多金属矿浮选原则流程类型主要有：直接优先浮选，如图 4 - 28(a) 所示；全混合浮选，如图 4 - 28(d)、(e)、(f)、(g) 所示；部分混合浮选，如图 4 - 28(b)、(c) 所示。

进行多金属矿浮选原则流程的选择，除了要考虑矿石的嵌布粒度特性外，还要注意各种矿物的可浮性及其他因素对流程选择的影响。

一般，原矿品位较高且有用矿物嵌布粒度较粗；或者原矿矿石性质简单，有用矿物间的可浮性差异较大，易于分离；或含大量致密多金属硫化矿等 3 种类型的矿石，均可采用直接优先浮选的原则流程，如图 4 - 28(a) 所示。

对原矿品位较低的高硫矿石；或低品位浸染状多金属硫化矿；或细粒嵌布矿石等，宜采用全混合浮选原则流程，如图 4 - 28(d)、(e)、(f)、(g) 所示。

原矿 → 磨矿 → 第一种矿物浮选 → 第一种精矿
第一种矿物浮选 → 第二种矿物浮选 → 第二种精矿
第二种矿物浮选 → 第三种矿物浮选 → 第三种精矿 / 尾矿

(a)

原矿 → 磨矿 → 第一、第二种矿物浮选
第一、第二种矿物浮选 → 第二种矿物浮选 → 第一种精矿 / 第二种精矿
第一、第二种矿物浮选 → 第三种矿物浮选 → 第三种精矿 / 尾矿

(b)

原矿 → 磨矿 → 第一种矿物浮选 → 第一种精矿
第一种矿物浮选 → 第二、三种矿物浮选 → 尾矿
第二、三种矿物浮选 → 第三种矿物浮选 → 第二种精矿 / 第三种精矿

(c)

原矿 → 磨矿 → 混合浮选
混合浮选 → 磨矿 / 尾矿1
磨矿 → 第一种矿物浮选 → 第一种精矿
第一种矿物浮选 → 第二种矿物浮选 → 第二种精矿
第二种矿物浮选 → 第三种矿物浮选 → 第三种精矿 / 尾矿2

(d)

原矿 → 磨矿 → 混合浮选
混合浮选 → 磨矿 / 尾矿1
磨矿 → 第一、第二种矿物浮选
第一、第二种矿物浮选 → 第一种矿物浮选 → 第一种精矿 / 第二种精矿
第一、第二种矿物浮选 → 第三种矿物浮选 → 第三种精矿 / 尾矿2

(e)

原矿 → 磨矿 → 混合浮选
混合浮选 → 磨矿 / 尾矿1
磨矿 → 第一种矿物浮选 → 第一种精矿
第一种矿物浮选 → 第二、三种矿物浮选 → 尾矿2
第二、三种矿物浮选 → 第二种矿物浮选 → 第二种精矿 / 第三种精矿

(f)

原矿 → 磨矿 → 混合浮选
混合浮选 → 磨矿 / 第一次混合浮选
第一次混合浮选 → 磨矿 / 尾矿1
磨矿 → 第一种矿物浮选 → 第一种精矿
第一种矿物浮选 → 第二种矿物浮选 → 第二种精矿
第二种矿物浮选 → 第三种矿物浮选 → 第三种精矿 / 尾矿2

(g)

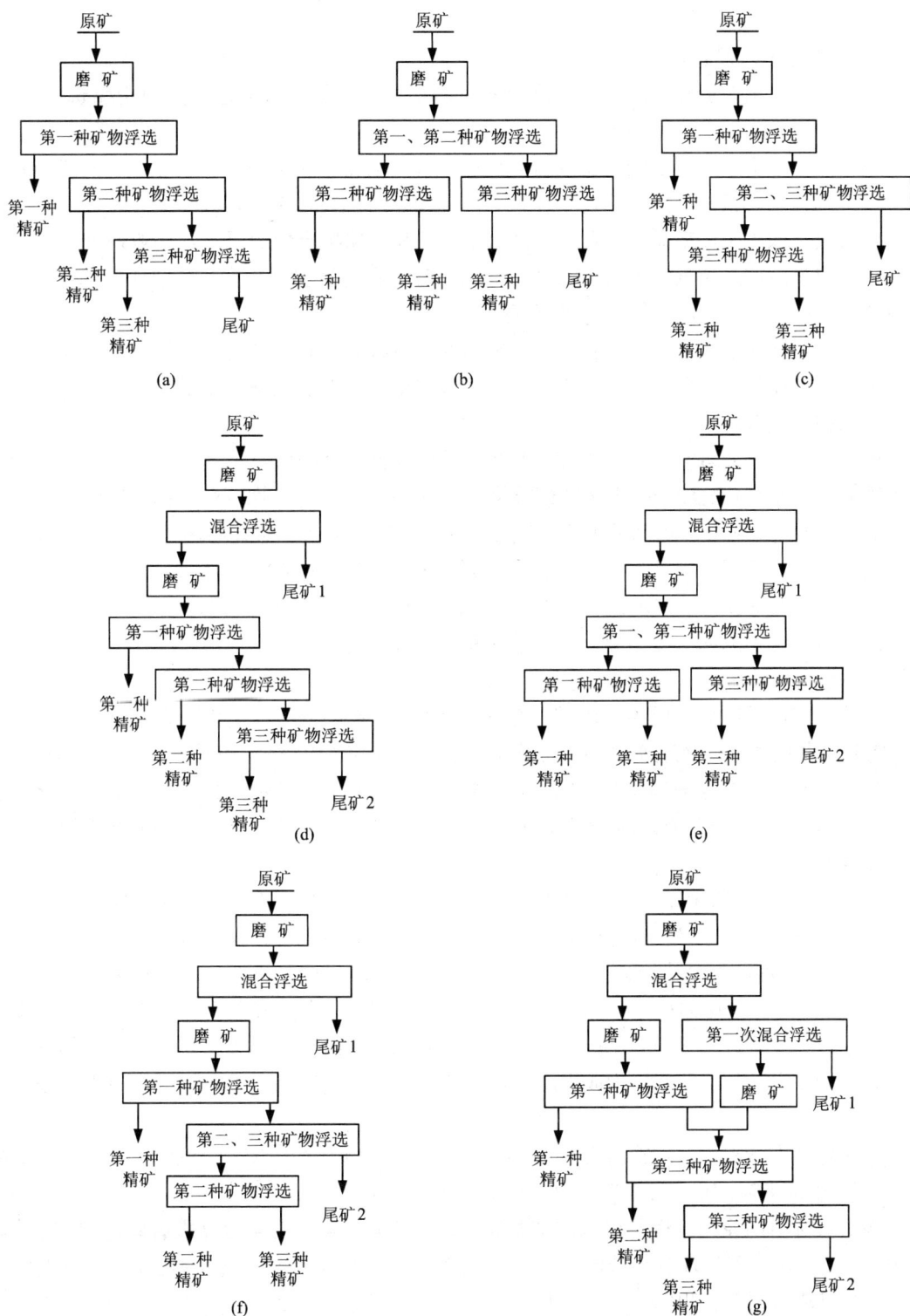

图 4-28　多金属矿浮选原则流程

有用矿物具有"等可浮性"的复杂多金属硫化矿石，宜采用部分混合浮选原则流程，如图4-28(b)、(c)所示。

③浮选流程内部结构。

与其他选矿工艺流程一样，浮选流程的内部结构，就是指每个选别循环中粗选、精选、扫选作业的次数和中矿返回地点等。

粗选次数取决于有用矿物含量和可浮性的差异。通常情况下只有一次粗选，但特殊时有二次或三次粗选。粗选作业的作用是保证合适的粗精矿品位和金属回收率。

精选次数取决于原矿品位、有用矿物的可浮性和对精矿质量的要求。一般精选作业为一次以上。但当原矿品位低、有用矿物可浮性差、精矿品位要求高，就需要增加精选次数，最高可达8次以上(如钼矿、铅锌矿、萤石等)。

扫选次数同样取决于原矿品位、有用矿物可浮性和对精矿质量的要求。一般也是一次以上。但对原矿品位高、可浮性差和精矿质量要求较低时，为了保证较高的金属回收率，往往需要增加扫选次数。

中矿一般有4种可能的处理方案，即中矿顺序返回、中矿任意返回、中矿集中返回和中矿单独处理，哪种方案最佳应由选矿试验来决定。一般，有用矿物可浮性差、精矿质量要求不高时，宜采用中矿顺序返回的方案(高品位中矿再选次数少，对提高回收率有利)。反之，宜采用中矿任意返回和中矿集中返回方案(最终精矿品位易于保证，但回收率会有损失)。如果中矿含水、矿泥及药剂较多，矿物可浮性差，或有局部氧化，连生体多等，则宜采用中矿单独处理方案。否则返回流程中会破坏浮选过程，降低分选效果。

(2)重选原则流程

重选工艺广泛应用于黑色、有色金属和其他种类矿石的分选，典型的是钨、锡矿的选别。钨、锡矿的共同特点是伴生矿物多、性脆、易过粉碎、矿石贫化率高和原矿品位低。因此，在工艺流程上应尽可能考虑"综合回收，早收多收，该丢早丢，细粒归队，阶段磨矿，分级选别"等原则。因此，其重选原则流程较为复杂，一般由预选、重选、精选和细泥处理等4个主要组成部分。

①预选。对钨、锡矿，特别是黑钨矿，在开采过程中，其废石混入率高达60%~80%。因此，在选别前应尽可能进行预选丢弃废石，以减少磨矿和重选作业的处理量，同时提高原矿的入选品位(即所谓合格原矿)。预选有手选、光电选、重介质选矿和磁滑轮选矿等方法。

②重选。钨、锡矿的重选(即俗称粗选)，一般采用泥砂分选和贫富分选以及次精矿集中分选流程。矿砂常以三级(或两级)跳汰、四级(或三级)摇床、跳汰尾矿进棒磨后再跳汰，其尾矿和摇床中矿返回双层筛，构成大闭路循环的重选流程。黑钨矿重选的通用原则流程如图4-29所示。

其作业技术指标为：矿砂回收率为85%~95%，平均为89.2%；细泥回收率为50%，粗精矿品位24.8%；尾矿品位为0.0616%；富集比为47.6。

锡矿重选通用原则流程与黑钨矿基本类似，仅仅是多采用按粒度分段磨矿选别，粗精矿集中分选、溢流单独处理的重选流程。尤其是严格按粒度分级，贫、富分选和难易分选的原则，具有特殊的意义。

③细泥处理。选别过程中的细泥常用单一重选(包括离心机—摇床—皮带溜槽、摇床—振动溜槽等)、重选—浮选、湿式强磁选—浮选等联合流程进行处理。

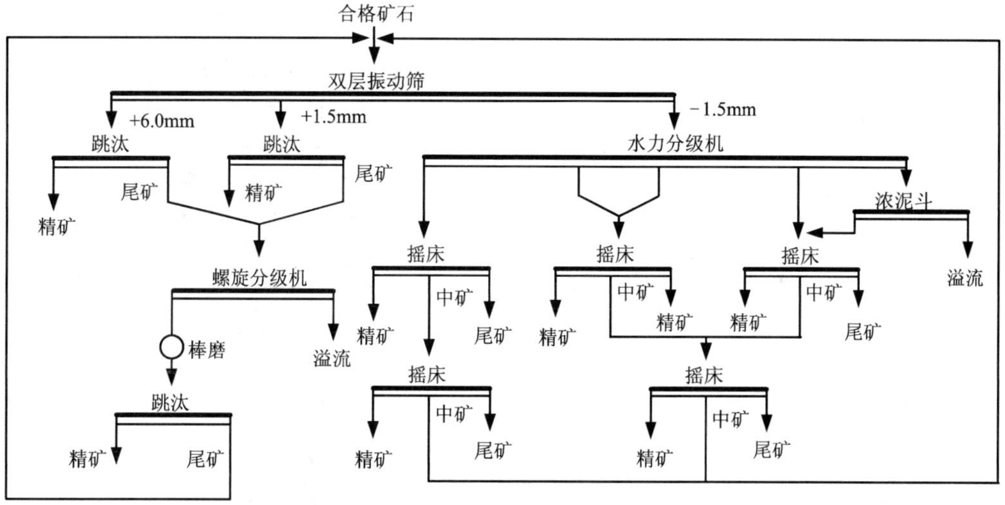

图 4-29　黑钨矿重选通用流程

④精选。钨、锡矿中通常伴生有多种有用矿物。选矿厂均设置有精选作业或车间，采用重选、浮选、磁选、电选和湿法冶金等方法，组成不同的联合流程进行处理，达到提高精矿品位，综合回收伴生有用矿物的目的。

（3）磁选原则流程

磁选通常用于铁、锰矿石的选别，特别是铁矿石的选矿。一般有强磁性铁矿石、弱磁性铁矿石和复合铁矿石 3 种选别流程。

强磁性铁矿石中，当矿石性质单一，嵌布粒度较粗时，一般采用一段磨矿一段磁选流程，如图 4-30（a）。当矿石经粗磨可实现粗选抛尾时，采用图 4-30（b）的阶段磨矿阶段磁选流程。如矿石嵌布粒度细，需要磨矿粒度很细，可采用阶段磨矿加细筛的流程，如图 4-30（c）。

对弱磁性铁矿石，主要是难选的赤铁矿、褐铁矿和菱铁矿等。工业中通常采用的工艺有强磁选、磁化焙烧、浮选、磁浮联合和磁重联合流程，如图 4-30（d）。

复合型铁矿石中，通常伴生有铜（钴）、钽（铌）、钒（钛）等有用矿物，必须考虑综合回收。当矿石中铜（钴）含量较高，宜采用先浮后磁，反之，则采用先磁后浮流程。

4.4.1.4　产品方案的确定

（1）产品方案确定的意义

所谓产品方案，就是研究和确定选矿厂生产的精矿种类、精矿规格、精矿质量等问题。它是设计工作中一项重要内容，是研究和确定选别流程、生产措施和装备水平的重要环节，也是一项技术经济性很强的工作。

（2）产品方案确定的原则

确定产品方案应遵守以下基本原则：

①重视市场预测。在研究产品方案时，要重视精矿产销情况的调查，即精矿消费量和价格变化情况，以保证精矿产销对路。有时，从技术上可以回收某种金属，但销路不好，或成本过高，不宜马上回收，而在设计上应留有一定的余地。

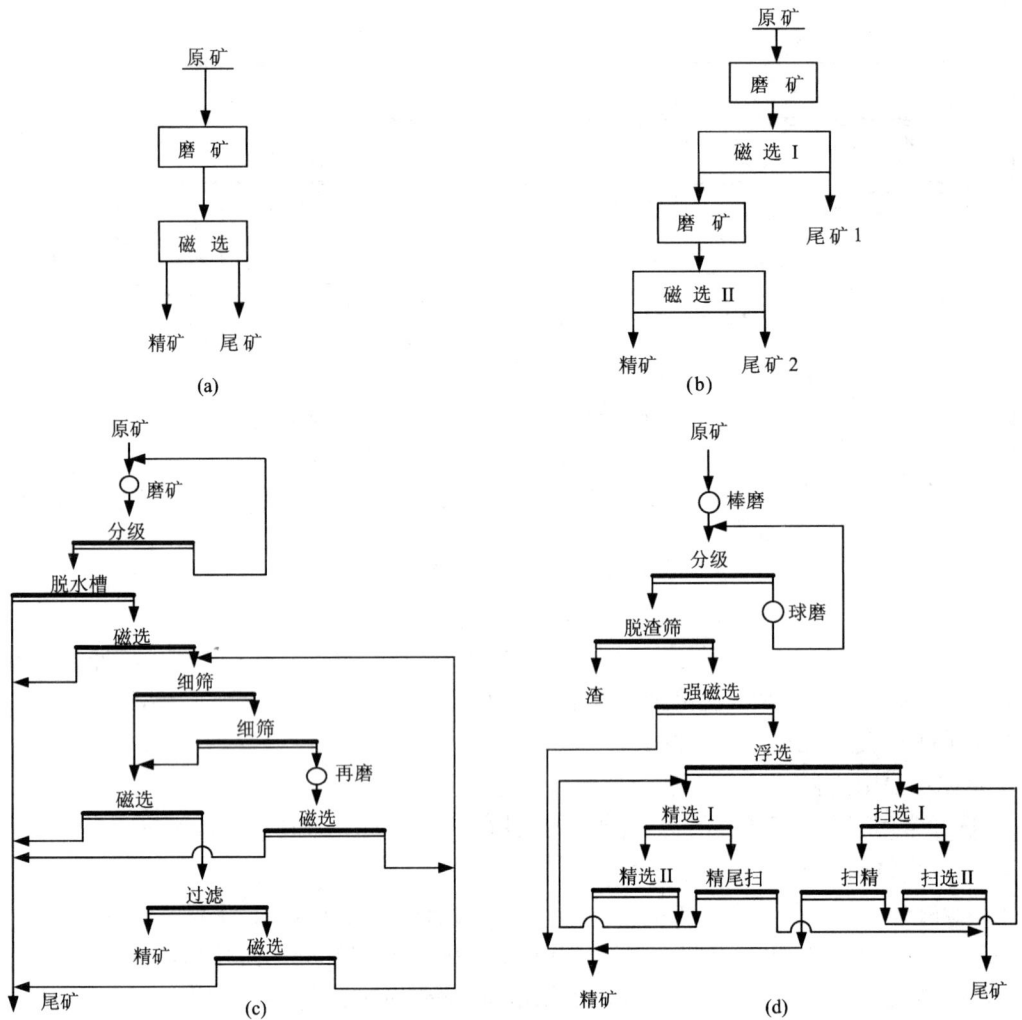

图 4 - 30　磁选原则流程

②进行综合经济分析。在制定精矿质量标准时，充分考虑用户要求。不要认为精矿质量越高越好，更不是精矿售价越贵越好，而是要在精矿质量与回收率、选矿生产成本、销售利润、冶炼生产成本等复杂的关系中，进行综合经济分析后，才能确定合适的精矿质量标准，以便使选矿厂的经济效益最大化。

③最大限度地综合回收矿产资源。一般的有色金属矿通常会伴生多种有价金属矿物和非金属矿物，尽量回收利用这些有价矿物，是增加精矿产量和提高经济效益的重要途径。

（3）精矿质量标准

按国家标准化管理条例规定，有色金属矿的精矿质量标准分为国家标准（GB）、部颁标准（YB）和企业标准三个等级（内容详见有关标准细则）。在上述三种标准前提下，供需双方还可认定精矿质量的具体要求。

4.4.2　选别流程计算

（1）计算内容、目的及原理

①计算内容。在选别作业中，不仅有数量的变化，而且还有质量的变化。所以，计算的内容包括：各产物的重量 $Q(t/h)$、产率 $\gamma(\%)$、金属量 $P(t/h)$、回收率 $\varepsilon(\%)$、作业回收率 $E(\%)$、品位 $\beta(\%)$ 等。其中，重量和产率称为矿量分配指标，金属量、回收率和作业回收率称为金属分配指标，品位则称为计算指标。有时，为了某种特殊需要，还个别地使用补充指标，即富矿比 i 和选矿比 K。

②计算目的及原理。选别流程计算的目的是：为选择选别设备（如浮选机）、辅助设备及矿浆流程计算提供基础资料。在设计中，不考虑选别过程的机械损失和其他流失，认为各选别作业进入和排出产物的重量不变。所以，选别流程计算的原理是：进入各作业的矿量或金属量，等于该作业排出的矿量或金属量，即所谓的物料平衡原理。

（2）原始指标的确定和选择

任何一种工艺流程，都必须知道一定的已知条件（即计算所用的已知条件），才能进行流程的全部计算。这些已知条件包括：原始指标数、原始指标数的分配以及原始指标数值的选择等。在破碎、磨矿流程计算中，由于流程简单，需要的原始指标少，所以，没有必要详细讨论这些问题。但选别流程不同，一是流程复杂，二是需要计算的项目多（特别是多金属矿），计算前如果不解决这些问题，就无法正确地进行选别流程计算。

①原始指标个数的确定。流程计算是通过解联立方程式的方法来进行的。根据代数学中有关理论，要解联立方程式，已知数（即原始指标数）不能多，多了就可能会成为矛盾方程式。同时，已知数也不能少，少了就会成为不定方程式。从数学上讲，计算结果可以是负值，但在生产上是不可以的。因此，流程计算前，确定必需的原始指标数就显得十分重要。

原始指标数可按下式确定：

$$N_p = c(n_p - a_p) \qquad (4-17)$$

式中　N_p——原始指标数（不包括已知的给矿指标）；

　　　c——计算成分（参与流程计算的项），$c = 1 + e$，1 为数量指标，如产率等；

　　　e——参与流程计算的有用金属的种类数，如单金属矿 $e = 1$，两种金属矿 $e = 2$，依此类推；

　　　n_p——流程中的选别产物数（不含混合产物数）；

　　　a_p——流程中的选别作业数（不含混合作业数）。

由式 4-17 可知，已知给矿（原矿）的指标时，选别流程计算所需原始指标数，等于计算成分乘以流程中的选别产物数与选别作业数之差。

②原始指标数的分配。从流程计算的可能性来看，原始指标数 N_p 可以采用选别流程中的任何指标，即 Q、γ、β、ε、E、i 和 P 等。但为了计算方便，实际上最常用的是 γ、β、ε、E 和给矿量 Q。

如果原始指标采用 γ、β、ε 来计算流程，则原始指标数的分配为：

对单金属矿：

$$N_p = N_\gamma + N_\beta + N_\varepsilon \qquad (4-18)$$

式中　N_p——原始指标数；

N_γ——参与流程计算的产率指标数；

N_β——参与流程计算的品位指标数；

N_ε——参与流程计算的回收率指标数。

由式 4-18 可知：各类指标数（即 N_γ、N_β、N_ε）之和，必须等于原始指标数 N_p。否则，在流程计算时，不是出现矛盾方程式，就是出现不定方程式。而且，N_γ、N_β、N_ε 的个数，也不能任意确定，都有一定的范围，即：

$$N_\gamma \leqslant n_p - a_p \tag{4-19}$$

$$N_\varepsilon \leqslant n_p - a_p \tag{4-20}$$

$$N_\beta \leqslant 2(n_p - a_p) \tag{4-21}$$

各指标之和还应满足：

$$N_\gamma + N_\beta + N_\varepsilon \leqslant 2(n_p - a_p)$$

对多金属矿：

$$N_p = N_\gamma + N_\beta + N_\varepsilon + N'_\beta + N'_\varepsilon + \cdots \tag{4-22}$$

上述各式中　β、ε——第一种金属矿的品位、回收率；

β'、ε'——第二种金属矿的品位、回收率。其他符号及物理意义同前。

同理，各类原始指标数也有一定的范围，即：

$$N_\gamma \leqslant n_p - a_p \tag{4-23}$$

$$N_\varepsilon \leqslant n_p - a_p \tag{4-24}$$

$$N'_\varepsilon \leqslant n_p - a_p \tag{4-25}$$

$$N_\beta \leqslant 2(n_p - a_p) \tag{4-26}$$

$$N'_\beta \leqslant 2(n_p - a_p) \tag{4-27}$$

$$\cdots\cdots$$

对多金属矿，还应满足下列条件：

$$N_\gamma + N_\beta + N_\varepsilon \leqslant 2(n_p - a_p) \tag{4-28}$$

$$N\gamma + N'_\beta + N'_\varepsilon \leqslant 2(n_p - a_p) \tag{4-29}$$

$$N_\gamma + N''_\beta + N''_\varepsilon \leqslant 2(n_p - a_p) \tag{4-30}$$

$$\cdots\cdots$$

在流程计算中，特别是浮选流程的计算，γ 一般不选为原始指标，因浮选过程是连续作业，很难直接测得产物的产率值，而且也很难测准。所以，通常全部用 β（特别是选矿厂的生产流程考查）或 β、ε（如选矿厂的工业设计）的组合作为原始指标。只有重选厂才有可能选取 γ 作为原始指标，因为重选厂有间断作业和某些作业（如摇床）需要稳定的中矿返回，才能正常生产，故预先把中矿产率 γ 作为原始指标加以确定。但不管取舍如何，各类原始指标数之和必须等于原始指标数 N_p。

③原始指标数值的选择。各类原始指标数值的选取，应以选矿试验报告提供的数值为主要依据，同时参考矿石性质相似的选矿厂的生产资料。选择时还应注意以下几点：

a. 所选原始指标，应是生产中最稳定、影响最大而且必须控制的指标。如：2 种产物的选别作业，应选择精矿品位和回收率，特别是最终精矿的品位和回收率。3 种产物的选别作业，除选择精矿品位和回收率外，还要选择中矿的品位或产率。4 种产物的选别作业，除选择精矿品位和回收率外，还要选择次精矿品位和回收率、中矿的产率和尾矿的回收率等。

b. 对以粒度分级为目的的洗矿、脱泥和水力分级作业，因主要是粒度组成发生变化，品位随粗细粒的分开而被动改变，且幅度一般较小，此时，一般通过筛析或水析得出各产物的产率(分析相应的品位)。但对以分选为目的的洗矿和脱泥作业(尤其是添加分散和絮凝剂时)，因产物品位变化很大，其粒度组成的变化也不严格遵循粗细分级过程(如铝土矿和铁矿石的洗矿和脱泥)，此时，应以产物品位来计算产率。

c. 在一个选别产物中，不能同时采用 γ、β、ε 为原始指标，只能是 γ、β 或 β、ε 为原始指标，因为三者互为函数关系(即 $\gamma = \alpha\varepsilon/\beta$，$\alpha$ 为已知原矿品位)，当知道其中两个指标时，就可求出第三个指标。

d. 在确定原始指标数值时，应认真全面地分析选矿试验报告提供的数值。如果试验矿样的原矿品位与采矿设计提供的原矿品位有误差，并超过 10%～15% 时，首先要复查试验矿样的代表性，仅发现原矿品位有误差，其他代表性均好(如粒度特性、围岩性质、矿物种类等)，则试验报告提供的数值仍可作为选择原始指标数值的依据，只是最终精矿品位和回收率须适当加以调整。否则，要重新采样进行选矿试验。

e. 试验流程的内部结构，允许做某些局部修改。如增加精选或扫选次数，或改变中矿返回地点等。其新增加作业的原始指标数值，可利用作业富矿比 i、作业回收率 E 加以确定。各作业富矿比和作业回收率，由试验流程得出。再参考类似矿石选矿厂实际生产资料，确定新增加作业的作业富矿比和作业回收率。新增作业的精矿品位和回收率由下式计算：

$$\beta_k = i_k\beta_n \qquad\qquad (4-31)$$
$$\varepsilon_k = E_k\varepsilon_n \qquad\qquad (4-32)$$

上述两式中，β_k——新增加作业的精矿品位，%；

　　　　　i_k——新增加作业的精矿富矿比；

　　　　　β_n——新增作业的精矿给矿品位，即上一选别作业的精矿品位，%；

　　　　　ε_k——新增加作业的精矿回收率，%；

　　　　　E_k——新增加作业的精矿作业回收率，%；

　　　　　ε_n——新增作业的给矿回收率，即上一选别作业的精矿回收率，%。

新增加作业的尾矿(即中矿)，应返回到与它性质相似的选别作业中，并按上述办法确定其原始指标数值。

(3) 选别流程计算步骤

选别流程类型繁多，内部结构复杂，很难归纳成常见的几种类型。但是，不管哪种选别流程，都是由两种、三种或四种产物的单个选别作业所组成。

① 单金属矿流程计算。

a. 两种产物选别作业，流程如图 4-31 所示。

计算原始指标数(已知给矿指标)

$$N_p = c\,(n_p - a_p) = 2 \times (2 - 1) = 2$$

原始指标数的分配

$$N_p = N_\gamma + N_\varepsilon + N_\beta = 2$$
$$N_\gamma \leqslant n_p - a_p = 2 - 1 = 1$$
$$N_\varepsilon \leqslant n_p - a_p = 2 - 1 = 1$$
$$N_\beta \leqslant 2(n_p - a_p) = 2 \times (2 - 1) = 2$$

常用的分配方案有二:

方案 I: β_2, β_3

方案 II: β_2, ε_2

计算各产物的产率

按方案 I 计算:

$$\begin{cases} \gamma_1 = \gamma_2 + \gamma_3 \\ \gamma_1\beta_1 = \gamma_2\beta_2 + \gamma_3\beta_3 \end{cases}$$

解联立方程式得:

$$\gamma_2 = \frac{\gamma_1(\beta_1 - \beta_3)}{\beta_2 - \beta_3} \qquad (4-33)$$

按方案 II 计算:

$$\gamma_2 = \beta_1 \frac{\varepsilon_2}{\beta_2} \qquad (4-34)$$

$$\gamma_3 = \gamma_1 - \gamma_2 \qquad (4-35)$$

计算各产物的重量

$$Q_2 = Q_1\gamma_2$$

$$Q_3 = Q_1 - Q_2$$

计算各产物的回收率

方案 II 的 ε_2 为已知,只计算方案 I 的 ε_2,即:

$$\varepsilon_2 = \gamma_2 \frac{\beta_2}{\beta_1} \qquad (4-36)$$

$$\varepsilon_3 = \varepsilon_1 - \varepsilon_2 \qquad (4-37)$$

b. 三种产物选别作业,流程如图 4-32 所示。

计算原始指标数

$$N_p = c(n_p - a_p) = 2 \times (3 - 1) = 4$$

原始指标数的分配

$$N_p = N_\gamma + N_\varepsilon + N_\beta = 4$$

$$N_\gamma \leqslant n_p - a_p = 3 - 1 = 2$$

$$N_\varepsilon \leqslant n_p - a_p = 3 - 1 = 2$$

$$N_\beta \leqslant 2(n_p - a_p) = 2 \times (3 - 1) = 4$$

常用的分配方案有二:

方案 I: β_2, β_3, β_4, γ_3

方案 II: β_2, β_3, β_4, ε_2

计算各产物的产率

按方案 I 计算:

$$\begin{cases} \gamma_1 = \gamma_2 + \gamma_3 + \gamma_4 \\ \gamma_1\beta_1 = \gamma_2\beta_2 + \gamma_3\beta_3 + \gamma_4\beta_4 \end{cases}$$

解联立方程式得:

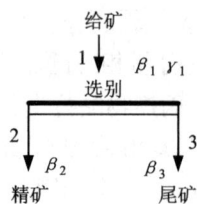

图 4-31 单金属矿两种
产物选别流程

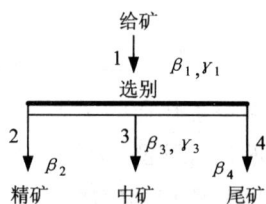

图 4-32 单金属矿三种
产物选别流程

$$\gamma_2 = \frac{\gamma_1(\beta_1 - \beta_4) - \gamma_3(\beta_3 - \beta_4)}{(\beta_2 - \beta_4)} \qquad (4-38)$$

按方案Ⅱ计算：

$$\gamma_2 = \beta_1 \frac{\varepsilon_2}{\beta_2}$$

$$\begin{cases} \gamma_1 = \gamma_2 + \gamma_3 + \gamma_4 \\ \gamma_1\beta_1 = \gamma_2\beta_2 + \gamma_3\beta_3 + \gamma_4\beta_4 \end{cases}$$

解联立方程式得：

$$\gamma_3 = \frac{\gamma_1(\beta_1 - \beta_4) - \gamma_2(\beta_2 - \beta_4)}{\beta_3 - \beta_4} \qquad (4-39)$$

$$\gamma_4 = \gamma_1 - \gamma_2 - \gamma_3 \qquad (4-40)$$

其他步骤同两种产物作业的计算。

单金属矿选别流程计算，除上述常见的两种产物、三种产物选别作业外，还有四种产物选别作业。计算四种选别作业时，一般选择精矿、次精矿的品位和回收率、中矿的产率和尾矿的回收率作为原始指标，故其计算非常简单，只需按 $\alpha\varepsilon = \gamma\beta$ 公式，即可算出相应的未知数（式中 α 为原矿品位）。

②两种金属矿流程计算。

a. 两种产物选别作业，流程如图 4-31 所示。

计算原始指标数

$$N_p = c(n_p - a_p) = 3 \times (2-1) = 3$$

原始指标数的分配

$$N_p = N_\gamma + N_\varepsilon + N'_\varepsilon + N_\beta + N'_\beta = 3$$

$$N_\gamma \leqslant n_p - a_p = 2 - 1 = 1$$

$$N_\varepsilon \leqslant n_p - a_p = 2 - 1 = 1$$

$$N'_\varepsilon \leqslant n_p - a_p = 2 - 1 = 1$$

$$N_\beta \leqslant 2(n_p - a_p) = 2 \times (2-1) = 2$$

$$N'_\beta \leqslant 2(n_p - a_p) = 2 \times (2-1) = 2$$

常用的分配方案有二：

方案Ⅰ：$\beta_2, \beta'_2, \beta_3$

方案Ⅱ：$\beta_2, \beta'_2, \varepsilon_2$

计算各产物的产率

按方案Ⅰ计算：

$$\begin{cases} \gamma_1 = \gamma_2 + \gamma_3 \\ \gamma_1\beta_1 = \gamma_2\beta_2 + \gamma_3\beta_3 \end{cases}$$

解得：

$$\gamma_2 = \gamma_1 \frac{\beta_1 - \beta_3}{\beta_2 - \beta_3}$$

按方案Ⅱ计算：

$$\gamma_2 = \beta_1 \frac{\varepsilon_2}{\beta_2}$$

$$\gamma_3 = \gamma_1 - \gamma_2$$

计算各产物的重量

$$Q_2 = Q_1 \gamma_2$$
$$Q_3 = Q_1 - Q_2$$

计算各产物的回收率

按方案 I 计算：

$$\varepsilon_2 = \gamma_2 \frac{\beta_2}{\beta_1}$$

$$\varepsilon'_2 = \gamma_2 \frac{\beta'_2}{\beta'_1}$$

$$\varepsilon_3 = \varepsilon_1 - \varepsilon_2$$

$$\varepsilon'_3 = \varepsilon'_1 - \varepsilon'_2$$

计算产物中第二种金属品位

$$\beta'_3 = \beta'_1 \frac{\varepsilon'_3}{\gamma_3} \tag{4-41}$$

式中 β'_n, ε'_n——各产物中第二种金属的品位和回收率。

b. 三种产物选别作业，流程如图 4 - 32 所示。

计算原始指标数

$$N_p = c (n_p - a_p) = 3 \times (3 - 1) = 6$$

原始指标数的分配

$$N_p = N_\gamma + N_\varepsilon + N'_\varepsilon + N_\beta + N'_\beta = 6$$
$$N_\gamma \leqslant n_p - a_p = 3 - 1 = 2$$
$$N_\varepsilon \leqslant n_p - a_p = 3 - 1 = 2$$
$$N'_\varepsilon \leqslant n_p - a_p = 3 - 1 = 2$$
$$N_\beta \leqslant 2(n_p - a_p) = 2 \times (3 - 1) = 4$$
$$N'_\beta \leqslant 2(n_p - a_p) = 2 \times (3 - 1) = 4$$

常用的分配方案有三：

方案 I：β_2, β_3, β_4, β'_2, β'_3, γ_3

方案 II：β_2, β_3, ε_2, β'_2, β'_3, γ_3

方案 III：β_2, β_3, β_4, β'_2, β'_3, β'_4

计算各产物的产率

如果采用分配方案 I 或方案 II，其计算方法同单金属矿三种产物的计算一样，即按一种主金属计算产率。而方案 III 是两种金属均参与产率计算，即：

$$\begin{cases} \gamma_1 = \gamma_2 + \gamma_3 + \gamma_4 \\ \gamma_1 \beta_1 = \gamma_2 \beta_2 + \gamma_3 \beta_3 + \gamma_4 \beta_4 \\ \gamma_1 \beta'_1 = \gamma_2 \beta'_2 + \gamma_3 \beta'_3 + \gamma_4 \beta'_4 \end{cases}$$

用下列符号代表各品位之差：

$$\beta_1 - \beta_4 = A \quad \beta_2 - \beta_4 = A_1 \quad \beta_3 - \beta_4 = A_2$$
$$\beta'_1 - \beta'_4 = B \quad \beta'_2 - \beta'_4 = B_1 \quad \beta'_3 - \beta'_4 = B_2$$

解联立方程式, 得:

$$\gamma_2 = \frac{\gamma_1(AB_2 - A_2B)}{A_1B_2 - A_2B_1}(\%) \qquad (4-42)$$

$$\gamma_3 = \frac{\gamma_1(A_1B - AB_1)}{A_1B_2 - A_2B_1}(\%) \qquad (4-43)$$

$$\gamma_4 = \gamma_1 - \gamma_2 - \gamma_3 \qquad (4-44)$$

上述各式中, 符号的物理意义、各产物重量、回收率、未知品位等计算方法与两种金属矿两种产物选别作业的计算完全相同。

c. 两种以上金属矿流程计算

两种以上金属矿的流程计算, 用繁琐的代数方法计算, 工作量太大, 可用主元素消去法求解, 或者编制计算机程序计算, 参见第 7 章。

（4）流程计算综合应用实例

已知条件: 原矿含 Cu–S 两种金属。$Q_1 = 45.5$ t/h, $\beta_1 = 0.9\%$, $\beta'_1 = 8.98\%$, $\gamma_1 = 100\%$, $\varepsilon_1 = 100\%$, $\varepsilon'_1 = 100\%$, 流程为一粗二精二扫浮选流程, 如图 4–33 所示。最终产物为铜精矿和含硫尾矿。

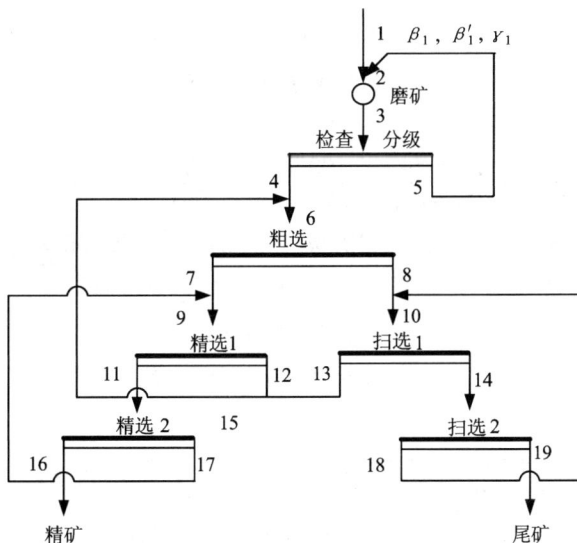

图 4–33　计算举例浮选流程

注: β_n—Cu 品位, %; β'_n—S 品位, %; ε_n—Cu 回收率, %; ε'_n—S 回收率, %。

解:

从已知条件得: $c = 3$, $n_p = 10$, $a_p = 5$。

①计算原始指标数

$$N_p = c(n_p - a_p) = 3 \times (10 - 5) = 15$$

②原始指标数的分配

$$N_p = N_\gamma + N_\varepsilon + N'_\varepsilon + N'_\beta + N'_\beta = 15$$

$$N_\gamma \leqslant n_p - a_p = 10 - 5 = 5$$
$$N_\varepsilon \leqslant n_p - a_p = 10 - 5 = 5$$
$$N'_\varepsilon \leqslant n_p - a_p = 10 - 5 = 5$$
$$N_\beta \leqslant 2(n_p - a_p) = 2 \times (10 - 5) = 10$$
$$N'_\beta \leqslant 2(n_p - a_p) = 2 \times (10 - 5) = 10$$

常用分配方案有二：

方案 I：β_7，β_8，β_{11}，β_{12}，β_{13}，β_{14}，β_{16}，β_{17}，β_{18}，β_{19}，β'_7，β'_{11}，β'_{16}，β'_{13}，β'_{18}

方案 II：β_7，β_{11}，β_{16}，β_{13}，β_{18}，ε_7，ε_{11}，ε_{16}，ε_{13}，ε_{18}，β'_7，β'_{11}，β'_{16}，β'_{13}，β'_{18}

③原始指标值的选择

针对指标分配方案 I，根据选矿试验结果选取的原始指标值如下：

$\beta_7 = 6.854\%$，$\beta_8 = 0.162\%$，$\beta_{11} = 12.653\%$，$\beta_{12} = 0.668\%$，$\beta_{13} = 0.831\%$

$\beta_{14} = 0.120\%$，$\beta_{16} = 17.190\%$，$\beta_{17} = 2.866\%$，$\beta_{18} = 0.915\%$，$\beta_{19} = 0.100\%$

$\beta'_7 = 21.999\%$，$\beta'_{11} = 34.507\%$，$\beta'_{16} = 38.380\%$，$\beta'_{13} = 13.563\%$，$\beta'_{18} = 20.641\%$

为了计算方便，可把这些原始指标值填入流程图 4-33 中。

④计算各产物的产率（按方案 I）

计算产物 16、19 产率

$$\begin{cases} \gamma_4 = \gamma_{16} + \gamma_{19} \\ \gamma_4\beta_4 = \gamma_{16}\beta_{16} + \gamma_{19}\beta_{19} \end{cases}$$

解联立方程式得：

$$\gamma_{16} = \gamma_4 \frac{\beta_4 - \beta_{19}}{\beta_{16} - \beta_{19}} = \frac{100 \times (0.9 - 0.1)}{17.19 - 0.1} = 4.68\%$$

$$\gamma_{19} = \gamma_4 - \gamma_{16} = 100\% - 4.68\% = 95.32\%$$

计算产物 11、17 产率

$$\begin{cases} \gamma_{11} = \gamma_{16} + \gamma_{17} \\ \gamma_{11}\beta_{11} = \gamma_{16}\beta_{16} + \gamma_{17}\beta_{17} \end{cases}$$

解得：

$$\gamma_{11} = \gamma_{16} \frac{\beta_{16} - \beta_{17}}{\beta_{11} - \beta_{17}} = \frac{4.68 \times (17.19 - 2.866)}{12.653 - 2.866} = 6.85\%$$

$$\gamma_{17} = \gamma_{11} - \gamma_{16} = 6.85\% - 4.68\% = 2.17\%$$

计算产物 7、12 产率

$$\begin{cases} \gamma_7 + \gamma_{17} = \gamma_{11} + \gamma_{12} \\ \gamma_7\beta_7 + \gamma_{17}\beta_{17} = \gamma_{11}\beta_{11} + \gamma_{12}\beta_{12} \end{cases}$$

解得：

$$\gamma_7 = \frac{\gamma_{11}(\beta_{11} - \beta_{12}) - \gamma_{17}(\beta_{17} - \beta_{12})}{\beta_7 - \beta_{12}}$$

$$= \frac{6.85 \times (12.653 - 0.668) - 2.17 \times (2.866 - 0.668)}{6.854 - 0.668} = 12.50\%$$

$$\gamma_{12} = \gamma_7 + \gamma_{17} - \gamma_{11} = 12.50\% + 2.17\% - 6.85\% = 7.82\%$$

$$\gamma_9 = \gamma_7 + \gamma_{17} = 12.50\% + 2.17\% = 14.67\%$$

校核 $\quad\quad\quad\quad\gamma_9 = \gamma_{11} + \gamma_{12} = 6.85 + 7.82 = 14.67\%$

计算产物 14、18 产率

$$\begin{cases} \gamma_{14} = \gamma_{18} + \gamma_{19} \\ \gamma_{14}\beta_{14} = \gamma_{18}\beta_{18} + \gamma_{19}\beta_{19} \end{cases}$$

解得：

$$\gamma_{18} = \gamma_{19}\frac{\beta_{14} - \beta_{19}}{\beta_{18} - \beta_{14}} = \frac{95.32 \times (0.12 - 0.1)}{0.915 - 0.12} = 2.38\%$$

$$\gamma_{14} = \gamma_{18} + \gamma_{19} = 2.38\% + 95.32\% = 97.70\%$$

计算产物 8、13 产率

$$\begin{cases} \gamma_8 + \gamma_{18} = \gamma_{13} + \gamma_{14} \\ \gamma_8\beta_8 + \gamma_{18}\beta_{18} = \gamma_{13}\beta_{13} + \gamma_{14}\beta_{14} \end{cases}$$

解得：

$$\gamma_{13} = \frac{\gamma_{14}(\beta_8 - \beta_{14}) + \gamma_{18}(\beta_{18} - \beta_8)}{\beta_{13} - \beta_8}$$

$$= \frac{97.70 \times (0.162 - 0.12) + 2.38 \times (0.915 - 0.162)}{0.831 - 0.162} = 8.82\%$$

$$\gamma_8 = \gamma_{13} + \gamma_{14} - \gamma_{18} = 8.82\% + 97.70\% - 2.38\% = 104.14\%$$

$$\gamma_{10} = \gamma_8 + \gamma_{18} = 104.16\% + 2.38\% = 106.52\%$$

校核 $\quad\quad\quad\gamma_{10} = \gamma_{13} + \gamma_{14} = 8.82\% + 97.70\% = 106.52\%$

$$\gamma_{15} = \gamma_{12} + \gamma_{13} = 7.82\% + 8.82\% = 16.64\%$$

$$\gamma_6 = \gamma_4 + \gamma_{15} = 100\% + 16.64\% = 116.64\%$$

校核 $\quad\quad\gamma_6 = \gamma_7 + \gamma_8 = 12.50\% + 104.14\% = 116.64\%$

⑤计算各产物的重量

按 $Q_n = Q_1\gamma_n$ 算出各产物的重量

$$Q_{16} = Q_1\gamma_{16} = 45.5 \times 0.0468 = 2.13 \text{ t/h}$$

$$Q_{19} = Q_1 - Q_{16} = 45.5 - 2.13 = 43.37 \text{ t/h}$$

$$Q_{11} = Q_1\gamma_{11} = 45.5 \times 0.0685 = 3.12 \text{ t/h}$$

$$Q_{17} = Q_{11} - Q_{16} = 3.12 - 2.13 = 0.99 \text{ t/h}$$

$$Q_7 = Q_1\gamma_7 = 45.5 \times 0.125 = 5.69 \text{ t/h}$$

$$Q_{12} = Q_7 + Q_{17} - Q_{11} = 5.69 + 0.99 - 3.12 = 3.56 \text{ t/h}$$

$$Q_9 = Q_7 + Q_{17} = 5.69 + 0.99 = 6.68 \text{ t/h}$$

校核 $\quad\quad Q_9 = Q_{11} + Q_{12} = 3.12 + 3.56 = 6.68 \text{ t/h}$

$$Q_{18} = Q_1\gamma_{18} = 45.5 \times 0.0238 = 1.08 \text{ t/h}$$

$$Q_{14} = Q_{18} + Q_{19} = 1.08 + 43.37 = 44.45 \text{ t/h}$$

$$Q_{13} = Q_1\gamma_{13} = 45.5 \times 0.0882 = 4.01 \text{ t/h}$$

$$Q_8 = Q_{13} + Q_{14} - Q_{18} = 4.01 + 44.45 - 1.08 = 47.38 \text{ t/h}$$

$$Q_{10} = Q_8 + Q_{18} = 47.38 + 1.08 = 48.46 \text{ t/h}$$

校核 $\quad\quad Q_{10} = Q_{13} + Q_{14} = 4.01 + 44.45 = 48.46 \text{ t/h}$

$$Q_{15} = Q_{12} + Q_{13} = 3.56 + 4.01 = 7.57 \text{ t/h}$$

$$Q_6 = Q_4 + Q_{15} = 45.5 + 7.57 = 53.07 \ t/h$$

校核 $\quad Q_6 = Q_7 + Q_8 = 5.69 + 47.38 = 53.07 \ t/h$

⑥计算各产物的回收率：

按 $\varepsilon_n = \gamma_n \dfrac{\beta_n}{\beta_1}$ 算出各产物的回收率。

$$\varepsilon_{16} = \gamma_{16} \frac{\beta_{16}}{\beta_1} = \frac{4.68 \times 17.19}{0.9} = 89.39\%$$

$$\varepsilon'_{16} = \gamma'_{16} \frac{\beta'_{16}}{\beta'_1} = \frac{4.68 \times 38.38}{8.98} = 20.0\%$$

$$\varepsilon_{19} = \varepsilon_4 - \varepsilon_{16} = 100\% - 89.39\% = 10.61\%$$

$$\varepsilon'_{19} = \varepsilon'_4 - \varepsilon'_{16} = 100\% - 20.0\% = 80.0\%$$

$$\varepsilon_{11} = \gamma_{11} \frac{\beta_{11}}{\beta_1} = \frac{6.85 \times 12.653}{0.9} = 96.30\%$$

$$\varepsilon'_{11} = \gamma_{11} \frac{\beta'_{11}}{\beta'_1} = \frac{6.85 \times 34.507}{8.98} = 26.32\%$$

$$\varepsilon_{17} = \varepsilon_{11} - \varepsilon_{16} = 96.30\% - 89.39\% = 6.91\%$$

$$\varepsilon'_{17} = \varepsilon'_{11} - \varepsilon'_{16} = 26.32\% - 20.00\% = 6.32\%$$

$$\varepsilon_7 = \gamma_7 \frac{\beta_7}{\beta_1} = \frac{12.5 \times 6.854}{0.9} = 95.19\%$$

$$\varepsilon'_7 = \gamma_7 \frac{\beta'_7}{\beta'_1} = \frac{12.5 \times 21.999}{8.98} = 30.62\%$$

$$\varepsilon_{12} = \varepsilon_7 + \varepsilon_{17} - \varepsilon_{11} = 95.19\% + 6.91\% - 96.30\% = 5.80\%$$

$$\varepsilon'_{12} = \varepsilon'_7 + \varepsilon'_{17} - \varepsilon'_{11} = 30.62\% + 6.32\% - 26.32\% = 10.62\%$$

$$\varepsilon_9 = \varepsilon_7 + \varepsilon_{17} = 95.19\% + 6.91\% = 102.10\%$$

校核 $\quad \varepsilon_9 = \varepsilon_{11} + \varepsilon_{12} = 96.30\% + 5.8\% = 102.10\%$

$$\varepsilon'_9 = \varepsilon'_7 + \varepsilon'_{17} = 30.62\% + 6.32\% = 36.94\%$$

校核 $\quad \varepsilon'_9 = \varepsilon'_{11} + \varepsilon'_{12} = 26.32\% + 10.62\% = 36.94\%$

$$\varepsilon_{18} = \gamma_{18} \frac{\beta_{18}}{\beta_1} = \frac{2.38 \times 0.915}{0.9} = 2.42\%$$

$$\varepsilon'_{18} = \gamma_{18} \frac{\beta'_{18}}{\beta'_1} = \frac{2.38 \times 20.641}{8.98} = 5.47\%$$

$$\varepsilon_{14} = \varepsilon_{18} + \varepsilon_{19} = 2.42\% + 10.61\% = 13.03\%$$

$$\varepsilon'_{14} = \varepsilon'_{18} + \varepsilon'_{19} = 5.47\% + 80.0\% = 85.47\%$$

$$\varepsilon_{13} = \gamma_{13} \frac{\beta_{13}}{\beta_1} = \frac{8.82 \times 0.831}{0.9} = 8.14\%$$

$$\varepsilon'_{13} = \gamma_{13} \frac{\beta'_{13}}{\beta'_1} = \frac{8.82 \times 13.563}{8.98} = 13.32\%$$

$$\varepsilon_8 = \varepsilon_{13} + \varepsilon_{14} - \varepsilon_{18} = 8.14\% + 13.03\% - 2.42\% = 18.75\%$$

$$\varepsilon'_8 = \varepsilon'_{13} + \varepsilon'_{14} - \varepsilon'_{18} = 13.32\% + 85.47\% - 5.47\% = 93.32\%$$

$$\varepsilon_{10} = \varepsilon_8 + \varepsilon_{18} = 18.75\% + 2.42\% = 21.17\%$$

校核　　$\varepsilon_{10} = \varepsilon_{13} + \varepsilon_{14} = 8.14\% + 13.03\% = 21.17\%$

　　　　$\varepsilon'_{10} = \varepsilon'_{8} + \varepsilon'_{18} = 93.32\% + 5.47\% = 98.79\%$

校核　　$\varepsilon'_{10} = \varepsilon'_{13} + \varepsilon'_{14} = 13.32\% + 85.47\% = 98.79\%$

　　　　$\varepsilon_{15} = \varepsilon_{12} + \varepsilon_{13} = 5.80\% + 8.14\% = 13.94\%$

　　　　$\varepsilon'_{15} = \varepsilon'_{12} + \varepsilon'_{13} = 10.62\% + 13.32\% = 23.94\%$

　　　　$\varepsilon_{6} = \varepsilon_{4} + \varepsilon_{15} = 100\% + 13.94\% = 113.94\%$

校核　　$\varepsilon_{6} = \varepsilon_{7} + \varepsilon_{8} = 95.19\% + 18.75\% = 113.94\%$

　　　　$\varepsilon'_{6} = \varepsilon'_{4} + \varepsilon'_{15} = 100\% + 23.94\% = 123.94\%$

校核　　$\varepsilon'_{6} = \varepsilon'_{7} + \varepsilon'_{8} = 30.62\% + 93.32\% = 123.94\%$

⑦计算各产物未知的品位。

$$\beta_{17} = \beta'_{1} \frac{\varepsilon'_{17}}{\gamma_{17}} = \frac{8.98 \times 6.32}{2.17} = 26.157\%$$

$$\beta'_{12} = \beta'_{1} \frac{\varepsilon'_{12}}{\gamma_{12}} = \frac{8.98 \times 10.62}{7.82} = 12.197\%$$

$$\beta'_{19} = \beta'_{1} \frac{\varepsilon'_{19}}{\gamma_{19}} = \frac{8.98 \times 80}{95.32} = 7.538\%$$

$$\beta'_{14} = \beta'_{1} \frac{\varepsilon'_{14}}{\gamma_{14}} = \frac{8.98 \times 85.47}{97.7} = 7.857\%$$

$$\beta'_{10} = \beta'_{1} \frac{\varepsilon'_{10}}{\gamma_{10}} = \frac{8.98 \times 98.79}{106.52} = 8.329\%$$

$$\beta'_{15} = \beta'_{1} \frac{\varepsilon'_{15}}{\gamma_{15}} = \frac{8.98 \times 23.94}{16.64} = 12.92\%$$

$$\beta'_{8} = \beta'_{1} \frac{\varepsilon'_{8}}{\gamma_{8}} = \frac{8.98 \times 93.32}{104.14} = 8.048\%$$

$$\beta'_{6} = \beta'_{1} \frac{\varepsilon'_{6}}{\gamma_{6}} = \frac{8.98 \times 123.94}{116.64} = 9.543\%$$

$$\beta'_{9} = \beta'_{1} \frac{\varepsilon'_{9}}{\gamma_{9}} = \frac{8.98 \times 36.94}{14.67} = 22.615\%$$

$$\beta_{10} = \beta_{1} \frac{\varepsilon_{10}}{\gamma_{10}} = \frac{0.9 \times 21.17}{106.52} = 0.179\%$$

$$\beta_{15} = \beta_{1} \frac{\varepsilon_{15}}{\gamma_{15}} = \frac{0.9 \times 13.94}{16.64} = 0.754\%$$

$$\beta_{9} = \beta_{1} \frac{\varepsilon_{9}}{\gamma_{9}} = \frac{0.9 \times 102.10}{14.67} = 6.264\%$$

$$\beta_{6} = \beta_{1} \frac{\varepsilon_{6}}{\gamma_{6}} = \frac{0.9 \times 113.94}{116.64} = 0.879\%$$

⑧绘制选别数质量流程图。

将计算结果按产物编号分别填写在流程图上,形成如图 4 - 34 所示的选别数质量流程图。

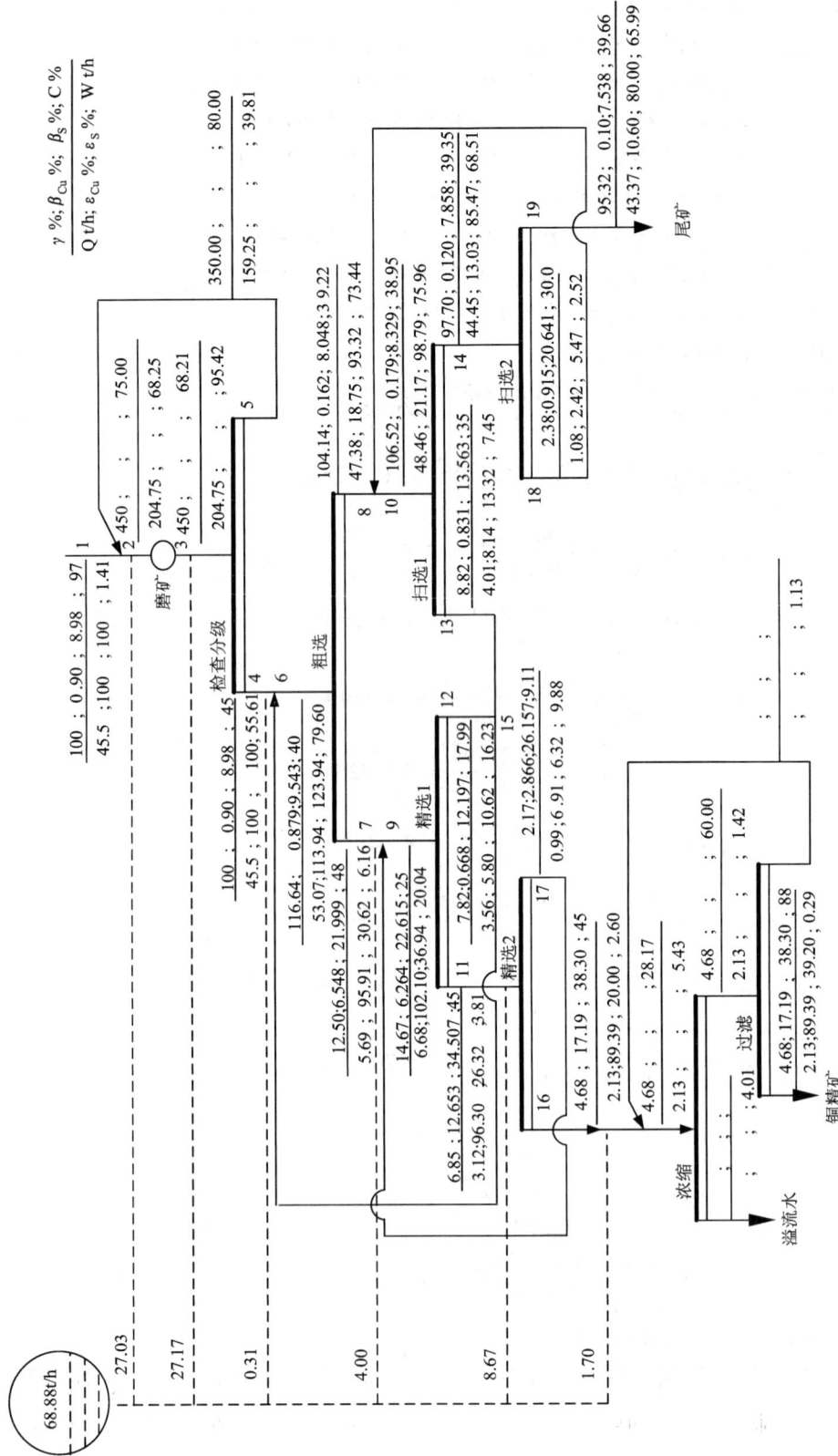

图4-34 举例计算数质量及矿浆流程图

$\dfrac{\gamma\ \%;\ \beta_{Cu}\ \%;\ \beta_{S}\ \%;\ C\ \%}{Q\ t/h;\ \varepsilon_{Cu}\ \%;\ \varepsilon_{S}\ \%;\ W\ t/h}$

通过上述流程计算实例可知，工艺流程计算应重点掌握以下几点：

a. 原始指标数的计算，主要是如何确定计算成分 c 值、选别产物数 n_p 和选别作业数 a_p。

b. 对原始指标数的分配原则和分配方案，应加倍注意。特别是多选别作业、多金属矿选别流程的分配方案，比单个选别作业和单金属矿选别流程要复杂得多。

c. 流程的计算步骤，尤其是产率的计算步骤如下：

首先从原、精、尾开始，通过物料平衡关系，先算出流程或某一循环的最终精矿和最终尾矿的产率。然后分别计算该流程或循环的精选作业和扫选作业，即精选作业从下至上计算到粗选作业的精矿止，扫选作业从下至上计算到粗选作业的尾矿止。决不能从上或从中间作业开始，或者不根据已知条件，随意列出某个无法进行计算的选别作业联立方程式。

多金属矿选别流程计算，在不用计算机的情况下，一般按选别流程或某一选别循环中的一种主要金属来计算各选别产物的产率。不参加产率计算的其他金属的原始指标均分配在各选别作业的精矿产物中。当采用计算机编程计算时，应考虑矛盾方程求解的问题（详见第 7 章）。

计算流程中任何一个选别作业产物的产率，一般应按联立方程式先计算精矿的产率，而尾矿产率则通过减的方法求出。产物的重量和回收率的算法也是如此，否则，由于小数点的取舍问题难于保证该作业产物的物料平衡。

对流程中混合产物的产率要进行校核，验证计算结果是否正确无误。

4.5　矿浆流程计算

4.5.1　计算的内容、目的及原理

（1）计算内容

矿浆流程的计算是在选别流程计算完成之后进行的。其计算内容包括：磨矿、选别流程中各作业、各产物的浓度（%）、含水量 $W_n(\mathrm{m}^3/\mathrm{d})$、用水量 $L_n(\mathrm{m}^3/\mathrm{d})$、各选别作业的矿浆体积 $V_n(\mathrm{m}^3/\mathrm{d})$ 和单位耗水量 $W_g(\mathrm{m}^3/\mathrm{t})$。

（2）计算目的及原理

矿浆流程计算目的是为供水、排水、脱水、扬送和分级的设计计算（包括设备选型计算）以及选别设备的选择计算提供原始数据。计算原理是按进入某作业的水量之和，等于该作业排出的水量之和（在计算中，也不考虑机械损失或其他流失），即水量平衡原理。

4.5.2　计算所需原始指标

矿浆流程计算，需要一定的原始指标，原始指标应选取生产操作过程中最稳定且必须加以控制的指标。这些指标可以分为以下 3 类。

（1）必须保证的浓度（按重量计）

所谓必须保证的浓度，就是指对于一些作业和产物来说，为了生产正常进行，具有一个必须保证的浓度，如磨矿作业、浮选的粗选和精选作业、机械分级机溢流和水力旋流器溢流等。所有这些作业的浓度，均要求在生产过程中予以保证。因此，在矿浆流程计算时，应预先确定其浓度为原始指标。

（2）不可调节的浓度（按重量计）

所谓不可调节的浓度，就是指在选别流程中，有些产物浓度通常是不可调节或难于调节的，如原矿水分、分级机返砂浓度、浮选泡沫产品浓度以及重选、磁选精矿浓度等。尽管这些作业的给水量有些变化，但对其精矿浓度的影响很小，计算时，也应作为原始指标。

（3）生产过程中，某些作业的补加水量，如跳汰机补加的上升水、摇床的冲洗水、洗矿的冲洗水、磁选机精矿冲洗水等，都是在生产过程中必须的用水。这些水量按单位矿量计算的数值也是比较稳定的，因此，也应作为原始指标。

上述 3 类指标，应根据对工艺流程的分析和选矿试验资料以及类似矿石选矿厂的生产资料来确定，也可参考表 4 - 13 和表 4 - 14 确定。

表 4 - 13　某些作业和产物的浓度参考范围

作业及产物名称	作业浓度/%	产物浓度/%
棒磨机、球磨机磨矿	65 ~ 80	—
分级机溢流：0.3 mm 以下	—	28 ~ 50
0.2 mm 以下	—	25 ~ 45
0.15 mm 以下	—	20 ~ 35
0.1 mm 以下	—	15 ~ 30
螺旋分级机返砂	—	80 ~ 85
水力旋流器：		
ϕ500 mm：给矿（分离粒度 -74 μm）	—	15 ~ 20
沉砂	—	50 ~ 75
ϕ250mm：给矿（分离粒度 -74 μm）	—	10 ~ 15
沉砂	—	40 ~ 60
ϕ125 mm：给矿（分离粒度 -74 μm）	—	5 ~ 10
沉砂	—	35 ~ 50
ϕ75mm：给矿（分离粒度 -74 μm）	—	3 ~ 8
沉砂	—	30 ~ 50
浮选：		
粗选作业	25 ~ 45	—
精选作业	10 ~ 25	—
扫选作业	20 ~ 35	—
粗选精矿	—	20 ~ 50
精选精矿	—	30 ~ 50
扫选精矿	—	20 ~ 35
跳汰作业：给矿	15 ~ 30	—

续表 4 – 13

作业及产物名称	作业浓度/%	产物浓度/%
精矿	—	30 ~ 50
摇床作业：给矿	25 ~ 35	—
精矿	—	40 ~ 60
中矿	—	30 ~ 45
水力分级作业：给矿	30 ~ 50	—
沉砂	—	20 ~ 50
离心选矿机给矿	15 ~ 25	—
磁选作业：给矿	20 ~ 25	—
精矿	—	25 ~ 35
磁力脱水槽给矿	20 ~ 30	—
浓缩机：给矿	15 ~ 35	—
排矿	—	50 ~ 70
过滤机：给矿	40 ~ 60	—
排矿	—	85 ~ 90

由于条件不同，同类产物的含水量也有很大差别，因此，在确定时要考虑以下因素：①密度大的矿石，其选别作业浓度应大些。②块状和粒状（即粒度粗的）的矿石，其选别作业浓度应大些。③品位高而易浮的矿石，其选别作业浓度应大些。④洗矿用水，应根据矿石的可洗性决定。

应当指出的是，扫选作业和所有选别作业的尾矿浓度，不能作为原始指标。一般，精选作业浓度应依精选次数增加而适当降低，精选精矿浓度应依精选次数增加而适当提高（注意，也会有精选作业浓度依次增加的情况，如方铅矿的精选等）。

矿浆流程的设计计算中，在保证工艺正常进行的前提下，应尽可能减少水的用量，一方面可节约水资源，另一方面可降低产品脱水的成本。

4.5.3　计算步骤

1）根据选矿试验资料和类似矿石选矿厂的生产资料，或参考表 4 – 13 和表 4 – 14 中的数据，确定最合适的各作业和各产物的浓度以及各作业补加水的单位定额。

2）根据所确定的浓度，按下式算出其液固比 R_n。

$$R_n = \frac{100 - C_n}{C_n} \tag{4 – 45}$$

3）按下式算出各作业、各产物的水量 W_n。

$$W_n = Q_n R_n \tag{4 – 46}$$

表 4 – 14　某些作业必要的补加水定额

作业名称	补加水定额	作业名称	补加水定额
浮选泡沫精矿溜槽冲洗水	$0.8 \text{ m}^3/\text{t}$ 矿	粒度为 $2 \sim 0.5 \text{ mm}$	$2 \sim 4 \text{ m}^3/\text{t}$ 矿
圆筒筛洗矿	$3 \sim 10 \text{ m}^3/\text{t}$ 矿	粒度为 $0.5 \sim 0.2 \text{ mm}$	$1.2 \sim 1.8 \text{ m}^3/\text{t}$ 矿
圆筒擦洗机洗矿	$3.0 \text{ m}^3/\text{t}$ 矿	粒度为 -0.2 mm	$0.8 \text{ m}^3/\text{t}$ 矿
槽式洗矿机洗矿	$4 \sim 6 \text{ m}^3/\text{t}$ 矿	2. 处理锡矿时:	
固定筛上冲洗脉矿	$1.0 \text{ m}^3/\text{t}$ 矿	第一段	$40 \sim 50 \text{ m}^3/\text{d} \cdot$ 台
固定筛上冲洗砂矿	$1 \sim 2 \text{ m}^3/\text{t}$ 矿	第二段	$25 \sim 30 \text{ m}^3/\text{d} \cdot$ 台
振动筛上冲洗脉矿	$1 \sim 2 \text{ m}^3/\text{t}$ 矿	第三段	$25 \sim 30 \text{ m}^3/\text{d} \cdot$ 台
振动筛上冲洗砂矿	$2.5 \text{ m}^3/\text{t}$ 矿	一次复洗	$60 \sim 70 \text{ m}^3/\text{d} \cdot$ 台
水力洗矿床洗砾石	$0.7 \sim 0.8 \text{ m}^3/\text{t}$ 矿	二次复洗	$50 \sim 55 \text{ m}^3/\text{d} \cdot$ 台
双层筛湿式筛分	$1 \sim 2.5 \text{ m}^3/\text{t}$ 矿	中矿复洗	$35 \sim 40 \text{ m}^3/\text{d} \cdot$ 台
四室水力分级机上升水	$0.5 \sim 1.5 \text{ m}^3/\text{t}$ 矿	泥矿	$20 \sim 25 \text{ m}^3/\text{d} \cdot$ 台
云锡式多室水力分级箱上升水		跳汰机上升水:	
第一段每箱	$50 \sim 60 \text{ m}^3/\text{d} \cdot$ 台	粗级别 $(76 \sim 12\text{mm})$	$4.0 \text{ m}^3/\text{t}$ 矿
第二段每箱	$40 \sim 50 \text{ m}^3/\text{d} \cdot$ 台	中级别 $(6 \sim 12\text{mm})$	$3.0 \text{ m}^3/\text{t}$ 矿
第三段每箱	$30 \sim 35 \text{ m}^3/\text{d} \cdot$ 台	细级别 $(1.5 \text{ mm}$ 或 $<3.0 \text{ mm})$	$2.5 \sim 3.0 \text{ m}^3/\text{t}$ 矿
复洗	$50 \sim 60 \text{ m}^3/\text{d} \cdot$ 台	$\phi 850 \text{ mm}$ 螺旋选矿机处理	
摇床冲洗水:		$0.02 \sim 0.04 \text{ mm}$ 级别冲洗水	$0.5 \sim 1.8 \text{ m}^3/\text{h} \cdot$ 台
1. 处理钨矿时:		$\phi 1000 \text{ mm}$ 螺旋选矿机冲洗水	$1.0 \sim 1.5 \text{ m}^3/\text{h} \cdot$ 台

4) 按各作业水量平衡方程式, 算出各作业的补加水量 L_n。

$$L_n = W_{作业} - \sum W_n \qquad (4-47)$$

5) 按下式算出各作业的矿浆体积 V_n。

$$V_n = Q_n \left(R_n + \frac{1}{\delta} \right) \qquad (4-48)$$

6) 按下式算出选矿厂总排出水量 $\sum W_k$ (含最终精矿 $\sum W_c$、尾矿 $\sum W_x$、溢流 $\sum W_t$ 等, 见表 4 – 16)。

$$\sum W_k = \sum W_c + \sum W_x + \sum W_t \qquad (4-49)$$

7) 按下式算出选矿厂工艺过程耗水量 $\sum L$ (即补加总水量)

$$\sum L = \sum W_k - W_0 \qquad (4-50)$$

如果选矿厂利用回水 W', 则按下式计算补加新水量 L'

$$L' = \sum L - W' \qquad (4-51)$$

8) 上述计算只考虑工艺过程用水量, 还要增加洗地板、冲洗设备、冷却设备等用水。一般为工艺过程耗水量的 $10\% \sim 15\%$, 按下式计算选矿厂总耗水量 $\sum L_0$。

$$\sum L_0 = (1.1 \sim 1.15) \sum L \qquad (4-52)$$

9) 按下式算出单位矿石耗水量 W_g。

$$W_g = \frac{\sum L_0}{Q} \qquad (4-53)$$

上述各式中　W_0——原矿含水量，m^3/h；

　　　　　　　δ——矿石密度，t/m^3；

　　　　　　　Q——处理的原矿石量，t/h；

其他符号意义同前。

矿浆流程的计算结果，可用表格或流程图来表示。表格的参考形式如表 4-15 和表 4-16 所示。

表 4-15　矿浆平衡表

作业名称	作业和产物编号及名称	产率 γ /%	矿量 Q /($t \cdot h^{-1}$)	浓度 C /%	液固比 R	水量 W /($m^3 \cdot h^{-1}$)	矿浆量 V /($m^3 \cdot h^{-1}$)

表 4-16　全厂总水量平衡表

进入流程的水量/($m^3 \cdot d^{-1}$)	由流程排出的水量/($m^3 \cdot d^{-1}$)
原矿水量：W_0	精矿产物水量：$\sum W_C$
各作业补加水量：$\sum L$	尾矿产物水量：$\sum W_x$
…	其他排出流程产物水量：$\sum W_t$
…	…
总计：	总计：

在设计过程中，矿浆流程计算结果常用流程图表示法，即在流程图上分别注出各作业、各产物的 Q_n、R_n、W_n、V_n、L_n 等数值，这样得到的流程图，称为矿浆流程图。有时，矿浆流程图与数质量流程图合为一张图纸，如图 4-34 所示，此时称为数质量及矿浆流程图。

4.5.4　计算实例

（1）磨矿流程

流程如图 4-35 所示，$Q_1 = 45.5$ t/h。

①确定浓度 C_n：

必须保证的浓度：磨矿作业浓度 $C_m = 75\%$、分级溢流浓度 $C_c = 45\%$。

不可调节的浓度：原矿水分 3%（即原矿浓度 $C_0 = 97\%$）、分级返砂浓度 $C_s = 80\%$。

②按 $R_n = \dfrac{100 - C_n}{C_n}$，计算液固比 R_1、R_4、R_5 和 R_m

$$R_1 = \frac{100 - C_0}{C_{0n}} = \frac{100 - 97}{97} = 0.031$$

$$R_4 = \frac{100 - C_c}{C_{cn}} = \frac{100 - 45}{45} = 1.222$$

$$R_5 = \frac{100 - C_{sc}}{C_{sn}} = \frac{100 - 80}{80} = 0.25$$

$$R_m = \frac{100 - C_{mc}}{C_{sm}} = \frac{100 - 75}{75} = 0.333$$

③ 按 $W_n = Q_n R_n$ 计算水量 W_1，W_4，W_5 和 W_m：

$$W_1 = Q_1 R_1 = 45.5 \times 0.031 = 1.41 \text{ t/h}$$

$$W_4 = Q_4 R_4 = 45.5 \times 1.222 = 55.61 \text{ t/h}$$

$$W_5 = Q_5 R_5 = Q_1 C R_5 = 45.5 \times 3.5 \times 0.25 = 39.81 \text{ t/h}$$

$$W_m = Q_m R_m = (Q_1 + Q_5) R_m = (45.5 + 159.25) \times 0.333 = 68.25 \text{ t/h}$$

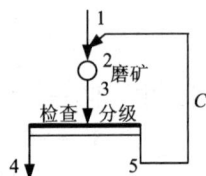

图 4 – 35　磨矿流程

④ 按 $L_n = W_{作业} - \sum W_n$ 计算补加水 L_m 和 L_c：

$$L_m = W_m - W_1 - W_5 = 68.25 - 1.41 - 39.81 = 27.03 \text{ t/h}$$

$$L_c = W_4 + W_5 - W_m = 55.57 + 39.81 - 68.21 = 27.17 \text{ t/h}$$

因磨矿流程一般不需要计算矿浆体积(当有砂泵输送或水力旋流器分级时，则需要计算矿浆体积，其方法同选别流程)，故此暂略。

（2）选别流程

流程如图 4 – 33 所示。

① 确定浓度 C_n：

必须保证的作业浓度：粗选作业浓度 $C_r = 40\%$；精选Ⅰ作业浓度 $C_{k1} = 25\%$；精选Ⅱ作业浓度 $C_{k2} = 20\%$

不可调节的选别精矿浓度：粗选精矿浓度 $C_7 = 48\%$；精选Ⅰ精矿浓度 $C_{11} = 45\%$；精选Ⅱ精矿浓度 $C_{16} = 45\%$；扫选Ⅰ精矿浓度 $C_{13} = 35\%$；扫选Ⅱ精矿浓度 $C_{18} = 30\%$

② 按 $R_n = \frac{100 - C_n}{C_n}$，计算液固比 R_r、R_7、R_{k1}、R_{k2}、R_{11}、R_{16}、R_{13} 和 R_{18}：

$$R_r = \frac{100 - C_r}{C_r} = \frac{100 - 40}{40} = 1.5$$

$$R_7 = \frac{100 - C_7}{C_7} = \frac{100 - 48}{48} = 1.08$$

$$R_{k1} = \frac{100 - C_n}{C_n} = \frac{100 - 25}{25} = 3$$

$$R_{k2} = \frac{100 - C_{k2}}{C_{k2}} = \frac{100 - 20}{20} = 4$$

$$R_{11} = \frac{100 - C_{11}}{C_{11}} = \frac{100 - 45}{45} = 1.222$$

$$R_{16} = \frac{100 - C_{16}}{C_{16}} = \frac{100 - 45}{45} = 1.222$$

$$R_{13} = \frac{100 - C_{13}}{C_{13}} = \frac{100 - 35}{35} = 1.86,$$

$$R_{18} = \frac{100 - C_{18}}{C_{18}} = \frac{100 - 30}{30} = 2.33$$

③按 $W_n = Q_n R_n$ 计算水量 W_r、W_{k1}、W_{k2}、W_7、W_{11}、W_{16}、W_{13} 和 W_{18}：

由数质量流程图 4 - 34 得知：$Q_r = Q_6 = 53.07$ t/h，$Q_{k1} = Q_9 = 6.68$ t/h，$Q_{k2} = Q_{11} = 3.12$ t/h，$Q_7 = 5.69$ t/h，$Q_{11} = 3.12$ t/h，$Q_{16} = 2.13$ t/h，$Q_{13} = 4.03$ t/h，$Q_{18} = 1.08$ t/h，则：

$$W_r = Q_6 R_r = 53.07 \times 1.5 = 79.60 \ \text{m}^3/\text{h}$$

$$W_7 = Q_7 R_7 = 5.69 \times 1.08 = 6.16 \ \text{m}^3/\text{h}$$

$$W_8 = W_r - W_7 = 79.60 - 6.16 = 73.44 \ \text{m}^3/\text{h}$$

$$W_{k1} = Q_9 R_{k1} = 6.68 \ 3 = 20.04 \ \text{m}^3/\text{h}$$

$$W_{11} = Q_{11} R_{11} = 3.12 \ 1.222 = 3.81 \ \text{m}^3/\text{h}$$

$$W_{12} = W_{k1} - W_{11} = 20.04 - 3.81 = 16.23 \ \text{m}^3/\text{h}$$

$$W_{k2} = Q_{11} R_{k2} = 3.12 \ 4 = 12.48 \ \text{m}^3/\text{h}$$

$$W_{16} = Q_{16} R_{16} = 2.13 \ 1.222 = 2.60 \ \text{m}^3/\text{h}$$

$$W_{17} = W_{k2} - W_{16} = 12.48 - 2.60 = 9.88 \ \text{m}^3/\text{h}$$

$$W_{18} = Q_{18} R_{18} = 1.08 \ 2.33 = 2.52 \ \text{m}^3/\text{h}$$

$$W_{10} = W_8 + W_{18} = 73.44 + 2.52 = 75.96 \ \text{m}^3/\text{h}$$

$$W_{13} = Q_{13} R_{13} = 4.01 \ 1.86 = 7.45 \ \text{m}^3/\text{h}$$

$$W_{14} = W_{10} - W_{13} = 75.96 - 7.45 = 68.51 \ \text{m}^3/\text{h}$$

$$W_{19} = W_{14} - W_{18} = 68.51 - 2.52 = 65.99 \ \text{m}^3/\text{h}$$

④ 按 $L_n = W_{作业} - \sum W_n$ 计算补加水 L_r、L_{k1} 和 L_{k2}：

$$L_r = W_r - W_4 - W_{12} - W_{13} - 79.60 - 55.61 - 16.23 - 7.45 = 0.31 \ \text{m}^3/\text{h}$$

$$L_{k1} = W_{k1} - W_7 - W_{17} = 20.04 - 6.16 - 9.88 = 4.00 \ \text{m}^3/\text{h}$$

$$L_{k2} = W_{k2} - W_{11} = 12.48 - 3.81 = 8.67 \ \text{m}^3/\text{h}$$

⑤ 按 $V_n = Q_n (R_n + \dfrac{1}{\delta})$ 计算矿浆体积 V_r、V_{k1}、V_{k2} 和 V_n：

$$V_r = Q_6 \left(R_r + \frac{1}{\delta}\right) = 53.07 \times \left(1.5 + \frac{1}{3.0}\right) = 53.07 \times 1.83 = 97.15 \ \text{m}^3/\text{h}$$

$$V_{k1} = Q_9 \left(R_{k1} + \frac{1}{\delta}\right) = 6.68 \times \left(3 + \frac{1}{3.0}\right) = 6.68 \times 3.33 = 22.24 \ \text{m}^3/\text{h}$$

$$V_{k2} = Q_{11} \left(R_{k2} + \frac{1}{\delta}\right) = 3.12 \times \left(4 + \frac{1}{3.0}\right) = 3.12 \times 4.33 = 13.51 \ \text{m}^3/\text{h}$$

$$V_7 = Q_7 \left(R_7 + \frac{1}{\delta}\right) = 5.69 \times \left(1.08 + \frac{1}{3.0}\right) = 5.69 \times 1.41 = 8.02 \ \text{m}^3/\text{h}$$

$$V_8 = V_r - V_7 = 97.15 - 8.02 = 89.13 \ \text{m}^3/\text{h}$$

$$V_{18} = Q_{18} \left(R_{18} + \frac{1}{\delta}\right) = 1.08 \times \left(2.33 + \frac{1}{3.0}\right) = 1.08 \times 2.66 = 2.87 \ \text{m}^3/\text{h}$$

$$V_{10} = V_8 + V_{18} = 89.13 + 2.87 = 92.00 \ \text{m}^3/\text{h}$$

$$V_{13} = Q_{13} \left(R_{13} + \frac{1}{\delta}\right) = 4.01 \times \left(1.86 + \frac{1}{3.0}\right) = 4.01 \times 2.19 = 8.83 \ \text{m}^3/\text{h}$$

$$V_{14} = V_{10} - V_{13} = 92.00 - 8.83 = 83.17 \ \text{m}^3/\text{h}$$

$$V_{19} = V_{14} - V_{18} = 83.17 - 2.87 = 80.3 \ \text{m}^3/\text{h}$$

⑥ 按下式计算某些作业和产物中的未知浓度 C_n：

$$C_{12} = \frac{100}{1 + \dfrac{W_{12}}{Q_{12}}} = \frac{100}{1 + \dfrac{16.23}{3.56}} = 17.99\%$$

$$C_{17} = \frac{100}{1 + \dfrac{W_{17}}{Q_{17}}} = \frac{100}{1 + \dfrac{9.88}{0.99}} = 9.11\%$$

$$C_{10} = \frac{100}{1 + \dfrac{W_{10}}{Q_{10}}} = \frac{100}{1 + \dfrac{75.96}{48.46}} = 38.95\%$$

$$C_{14} = \frac{100}{1 + \dfrac{W_{14}}{Q_{14}}} = \frac{100}{1 + \dfrac{68.51}{44.45}} = 39.35\%$$

$$C_{19} = \frac{100}{1 + \dfrac{W_{19}}{Q_{19}}} = \frac{100}{1 + \dfrac{68.51}{44.45}} = 39.66\%$$

$$C_{8} = \frac{100}{1 + \dfrac{W_{8}}{Q_{8}}} = \frac{100}{1 + \dfrac{73.44}{47.38}} = 39.22\%$$

⑦ 按下式计算工艺过程补加总水量 $\sum L$：

$$\sum L = \sum W_k - W_0 = W_{16} + W_{19} - W_4$$
$$= 2.6 + 65.99 - 55.61 = 12.98 \ \text{m}^3/\text{h}$$

校核 $\quad \sum L = L_r + L_{k1} + L_{k2} = 0.3 + 4.01 + 8.67 = 12.98 \ \text{m}^3/\text{h}$

⑧ 按下式计算选矿厂总耗水量 $\sum L_0$：

$$\sum L_0 = (1.1 \sim 1.15) \sum L = 1.13 \times 12.98 = 14.67 \ \text{m}^3/\text{h}$$

⑨ 按下式计算选别单位耗水量(未含磨矿) W_g：

$$W_g = \sum L_0 / Q = 14.67/45.5 = 0.32 \ \text{m}^3/\text{t}$$

⑩ 计算结果如图 4-34 所示。

4.6 脱水流程选择与计算

4.6.1 脱水流程

湿法选矿工艺得到的精矿产品含有大量水分，需进行脱水处理(即固液分离)，达到精矿运输和后续冶炼工艺要求的水分。产品水分越低，越有利于精矿产品运输，节约冶炼过程的成本。根据对精矿水分要求的不同，选矿厂生产采用的脱水流程，主要有两段脱水(即浓缩加过滤)和三段脱水(即浓缩、过滤和干燥)，见图 4-36。

4.6.2 脱水流程的选择

脱水流程选择的依据是精矿产品水分要求。当精矿水分要求 ≥12% 时，一般采用如

图4－36中(a)的两段脱水流程。当精矿水要求较低,为3%以下时,则必须采用图4－36(b)的三段脱水流程。

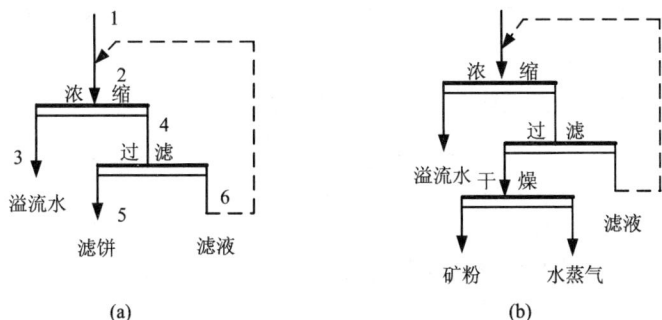

图 4 - 36 常见脱水流程

4.6.3 脱水流程的计算

(1)计算内容和原理

脱水流程的计算在选别工艺的矿浆流程计算完成后进行。计算的内容主要包括:脱水流程中各产物的含水量 $W_n(m^3/h)$ 和矿浆浓度。与矿浆流程计算一样,脱水流程也是根据各作业进出水量和矿量的平衡原理进行计算的。

(2)计算的原始资料

脱水流程计算相对较简单,计算时需要的原始指标包括:进入脱水流程的产物的矿量、产率、浓度和含水量(由选别工艺流程和矿浆流程计算所得);根据产品水分要求确定的浓缩机底流浓度、滤饼或精矿粉的水分含量。

(3)计算举例

图4－33中选别流程得到的铜精矿产品拟采用浓缩和过滤的两段脱水流程,且滤液返回浓缩机,如图4－36(a)所示,并确定脱水工作制度与主厂房相同,则有:

①原始指标:

最终铜精矿含水量为12%;浮选铜精矿产物1浓度为33.13%;浓缩机底流浓度确定为60%;

②各产物水量计算:

$$W_1 = Q_1 \frac{100 - C_1}{C_1} = 2.13 \times \frac{100 - 33.13}{33.13} = 4.30 \ m^3/h$$

$$W_4 = Q_4 \frac{100 - C_4}{C_4} = 2.13 \times \frac{100 - 60}{60} = 1.42 \ m^3/h$$

$$W_5 = Q_5 \frac{100 - C_5}{C_5} = 2.13 \times \frac{100 - 88}{88} = 0.29 \ m^3/h$$

$$W_6 = W_4 - W_5 = 1.42 - 0.29 = 1.13 \ m^3/h$$

$$W_2 = W_1 + W_6 = 4.30 + 1.13 = 5.43 \ m^3/h$$

$$W_3 = W_2 - W_4 = 5.43 - 1.42 = 4.01 \ m^3/h$$

思考题

4-1　选矿厂各车间处理量计算的依据是什么？各车间日处理量是否相同，为什么？

4-2　决定破碎流程的因素是什么？

4-3　洗矿应用条件及常见的洗矿流程有哪些？

4-4　何谓等值筛分工作制度及其内容和应用条件？

4-5　何谓最大相对粒度系数 Z_{max} 及其表示法？

4-6　破碎流程计算的目的、内容和步骤是什么？

4-7　计算破碎流程需要的原始资料有哪些？

4-8　预先筛孔的选择范围是什么？

4-9　如何调整各段破碎机负荷不平衡问题？

4-10　原矿中哪些因素影响破碎流程结构？

4-11　某有色金属矿山的设计矿石储量为1000万吨，其选厂服务年限为20年，根据选矿工艺要求，破碎车间手选废石率为15%，试确定破碎车间及磨矿车间工作制度；计算各车间年、日、时处理量；并指出选厂规模。

4-12　根据图4-37列出产率、筛分作业循环负荷和破碎机循环负荷的计算步骤。

4-13　决定磨矿流程的主要因素是什么？

4-14　计算两段磨矿流程需要的原始资料有哪些？

4-15　何谓计算级别？常用的计算级别是哪些？

4-16　如何使两段两闭路磨矿的负荷平衡？

4-17　常用的自磨流程及其闭路组合形式有哪些？

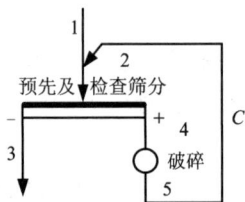

图4-37　题4-12图

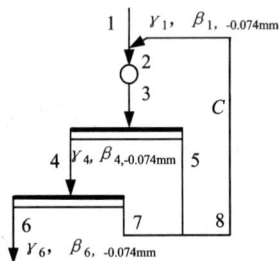

图4-38　题4-18图

4-18　根据图4-38已知条件列出磨矿流程产率计算的步骤。

4-19　选别流程选择的依据是什么？

4-20　从设计角度如何审查选矿试验报告？

4-21　简述单金属矿和多金属矿浮选原则流程及其选择。

4-22　简述重选流程的特点及决定流程时应考虑的原则。

4-23　何谓产品方案及其确定的原则？

4-24　何谓分配指标、计算指标、计算成分？

4-25　简述原始指标数的分配原则和分配方案以及数值选择时应注意的问题。

4-26 浮选流程计算常用的原始指标是什么？

4-27 计算矿浆流程所需原始指标有哪些？

4-28 简述矿浆流程计算的内容、目的及步骤。

4-29 根据图4-39已知条件列出产率的计算步骤(E_5——作业回收率)？

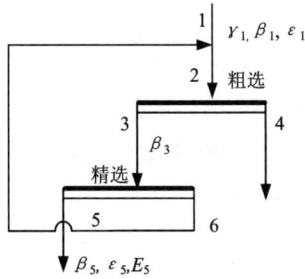

图4-39 题4-29图

4-30 叙述计算图4-40重选流程中单金属所需原始指标数及其分配方案。

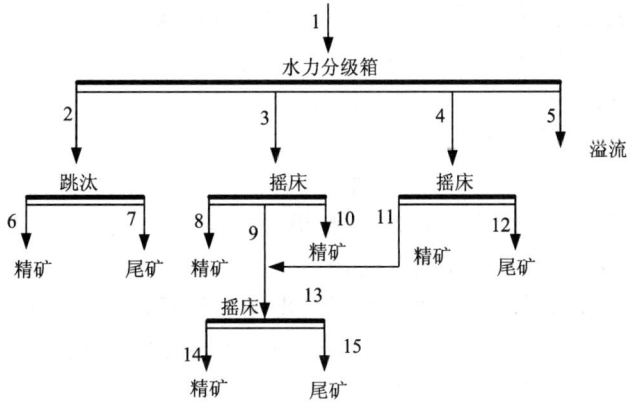

图4-40 题4-30图

第 5 章　工艺设备(设施)的选择和计算

<u>内容提要</u>　本章内容包括:工艺设备选择及计算原则;破碎及筛分设备选择与计算;磨矿及分级设备选择与计算;选别设备选择与计算(包括浮选、重选、磁选及电选设备等);脱水设备选择与计算;辅助设备的选择和计算(包括给矿机、带式输送机、砂泵和起重机等);矿仓设施的类型、选择和设计计算。

5.1　工艺设备选择和计算原则

工艺设备选择和计算是矿物加工工程设计的一项重要内容。设备选型的合适与否直接决定选矿工艺能否顺利实现。因此,在选择和计算工艺设备时必须遵循以下基本原则:

①设备必须满足生产能力要求并与选矿厂生产规模相适应;

②设备必须适应生产工艺特点的要求;

③设备必须便于操作和控制,且性能可靠;

④设备选型应尽量采用已定型化的先进设备。

选矿设备分为两大类,即主体设备和辅助设备。其中,主体设备包括:破碎机、筛分机、磨矿机、分级机、浮选机、跳汰机、摇床、磁选机、浓缩机、过滤机和干燥机等。辅助设备则包括:带式输送机、砂泵、给矿机和起重机等。

选择主体设备时,需确定设备型式和尺寸(即型号和规格)以及设备数量。在同一作业中,如有几种不同型式的设备可供选择时,应通过技术经济比较才能确定。工艺设备生产能力的计算,可采用以下方法进行:

①按理论公式计算生产能力。按理论公式近似计算生产能力的设备有:颚式破碎机、旋回破碎机、圆锥破碎机、对辊破碎机、水力分级机、水力旋流器、水力分选机和浓缩机等。

这些设备分为两类:第 1 类是依据通过破碎腔破碎物料的质量(容积)进行计算的破碎机;第 2 类是矿浆在分级过程中,在重力或惯性力作用下,依据固体物料在流体中运动的理论进行计算的分级设备。按理论公式计算的生产能力,其结果与实际生产资料有一定偏差,但却能表明影响设备生产能力的主要相关因素。

②按经验公式计算生产能力。按经验公式计算生产能力的设备有:固定筛、振动筛和螺旋分级机等。经验公式是选用设备在处理指定物料(称之为标准物料)时的生产能力。因此,它有一定的适应范围。在处理其他非标准物料时,必须考虑某些修正系数。经验公式与理论公式一样,反映了设备生产能力与待处理物料性质和工作条件的函数关系。

③按综合公式计算生产能力。综合公式也叫半经验公式。它既有理论推导的因子,又有经验修正系数。旋回破碎机可用这类公式计算生产能力。

④按单位负荷计算生产能力。这种计算方法是根据设备的单位容积、单位面积或单位长

度计算生产能力。按单位容积计算生产能力的设备有磨矿机、浮选机等。按单位面积计算生产能力的设备有筛分机、真空过滤机等。

单位负荷的测定可以任意选择一种已知其单位生产能力的矿石作为标准矿石,然后将标准矿石与待测矿石在试验室中进行试验,得出其生产能力的相对系数,则可求出待测矿石的单位负荷。

⑤按单位能耗计算生产能力。按处理单位重量或单位体积矿石所耗电量计算生产能力,如磨矿机、洗矿机等可用这种方法计算生产能力,单位能耗的测定方法与单位负荷的测定方法相同。

⑥按矿石在设备中的停留时间计算生产能力。为使某作业顺利进行,必须使被处理矿石在该作业(设备)具有一定的停留时间。这类设备的有效容积是根据单位时间的容积生产能力与处理矿石需停留的时间之积而确定。这种方法需要预先确定各作业处理该种矿石的停留时间,如浮选机、搅拌槽可用这种方法计算生产能力。

⑦按产品目录确定生产能力。齿式对辊机、摇床等可直接通过制造厂的产品目录计算生产能力。但必须对矿石性质和工作条件设置某些修正系数。

设备数量取决于所选设备的型号和规格。选用小型设备,将增加建筑面积、管理和维护的困难。采用大型设备则有利于减少基建投资,降低生产成本,并能促进选矿厂的自动化管理,但要增加厂房高度和起重设备的起重能力。因此,必须根据主要技术经济指标进行方案比较,确定合理的方案。方案比较的主要指标包括:设备总重量、总投资、总安装功率、厂房总面积和高度等。一般情况下,某作业的同类设备台数大于 4 ~ 6 台时,应改选大型设备较为有利。

为了保证选矿厂的正常生产,必须考虑设备的备用。破碎机和筛分机的备用台数取决于破碎作业的工作制度、原矿仓和中间矿仓的容积。第 1 段破碎,不考虑备用设备。第 2 段和第 3 段破碎,每 2 ~ 3 台破碎机考虑 1 台备用破碎机,每 3 ~ 4 台筛分机考虑 1 台备用筛分机。磨矿、选别和浓缩作业不考虑备用设备。精矿过滤和干燥设备应考虑备用设备。输送矿浆的砂泵,每台应考虑 1 台备用砂泵。

5.2　破碎设备的选择和计算

5.2.1　破碎设备的选择

破碎设备的选择与处理矿石的物理性质、要求破碎的生产能力、破碎产品粒度及设备配置有关。矿石物理性质包括:矿石硬度、密度、含泥量、含水量和矿石最大粒度。根据矿石极限抗压强度,矿石可分为难碎性矿石、中等可碎性矿石和易碎性矿石 3 种类型。

所选破碎设备,除保证满足产品粒度和生产能力外,还必须保证矿石最大粒度的给入。给矿中的最大粒度,对粗碎机为 $0.8 \sim 0.85B$(B——破碎机给矿口宽度),中、细碎机则为 $0.85 \sim 0.90B$。

(1) 粗碎设备的选择

粗碎设备主要有旋回破碎机和颚式破碎机。粗碎设备的选型主要考虑给矿最大粒度、生产能力和矿石可碎性 3 因素。大、中型选矿厂既可采用颚式破碎机,也可采用旋回破碎机。

中、小型选矿厂通常采用颚式破碎机。

颚式破碎机按传动肘的结构和运行形式不同，可分为双肘简单摆动型和单肘复杂摆动型2类。一般，大型选矿厂选用简摆式颚式破碎机，中、小型选矿厂选用复摆式颚式破碎机。颚式破碎机的规格一般以给矿口宽度×长度表示。颚式破碎机的主要优点是：结构简单，工作可靠，价格较低廉，便于维修，外形高度小，排矿口调节方便，破碎含水量和含泥量较高的矿石不易堵塞破碎腔。其主要缺点是：衬板易磨损，且破碎产品粒度不均匀。

与颚式破碎机相比，旋回破碎机的优点主要是破碎单位质量矿石时的电耗少，破碎腔连续工作，生产能力大，破碎腔内衬的磨损分布均匀。此外，产品过大块少，粒度均匀，破碎腔内不易堵塞矿石，可以采取"挤满给矿"。其不足主要是：排矿口调节困难，设备构造复杂，机身较大，基建基础和厂房高度要求高。

（2）中、细碎设备的选择

中、细碎设备的选型除了需要考虑确定粗碎设备选型的因素外，还要考虑上段破碎产品的最大粒度和本段破碎要求的产品粒度。

大、中型选矿厂破碎难碎性矿石和中等可碎性矿石时，中碎和细碎常选用圆锥破碎机。按圆锥破碎机破碎腔的形状和平行带长度的不同可分为标准型、中间型和短头型3类。中碎设备常选用标准型圆锥破碎机或中间型圆锥破碎机，细碎设备常用短头型圆锥破碎机。若采用两段破碎流程时，第2段也可选用中间型圆锥破碎机。圆锥破碎机的规格以破碎锥（动锥）底部直径（mm）表示，其型号以"B""Z"和"D"分别代表标准型、中间型和短头型。

圆锥破碎机的生产能力大，破碎比大，适于破碎硬矿石和中硬矿石，特别是近几年来已广泛采用美卓（Metso）和山特维克（Sandvik）公司生产的HP、MP和CS型新型圆锥破碎机。其缺点是不适宜处理含泥量过高的矿石。对于小型选矿厂的第2段破碎设备，一般可选用反击式破碎机、锤式破碎机、辊式破碎机以及中间型（或短头型）圆锥破碎机，也可选用深腔颚式破碎机。

反击式破碎机适用于破碎中等可碎性矿石和脆性矿石。它有单转子（PF）和双转子（2PF）两种型式。其规格以转子直径和长度表示。与其他型式破碎机相比，设备重量轻，体积小，生产能力大，构造简单，维修方便。单位产量能耗低，能耗比颚式破碎机节省1/3。破碎产物粒度均匀，细粒含量多，有利于提高磨矿机的效率。能选择性地破碎矿石，过粉碎少。破碎比大，能一次完成中碎机和细碎机的要求，因此可简化流程，节省投资。缺点是：打击板和反击板容易磨损，需要经常更换。工作噪音大，粉尘多。

辊式破碎机也称对辊破碎机，它有平辊和齿辊两类。规格以辊子直径和长度表示。辊式破碎机适于破碎含黏土多和要求产品粒度均匀的中等可碎性以及脆性矿石，破碎产品粒度可小于1~2 mm。其特点是构造简单，破碎比大，过粉碎少。缺点是：生产能力低，占地面积大，辊面磨损不均匀，需要经常加工处理。高压辊式破碎机的产品粒度细且均匀，能有效地降低磨矿作业的能耗。

5.2.2 破碎设备生产能力的计算

破碎机生产能力与被破碎物料性质（矿石硬度、密度、湿度、黏结性和粒度组成等）、破碎机结构参数和工艺要求（破碎比、开路或闭路作业、设备负荷率、给矿均匀度）等因素有关。由于影响因素多，生产能力的计算方法也较多，且各具特点。因此，在设计中多采用经验公式概略计算生产能力,并根据实际资料对计算结果加以校正。

(1)颚式破碎机、旋回破碎机和圆锥破碎机生产能力的计算

①开路破碎时,颚式破碎机、旋回破碎机、圆锥破碎机的生产能力计算:

$$Q = K_1 K_2 K_3 K_4 Q_0 \qquad (5-1)$$

式中 Q——在设计条件下破碎机的生产能力,t/h;

Q_0——在标准条件下破碎机的生产能力,t/h;

$$Q_0 = q_0 e \qquad (5-2)$$

q_0——破碎机在开路破碎排矿口宽度为 1 mm 时,破碎标准状态矿石的单位生产能力, t/mm·h(见表5-1至表5-5);

e——破碎机排矿口宽度,mm;

K_1——矿石可碎性系数(见表5-6);也可按下式校核。

表5-1 颚式破碎机 q_0 值

破碎机规格/mm	250×400	400×600	600×900	900×1200	1200×1500	1500×2100
q_0/[t·(mm·h)$^{-1}$]	0.40	0.65	0.95~1.0	1.25~1.30	1.90	2.70

表5-2 旋回破碎机 q_0 值

破碎机规格/mm	500/75	700/130	900/160	1200/180	1500/180	1500/300
q_0/[t·(mm·h)$^{-1}$]	2.5	3.0	4.5	6.0	10.5	13.5

表5-3 开路破碎时标准型、中型圆锥破碎机 q_0 值

破碎机规格/mm	$\phi600$	$\phi900$	$\phi1200$	$\phi1650$	$\phi1750$	$\phi2200$
q_0/[t·(mm·h)$^{-1}$]	1.0	2.5	4.0~4.5	7.0~8.0	8.0~9.0	14.0~15.0

注:排矿口小时取大值,排矿口大时取小值。

表5-4 开路破碎时短头型圆锥破碎机 q_0 值

破碎机规格/mm	$\phi900$	$\phi1200$	$\phi1650$	$\phi1750$	$\phi2200$
q_0/[t·(mm·h)$^{-1}$]	4.0	6.5	12.0	14.0	24.0

表5-5 开路破碎时单缸液压圆锥破碎机 q_0 值

破碎机规格/mm		$\phi900$	$\phi1200$	$\phi1650$	$\phi2200$	$\phi3000$
q_0/ [t·(mm·h)$^{-1}$]	标准型	2.52	4.6	8.5	16.0	28.0
	中型	2.76	5.4	9.23	20.0	30.6
	短头型	4.25	6.7	14.28	25.0	47.3

注:表中数据参考沈重的设备资料。

表 5 - 6　矿石可碎性系数 K_1 值

矿石性质	极限抗压强度/MPa(kgf/cm²)	普氏硬度	K_1 值
硬	156.9 ~ 196.1(1600 ~ 2000)	16 ~ 20	0.9 ~ 0.95
中硬	78.45 ~ 156.9(800 ~ 1600)	8 ~ 16	1.0
软	<78.45(<800)	<8	1.1 ~ 1.2

$$K_1 = \left(\frac{\sigma_B}{\sigma_S}\right)^{0.11} \tag{5-3}$$

式中　σ_B——标准矿石的抗压强度，$\sigma_B = 160$ MPa；

　　　σ_S——设计矿石的抗压强度，MPa。

　　　K_2——矿石密度修正系数，按下式计算：

$$K_2 = \frac{\gamma}{1.6} \tag{5-4}$$

或

$$K_2 = \frac{\rho}{2.7} \tag{5-5}$$

式中　γ——设计矿石的松散密度(t/m³)；

　　　δ——设计矿石的密度(t/m³)。

　　　K_3——给矿粒度修正系数(见表 5 - 7，表 5 - 8)，表 5 - 7 的数据可由下式计算：

$$K_3 = \left(\frac{\alpha_\beta}{\alpha_S}\right)^{0.2} \tag{5-6}$$

式中　α_β——标准条件下给矿最大粒度与粗碎机的给矿口宽度之比，$\alpha_\beta = 0.85$；

　　　α_S——设计的给矿最大粒度与选用粗碎机的给矿口宽度之比。

　　　K_4——水分修正系数，见表 5 - 9。

表 5 - 7　粗碎设备的给矿粒度修正系数 K_3 值

给矿最大粒度 D_{max} 和给矿口宽度 B 之比 $\dfrac{D_{max}}{B}$	0.85	0.70	0.60	0.50	0.40	0.30
K_3	1.00	1.04	1.07	1.11	1.16	1.23

表 5 - 8　中碎与细碎圆锥破碎机破碎比修正系数 K_3 值

标准型或中型圆锥破碎机		短头型圆锥破碎机	
$\dfrac{e}{B}$	K_3	$\dfrac{e}{B}$	K_3
0.60	0.90 ~ 0.98	0.40	0.90 ~ 0.94
0.55	0.92 ~ 1.00	0.25	1.00 ~ 1.05
0.40	0.96 ~ 1.06	0.15	1.06 ~ 1.12
0.35	1.00 ~ 1.10	0.075	1.14 ~ 1.20

注：①e——开路破碎时，指上段破碎机排矿口宽度，B——指本段破碎机给矿口宽度；闭路破碎时，$\dfrac{e}{B}$指闭路破碎机的排矿口宽度与给矿口宽度之比。

　　②设有预先筛分时，K_3 取小值，不设预先筛分时取大值。

表 5 - 9　水分修正系数 K_4 值

矿石中水分含量/%	4	5	6	7	8	9	10	11
K_4	1.0	1.0	0.95	0.90	0.85	0.80	0.75	0.65

注：矿石中除含水外，还有成球的粉矿时才引用 K_4 系数。

公式(5-1)由于考虑了矿石性质、破碎机排矿口宽度、破碎比和流程结构等因素，因此，计算结果与实际情况相近。

对于目前工程中广泛采用的美卓和山特维克等高效圆锥破碎机，由于其生产能力与排矿口宽度之间不呈线性关系，因此，在计算生产能力时，应根据破碎流程计算所确定的排矿口宽度，结合设计矿石性质来选取合理的 Q_0 值，可以询问厂家或参考设备样本选取，再按以上参数进行修正。表 5-10 是 HP 系列圆锥破碎机对应不同排矿口下的生产能力数据。一般在生产能力计算完成后，还应由设备厂家对计算结果进行核算。

表 5 - 10　HP 系列圆锥破碎机对应排矿口的生产能力 Q_0 /(t/h)

排矿口 型号	6 mm (1/4″)	8 mm (5/16″)	10 mm (3/8″)	13 mm (1/2″)	16 mm (5/8″)	19 mm (3/4″)	22 mm (7/8″)	25 mm (1″)	32 mm (1 1/4″)	38 mm (1 1/2″)	45 mm (1 3/4″)	51 mm (2″)
HP100	45 ~ 55	50 ~ 60	55 ~ 70	60 ~ 80	70 ~ 90	75 ~ 95	80 ~ 100	85 ~ 110	100 ~ 140			
HP200			90 ~ 120	120 ~ 150	140 ~ 180	150 ~ 190	160 ~ 200	170 ~ 220	190 ~ 235	210 ~ 250		
HP300			115 ~ 140	150 ~ 185	180 ~ 220	200 ~ 240	220 ~ 260	230 ~ 280	250 ~ 320	300 ~ 380	350 ~ 440	
HP400			140 ~ 175	185 ~ 230	225 ~ 280	255 ~ 320	275 ~ 345	295 ~ 370	325 ~ 430	360 ~ 490	410 ~ 560	465 ~ 630
HP500			175 ~ 220	230 ~ 290	280 ~ 350	320 ~ 400	345 ~ 430	365 ~ 455	405 ~ 535	445 ~ 605	510 ~ 700	580 ~ 790
HP800			260 ~ 335	325 ~ 425	385 ~ 500	435 ~ 545	470 ~ 600	495 ~ 730	545 ~ 800	600 ~ 950	690 ~ 1050	785 ~ 1200

②闭路破碎时，破碎机生产能力按下式计算：

$$Q' = KQ \tag{5-7}$$

式中　Q——开路破碎时，破碎机的生产能力，t/h；

Q'——闭路破碎时，破碎机的生产能力，t/h；

K——闭路破碎时，平均给矿粒度变细系数，一般 $K = 1.15 \sim 1.4$ ，易碎性矿石取大值，难碎性矿石取小值。

(2)反击式破碎机生产能力的计算

$$Q = 60K_1 c(h + e)bdn\gamma \tag{5-8}$$

或

$$Q = 3600\mu v l e\gamma \tag{5-9}$$

式中　Q——生产能力，t/h；

K_1——校正系数，一般取 0.1；

c——板锤个数；

b——板锤宽度，m；

h——板锤高度，m；

e——排矿口宽度，m；

d——转子直径，m；

n——转子转速，r/min；

γ——矿石的松散密度，t/m³；

μ——矿石的充满系数 $\mu=0.2\sim0.7$；

v——打击板锤的线速度，m/s；转子圆周速度范围为 $12\sim70$，一般取 $15\sim45$；

l——转子长度，m。

（3）光面辊式破碎机生产能力的计算

$$Q=60\pi\mu ndle\gamma \qquad (5-10)$$

或

$$Q=3600\mu lev\gamma \qquad (5-11)$$

式中　Q——生产能力，t/h；

π——圆周率；

μ——排矿的松散系数，$\mu=0.2\sim0.6$，粗粒和难碎性硬矿石取大值，黏性矿石取小值；

v——辊筒圆周速度，m/s；

n、d、l、γ 意义同前。

（4）需要破碎机台数的计算

$$n=\frac{KQ_0}{Q} \qquad (5-12)$$

式中　n——设计需要的破碎机台数，台；

Q_0——需要破碎的矿量，t/h；

Q——所选破碎机的生产能力，t/(h·台)；

K——不均匀系数，$K=1.1\sim1.2$。

破碎机生产能力的计算，还有其他的计算方法，如欧美国家广泛采用的邦德（Bond）功指数计算法，有关功指数的计算请参阅《选矿设计手册》。

5.3　筛分设备的选择和计算

5.3.1　筛分设备的选择

选择筛分设备时，应考虑的主要因素有：

①待筛分物料的特性，包括物料的粒度、筛下粒级的含量、物料颗粒的形状、密度、物料含水量和黏土含量等。

②筛分机的结构参数。如筛分机运动形式、振幅、振频、筛分机筛面倾角、筛网面积、筛网层数、筛孔形状和尺寸、筛孔面积率等。

③筛分的工艺要求。如生产能力、筛分效率、筛分方法等。

（1）固定筛的选择

固定筛适用于大块物料筛分。固定筛有格筛和条筛两种。格筛用于原矿受矿仓和粗碎矿仓的上部，用来控制矿石粒度，一般为水平安装。条筛用于粗碎和中碎前的预先筛分，倾斜安装,倾斜角一般为 40° ~ 50°,含泥、含水量大时,应增大 5° ~ 10°。条筛筛孔宽度为设计要求的筛下粒度的 1.1 ~ 1.2 倍,筛孔尺寸一般不小于 50 mm。

固定筛的主要优点是:结构简单,坚固,不需要动力,价格便宜。其缺点是:筛孔易堵塞,条筛需要高差大,筛分效率低,一般为 50% ~ 60%。

(2)振动筛的选择

选矿厂常用的振动筛按其结构和作用原理的分类如表 5 – 11 所示。

表 5 – 11 振动筛分类表

类 型	型 号	最大给矿粒度/mm	筛孔尺寸/mm	用 途
惯性振动筛	SZ	100	6 ~ 40	适用于中、细粒物料的分级与脱水
自定中心振动筛	SZZ	150	6 ~ 50	广泛用于中、细粒物料的筛分分级
重型振动筛	H	300	10 ~ 100	广泛用于大块物料的筛分分级
圆振动筛	YA	400	6 ~ 50 30 ~ 150	用于大块及中、细粒物料的筛分分级
单轴振动筛	ZD	100	6 ~ 50	适用于中、细粒物料的筛分分级
双轴振动筛	DS、ZSD	300	0.5 ~ 13 13 ~ 50	用于筛分大 块及中、细粒物料
直线振动筛	ZKX、ZKB	30 300	0.15 ~ 13 3 ~ 80	适用于大块及中、细粒物料的筛分、脱水、脱泥及湿式筛分分级
共振筛	SZG	150	12 ~ 20	用于中、细粒物料的筛分分级
高频振动筛	—	—	—	用于细粒物料的筛分分级、脱水
电磁振动筛	—	—	5 ~ 60	用于筛分并可作给矿设备

惯性振动筛的型式有座式、吊式、单层筛和双层筛。它的振动器安装在筛箱上,皮带轮中心线随振动器的上下振动也产生空间运动。惯性振动筛仅适于处理中、细粒物料,且要求均匀给矿。

自定中心振动筛克服了纯惯性振动筛皮带轮中心线在空间运动的缺点,其皮带轮中心线在空间能自定中心而保持不动,因而广泛用于大、中型选矿厂的中、细粒物料的筛分。它的优点是构造简单,操作调整方便;筛面振动强烈,物料不易堵塞筛孔。筛分效率高,一般在85% 以上。缺点是给矿量的波动影响振幅的变化,因而影响筛分效率。筛子在启动和停车过程中,经过共振状况时,振幅增大,对建筑物有影响。

重型振动筛结构坚固,能承受较大的冲击负荷:适于筛分密度大、大块度矿石,筛分物料尺寸可达 400 mm。该机可代替易堵塞的条筛,作为中碎前的预先筛分,亦可作为大块矿石的洗矿设备,如果采用两层筛网,既可起到洗矿作用,减少粉矿对破碎作业的影响,又可筛出最终产物,提高破碎机的生产能力。

圆振动筛分轻型、重型、座式和吊式 4 种。特点是结构新颖、强度高、耐疲劳、寿命长、维修简单、振动参数合理、噪音小和筛分效率高。

直线振动筛的运动轨迹是直线,筛面水平安装,物料在筛面上的移动不依靠筛面的倾角,而取决于振动的方向角。特点是结构紧凑、强度高、耐疲劳、寿命长,维修方便、可靠性好和振动参数合理。筛面各点运动轨迹相同,有利于物料筛分、脱水、脱泥和脱介质。作为分级时,分级效率高于螺旋分级机。

5.3.2 筛分设备生产能力的计算

(1)固定筛

选矿厂用于预先筛分的固定筛主要是条筛,其筛分面积可按以下经验公式计算:

$$F = \frac{Q}{qa} \qquad (5-13)$$

式中 F——条筛的筛分面积,m^2;

Q——给入条筛的矿量,t/h;

q——按给矿计的 1 mm 筛孔宽的固定条筛单位面积生产能力,$t/(m^2 \cdot h \cdot mm)$(见表 5-12);

a——条筛筛孔宽度,mm。

表 5-12 每 1 mm 筛孔宽的固定条筛单位生产能力

筛孔宽 a/mm q 值/$(t \cdot m^{-2} \cdot h^{-1} \cdot mm^{-1})$	25	50	75	100	125	150	200
筛分效率($E = 70\% \sim 75\%$)q 值	0.53	0.51	0.46	0.40	0.37	0.34	0.27
筛分效率($E = 55\% \sim 60\%$)q 值	1.16	1.02	0.92	0.80	0.74	0.68	0.54

注:q 值是按矿石松散密度为 1.6 t/m^3 计算出来的。

根据式(5-13)算出筛分面积后,再确定筛子的宽度(B)和长度(L)。在设计中,固定条筛的宽度和长度常按实际经验确定,即:$B = (2.5 - 3.0)D_{max}$,$L = (2 \sim 3)B$,其中,D_{max} 为给矿中最大粒度(mm),B 和 L 分别为固定筛宽度和长度。在确定固定筛宽度和长度时,还应兼顾考虑给矿机和破碎机给矿口的宽度以及具体配置情况。

(2)振动筛

影响振动筛生产能力的主要因素有:矿石粒度特性(如粗粒级含量、细粒级含量和难筛颗粒含量),矿石的形状、密度、湿度和黏土含量,要求的筛分效率,筛子面积,筛分机的工作参数,给矿的均匀性,筛面物料层厚度以及筛分方法等。

振动筛生产能力,通常按以下经验公式计算:

$$Q = \varphi K_1 K_2 K_3 K_4 K_5 K_6 K_7 K_8 F \gamma q \qquad (5-14)$$

式中 Q——振动筛的生产能力,$t/($台·$h)$;

φ——振动筛的有效筛分面积系数,单层筛或双层筛的上层筛面 $\varphi = 0.8 \sim 0.9$;双层筛作单层筛使用时,下层筛面 $\varphi = 0.6 \sim 0.7$,作双层筛使用时,下层筛面 $\varphi = 0.65 \sim 0.7$;

F——振动筛几何面积,$m^2/$台;

q——振动筛单位面积的平均容积生产能力,$m^3/(m^2 \cdot h)$,见表 5-13;

γ——筛分物料松散密度,t/m^3;

K_1、K_2、K_3、K_4、K_5、K_6、K_7、K_8——修正系数,见表5-14。

表5-13　振动筛单位面积的平均容积生产能力q值

筛孔尺寸	0.15	0.2	0.3	0.5	0.8	1	2	3	4	5	6	8
$q/[m^3 \cdot (m^{-2} \cdot h^{-1})]$	1.1	1.6	2.3	3.2	4.0	4.4	5.6	6.3	8.7	11.0	12.9	15.9
筛孔尺寸	10	12	14	16	20	25	30	40	50	60	80	100
$q/[m^3 \cdot (m^{-2} \cdot h^{-1})]$	18.2	20.1	21.7	23.1	25.4	27.8	29.6	32.6	37.6	41.6	48.0	53.0

表5-14　修正系数K_1、K_2、K_3、K_4、K_5、K_6、K_7、K_8值

修正系数	影响因素	筛分条件和各修正系数值									
K_1	细粒	给矿中小于筛孔之半的颗粒含量(%)	<10	10	20	30	40	50	60	70	80	90
		K_1值	0.2	0.4	0.6	0.8	1.0	1.2	1.4	1.6	1.8	2.0
K_2	粗粒	给矿中过大颗粒(大于筛孔)的含量(%)	<10	10	20	30	40	50	60	70	80	90
		K_2值	0.91	0.94	0.97	1.03	1.09	1.18	1.32	1.55	2.0	2.36
K_3	筛分效率	筛分效率(%)	40	50	60	70	80	90	92	94	95	98
		K_3值	2.3	2.1	1.9	1.6	1.3	1.0	0.9	0.8	0.6	0.4
K_4	颗粒形状和矿石种类	颗粒形状	各种破碎后物料(除煤外)				圆形颗粒		煤			
		K_4值	1.0				1.25		1.5			
K_5	湿度	物料的湿度	筛孔小于20 mm				筛孔大于25 mm					
			干的		湿的		成团		视湿度而定			
		K_5值	1.0		0.75~0.85		0.2~0.6		0.9~1.0			
K_6	筛分方法	筛分方法	筛孔小于25 mm				筛孔大于25 mm					
			干的		湿的(附有喷头)		任意的					
		K_6值	1.0		1.25~1.40		1.0					
K_7	筛子运动参数	$2rn$	6000		8000		10000		12000			
		K_7值	0.65~0.70		0.75~0.80		0.85~0.90		0.95~1.0			
K_8	筛网种类和筛孔形状	筛网种类	编织筛网		冲孔筛网		橡胶筛网					
		筛孔形状	方形	长方形	方形	圆形	方形	条缝				
		K_8值	1.0	0.85	0.85	0.70	0.90	1.20				

注:r为筛子的振幅(双振幅不乘2),mm;n为筛子轴的转速,r/min。

工程设计中，常用公式 5-14 反过来计算所需要的振动筛总几何面积。此时，式 5-14 中的 Q 为给入振动筛的总矿量，F 为待计算的振动筛总几何面积。根据此式求出振动筛总几何面积，然后再确定振动筛的规格和台数。

双层筛的生产能力可按上层筛计算，需要的几何面积可按下层筛计算，然后取其大值选择筛分机。

5.4 磨矿设备的选择和计算

5.4.1 磨矿机类型的选择

磨矿机类型的选择主要根据磨矿产品的质量要求、矿石的泥化程度、磨矿机的性能以及磨矿车间的生产能力来决定。目前，选矿厂常用的磨机类型有：棒磨机、球磨机、自磨机和砾磨机。

（1）棒磨机

棒磨机是以钢棒为磨矿介质的磨矿机。其优点是：磨矿介质在磨矿过程中与矿石呈线接触，因而具有一定的选择性磨碎作用，产品粒度均匀，过粉碎粒少。在粗粒磨矿，产品粒度为 1~3 mm 时，棒磨机生产能力大于同规格的球磨机。因此，棒磨机常用于脆性矿石或需要进行选择性磨碎矿石的粗磨作业。棒磨机的给矿粒度一般为 15~25 mm。当棒磨机直径大于 2400 mm 时，给矿粒度可达 40~50 mm。其主要缺点是：当用于细磨（小于 0.5 mm）时，磨矿效率和生产能力都低于球磨机。

（2）球磨机

球磨机有格子型球磨机和溢流型球磨机两种，它们均以钢球为磨矿介质。格子型球磨机又分为短筒型和长筒型两类，短筒型用于粗磨，长筒型用于细磨。

格子型球磨机的主要优点是：由于排矿端设有矿浆提升作用格子板，因而，矿浆液面低，排矿速度快，使得合格产品能及时排出，减少了矿石的过粉碎和泥化，提高了磨矿效率，单位生产能力比溢流型球磨机高 15% 左右。其缺点是：构造复杂、格子板易磨损、重量大、价格较高。格子型球磨机磨矿产品粒度上限为 0.2~0.3 mm，多用于第一段磨矿，常与螺旋分级机构成闭路。

溢流型球磨机构造简单，易于维修，磨矿产品较细（一般小于 0.2 mm）。其排矿液面高，矿浆在球磨机中停留时间长，单位容积生产能力低，排矿粒度不均匀，易产生过粉碎，适用于两段磨矿流程中的第二段磨矿和中间产品的再磨。

（3）自磨机

自磨机有干式和湿式两种。干式自磨机适用于对物料干法加工或干式选矿工艺。干式自磨机的风力分级和除尘系统设备多，粉尘大，且选矿生产指标不佳。湿式自磨机的辅助设备少，粉尘少，物料输送方便，因此在大型选矿厂中，特别是黑色金属选矿厂中应用广泛。湿式自磨机通常采用筛分机、螺旋分级机或水力旋流器做分级设备。

在选用自磨机时，应对被磨矿石进行介质性能试验，评价被磨矿石中可用作磨矿介质的矿块的数量和质量，证明被磨矿石可采用自磨的可行性。

自磨机的给矿粒度一般为 200~350 mm，经一次磨矿后，排矿粒度可小于几毫米以下。

因此，破碎比大，能取代中、细碎及一段磨矿，简化碎磨流程，磨矿过程具有选择性碎磨作用，且过粉碎矿粒少。磨矿中还可补加少量钢球(一般约为磨机容积8%)，用以消除"难磨粒子"，也可单独处理"难磨粒子"。

(4) 砾磨机

砾磨机适用于自磨或棒磨的两段磨矿中的第二段细磨。磨矿介质主要采用砾石场的卵石，也可以用破碎后的部分块状矿石。由于不用金属介质，降低了磨矿作业的钢耗，特别是对稀有金属矿选矿，减少了铁杂质对选别过程的影响，其主要缺点是生产能力低。

5.4.2　磨矿设备生产能力的计算

磨矿设备生产能力的计算有容积法和功耗法两种。

(1)容积法计算

容积法是我国较广泛用于球磨机和棒磨机生产能力计算的方法，即磨矿机中新生成计算级别计的单位容积生产能力计算法，其计算步骤是：

①q 值的计算

设计磨矿机按新生成计算级别的单位容积生产能力(q)，一般取工业性试验或同类选矿厂的磨矿机实际生产指标q_0，此时，$q \approx q_0$。若条件有差异，则须引入校正系数，按下式计算：

$$q = K_1 K_2 K_3 K_4 q_0 \tag{5-15}$$

式中　q——设计磨矿机按新生成计算级别(如 -0.074 mm 粒级)计的单位容积生产能力，$t/(m^3 \cdot h)$；

　　　q_0——现场生产磨矿机按新生成计算级别(如 -0.074 mm 粒级)计的单位容积生产能力，$t/(m^3 \cdot h)$，按下式计算。

$$q_0 = \frac{Q'(\beta'_2 - \beta'_1)}{V'} \tag{5-16}$$

式中　Q'——现场生产磨矿机生产能力，t/h；

　　　β'_1——现场生产磨矿机给矿中小于计算级别的含量(小数代入)；

　　　β'_2——现场生产磨矿机磨矿产品中小于计算级别的含量(小数代入)；

　　　V'——现场生产磨矿机的有效容积，m^3；

　　　K_1——被磨矿石的磨矿难易度系数，参考表 5-15 确定；

　　　K_2——磨矿机直径校正系数，查表 5-16 确定，也可按下式计算：

$$K_2 = \left(\frac{D - 2b}{D' - 2b'} \right)^n \tag{5-17}$$

式中　D'——现场生产磨矿机直径，m；

　　　D——设计磨矿机直径，m；

　　　b'——现场生产磨矿机衬板厚度，m；

　　　b——设计磨矿机的衬板厚度，m；

　　　n——可变指数，n 值与磨矿机直径、型式的关系，查表 5-17；

　　　K_3——设计磨矿机的类型校正系数，查表 5-18；

　　　K_4——设计与现场生产磨矿机给矿粒度、产品粒度差异系数，可近似按下式计算：

$$K_4 = \frac{m}{m'} \tag{5-18}$$

式中　　m——设计磨矿机按新生成计算级别计的不同给矿粒度、产品粒度条件下的相对生产
　　　　　　能力，查表 5 - 19；

　　　　m′——现场生产磨矿机按新生成计算级别计的不同给矿粒度、产品粒度条件下的相对
　　　　　　生产能力，查表 5 - 19。

表 5 - 15　矿石的磨矿难易度系数

矿石性质	普氏硬度	K_1 值
易碎性矿石	5 以下	1.25 ~ 1.4
中等可碎性矿石	5 ~ 10	1.0
难碎性矿石	10 以上	0.85 ~ 0.70

表 5 - 16　磨矿机直径校正系数 K_2

K_2 值　D/mm ＼ D'/mm	900	1200	1500	2100	2700	3200	3600	4000	4500
900	1.00	1.19	1.34	1.66	1.85	2.07	2.10	2.26	2.41
1200	0.84	1.00	1.14	1.40	1.63	1.74	1.76	1.91	2.04
1500	0.74	0.87	1.00	1.22	1.45	1.52	1.55	1.69	1.80
2100	0.60	0.71	0.81	1.00	1.17	1.25	1.30	1.41	1.49
2700	0.51	0.61	0.70	0.85	1.00	1.09	1.17	1.23	1.30
3200	0.47	0.57	0.64	0.80	0.92	1.00	1.07	1.12	1.19
3600	0.46	0.55	0.62	0.76	0.86	0.94	1.00	1.06	1.12
4000	0.44	0.52	0.59	0.71	0.81	0.89	0.95	1.00	1.06
4500	0.42	0.49	0.56	0.67	0.77	0.84	0.89	0.93	1.00

表 5 - 17　n 值与磨矿机直径及型式的关系

磨矿机直径 D/m	n 值	
	球磨机	棒磨机
2.7	0.5	0.53
3.3	0.5	0.53
3.6	0.5	0.53
4.0	0.5	0.53
4.5	0.46	0.49
5.5	0.41	0.49

表 5 – 18　磨矿机类型校正系数 K_3

磨矿机类型	格子型球磨机	溢流型球磨机	棒磨机
K_3	1.0	0.9 ~ 0.85	1.0 ~ 0.85

注:当磨矿产品粒度大于 0.3 mm 时,取大值;反之,取小值。

表 5 – 19　不同给矿和排矿粒度条件下的相对生产能力 m、m' 值

给矿粒度 /mm	产品粒度/mm						
	0.5	0.4	0.3	0.2	0.15	0.10	0.074
	产品中小于 0.074 mm 粒级含量/%						
	30	40	48	60	72	85	95
40 ~ 0	0.68	0.77	0.81	0.83	0.81	0.80	0.78
30 ~ 0	0.74	0.83	0.86	0.87	0.85	0.83	0.80
20 ~ 0	0.81	0.89	0.92	0.92	0.88	0.86	0.82
10 ~ 0	0.95	1.02	1.03	1.00	0.93	0.90	0.85
5 ~ 0	1.11	1.15	1.13	1.05	0.95	0.91	0.85
3 ~ 0	1.17	1.19	1.16	1.06	0.95	0.91	0.85

注:1. 本表为处理中硬矿石(斑岩铜矿类型)在不同给矿粒度和排矿粒度按新形成 – 0.074 mm 级别计算的磨矿机相对生产能力。标准磨矿粒度:给矿粒度 10 ~ 0 mm,产品粒度 0.2 ~ 0 mm;2. 磨矿产品粒度以 95% 的矿量通过筛孔尺寸表示。

②磨矿机生产能力计算。

$$Q = \frac{qV}{\beta_2 - \beta_1} \qquad (5 - 19)$$

式中　Q——设计磨矿机的生产能力(不包括闭路磨矿的返砂量),$t/($台·$h)$;

　　　V——设计磨矿机的有效容积,m^3;

　　　q——设计磨矿机按新生成计算级别计的单位容积生产能力,$t/(m^3 \cdot h)$;

　　　β_1——设计磨矿机给矿中小于计算级别的含量(小数代入);若无生产资料参考,β_1 可参照表 4 – 9 取值;

　　　β_2——设计磨矿机排矿中小于计算级别的含量,即要求的磨矿细度(小数代入),由选矿试验决定。

③磨矿机台数的计算。

$$n = \frac{Q_0}{Q} \qquad (5 - 20)$$

式中　n——设计磨矿机需要的台数,台;

　　　Q_0——设计流程中需要磨矿的矿量,t/h;

　　　Q——设计磨矿机的生产能力,$t/($台·$h)$。

④磨矿机负荷系数(η)的计算。

$$\eta = \frac{Q_0}{nQ} \times 100\% \qquad (5 - 21)$$

式(5-21)中符号同前。

（2）功耗法计算

功耗法的计算结果与实际情况很接近，可在各种磨矿粒度条件下进行磨机生产能力的计算，国外广泛采用此法选择和计算磨矿机。特别是对于大型磨矿机，采用功耗法计算更为合理。

功耗法计算的基本要点包括：利用标准的邦德可磨性试验程序进行矿石的可磨性试验，求出矿石的邦德功指数 W_i；根据功指数 W_i，利用邦德方程式，并应用相应的效率系数 E_F 进行校正，计算磨矿单位功耗 W'；根据磨矿单位功耗 W' 和设计流程的原始给矿量 Q_a 计算磨矿作业所需的总功率 N_t；利用磨矿机介质支取功率的邦德公式或设备制造厂的产品目录给出的磨矿机小齿轮轴输出功率或其他计算图表曲线，计算磨矿机规格及台数；根据磨矿机小齿轮输入功率，计算电动机功率，并按电动机系列样本选择需要的电动机。

功耗法的计算步骤如下：

①计算磨碎单位重量矿石所消耗的功 W

根据流程给定的给矿粒度和产品粒度及实验功指数 W_i，按下式计算 W：

$$W = 10 \left(\frac{W_i}{\sqrt{P}} - \frac{W_i}{\sqrt{F}} \right) \qquad (5-22)$$

式中　W——磨碎单位重量的矿石所消耗的功，$kW \cdot h/t$；

　　　W_i——试验的邦德功指数，$kW \cdot h/t$；

　　　F——给矿粒度，给矿中80%的矿石量能通过的筛孔的粒度，μm；

　　　P——产品粒度，产品中80%的矿石量能通过的筛孔的粒度，μm。

②校正系数选取与 W 修正。

$$W' = E_{F1} \cdot E_{F2} \cdot E_{F3} \cdot E_{F4} \cdot E_{F5} \cdot E_{F6} \cdot E_{F7} \cdot E_{F8} \cdot W \qquad (5-23)$$

式中　E_{F1}——干式磨矿系数。干式自磨时，$E_{F1} = 1.3$；湿式棒磨和球磨时，$E_{F1} = 1.0$；

　　　E_{F2}——开路球磨系数，查表5-20选取，球磨闭路作业，$E_{F2} = 1.0$；

　　　E_{F3}——直径系数，查表5-21选取，或按 $E_{F3} = \left(\frac{2.44}{D} \right)^{0.2}$ 计算。D 为磨矿机筒体有效内径（筒体内径减2倍衬板厚），m。

　　　E_{F4}——过大给矿粒度系数

$$E_{F4} = \frac{\dfrac{F}{P} + (W_i \times 0.907 - 7) \left(\dfrac{F - F_0}{F_0} \right)}{\dfrac{F}{P}}$$

　　　F_0——最佳给矿粒度，μm

对棒磨：$F_0 = 10000 \sqrt{\dfrac{13}{W_i \times 0.907}}$

对球磨：$F_0 = 4000 \sqrt{\dfrac{13}{W_i \times 0.907}}$

给矿粒度 $F > F_0$ 时，才选用 E_{F4} 进行校正。当选用砾磨机时，应考虑增加砾石自身磨耗功，此时，$E_{F4} = 2.0$；

E_{F5}——磨矿细度系数,用于细磨或再磨。当磨矿产品粒度 ≥ 75 μm 时,$E_{F5} = 1.0$,当产品粒度 < 75 μm 时,按 $E_{F5} = \dfrac{P + 10.3}{1.145P}$ 计算;

E_{F6}——棒磨磨碎比系数,$E_{F6} = 1 + \dfrac{(\dfrac{F}{P} - (8 + \dfrac{5L}{D})^2}{150}$,$L$ 为棒的长度,m;

E_{F7}——球磨磨碎比系数,当 $F/P < 6$ 时,按 $E_{F7} = \dfrac{2(F/P - 1.35) + 0.28}{2(F/P - 1.35)}$ 计算;

E_{F8}——棒磨回路系数,单一棒磨回路,给矿为闭路破碎产品时,$E_{F8} = 1.2$;给矿为开路破碎产品时,$E_{F8} = 1.4$;棒磨和球磨回路,棒磨给矿为闭路破碎产品时,$E_{F8} = 1.0$;棒磨给矿为开路破碎产品时,$E_{F8} = 1.2$。

表 5-20 开路球磨系数 E_{F2}

控制产品粒度通过的含率/%	50	60	70	80	90	92	95	98
E_{F2}值	1.035	1.05	1.10	1.20	1.40	1.48	1.67	1.70

表 5-21 直径系数 E_{F3}

磨机筒体内径/m	0.914	1.0	1.22	1.52	1.83	2.0	2.13	2.44	2.59	2.74	2.90
加衬板后内径/m	0.79	0.88	1.10	1.40	1.71	1.82	1.98	2.29	2.44	2.59	2.74
直径系数 E_{F3}	1.25	1.23	1.17	1.12	1.075	1.06	1.042	1.014	1.0	0.992	0.977
磨机筒体内径/m	3.0	3.05	3.20	3.35	3.52	3.66	3.81	3.96	4.0	5.03	
加衬板后内径/m	2.85	2.90	3.05	3.20	3.35	3.51	3.66	3.81	3.85	4.85	
直径系数 E_{F3}	0.97	0.966	0.956	0.948	0.939	0.931	0.923	0.914	0.914	0.914	

注:磨矿机加衬板后的内径大于 3.81 m 时,E_{F3} 均为 0.914。

③计算磨机所需总功率 N_t。

根据修正的磨矿单位功耗 W' 及设计流程规定的原始给矿量 Q_a 计算 N_t。

$$N_t = Q_a W' \tag{5-24}$$

式中 N_t——按设计流程规定的原始给矿量计算的磨矿所需总功率,kW。

为了避免单系统作业上下段磨矿机对应台数的不协调,便于选用合适的规格,可先确定磨矿机台数 n_d,则单台磨矿机功率 N_1 为:$N_1 = N_t/n_d$。

④磨矿介质支取功率与磨机选择。

对棒磨机:

$$K_{wr} = 1.752D^{1/3}(6.3 - 5.4V_P)C_s \tag{5-25}$$

对球磨机:

$$K_{wb} = 4.879D^{0.3}(3.2 - 3V_P)C_s\left[1 - \frac{0.1}{2^{(9-10C_s)}}\right] + S_s \tag{5-26}$$

上述两式中 K_{wr}、K_{wb}——每吨钢棒和钢球所支取的功率,kW;

V_p——介质充填率,%(用小数形式参算);

C_s——磨矿机实际转数占临界转数的百分率(用小数形式参算);

S_s——球径影响所支取的功率,kW/t。对加衬板后内径大于 3.3 m 时,球的最大直径对球磨机功率有影响,其取值为:

$$S_s = 1.102 \left(\frac{B - 12.5D}{50.8} \right), \text{其中 } B \text{ 为最大球径, } D \text{ 同前。}$$

对湿式格子型球磨机,K_{wb} 应乘以 1.16。对干式格子排矿球磨机,K_{wb} 应乘以 1.08。

根据 K_{wr}、K_{wb} 和 N_1 可算出磨矿机应装介质重量,由介质松散密度可求出所需磨矿机的容积,依此选定磨矿机规格。

⑤计算每台磨矿机配用的电动机功率。

设计拟选用的单台磨矿机需配备的电动机功率按下式计算:

$$N = N_1 / \eta \tag{5-27}$$

式中　N——设计拟选用的单台磨矿机需配用的电动机功率,kW;

η——样本中磨矿机配用的减速装置、电动机总机械传动效率,一般取 $\eta = 0.93 \sim 0.94$。

5.4.3　两段磨矿机生产能力的计算

选矿工艺生产过程中采用两段磨矿流程时,由于各段磨矿机入磨物料的可磨性存在明显差异,目前尚无适当的方法准确计算。可近似地采用一次计算法或分段计算法来计算每段磨矿机的容积。

(1)一次计算法

①两段连续磨矿作业。

一次计算法适用于第 1 段磨矿产品粒度无特定要求的两段连续磨矿作业。计算步骤是,首先计算两段磨矿所需的总容积,然后是两段磨矿机的容积分配,最后计算每段磨矿机所需台数和规格。

$$V_\Sigma = \frac{Q(\beta_3 - \beta_1)}{q} \tag{5-28}$$

式中　V_Σ——两段磨矿所需的磨矿机总容积,m^3;

Q——设计流程中磨矿作业的给矿量,t/h;

β_1——第 1 段磨矿给矿中小于计算级别的含量(小数代入);

β_3——第 2 段磨矿产品中小于计算级别的含量(小数代入);

q——设计磨矿机按新生成计算级别计的单位容积生产能力,按公式(5-15)计算,t/($m^3 \cdot h$)。

其次,为了使两段磨矿设备的总生产能力更大,要正确解决两段磨机的容积分配问题,使设备负荷均衡、设备配置简单和矿浆分配方便。

当两段磨矿中第 1 段为开路磨矿,第 2 段为闭路磨矿时,两段的容积分配比为:

$$\frac{V_2}{V_1} = 2 \sim 3 \tag{5-29}$$

式中 V_1、V_2——设计的第 1 段和第 2 段磨矿机所需要的有效容积,m^3;

当两段磨矿全为闭路时,两段磨机的容积相同,即:

$$V_1 = V_2 = \frac{V_\Sigma}{2} \qquad (5-30)$$

②两段不连续磨矿作业。

为了控制两段磨矿机负荷均衡和粒度的不均匀性,往往需要计算出第 1 段磨矿产品的粒度(即计算级别含量)。

$$\beta_2 = \beta_1 + \frac{\beta_3 - \beta_1}{1 + Km} \qquad (5-31)$$

式中 β_1——第 1 段磨矿机给矿中小于计算级别的含量,%;

β_2——第 1 段磨矿机排矿中小于计算级别的含量,%;

β_3——第 2 段磨矿机排矿中小于计算级别的含量,%;

K——两段磨矿机单位容积生产能力比值,粗略计算时,$K = 0.80 \sim 0.85$;

m——两段磨矿机容积之比,两段均为闭路时 $m = 1$,当第 1 段为开路第 2 段为闭路时 $m = 2 \sim 3$。

(2)分段计算法

分段计算法适用于矿石泥化程度较高,选别作业对第 1 段磨矿产品粒度有特定要求的两段磨矿流程以及阶段选别后,入磨物料性质发生变化的磨矿流程所需磨矿机的计算。计算步骤首先通过试验或参考类似选矿厂的生产指标分别确定各段磨矿按新生成计算级别的单位容积生产能力 q_1 和 q_2 以及各段磨矿产品中小于计算级别的含量 β_i,然后按设计流程中磨矿机的给矿量 Q 计算各段磨矿机的有效容积,并确定各段磨矿机的台数。

$$V_1 = \frac{Q(\beta_2 - \beta_1)}{q_1} \qquad (5-32)$$

$$V_2 = \frac{Q(\beta_4 - \beta_3)}{q_2} \qquad (5-33)$$

式中 q_1、q_2——第 1 段、第 2 段磨矿机按新生成计算级别计的单位容积生产能力,按公式(5-15)计算,$t/(m^3 \cdot h)$;

β_1——第 1 段磨矿给矿中小于计算级别的含量(小数代入);

β_2——第 1 段磨矿排矿中小于计算级别的含量(小数代入);

β_3——第 2 段磨矿给矿中小于计算级别的含量(小数代入);

β_4——第 2 段磨矿排矿中小于计算级别的含量(小数代入);其他符号同前。

根据计算的 V_1 和 V_2,选择和计算各段所需磨矿机的台数。

5.4.4 再磨机生产能力的计算

选矿厂常处理一些细粒或微细粒浸染状矿石,经粗选后得到的混合精矿或中矿需要再磨再选,一般需要再磨到小于 0.043 mm,矿物才可能单体解离。再磨机生产能力的计算目前尚无完善的计算方法,这是因为再磨的入磨物料的性质发生了较大变化(如细度、浓度、粒度、矿物组成等),使得再磨机按新生成计算级别(-0.043 mm)所计算出的单位容积生产能力 $(t/m^3 \cdot h)$ 的差别较大。因此,设计中应按实际生产资料或试验资料确定。在没有生产和试验资料的前提下，可按以下容积法计算。

容积法计算的基础是假设再磨给料和原矿矿石可磨度相同(实际上是不同的)，得到的计算公式如下：

$$V_r = \gamma_r (V_2 - V_1) \tag{5-34}$$

式中　V_r——再磨所需要的磨矿机容积，m^3；

　　　V_1——把原矿全部磨到再磨前产品粒度时所需要的磨矿机容积，m^3；

　　　V_2——把原矿全部磨到再磨后产品粒度时所需要的磨矿机容积，m^3；

　　　γ_r——再磨的矿石量占原矿量的质量分数，%(计算时以小数参算)。

需要指出的是，当再磨的 γ_r 很大时(如尾矿再磨)，计算结果的误差相对较小；当再磨的 γ_r 较小时(如混合精矿或中矿产品再磨)，计算结果的误差相对较大。

有关再磨机的功耗计算方法请参考《选矿设计手册》。

5.4.4　自磨机生产能力的计算

自磨机的生产能力与被处理矿石性质、产品粒度和磨矿操作条件等因素有关。生产能力一般是根据半工业试验为基础确定。根据试验用自磨机和设计拟用自磨机的直径和长度差异对比，求出设计用单台自磨机的生产能力。

$$Q_d = Q_r \left(\frac{D_d}{D_r} \right)^n \frac{L_d}{L_r} \tag{5-35}$$

式中　Q_d——设计拟选用自磨机的生产能力，t/h；

　　　Q_r——试验用自磨机的生产能力，t/h；

　　　D_d、L_d——设计拟选用自磨机的筒体直径和长度，m；

　　　D_r、L_r——试验用自磨机的筒体直径及长度，m；

　　　n——放大系数，湿磨时 $n = 2.6$，干磨时 $n = 2.5 \sim 3.1$，粗磨时取大值，细磨取小值。

国外在使用这种方法计算时，为了更准确地确定自磨机的生产能力，对放大系数 n，通过试验数据推算出来，并对筒体长度比也设置放大系数。同时，为了修正磨矿条件的影响，计算时引入了磨矿条件(给矿粒度、产品粒度、矿石密度、磨机转数、充填率、矿石含水量及矿浆浓度等)修正系数。有关自磨机的功耗计算方法请参考《选矿设计手册》。

5.4.6　砾磨机生产能力的计算

砾磨机生产能力常用比较法计算。比较法的基础是假定砾磨机的磨矿效率与球磨机相似，而用球磨机的生产能力以适当的比例系数推算砾磨机的生产能力：

$$Q_p = K_p Q_b \tag{5-36}$$

式中　Q_p——砾磨机的生产能力，t/(台·h)；

　　　Q_b——球磨机的生产能力，t/(台·h)；

　　　K_p——比例系数，即砾磨机与球磨机生产能力之比。

$$K_p = \frac{\rho_p L_p}{\rho_b L_b} \left(\frac{D_p}{D_b} \right)^n \tag{5-37}$$

式中　L_p、D_p——砾磨机的筒体长度和直径，m；

　　　L_b、D_b——球磨机的筒体长度和直径，m；

n——指数($n = 2.5 \sim 2.6$);

ρ_p——砾磨机介质密度,一般 $\rho_p = 2.6 \sim 4$, t/m^3;

ρ_b——球磨机介质密度, $\rho_b = 7.8$, t/m^3。

有关砾磨机的功耗计算方法请参考《选矿设计手册》。

5.5　分级设备的选择和计算

5.5.1　分级设备的选择

(1) 螺旋分级机

螺旋分级机主要用于磨矿回路中的预先分级和检查分级作业,也可以用于洗矿和脱泥作业。其优点是,设备构造简单,工作可靠,操作方便,能与大型磨矿机自流联结构成闭路。但分级效率较低,在细粒分级时,溢流浓度太低,不利于后续的选别作业。

螺旋分级机有高堰式(含单、双螺旋)和沉没式(含单、双螺旋)两种。高堰式螺旋分级机适用于粗粒分级,分级溢流粒度一般大于 0.15 mm。沉没式螺旋分级机适用于细粒分级,分级溢流粒度小于 0.15 mm。

(2) 水力旋流器

水力旋流器可单独用于磨矿回路的分级作业,也可与机械分级机联合作控制分级,还常用于选矿厂的脱泥、脱水作业以及用作离心选矿的重选设备——重介质旋流器。水力旋流器在分级细粒物料时,分级效率比螺旋分级机高。其结构简单,造价低,生产能力大,占地面积小,设备本身无运动部件,容易维护。但若采用砂泵给矿时,需消耗较大的功率。此外,旋流器的部件容易磨损(如沉砂嘴、溢流管和给矿管等)。

水力旋流器的分离粒度为 0.3 ~ 0.01 mm,给矿方式多采用恒压给矿,也有采用变速砂泵将矿浆直接给入旋流器。水力旋流器的进口压力通常为 0.05 ~ 0.16 MPa。

水力旋流器的规格取决于需要处理的矿量及要求的溢流粒度。当处理量大,要求溢流粒度较粗时,应选择大规格旋流器。反之,应选择小规格旋流器。当处理量大,同时要求溢流粒度很细时,则可采用小规格水力旋流器组。

(3) 细筛

细筛也是用于细粒物料的分级设备。筛孔一般小于 1 mm,分级效率比螺旋分级机高得多。细筛有固定细筛、机械振动细筛和旋流细筛 3 大类,固定细筛生产能力小,筛分效率低(一般为 25% ~ 40%)。机械振动细筛的单位面积生产能力比固定细筛高 3 ~3.5 倍,分级效率高 1 倍。旋流细筛是在旋流器内安装一筒形筛网,因此兼有水力旋流器和弧形筛两者的优点。分级效率可达 65% ~ 87%,生产能力是水力旋流器的 2 倍多。沉砂中夹杂细粒含量比水力旋流器低,且浓度大。

(4) 高频电磁振网筛

高频电磁振网筛,采用电磁激振装置,驱动振动系统直接振动筛网。由于其振动系统具有多点分布、高频振动和瞬时强振等特定智能化自动控制功能,因此该机具有筛分效率高、能耗低、操作简单、性能稳定、筛网自清理能力强的特点。筛分效率是传统固定式细筛的 1 ~ 3 倍。

目前，高频电磁振网筛用于处理细磨物料的检查和控制筛分作业。干湿式物料的分级脱水和脱泥作业。高频电磁振网筛的代表产品是唐山陆凯生产的 MVS 系列高频电磁振网筛，已被全国各大企业作为更新换代产品普遍采用。

5.5.2 分级设备生产能力的计算

（1）螺旋分级机

计算螺旋分级机的生产能力与分级机的规格、安装坡度、溢流粒度及组成、溢流浓度、矿石密度和矿浆黏度等因素有关。一般按溢流中固体重量计的处理量，求出螺旋的直径。

①高堰式螺旋分级机

$$D = -0.08 + 0.103\sqrt{\frac{Q}{mK_1K_2}} \tag{5-38}$$

②沉没式螺旋分级机

$$D = -0.07 + 0.115\sqrt{\frac{Q}{mK_1K_2'}} \tag{5-39}$$

式中　D——分级机螺旋直径，m；

　　　Q——按溢流中固体重量计的处理量（其值等于与该分级机成闭路的磨矿机的给矿量），t/d；

　　　m——分级机螺旋个数；

　　　K_1——矿石密度校正系数，按下式计算：

$$K_1 = 1 + 0.5(\rho_2 - \rho_1) \tag{5-40}$$

式中　ρ_2——设计的矿石密度，t/m³；

　　　ρ_1——标准矿石密度，一般取 2.7（t/m³）；

　　　K_2、K_2'——分级粒度校正系数，见表 5-22。

表 5-22　分级粒度校正系数 K_2、K_2' 值

分级溢流粒度/mm	1.17	0.83	0.59	0.42	0.30	0.20	0.15	0.10	0.074	0.061	0.053	0.044
K_2	2.50	2.37	2.19	1.96	1.70	1.41	1.00	0.67	0.46			
K_2'						3.00	2.30	1.61	1.00	0.72	0.55	0.36

按上述方法求出螺旋直径后，还需要验算按返砂中固体重量计的处理量是否满足设计要求，否则可改变螺旋转数或磨矿机循环负荷 C。计算式为：

$$Q_1 = 135mK_1nD^3 \tag{5-41}$$

式中　Q_1——按返砂中固体重量计的螺旋分级机处理量（t/d）；

　　　n——螺旋转数（r/min）；其他符号同上。

（2）水力旋流器

①初步确定水力旋流器直径 D。根据溢流中最大粒度和处理量，按表 5-23 初步确定水力旋流器的直径 D。

表 5 – 23　水力旋流器主要技术参数

水力旋流器直径 D/mm	锥角 α/(°)	处理量 /(m³/h)	溢流粒度 /μm	给矿管直径 d_n/cm	溢流管直径 d_c/cm	沉砂管直径 d_h/cm
25	10	0.45 ~ 0.9	8	0.6	0.7	0.4 ~ 0.8
50	10	1.8 ~ 3.6	10	1.2	0.13	0.6 ~ 1.2
75	10	3 ~ 10	10 ~ 20	1.7	2.2	0.8 ~ 1.7
150	10, 20	12 ~ 30	20 ~ 50	3.2 ~ 4.0	4 ~ 5	1.2 ~ 3.4
250	20	27 ~ 70	30 ~ 100	6.5	8	2.4 ~ 7.5
360	20	50 ~ 130	40 ~ 150	9.0	11.5	3.4 ~ 9.6
500	20	100 ~ 260	50 ~ 200	13	16	4.8 ~ 15
710	20	200 ~ 460	60 ~ 250	15	20	4.8 ~ 20
1000	20	360 ~ 900	70 ~ 280	21	25	7.5 ~ 25
1400	20	700 ~ 1800	80 ~ 300	30	38	15 ~ 36
2000	20	1100 ~ 3600	90 ~ 330	42	52	25 ~ 50

注：$P_0 = 0.1$ MPa，$\rho = 2.7$ t/m³

②根据确定的水力旋流器直径 D，按下面经验公式，计算给矿口直径 d_n、溢流口直径 d_c 和沉砂口直径 d_h

$$d_n = (0.15 ~ 0.25)D；d_c = (0.2 ~ 0.3)D；d_h = (0.07 ~ 0.10)D。$$

一般 $d_h/d_c = 0.3 ~ 0.5$ 时，水力旋流器分级效率较高。

③确定给矿压力 P。水力旋流器进口压力通常在 0.05 ~ 0.16 MPa。大规格旋流器选用小压力值；小规格旋流器选用较大的压力值。一般进口压力与分离粒度的关系，见表 5 – 24。

表 5 – 24　进口计示压力与分离粒度一般关系表

进口压力 p/MPa	0.03	0.05	0.04 ~0.08	0.05 ~0.10	0.06 ~0.12	0.08 ~0.14	0.10 ~0.15	0.12 ~0.16	0.15 ~0.20	0.20 ~0.25
分离粒度 d/mm	0.59	0.42	0.30	0.21	0.15	0.10	0.074	0.037	0.019	0.010

水力旋流器的分离粒度，可通过要求的溢流粒度(即溢流中最大粒度)按下式反算。水力旋流器的溢流粒度一般为 0.3 ~ 0.1 mm，溢流粒度比分离粒度大 0.5 ~ 1 倍，即：

$$d_{max} = (1.5 ~ 2.0)d \tag{5 – 42}$$

式中　d_{max}——溢流粒度，μm；

　　　d——分离粒度，μm。

④验证溢流粒度。根据上述确定的技术参数，按下式验证溢流粒度，其值应小于或接近设计要求。否则应调整参数(如 d_c、d_h、P 等)重新计算。

$$d_{max} = 1.5\sqrt{\frac{Dd_c\beta}{d_h K_D P^{0.5}(\rho - \rho_0)}}$$ (5-43)

式中 β——给矿中固体含量，%；

d_c——水力旋流器溢流口直径，cm；

d_h——水力旋流器沉砂口直径，cm；

D——水力旋流器直径，cm；

P——水力旋流器进口压力，MPa；

ρ——矿石密度，t/m³；

ρ_0——水的密度，t/m³；

K_D——水力旋流器直径修正系数，按下式计算

$$K_D = 0.8 + \frac{1.2}{1 + 0.1D}$$ (5-44)

⑤计算水力旋流器处理量。通过得出的各参数，按下式计算出一台水力旋流器的处理量。

$$V = 3K_\alpha K_D d_n d_c \sqrt{p}$$ (5-45)

式中 V——按给矿矿浆体积计的处理量，m³/(h·台)；

d_n——水力旋流器给矿口直径，cm；

K_α——锥角修正系数，按下式计算

$$K_\alpha = 0.799 + \frac{0.044}{0.0397 + \tan\frac{\alpha}{2}}$$ (5-46)

式中 α——水力旋流器锥角，(°)；其他符号同前。

⑥计算水力旋流器所需台数。

$$n = \frac{V_0}{V}$$ (5-47)

式中 V_0——按给矿矿浆体积计的设计处理量，m³/h。

（3）细筛和高频振网筛

目前细筛和高频电磁振网筛在黑色金属矿选矿厂中的主要用途有两个：一是提高分级效率。用于磨矿回路中，作磨矿产品的控制分级。二是提高产品的品位。使粗粒精矿自循环返回再磨。其生产能力的计算主要是依据各类型的生产实践数据。固定细筛由于筛分效率低，已经大部分被高频电磁振网筛取代，其生产能力的选择和计算一般参照下面的公式：

$$F = \frac{Q}{a}$$ (5-48)

式中 Q——所需要处理的矿石量，t/h；

a——单位筛分面积的筛分能力，t/(m²·h)；

F——所需要处理矿石的筛分面积，m²。

根据公式计算得到的 F 值以及各个型号高频振网筛的筛分面积(如表5-25)，求得所需筛分设备的工作台数。

表 5 - 25　GZS 系列高频电磁振网筛的技术性能

型号 指标	GZS1020	GZS1220	GZS2020	GZS2220
筛面面积/m²	2.0	3.0	4.0	6.0
筛网倾斜角/(°)	23 ~ 33	23 ~ 33	23 ~ 33	23 ~ 33
筛面层数/层	3	3	3	3
筛孔尺寸/(mm)	0.1 ~ 1.0	0.1 ~ 1.0	0.1 ~ 1.0	0.1 ~ 1.0
振幅/(mm)	0 ~ 3.0	0 ~ 3.0	0 ~ 3.0	0 ~ 3.0
频率/Hz	25 ~ 50	25 ~ 50	25 ~ 50	25 ~ 50
生产能力/(t/h)	5 ~ 10	7.5 ~ 15	10 ~ 25	15 ~ 35
功率/(kW)	0.5	0.5	1.0	1.0

注：当高频振网筛的筛孔尺寸小时，生产能力取小值，反之，取大值。

5.6　浮选设备的选择和计算

5.6.1　浮选设备的选择

(1)设备的类型

目前生产中使用的浮选设备包括浮选机和浮选柱两大类。其中，浮选机根据充气方式的不同，可分为机械搅拌式和充气机械搅拌式两种。

机械搅拌式浮选机的优点是，可以自吸空气和矿浆，不需外加充气装置。其中有些型号的浮选机还具有较强的自吸矿浆能力，使中矿返回易于实现自流，减少了矿浆提升泵数量。设备配置整齐美观，操作方便。缺点是充气量较小，电耗与磨损一般较高。

充气机械搅拌式浮选机的充气由单独设置的压风机来提供。优点是充气量大、气量可按需要进行调节、叶轮磨损较小、电耗较低。缺点是无吸气能力，需另设压风机。除 XCF 型具有自吸矿浆能力外，其他型号浮选机无自吸矿浆能力，需设置矿浆返回泵，配置不够方便。

我国目前生产中使用的浮选机主要型号、特点和适用情况见表 5 - 26。

浮选柱属于充气式浮选设备，结构比较简单，柱内无机械搅拌装置，柱底部设有透气性较好的充气器，通过外部风源提供的压缩空气经充气器向柱内弥散充气。国内的浮选柱有圆形及上方下圆两种类型。充气器是浮选柱的关键性部件，直接影响充气量和气泡的弥散程度以及浮选柱的工作效率，因此，设计中应给予足够重视。充气器的结构型式有炉条式、竖管式、床石式、旋流式和水汽喷射式等。充气器的材质有帆布管、橡胶管、微孔塑料管等。目前多以微孔塑料竖管充气器为主要结构型式。旋流式和水汽喷射式充气器已用于国外的某些选矿厂，国内目前尚无生产厂例，只处于试验阶段。浮选柱的风压应保持稳定，设计中应尽量采用独立风源，如必须与其他风源共用时，应采取稳压措施。风压要求一般为 98 ~147 kPa (1.0 ~1.5 kg/cm²)，风量 1.6 - 2.0 m³/(m²·min)。

表 5 – 26　浮选机主要型号、特点和使用

浮选机类型	充气方式	型号	特 点 及 应 用 场 合
机械搅拌式	自吸空气	XJ 型	有一定的自吸矿浆和空气能力,但空气弥散不佳,泡沫不够稳定,易产生"翻花"现象;充气量不易调节,不适应矿石性质变化;浮选速度慢,粒度粗,密度大的矿物易沉淀;适于易浮矿物、中小型浮选厂和大型浮选厂精选作业使用。
		JJF 型	这三种浮选机基本相同,系参考美国威姆科型浮选机研制的。JJF 与 XJQ 电耗低于 XJ 型;磨损小,吸气量大,调节范围可在 0.1 ~ 1.0 m³/(m²·min);槽的下部有固定的路线大循环,气泡得到充分弥散,矿浆面平稳;无自吸矿浆能力,需设置泡沫泵返矿,配置不便;适于大中型浮选厂粗扫选作业。
		XJQ 型	
		BS – M 型	
		SF 型	能自吸矿浆和空气;槽中具有带后倾式双面叶片,实现槽内矿浆双循环;可单独使用也可与 JJF 型浮选机组合成机组,SF 型作为作业首槽起自吸矿浆作用,JJF 型作为直流槽可发挥其优点。
		BF 型	叶轮由闭式双截锥体组成,可产生强的矿浆下循环;其吸气量大,功耗低;每槽兼有吸气吸浆和浮选三重功能,自成浮选回路,不需任何辅助设施,水平配置,便于流程的变更;矿浆循环合理,能最大限度减少粗砂沉淀,并设有矿浆液面自控和电控装置,调节方便。
		环射式	自吸空气和矿浆;旋转叶轮甩出矿浆,叶轮下部中心能实现二次吸气,增加了矿浆循环和浆气混合;设备结构简单;目前设备规格小,应用也较少。
		GF 型	自吸空气量可达 1.2 m³/(m²·min);能从机外自吸给矿和泡沫中矿,浮选机作业间可水平配置;槽内矿浆循环好,液面平稳,槽内矿浆无旋转现象,无翻花;分选效率高,提高粗粒和细粒矿物的回收率;功耗低,比同规格的机型节省功耗 15% ~ 20%,同时又能吸入足量的空气和矿浆;易损件寿命长,比同类浮选机延长一倍。
		XJZ 型	是在 XJ 型的基础上改进的,采用了新式的(参考威姆科型)主轴部件、叶轮和定子作为充气搅拌器,并有分散罩、调节环等,克服了空气能力容易衰减而影响选别指标等缺点。特别适用于国内中小型选厂对现有 XJ 型浮选机进行更新改造。
		XJB 棒型	主要特点是用斜棒轮、凸台和弧形稳流板构成充气搅拌器组,具有结构简单、操作维修方便,以及气泡分散度高、浆气接触机会多、混合均匀、浮选速度快等优点。适用于中、小型选矿厂处理密度大、粒度粗的金属矿石,在各种浮选作业中均可采用,尤其是对铅、锌、铜、钼、硫和硅砂的选别效果最好。

续表5－26

浮选机类型	充气方式	型号	特 点 及 应 用 场 合
充气机机械搅拌式	外充空气	CHF－X	此三种类型结构相似,采用了锥形循环筒装置,利于矿浆悬浮矿粒不沉槽,无吸气和吸浆能力,需另设压风机,吸气量可调,充气量大,叶轮磨损小,电耗小;需设泡沫泵返矿;适于要求充气量大的、矿石性质较复杂的、粒度粗、密度大的矿物浮选,大中型浮选厂粗扫选作业可选用。
		BS－X	
		XJC	
		KYF	此三种类型叶轮较小,呈倒锥台形,带有后向叶片,叶轮周围装有辐射板式定子通过中空轴充气,叶轮中部有空气分散器,槽体断面呈"U"型,结构简单,维护方便,液面平稳,易于操作;特别适用于粗粒矿物浮选,多用于大中型浮选厂的粗选、扫选作业。XCF型有吸浆能力,可作首槽与KYF型浮选机组合,中矿可自流返回。
		XCF	
		BS－K	
		CLF－4	采用了新式的叶轮－定子系统及全新的矿浆循环方式,在较低叶轮周速下粗粒矿物可悬浮在槽子中部区,而返回叶轮的循环矿浆浓度低,矿粒粒度细,这不仅有利于粗粒浮选,也有利于细粒浮选;槽内产生上升矿浆,有助于附着有粗粒矿物的矿化气泡上浮,减少了粗粒矿物与气泡之间的脱离力;叶轮周速低,返回叶轮的循环矿浆浓度低,粒度细,因此叶轮和定子磨损大大减轻,功耗低;叶轮和定子的间隙大,随着叶轮和定子的磨损,充气和空气分散情况变化不大,可保证选别指标的稳定性;格子板造成粗颗粒悬浮层,有利于粗粒浮选;采用外加充气方式,充气量大,气泡分散均匀,矿液面稳定,有利于粗粒上浮;设计了吸浆槽,可使浮选机配置在同一水平面上而不需要泡沫泵;可处理粒度达1 mm的粗矿粒而不会出现沉槽现象;具有矿液面自动控制系统,易于操作和调整。
		LCH－X	具有一个新型双面叶轮,叶轮和其他主轴零件构成上下两个叶轮腔。从主轴和中心筒之间充入空气,一部分空气充入上叶轮腔,上下叶轮腔同时完成双向循环。
		XHF	属于深槽型浮选机,BSF型单独使用可形成阶梯布置的浮选系统;与XHF型联合使用可形成水平布置的浮选系统;叶轮只起搅拌矿浆、循环矿浆和分散空气的作用;叶轮直径小,圆周速度低,叶轮和定子之间的间隙大,减轻了叶轮与定子之间的磨损。该机叶轮结构与叶片间隙流道设计合理,叶轮磨损较均匀,叶轮、定子使用寿命长。
		BSF	
		YX	YX型闪速浮选机适用于在磨矿分级回路中处理分级设备的返砂,提前拿出部分已单体解离的粗粒有价矿物较多、较大的连生体,直接获得最终精矿产品或粗精矿进入下段再选,既可降低循环负荷,改善磨矿分级条件,提高磨矿机处理能力,又可减少矿物过磨,避免有价矿物细化和中间环节的损失,提高有价矿物特别是金、银等贵重金属的回收率。

浮选柱的优点是结构简单,制造安装比较容易,占地面积小。缺点是充气器在用石灰做调整剂的高碱度矿浆中容易结钙而堵塞气孔,影响选别指标。由于无搅拌装置,故在高浓度矿浆中浮选粗颗粒、大密度矿石时,粗颗粒难以上浮,选别效果较差。选别氧化矿时,生产指标较低。大型浮选柱的事故处理设施比较复杂,难于操作与控制。目前国内采用浮选柱的选矿厂多为矿物组成简单、品位较高且易浮的硫化矿选矿厂。

搅拌槽是浮选过程中不可缺少的重要设备,为保证浮选药剂和矿物颗粒间的有效作用。生产实践中常用的有普通矿用搅拌槽、高效搅拌槽和提升搅拌槽等。

(2)浮选设备的选择

浮选设备的类型、规格的选择和确定与原矿性质(矿石密度、粒度、含泥量、品位、可浮性等)、设备性能、选矿厂规模,流程结构、系列划分等因素有关。设计中应注意以下几个方面的问题:

①矿石性质及选别作业要求。对粒度粗或密度大的矿石,一般采用高浓度浮选方法来降低颗粒的沉降速度,减少矿粒沉积。为适应这一特点,设计中应选用高能量的机械搅拌式浮选机。高能量机械搅拌浮选机不但传送矿浆速度快,搅拌力强,停机后也易于再行启动。在低品位硫化矿浮选过程中,低速充气对选别效果较为有利,不宜选用高充气量的浮选机。对在浮选过程中易于产生黏性泡沫的矿石,则应选用充气量较大的浮选机。精选作业主要在于提高精矿品位,浮选泡沫层应该薄一些,为有用矿物与脉石的更好分离创造有利条件,不需要更大充气量的浮选机,因此,精选作业的浮选机与粗、扫选作业浮选机应有所区别。

②根据矿浆流量合理地选择浮选机规格。为保证选别效果,必须保证每个浮选槽内矿浆有一定的停留时间,时间过短或过长都会造成有用矿物的损失,降低作业回收率。因此,浮选机的规格必须与选矿厂规模相适应。为尽量发挥大型浮选机的优越性,浮选系列应尽量减少。对易选矿石,在条件允许时可考虑单系列生产。按目前国产浮选机,每生产系列可达3000 ~ 5000 t/d,甚至可以更大。国外某些选矿厂一个系列可达 10000 t/d。据资料报道,选用 10 m^3 以上的浮选机,电耗比一般浮选机省 40% 左右,占地面积减少 30% ~ 35%,安装费节省 40% 左右,作业回收率也有所提高。

③通过技术经济比较确定浮选机的规格与数量。在方案比较中,一般应在选别指标、经营费、操作管理、维护检修方面进行全面对比。但对选矿厂而言,选别指标应视为主导因素,应给予足够重视。

④注意设备制造质量及备品、备件供应情况,良好的设备制造质量及充分的备品、备件供应来源,是保证选矿厂正常生产的必要条件,设计中不容忽视。

⑤搅拌槽的选取要保证浮选药剂和矿物颗粒间的有效作用(即满足必需的搅拌时间),如果设备配置需要,可选用提升搅拌槽以节省配置高差。

5.6.2 浮选设备的计算

(1)浮选时间的确定

浮选时间以有用矿物得以充分的选别为基础来确定。通常根据选矿试验结果,再参考类似矿石选矿生产实际确定浮选时间,试验的浮选时间比工业生产的浮选时间要短些,因此,设计中应考虑修正系数 K_t。

$$t = K_t \cdot t_0 \tag{5 - 49}$$

式中　t——设计浮选时间，min;

　　　t_0——试验浮选时间，min;

　　　K_t——浮选时间修正系数，$K_t = 1.5 \sim 2.0$

如果设计的浮选机充气量与试验用浮选机充气量不同，则应按下述公式调整：

$$t = t_0 \sqrt{\frac{q_0}{q}} + \Delta t \tag{5-50}$$

式中　Δt——根据生产实践增加的浮选时间，或 $\Delta t = K_t \cdot t_0$，min;

　　　q_0——试验室浮选机充气量，$\text{m}^3/(\text{m}^2 \cdot \text{min})$;

　　　q——设计浮选机充气量，$\text{m}^3/(\text{m}^2 \cdot \text{min})$; 其他符号同前。

（2）浮选机槽数计算

浮选机槽数有两种计算方法：一种是先计算后分系列，即先计算粗选、扫选和精选等各作业的矿浆体积和浮选机槽数，然后根据磨矿系列再分成若干浮选系列。另一种是先分系列后计算，即根据磨矿系列先分成若干浮选系列，然后再分别计算各浮选系列粗选、扫选、精选等各作业的矿浆和浮选机槽数。两种方法无利弊之分，而且步骤完全一样。下面介绍前一种计算方法。

①浮选矿浆体积计算：

$$V = \frac{K_1 Q \left(R + \frac{1}{\rho}\right)}{60} \tag{5-51}$$

式中　V——进入作业(如粗选)的矿浆体积，m^3/min;

　　　Q——进入作业的矿石量，t/h;

　　　R——矿浆液固比;

　　　ρ——矿石密度，t/m^3;

　　　K_1——给矿不均匀系数，当浮选前为球磨时，$K_1 = 1.0$; 当浮选前为湿式自磨时，$K_1 = 1.3$。

②浮选机槽数计算：

$$n = \frac{Vt}{K_v V_0} \tag{5-52}$$

式中　V_0——所选浮选机的几何容积，m^3;

　　　n——作业所选浮选机槽数;

　　　K_v——浮选机有效容积与几何容积之比，机械搅拌式浮选机 $K_v = 0.60 \sim 0.85$。K_v 与泡沫层厚度有关，泡沫层厚时，取小值，反之，取大值;

　　　t——作业浮选时间(min); 其他符号同前。

各作业浮选机的槽数确定后，再考虑浮选系列数，浮选系列数最好与磨矿系列数一致。两者系列数相同，便于技术考察和操作管理，有利于各系列浮选机轮换检修。各系列的粗、扫选作业槽数不应过少，避免出现矿浆"短路"现象。

（3）浮选柱的计算

浮选柱的计算按其断面形式分为两种：

①浮选柱断面为矩形时

$$F = \frac{K_1 Q(R + \frac{1}{\rho})t}{60H(1 - K_0)} \qquad (5-53)$$

②浮选柱断面为圆形时

$$D = \sqrt{\frac{K_1 Q(R + \frac{1}{\rho})t}{15\pi H(1 - K_0)}} \qquad (5-54)$$

式中　F——浮选柱断面面积，m^2；

　　　D——浮选柱直径，m；

　　　H——浮选柱高度，m，一般粗选浮选柱取 7~8 m，精、扫选取 5~7 m。对于品位较高且易浮的硫化矿，宜采用大直径低高度的浮选柱，一般粗选浮选柱取 5~7 m，扫选浮选柱取 4~6 m，精选浮选柱取 $H = 3~4$ m；

　　　K_0——浮选柱充气率，粗选取 $K_0 = 0.25~0.35$，扫选取 $K_0 = 0.20~0.25$，精选取 $K_0 = 0.35~0.45$，泡沫层厚时取大值，反之取小值；

　　　K_1——不均衡系数，浮选机之前为球磨机磨矿时，取 $K_1 = 1.0$，浮选柱之前为自磨机时，取 $K_1 = 1.3$；

　　　其他符号同前。

浮选时间 t 由试验确定，如无试验结果时可参照类似企业的生产数据选定。

(4)搅拌槽的计算

$$V = \frac{K_1 Q(R + \frac{1}{\rho})t}{60} \qquad (5-55)$$

式中　V——搅拌槽所需容积(m^3)；

　　　Q——进入搅拌槽的设计矿石干量(含返回)，t/h；

　　　R——矿浆液固比；

　　　ρ——矿石密度(t/m^3)；

　　　K_1——给矿不均匀系数，当浮选前为球磨时 $K_1 = 1.0$，当浮选前为湿式自磨时 $K_1 = 1.3$。

　　　t——搅拌时间，min。由试验确定，无试验资料时，可取 $t = 5~10$ min。

5.7　重选设备的选择和计算

重选设备是依据有用矿物与脉石矿物的密度差异分选的设备。除矿物的密度差异以外，矿物的粒度大小、形状和介质的性质对分选效果也有较大影响。各类重选设备的分选粒度范围及应用特点，见表 5-27。

表 5-27 主要重选设备应用特点及分选粒度范围

设备类型		分选粒度/mm			应用特点
		一般	最大	最小	
洗矿设备	圆筛洗矿机		300		处理含泥质易洗和中等可洗矿石,处理量大,水耗高。
	擦洗机		350		处理高塑性难洗矿石,洗矿效率高。
	倾斜式槽洗机		80~90		用于易洗及难洗矿石,生产能力大,工作可靠,洗矿不彻底。
	水平式槽洗机		70		用于易洗及难洗矿石,生产能力小,洗矿较彻底。
	联合洗矿机		125		仅用于易洗矿石。
粗粒重选设备	重介质选矿设备 振动溜槽	75~6	100	3	分选粒度粗,生产能力大,生产精度高,适于预选贫化率高的矿石,但介质制备及其回收系统复杂。
	重介质选矿设备 鼓形分选机	100~6	300	5	
	重介质选矿设备 圆锥形分选机	50~6	75	1.5	
	重介质选矿设备 涡流分选	35~2	75	0.5	
	重介质选矿设备 重介质旋流器	20~2	35	0.5	
	矩形粗粒跳汰机	50~10	70	0.074	分选精度较重介质选矿差,生产能力较大,工艺过程简单。
中粒重选设备	跳汰机 旁动隔膜跳汰机	12~0.1	18	0.074	生产能力较大,富集比高,可用于粗选及精选作业。
	跳汰机 侧动隔膜矩形跳汰机	12~0.1	18	0.074	
	跳汰机 复振跳汰机	12~0.1	18	0.074	
	跳汰机 圆形跳汰机	12~0.1	18	0.074	
	跳汰机 下动圆锥跳汰机	6~0.1	20	0.052	
	跳汰机 广东Ⅰ型跳汰机	6~0.1	10	0.074	
	跳汰机 梯形跳汰机	-0.074	10	0.037	
	抬 浮	5~0.2	6	0.074	能分离出粗粒硫化矿物,产品多,分选效率高,生产能力小。
矿砂重选设备	摇床	2~0.037	3	0.02	生产能力小,富集比高,可得多种产品,多用于精选
	螺旋选矿机	2~0.1	3	0.074	生产能力较摇床大,省水省电,结构简单,富集比低,多用于粗选作业。
	螺旋溜槽	0.6~0.05	1.5	0.037	
	扇形溜槽	1.5~0.074	2	0.037	
	圆锥溜槽	1.5~0.074	2	0.037	生产能力大,省水省电,占地面积小,富集比低,多用于粗选。
矿泥重选设备	离心选矿机	0.074~0.01			生产能力大,富集比低,多用于矿泥粗选。
	各种皮带溜槽	0.074~0.01			生产能力小,富集比高,多用于矿泥精选作业。

5.7.1 洗矿设备

洗矿是对含泥质较多，影响后续破碎筛分或选别作业的矿石，在水、机械力及化学作用下，将黏性物料与矿石颗粒分离的过程。生产中常用的洗矿设备包括圆筒洗矿机、擦洗机、槽式洗矿机、联合洗矿机等。洗矿设备的选型和生产能力，主要取决于矿石的可洗性。洗矿设备的生产能力一般根据设备性能参数，并参考工业试验数据或工业生产数据进行确定，也可按下式进行计算：

$$Q = N\eta e \tag{5-56}$$

式中　Q——生产能力，t/h；

　　　N——电动机安装功率，$(kW \cdot h)$；

　　　η——消耗功率与安装功率之比；

　　　e——洗矿效率，$t/(kW \cdot h)$，其计算与磨矿效率的计算相似，即

$$e = e_1 K_x \tag{5-57}$$

式中　e——设计矿石的洗矿效率，$t/(kW \cdot h)$；

　　　e_1——已知现场生产标准矿石的洗矿效率，$t/(kW \cdot h)$；

　　　K_x——矿石的可洗性系数，等于标准矿石洗矿时间与设计矿石洗矿时间的比值。

5.7.2 重介质选矿设备

重介质选矿的目的是在碎磨过程中预选丢弃废石(或尾矿)，以提高入选品位。重介质选矿设备有静态式和动态式两类。静态式的有圆锥形分选机、鼓形分选机、角锥形分选机、浅槽分选机和圆筒分选机。动态式的有重介质振动溜槽、重介质旋流器和重介质涡流分选器。重介质选矿设备的处理量大、分选粒度粗、对给矿量变化的适应性强、选别精度高、选矿成本低。但入选前需洗矿或筛出细粒，需配置介质制备和净化回收系统。重介质分选设备较多，这里主要介绍以下两种。

(1)圆锥形重介质分选机

圆锥形重介质分选机是矿物在锥形槽中，通过重悬浮实现自然沉浮而分离的设备，轻矿物从溢流中排出，重矿物借助压缩空气提升排出。该机有单锥和双锥两种，双锥式的重产物质量更高。

圆锥形重介质分选机的优点是槽体深、分选面大、分离精度高。缺点是介质循环量大、要添加细粒加重剂、介质制备和净化回收工作量大、需配置压气设备和提升器。这种设备适于处理轻矿物含量较高的矿石，分选粒度为 50~6 mm。圆锥形重介质分选机的处理量，依据类似选矿厂并参照表 5-28 中的数据确定，也可按下列公式近似计算：

$$Q = KDd\rho_n \tag{5-58}$$

式中　Q——重介质分选机处理量，t/h；

　　　K——设备形式系数，当给矿中轻产物多时，槽形分选机 $K=180$；圆锥形重介质分选机 $K=220$；鼓形重介质分选机 $K=250$。当给矿中重产物多时，圆锥形重介质分选机 $K=350$；鼓形重介质分选机 $K=400$。

　　　D——圆锥或圆筒直径(或槽体宽度)，m；

　　　d——给矿中最大粒度，m；

ρ_n——悬浮液密度，t/m^3。

表 5 – 28　圆锥形重介质分选机处理量参考表

矿石种类	分选机规格/mm	入选粒度/mm	处理量/(t·h^{-1})	单位处理量/[t·(m^2·h)$^{-1}$]	重介质密度/(t·m^{-3})	加重剂名称	轻产物产率/%
铅锌矿	ϕ6400	30 ~ 1.6	50	2.1	3.0	硅铁	75
磁铁矿	ϕ6100	30 ~ 4.8	150	5.2	2.9	硅铁	
铅锌矿	ϕ6000	40 ~ 4	400	14	2.75	硅铁	60
萤石矿	ϕ4300	39 ~ 1.65	35	2.45		硅铁	50
萤石矿	ϕ4000	26 ~ 1.5	100	8	2.84	硅铁	83
多金属锡矿	ϕ3500	100 ~ 4	90	9.4	2.75	硅铁	60
萤石矿	ϕ3000	19 ~ 3	13	2	2.73	硅铁	25
锌矿石	ϕ2750	38 ~ 12	75	12.7	2.8	方铅矿	85.5
赤铁矿	ϕ2100	42 ~ 5	150	40	3.1	硅铁	40
单一锡矿	ϕ2100	18 ~ 5	24	7	2.8	硅铁	70
含锡砷黄铁矿	ϕ2000	30 ~ 6	25	8	2.8	砷黄铁矿	64
红柱石矿	ϕ1530	35 ~ 1.6	8.5	4.5	2.95	硅铁	38
石榴子石矿	ϕ1530	25 ~ 3	20	1	3.2	硅铁	

(2)重介质旋流器

该设备结构简单，分选效率和分选精度高，可分选矿物密度差仅为 $0.2 \sim 0.3$ t/m^3 的矿石。该设备有单锥体和双锥体两种，适宜的给矿粒度为 $2 \sim 20$ mm，分离粒度上限可达 35 mm，下限可达 0.5 mm。重介质旋流器的规格与给矿粒度、处理量关系见表 5 – 29。它的处理量按试验结果或类似矿石的生产数据确定，也可用容积处理量计算公式计算：

当 $d_0/d_i < 2$ 时

$$Q = 15.3 \frac{(P/98.1)^{4/7} d_0^{3/5} D^{0.42} d_i^{1.12}}{\rho_n^{1.15} (\tan \frac{\alpha}{2})^{1/6}} \tag{5-59}$$

当 $d_0/d_i > 2$ 时

$$Q = 10.4 \frac{(P/98.1)^{4/7} d_0^{1/6} D^{0.75} d_i^{1.14}}{\rho_n^{1.15} (\tan \frac{\alpha}{2})^{1/6}} \tag{5-60}$$

式中　Q——重介质旋流器的容积处理量，dm^3/min；

　　　　P——重介质旋流器的给矿计示压力，kPa；

　　　　d_0——重介质旋流器的溢流口直径，cm；

　　　　d_i——重介质旋流器的给矿口直径，cm；

　　　　D——重介质旋流器直径，cm；

ρ_n——介质密度，g/cm^3；

α——重介质旋流器锥角，(°)。

表 5 – 29　重介质旋流器的规格与给矿粒度、处理量的关系

旋流器规格/mm	$\phi300$	$\phi350$	$\phi400$	$\phi450$	$\phi500$
分选最大粒度/mm	12	15	20	30	35
处理量/(t/h)	10	20	30	40	50

5.7.3　跳汰机

跳汰机是广泛应用于金属矿的重选设备。具有选别粒度范围宽、处理量大、占地面积小、劳动生产率高、易于操作、维护等特点。常用的隔膜式跳汰机有三种类型：旁动隔膜跳汰机、下动圆锥隔膜跳汰机和侧动隔膜跳汰机。

跳汰机的生产能力是根据单位定额计算的，即根据单位时间单位筛面的生产能力而定。而单位定额则随矿石种类、粒度、形状、矿浆浓度以及对选别产物的工艺要求的不同而差异很大。设计时往往根据试验资料和同类选厂生产指标确定。

（1）旁动隔膜跳汰机

旁动隔膜跳汰机多用于粗选和精选作业，分选粒度为 12～0.1 mm。其特点是床层较稳定、选别效果好、维护方便，但占地面积和设备重量较大、能耗高。

（2）下动圆锥隔膜跳汰机

下动圆锥隔膜跳汰机的隔膜位于跳汰室槽体圆锥和可动锥之间，故能耗少、重产物排出通畅，但床层松散度差。这类跳汰机有三种类型：

①LTA – 1010/2 下动圆锥隔膜跳汰机，一般用于 6mm 以下矿石的粗选作业。

②复振跳汰机是在垂直交变水流中，附加高冲次小冲程的辅助脉动而形成复振条件。这种复合脉动能使床层处于松散状态，加速矿粒的分层和细粒矿石的沉降。其回收粒度较宽，但处理量较低。处理粒度可小于 2 mm。

③圆形跳汰机由若干梯形跳汰室组成圆形床面。优点是处理量大，配置灵活，处理未分级的细粒矿砂效果好，回收粒度下限可达 0.052 mm。缺点是传动机构复杂，跳汰室的水脉动不均匀，多用于采金（锡）船的粗选作业。

（3）侧动外隔膜跳汰机

侧动外隔膜跳汰机的隔膜设置在槽体外侧壁，其结构简单，维护方便，但工作中振动较大。外形上有梯形和矩形两大类。

①梯形跳汰机。

梯形跳汰机有 2LTC – 6109/8T 型跳汰机和工革型两种。其中，2LTC – 6109/8T 型跳汰室横截面为梯形，双列八室，沿矿流方向由窄变宽，矿浆流速逐渐减缓，有利于重矿物的回收。该机为两个独立单元，各跳汰室的冲程、冲次可分别调节。给矿粒度范围为 5～0.074 mm。工革梯形跳汰机则为单列三室跳汰机，与其他梯形跳汰机相比占地面积大，冲程调节范围小。给矿粒度小于 3 mm。

②矩形跳汰机。

LT – 79/4 型矩形跳汰机比梯形跳汰机结构简单，维护方便，配置灵活，既可单机(双列四室)使用，又可双机串联(双列八室)。其处理粒度上限较大，单位面积处理量大。它有选别粗粒级 12 ~ 3 mm 和细粒级 3 ~ 0 mm 矿石的两种槽体结构。

AM – 30 和 LTC – 70 型跳汰机分选粒度大，采用筛上、筛下联合排矿。前者冲程为 50 ~ 0 mm，入选最大粒度为 30 mm。后者冲程为 100 ~ 0 mm，入选最大粒度可达 50 ~ 70 mm。

(4)侧动内隔膜跳汰机

侧动内隔膜跳汰机的隔膜装在槽体内部两跳汰室之间，隔膜运行方向为横动。广东 I 型跳汰机就是这种结构。其处理量大、能耗少、适于处理低品位砂矿，但不便于检修，更换隔膜困难。该机分为甲、乙、丙三种型号。甲型用于粗选，乙型用于粗选或精选，丙型用于精选作业。

目前，跳汰机的处理能力尚无成熟的公式计算，设计时往往是根据试验数据或参照同类型选矿厂的生产资料确定(详细请参考《选矿设计手册》)。

5.7.4　摇床

摇床是重选厂最常用的选别设备。其有效选别粒度可达 0.037 mm，床面分带明显，操作方便，一次能得出多种产品，但单位面积处理量低。摇床种类较多，常用的有云锡摇床、6 – S 摇床、CC – 2 摇床、弹簧摇床以及云锡六层矿泥摇床、悬挂多层(三层、四层)摇床。摇床的处理量，一般按试验或处理同类矿石的生产数据确定，也可按下式进行估算：

$$Q = 0.1\rho(Fd_{cp}\frac{\rho_1}{\rho_2}\frac{1}{-1})^{0.6} \tag{5 – 61}$$

式中　Q——摇床的处理量，t/h；

　　　ρ——矿石密度，g/cm³；

　　　ρ_1——重矿物密度，g/cm³；

　　　ρ_2——脉石矿物密度，g/cm³；

　　　d_{cp}——选别物料的平均矿粒直径，mm；

　　　F——床面面积，m²。

上述公式只考虑了物料密度和粒度的影响，未考虑物料的粒度组成等其他性质及产品质量的影响。因此，计算时有误差，一般适于粗选作业，用于精选时，处理能力要相应降低 40% ~ 50%。用于中矿再选时，则应降低 20% ~ 40%。

(1)云锡摇床

云锡摇床采用凸轮杠杆床头，床面涂刷生漆，抗腐蚀性强，床面平整，不易变形。来复条顶面与精选带在同一水平面上，尖灭线区无急流现象，可减少重矿物的损失。重矿物在沟槽内向精矿端移动时，要爬坡，有利于良好的分选。该摇床分为粗砂床、细砂床和矿泥床三种。

(2)6 – S 摇床

6 – S 摇床采用偏心连杆式床头，床面铺设薄橡胶板，易变形，床面横向坡度调节范围大(0° ~ 10°)有矿砂床面和矿泥床面两种。

（3）CC－2 摇床

CC－2 摇床为凸轮杠杆式床头。床面铺设薄橡胶板，床面易变形。许多选厂已使用环氧树脂和水泥床面。

（4）弹簧摇床

弹簧摇床的床头结构简单、重量轻、能耗少，选别指标比 6－S 矿泥摇床高，但工作噪音大。

（5）云锡六层矿泥摇床

云锡六层矿泥摇床有座式和悬挂式两种。床头与云锡单层摇床相同，选别指标相近，台时处理量高 2 倍左右。该摇床适于回收 0.074～0.019 mm 的细粒重矿物。其结构合理、易于拆装、维修，但工作易产生摆动和纵向跳动。

（6）抬浮

抬浮全称为抬浮摇床。抬浮是在摇床上同时实施重选和浮选两种分选作业的设备。抬浮较其他浮选设备容易操作，可产出多种产品，选别指标稳定，分选效率高，能耗少，广泛用于分离 5～0.2 mm 的多金属硫化矿物。抬浮的处理量与物料粒度、矿物密度差、产品质量、矿物的可浮性有关，设计时参照同类矿石生产指标或通过试验确定。

5.7.5　溜槽

溜槽有两大类：一种是螺旋溜槽和螺旋选矿机，另一种是皮带溜槽。

（1）螺旋溜槽和螺旋选矿机

螺旋溜槽和螺旋选矿机的特点是：结构简单、工作可靠、维护方便、占地面积小、单位处理量高。螺旋溜槽横截面倾角小，适于分选 0.6～0.05 mm 物料。螺旋选矿机的溜槽横截面倾角大，适于分选 2～0.1 mm 物料。螺旋溜槽和螺旋选矿机的处理量可按下式近似计算：

$$Q = \frac{3}{R}\rho D^2 d_{cp} n \qquad (5-62)$$

式中　Q——螺旋溜槽（螺旋选矿机）处理量，t/h；

　　　R——给矿矿浆液固比；

　　　ρ——矿石密度，t/m³；

　　　D——螺旋槽直径，m；

　　　d_{cp}——入选矿石平均粒度，mm；

　　　n——螺旋个数。

①77－12 型旋转螺旋溜槽

溜槽的螺旋槽具有刻槽或铺设楔形的橡胶垫，有 3 节螺旋转体，因此具有螺旋选矿机、摇床和离心选矿机的综合选别作用，分选效果优于其他溜槽，富集比高达 75。其入选粒度较宽，有效分选粒度 0.6～0.05 mm。

②LL 型螺旋溜槽

溜槽槽体采用玻璃钢纤维增强树脂作材料，重量轻、强度高、选别过程稳定、对给矿条件变化适应性强。

③来复条螺旋溜槽

在槽内嵌有来复条，每节嵌有 4～5 条来复条，来复条与螺旋径向呈一定角度，其高度、相对位置均对分选效率有影响。该溜槽的特点是提高了脱水区槽层的松散度,明显地提高了精矿品位及回收率。

④双头塑料螺旋溜槽

具有耐磨、耐腐蚀的优点,设备轻且成本低,是处理海滨砂矿的理想设备。

⑤FLX 型螺旋选矿机

其有效分选粒度为 1 ~ 0.074 mm,其特点是冲洗水的供给、调节合理,精矿截取方式适宜,因此有利于提高选别指标。XZLD 型螺旋选矿机适宜回收 − 0.04 mm 粒度的物料。

(2)皮带溜槽

皮带溜槽是适用于矿泥精选的设备。它分为普通皮带溜槽、振摆皮带溜槽、横流皮带溜槽和扇形皮带溜槽。皮带溜槽生产能力的计算是依据单位定额来确定的。目前无统一的计算公式。设计时通过参考类似选厂生产资料确定。

①普通皮带溜槽

结构简单、富集比高,除单层皮带溜槽外,还有双层和四层皮带溜槽。其分选粒度为 0.074 ~ 0.010 mm。

②振摆皮带溜槽

在普通皮带溜槽上增加了振摆机构。由于振摆作用,促进了矿层的松散,同时增加了横向水流的分选效果,该设备处理量低,适用于矿泥精选作业。分选粒度为 0.20 ~ 0.01 mm,最有效回收粒度为 0.074 ~ 0.02 mm。振摆皮带溜槽有三种规格,带宽分别为 600、800、1200 mm,前两种为单层振摆皮带溜槽,后一种为双层。

③横流皮带溜槽

又称横流皮带选矿机。它是利用横流流膜的剪切作用,促进矿粒粒群的松散、分层,有利于大密度矿粒的沉降。有效回收粒度为 0.1 ~ 0.01 mm。处理量较同规格普通皮带溜槽大,富集比高,能产出多种产品,可简化精选流程,是目前较先进的矿泥重选设备。

④扇形溜槽

又称尖缩溜槽。结构简单,适宜分选粒度为 1.5 ~ 0.04 mm 的矿石,它对微细粒分选效果差,富集比低,需要多段选别才能得到最终产品。扇形溜槽的操作因素(如物料的粒度、密度、给矿浓度以及溜槽倾角、尖缩比等),对选别指标影响较大。

5.7.6　离心选矿机

离心选矿机是矿泥的粗选设备。对微细粒回收效率高,有效回收粒度为 0.074 ~ 0.010 mm。处理量大,但不能连续作业,耗水量大,水压要求高。离心选矿机有单转鼓和双转鼓两类,转鼓有单锥度、双锥度和多锥度三种。

5.8　磁电选矿设备的选择和计算

生产实践中常用的磁选设备有弱磁场磁选设备和强磁场磁选设备两类。电选机则有静电选矿机、电晕电选机和复合电场电选机等多种类型。

5.8.1　弱磁场磁选设备

常用的弱磁场磁选设备有湿式永磁筒式磁选机、干式永磁筒式磁选机、磁力脱水槽、磁力滚筒、除铁器、预磁器和脱磁器等。

(1)湿式永磁筒式磁选机

湿式永磁筒式磁选机是选别强磁性矿物的常用磁选设备。它有顺流式、逆流式、半逆流式3种型式。顺流式分选粒度为 -6 mm；逆流式分选粒度为 -1.5 mm。半逆流式分选粒度为 -0.5 mm。该机的处理量可根据类似选矿厂生产指标确定，也可通过单位处理量来计算：

$$Q = qnL_p \tag{5-63}$$

式中　Q——磁选机的干矿处理量，t/h；

$\quad\quad q$——磁选机的单位处理量，t/(m·h)；

$\quad\quad n$——首筒数目(一般为1)；

$\quad\quad L_p$——圆筒的工作长度，m；$L_p = L - 0.2$，其中 L 为圆筒的几何长度，m。

(2)干式永磁筒式磁选机

干式永磁筒式磁选机磁感应强度一般为 $1050 \sim 1250$(Oe)，分选粒度上限为 $5 \sim 0.5$ mm，适宜含水量小于3%，-0.074 mm 占 $20\% \sim 50\%$ 的物料。其型号主要有 CTGR-69 双筒型和 CTG 双筒和单筒型，处理量为 $10 \sim 20$ t/h。其处理量与转速的关系如下式：

$$Q = 1.2 \times 10^{-4}\pi Rnbd\rho \tag{5-64}$$

式中　Q——干式永磁筒式磁选机处理量，t/h；

$\quad\quad R$——滚筒半径，cm；

$\quad\quad n$——滚筒转速，r/min；

$\quad\quad d$——矿粒直径或滚筒上料层厚度，cm；

$\quad\quad b$——滚筒宽度，cm；

$\quad\quad \rho$——物料密度，g/cm^3。

(3)磁力脱水槽

磁力脱水槽是一种磁力和重力联合作用的磁选设备。它能分离出大量细粒尾矿，并有脱水作用。常用于磁性矿物磨矿选别流程的脱泥和预选作业，过滤前的浓缩作业。磁力脱水槽的磁感应强度为 $300 \sim 500$(Oe)。有电磁和永磁两种类型。磁力脱水槽结构简单、操作方便，但配置高差大，耗水量大。磁力脱水槽按溢流计的处理量，可按下式计算：

$$Q = 3.6Fv \tag{5-65}$$

式中　Q——按溢流计的处理量，m^3/h；

$\quad\quad F$——磁力脱水槽溢流面积，m^2；

$\quad\quad v$——溢流速度，mm/s。给矿粒度小于 0.15 mm 时，$v = 5$ mm/s；小于 0.074 mm 时，$v = 2$ mm/s；给矿粒度大于 0.15 mm 时，$v > 5$ mm/s。

(4)磁力滚筒

磁力滚筒又称磁滑轮，结构简单，可直接安装在带式输送机的头部，也可单独配置成干式磁选机，与带式输送机匹配，其滚筒直径为 $600 \sim 1200$ mm(皮带宽为 $650 \sim 1400$ mm)。磁力滚筒有永磁和电磁两种，适于粗粒强磁性物料的干式磁选，分离粒度为 $75 \sim 10$ mm，磁力滚筒给矿粒度上限可达 350 mm。

磁力滚筒适用于破碎流程中的预选作业,闭路焙烧作业中剔除焙烧生矿以及剔除自磨机排出的顽石和低品位废石。对于富磁铁矿的分选,可提高入炉矿石的品位。萨拉国际公司研制了两种形式的磁力滚筒——圆筒式和带式。前者与国内的产品类似,后者整个设备安装在机架上,有一个头轮和尾轮,尾轮作驱动轮。筒体内部有一个永磁磁系,筒体直径有 760、916、1200、1500 mm 等不同规格。

(5)除铁装置

除铁装置用来清除带式输送机上夹杂在矿石中的铁块,以保护后续作业设备的安全。常用的除铁装置有悬挂式电磁分离器、悬挂带式电磁分离器和电磁滚筒。

悬挂带式电磁分离器是一种静态式分离器,能吸出带式输送机上夹杂在堆积厚度为 50 ~ 100 mm 物料中的铁件。安装方便,耗电量少,当堆积物料较厚时,难以吸净底部的铁件。其型号依带式输送机宽度选定,电磁分离器与胶带面的高度为 300 ~ 350 mm,要求带速不超过 2 m/s。悬挂带式电磁分离器是一种传动式去铁器。通过分离器的传送带将吸收出的铁件送出。如果在带式输送器上安装金属探测器,则去铁器效果更好。

(6)预磁器和脱磁器

预磁器有电磁式和永磁式两种。磁感应强度为 400 ~ 500(Oe),它能增强磁性矿物的磁团聚作用,以利磁力脱水槽的分选。脱磁器只有电磁式一种。其磁感应强度为 650 ~ 800(Oe)。它的作用是破坏磁性矿物的磁团聚,以利于分级、细筛和过滤作业。脱磁器有工频脱磁器和中频脱磁器两种。前者磁感应强度低,约为 500(Oe),后者磁感应强度较高,脱磁效果好。

5.8.2　强磁场磁选机

强磁场磁选机有干式和湿式两类。磁源有电磁和永磁两种。结构形式有盘式、辊式、平环式、立环式、感应辊式。

(1)干式圆盘强磁选机

干式电磁圆盘强磁选机有单盘、双盘和三盘三种。适于分选弱磁性矿物,入选粒度小于 2 mm。其特点是结构紧凑、体积小、重量轻,磁场调节方便,每个分选区的头部有一个弱磁性滚筒。因此,若有三圆盘,最多可有七种不同的磁场,可获得七种不同磁性的产品和一种非磁性产品。该设备磁选前需分级和干燥。干燥后的物料水分应小于 1%,分级的级别数愈多,分选指标愈高。

(2)辊式强磁选机

辊式强磁选机有永磁和电磁两种磁源。CGR - 54 为永磁对辊强磁选机,CGDR - 34 为电磁对辊强磁选机。这类磁选机可获得多种产品,用来分选含有多种金属的矿物。磁感应强度为 15000 ~ 23000(Oe),处理量为 1 ~ 2 t/h,适于处理小于 3 mm 的矿物。

(3)湿式平环强磁选机

湿式平环强磁选机常用的有两种型号,一种是 SHP 型双盘平环强磁选机,一种是 SQC 型强磁选机。

SHP 型双盘强磁选机,上、下盘重叠,可以靠矿浆自流组成粗选、扫选等两种作业流程。该机选别指标高、处理矿量大、生产费用低、噪音小。给矿粒度小于 1 mm,浓度为 30% ~ 35%,要求给矿中强磁性矿物小于 3%。

SQC 型强磁选采用环式链状闭合磁路。该机常用于中、小型矿山的褐铁矿、赤铁矿、黑铁矿和钽铌矿的细粒弱磁性矿物的分选，最大给矿粒度 0.5 mm，分选粒度大于 20 μm，分选效果优于其他类型磁选机，但价格较贵。

（4）湿式双立环强磁选机

湿式双立环强磁选机采用"日"字形闭路磁系。磁系本身取代钢架，因此，结构紧凑、重量轻、磁路短、漏磁少、磁感应强度高。磁介质为铁球，不易堵塞。最大给矿粒度为 0.6 ~ 1.0 mm，选别粒度下限 20 μm。

（5）高梯度磁选机

高梯度磁选机是在背景磁场不太高的条件下，顺磁性物料在不均匀磁场中，受到一个与外加磁场梯度之积成正比的磁力。借助这种高梯度不均匀磁场，分离磁性极弱的微细粒物料。这类磁选机分选粒度下限可达 1 μm。

LG – 1700 – 190 – IT 高梯度磁选机，分选介质由 70 ~ 90 片不锈钢构成导磁网叠加成感应介质堆，并置于分选环的每个分选腔内。该机分选环直径 1700 mm，无极变速，背景磁感应强设 0 ~ 12000(Oe)，处理量为 2 ~ 8 t/h，适于处理细粒赤铁矿和锰矿泥等。

CHG—10 高梯度磁选机分选环直径 1000 mm，背景磁感应强度 0 ~ 10000(Oe)，分选粒度小于 0.5 mm，处理量为 0.5 t/h，适于处理比磁化系数不小于 4×10^{-7} cm³/g 的物料，也用于剔除非磁性物料中的弱磁性杂质。

Sala480 高梯度磁选机是瑞典萨拉国际公司研制的设备，转环平均直径 4800 mm，磁感应强度 15000(Oe)，单磁头处理量 50 ~ 200 t/h。

5.8.3　电选机

电选机广泛用于白钨矿、锡石、钛铁矿、锆英石、金红石、独居石、钽铌矿的精选作业。电选机有静电选矿机、电晕电选机和复合电场电选机等多种类型。

ϕ1200 mm ×1500 mm 双辊电选机利用电晕电极和偏向电极产生复合电场进行矿物分选。其工作电压可达 22 kV，分选粒度小于 3 mm，处理量为 0.3 ~ 5 t/(台·h)。由于电场较低，对钽铌矿等稀有金属矿的选矿效果较差。

高压电选机的工作电压可达 60 kV。这类电选机电晕电场区域大、电场力强，对分选稀有金属矿效果显著。ϕ370 mm × 600 mm 高压电选机入选粒度为 2 ~ 0.074 mm。处理量为 120 ~ 150 kg/h。YD – 3、YD – 4 型是目前我国最大的高压电选机。规格为 ϕ300 mm ×2000 mm。YD – 3 的分选粒度为 1.0 ~ 0.04 mm，处理量为 0.5 ~ 2.5 t/(h·台)。

5.9　脱水设备的选择和计算

湿法选矿的精矿含有大量水分，需要进行脱水以方便运输。细粒精矿的脱水大都使用浓缩——过滤两段作业或浓缩——过滤——干燥三段作业。有时在选别过程中为了提高下段作业浓度和改善选别效果，对中间产品也要进行脱水。

5.9.1　浓缩设备的选择

浓缩机有中心传动式和周边传动式两种，周边传动式浓缩机有辊轮传动式和齿条传动式两种类型。此外还有高效浓缩机,高效浓缩机并不仅是通过沉降达到浓缩目的的脱水设备,而且是结合泥浆沉积层的过滤特性的新型脱水设备。高效浓缩机的使用可大大降低浓缩机的占地面积。

选择浓缩机的类型和规格,既要满足后续作业对精矿(或中矿)含水量的要求,又要严格控制和降低金属量的流失。因此在设备选型时,应通过生产性试验或模拟试验确定浓缩机的有效面积。或进行矿浆静止沉降试验,参照类似选矿厂的生产指标进行计算。只有在准确掌握所浓缩的矿浆特性条件下,才可参照处理类似矿石选矿厂的生产指标进行选取。

浓缩机的规格选型,主要根据给矿量和溢流中最大颗粒(或絮团)在水中的沉降速度来确定。故选择浓缩机时,必须考虑影响沉降速度的诸多因素:如给矿和排矿的液固比、给矿的粒度组成、矿浆的黏度、浮选药剂和絮凝剂类型和矿浆温度等。浓缩机的排矿浓度取决于物料的密度、粒度及矿物组成及其在浓缩机的停留时间。

5.9.2　浓缩设备的计算

浓缩机的计算有 3 种方法:单位面积处理量计算法、按溢流中最大颗粒的沉降速度计算法和用澄清试验分析法计算法。

(1)按单位面积处理量计算

按浓缩机的单位面积处理量 q_0,计算浓缩作业所需浓缩机总面积,即

$$F = \frac{Q}{q_0} \tag{5-66}$$

式中　F——需要的浓缩机面积,m^2;

　　　Q——给入浓缩机的固体量,t/d;

　　　q_0——单位面积处理量,$t/(m^2 \cdot d)$,其值见表 5-30。

表 5-30　浓缩机单位面积处理量 q_0 值

被浓缩产物名称	$q_0/(t \cdot m^{-2} \cdot d^{-1})$	被浓缩产物名称	$q_0/(t \cdot m^{-2} \cdot d^{-1})$
机械分级机溢流(浮选前)	0.7~1.5	浮选铁精矿	0.5~0.7
氧化铅精矿和铅铜精矿	0.4~0.5	磁选铁精矿	3.0~3.5
硫化铅矿和铅-铜精矿	0.6~1.0	白钨矿浮选精矿及中矿	0.4~0.7
黄铁矿精矿	0.5~0.8	锰精矿	0.8~1.0
辉钼矿精矿	1.0~2.0	重晶石浮选精矿	0.4~0.7
锌精矿	0.4~0.5	浮选尾矿及中矿	1.0~2.0
锑精矿	0.5~1.0		1.0~2.0

注:①表内 q_0 值系给矿粒度 -0.074 mm 占 80%~85% 时的数值,粒度粗时取大值。

②排矿浓度对方铅矿、黄铁矿、铜和锌的硫化矿精矿不大于 60%~70%,其他精矿不大于 60%。

③对含泥多的细泥氧化矿,所列指标应适当降低。

浓缩机直径由下式确定:

$$D = 1.13\sqrt{F} \qquad (5-67)$$

式中 D——所需浓密机直径,m。

(2)按溢流中最大颗粒沉降速度计算

首先按下式计算所需的浓缩机总面积,然后确定浓缩机规格和台数。

$$F = \frac{Q(R_1 - R_2)K_1}{86.4v_0 K} \qquad (5-68)$$

式中 R_1,R_2——浓缩前和浓缩后的矿浆液固比;

K_1——矿浆波动系数,$K_1 = 1.05 \sim 1.20$;

K——浓缩机有效面积系数,一般取 $K = 0.85 \sim 0.95$,直径大于 12 m 以上取大值。

v_0——溢流中最大颗粒的自由沉降速度,mm/s,v_0 一般由试验取得,无试验时可按下式计算:

$$v_0 = 545(\rho_r - 1)d^2 \qquad (5-69)$$

式中 ρ_r——精矿产品的密度,g/cm^3;

d——溢流中允许的最大颗粒直径 d,对精矿或中矿一般取 $d = 0.005$ mm,脉石矿物一般取 $d = 0.01$ mm。

选定浓缩机面积后,还要验算固体流失量和溢流水的浊度,并校正浓缩机上升水流速度 v_0,应使 $v < v_0$。浓缩机上升水流速度,可按下式进行计算。

$$v = \frac{V}{F} \times 1000 \qquad (5-70)$$

式中 V——浓密机的溢流量,m^3/s;

F——浓密机面积,m^2。

(3)按沉降试验结果计算

沉降试验需采取有代表性矿浆样,在量筒中进行,矿浆样经充分混匀后静置,随着固体物料的沉降绘制出沉渣线高度与时间关系曲线。据此计算单位处理量需要的浓缩面积,然后再计算需要浓缩机总面积,确定浓缩机规格和台数。

下面介绍塔尔梅季-菲奇法,其主要步骤如下:

①根据试验得到的沉渣线高度-时间关系曲线找出压缩点 c_p(见图 5-1)。压缩点就是沉降速度由快变慢之点,沉降曲线的斜率在此点有明显变化。

②压缩点上绘出沉降曲线的切线。

③按下式计算与所要求底流浓度(单位矿浆体积含固体量)相应的沉渣线高度 H_V,并在图上绘出水平线。

$$H_V = \frac{H_0 C_0}{C_u} \qquad (5-71)$$

式中 H_V——与底流浓度相应的沉渣线高度,cm;

H_0——量筒中初始矿浆高度,cm;

C_0——初始矿浆浓度(单位体积矿浆含固体质量),g/L;

C_u——底流浓度(单位体积矿浆含固体质量),g/L。

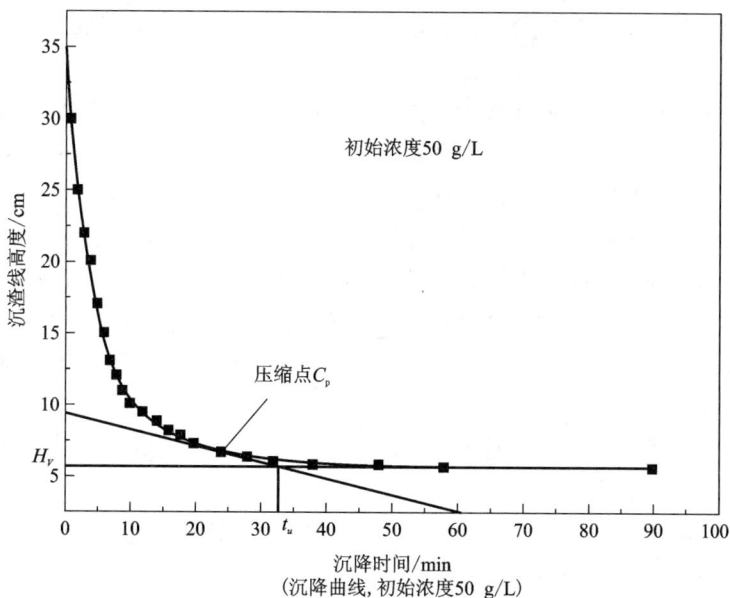

图 5 - 1　塔尔梅季 - 菲奇法图解

④在图上查出 H_v 水平线与过压缩点切线交点相应横坐标上的时间 t_u，再用下式计算单位处理量需要的浓缩面积：

$$A = \frac{t_u}{H_0 C_0} \qquad\qquad (5-72)$$

式中　A——单位处理量需要的浓缩面积，$\mathrm{m^2/(t \cdot d^{-1})}$；

　　　t_u——达到底流浓度时间，d；

　　　H_0——初始矿浆高度，m；

　　　C_0——初始矿浆浓度(单位矿浆体积含固体重量)，$\mathrm{t/m^3}$。

如果沉降曲线中的压缩点不明显，可按几个点绘出切线，分别计算出其单位处理量需要的浓缩面积，并取其最大值。

5.9.3　过滤设备的选择

过滤机有真空过滤机和压滤机两大类。真空过滤机是常用过滤设备，主要有 3 种类型：筒型过滤机、圆盘过滤机和平面过滤机。压滤机是近年来为解决黏度大的微细粒精矿脱水问题而采用的一种过滤设备，机型有间歇式板框压滤机、连续自动板框压滤机和带式压滤机等。

筒型内滤式过滤机适宜于密度较大，粒度较粗的物料，或者磁团聚现象严重的细粒物料的过滤，例如过滤磁铁矿精矿，其缺点是操作、维护不方便。

筒型外滤式和折带式过滤机适宜于要求水分低、密度小的细粒有色金属和非金属精矿产品的过滤。过滤粒度要求以固体颗粒沉降速度不大于 18 mm/s 为宜。该类设备过滤细粒物料时，在脱水区设置拍打和压辊装置，可以降低滤饼含水量。

筒型外滤式真空永磁过滤机是过滤粗粒铁精矿的高效过滤机。过滤粒度为 0.8 ~0 mm，生产能力为 3 t/(m³·h)。当过滤粒度为 0.15 ~0 mm 时，生产能力降低 1 倍。该设备的缺点是滤饼水分较高。

圆盘式过滤机的特点是过滤面积大，占地面积小，但滤饼含水量较高，多用于铜精矿等易于过滤的物料。陶瓷过滤机是借助微孔陶瓷的毛细管表面张力作用的新型圆盘真空过滤机。具有过滤效果好，滤饼水分低，真空损失少，真空度高，处理能力大和自动化程度高等特点，在国内外众多选矿厂获得了广泛的应用，其生产能力参考值见表 5-31。

扇形过滤机结构简单，操作方便，适用于小型选矿厂。转盘翻斗式过滤机适宜于过滤密度大、浓度高的物料。这两种过滤机均属于平面式过滤机，在选矿厂生产中不常见。

带式压滤机是一种结构简单、操作方便、性能优良的连续压滤机。广泛地应用于过滤精煤污泥、冶金残渣等。

自动板框压滤机工作压力大、滤饼水分低、生产能力大。该机过滤的滤饼水分比真空过滤机滤饼水分低 1/3 左右。

自动箱框式压滤机为间歇式过滤设备。采用弹簧橡胶隔膜对滤饼进行挤压，故滤饼水分比带式压滤机滤饼低 10% ~20%。

5.9.4　过滤设备的计算

选择过滤机型式和规格要考虑的因素是：物料的粒度、矿物组成和密度、矿浆的浓度、黏度、选矿药剂的影响，用户对精矿含水量的要求及精矿的价格，过滤机的技术操作条件和性能等。

真空过滤机台数，按下式计算：

$$n = \frac{Q}{Fq} \tag{5-73}$$

式中　n——过滤机台数，台；

　　　Q——需过滤的固体精矿量，t/h；

　　　F——选择的过滤机面积，m²；

　　　q——过滤机单位面积生产能力，t/(m²·h)。

单位面积生产能力 q 值一般应从工业试验、半工业试验直接测得或按过滤试验资料计算得到。无试验数据时，可参考类似选矿厂生产指标选取，也可参照表 5-31 和表 5-32。

表 5-31　陶瓷真空过滤机的生产指标

名称 指标	黄铁矿	磷镁矿	菱镁矿	滑石	锌精矿	铜精矿	铝土矿
滤饼水分/%	6.2	8	10	17	8~9	9.0	17
生产率/(kg·m⁻²·h⁻¹)	500	1000	800	150	700~1000	400	150~300
给矿平均粒径/μm	35	65	60	30	20	10	45

表 5 - 32　真空过滤机单位面积生产能力 q 值

过滤物料	q/$(t \cdot m^{-2} \cdot h^{-1})$	备　注	过滤物料	q/$(t \cdot m^{-2} \cdot h^{-1})$	备　注
细粒硫化、氧化铅精矿	0.1 ~ 0.15	氧化矿精矿	硫化钼精矿	0.1 ~ 0.2	
硫化铅精矿	0.15 ~ 0.20	粒度很细时,	锑精矿	0.1 ~ 0.2	
硫化锌精矿	0.2 ~ 0.25	取偏小值	锰精矿	1.0	
硫化铜精矿	0.1 ~ 0.2		萤石精矿	0.1 ~ 0.15	
氧化铜、氧化镍精矿	0.05 ~ 0.1		磁铁精矿	1.0 ~ 1.2	粒度 0.2 ~ 0mm
黄铁矿精矿	0.2 ~ 0.5		磁铁精矿	0.8 ~ 1.0	粒度 0.12 ~ 0mm
含铜黄铁矿精矿	0.25 ~ 0.3		焙烧磁选精矿	0.65 ~ 0.75	
硫化镍精矿	0.1 ~ 0.2		浮选赤铁矿精矿	0.2 ~ 0.3	粒度 0.1 ~ 0mm
磷精矿	0.4 ~ 0.5		磁浮选混合精矿	0.4 ~ 0.6	

5.9.5　干燥设备的选择

　　湿法选矿的精矿含有较高水分,虽然经过机械脱水,但过滤后精矿的含水量仍然在 10% 以上,而对于许多非金属矿及部分金属矿,要求精矿的含水量很低。干燥作为选矿产品脱水的最后一道工序,其目的是进一步降低精矿含水量,达到用户对产品质量的要求。

　　选矿厂常用的干燥设备有圆筒干燥机、蒸汽螺旋干燥机、电热螺旋干燥机、电热干燥机、塔式干燥机和干燥坑等。干燥设备按加热方式有直接加热和间接加热两种形式。选矿厂多采用直接加热圆筒干燥机。它的热效率高,但操作复杂、附属设备多、金属损失率较高。间接加热圆筒干燥机常用于稀有金属和钨、钼、锡等选矿厂。它的金属损失少,可避免煤灰对精矿的污染,但热效率较低。干燥坑由于生产能力小、热效率低、劳动条件差、仅用于精矿量少的钨、锡选矿厂及小型选矿厂。

5.9.6　干燥设备的计算

　　干燥设备的计算是按所需干燥机的总容积计算的。根据干燥过程需要的汽化水量计算出干燥机的总容积。

$$V_0 = \frac{W_0}{A} \tag{5 - 74}$$

式中　V_0——干燥机的总容积,m^3;

　　　W_0——干燥过程汽化的水量,kg/h;

　　　A——干燥机汽化强度,kg/($m^3 \cdot h$)。根据试验资料或参照类似选厂的生产指标选取,也可按表 5 - 33 数据确定。

　　根据计算求得干燥机总容积,再选定干燥机的台数:

$$n = \frac{V_0}{V} \tag{5 - 75}$$

式中　n——干燥机台数,台;

V_0——干燥机的总容积，m^3；

V——选用的干燥机容积，m^3。

表 5-33 干燥机的汽化强度 A

干燥精矿种类	汽化强度 $A/(\text{kg} \cdot \text{m}^{-3} \cdot \text{h}^{-1})$	干燥机加热形式
细粒氧化铜精矿	25～35	直接加热
一般铜精矿	40～50	同上
铅精矿	35～40	同上
锌精矿	35～40	同上
硫化铁精矿	40～60	同上
磁选铁精矿	50～55	同上
磷精矿	50～55	同上
锡精矿	18～25	间接加热
钼精矿	25	同上
钨精矿	20～30	同上

在正常操作时，为防止筒体出口处气体流速过快，造成粉料损失，故限制流速不应超过 2-3 m/s。也因此尚需根据计算求得的废气量，验算干燥机筒体的直径是否满足要求。筒体直径按下式验算：

$$D = \frac{0.188}{\sqrt{100-\beta}} \times \sqrt{\frac{V_3}{u_1 n}} \qquad (5-76)$$

式中　D——圆筒干燥机的直径，m；

β——充满系数，一般取 20%；

u_1——圆筒干燥机出口处气流速度，一般取 2-3 m/s；

n——干燥机的台数，台；

V_3——干燥机排除废气的体积，m^3/h。

5.10　主要辅助设备的选择和计算

选矿厂的主要辅助设备包括给矿设备、物料运输设备、检修起重设备和砂泵等。

5.10.1　给矿设备的选择与计算

选矿厂常用的给矿设备有板式给矿机、电磁振动给矿机、槽式给矿机、摆式给矿机和圆盘给矿机。给矿设备选型时应根据给矿粒度及处理量的不同选用不同类型和规格的给矿机。

（1）板式给矿机

板式给矿机常用于粗碎机的给矿，有重型、中型和轻型三种。重型板式给矿机的最大给矿粒度可达 1500 mm，若倾斜安装，其最大向上倾角为 12°。中型板式给矿机的最大给矿粒度可达 400 mm。轻型板式给矿机给矿粒度小于 160 mm，可水平安装，也可倾斜安装，其最大向上倾角 20°。在选择板式给矿机时，其链板宽度一般为给料最大粒度的 2~2.5 倍。

板式给矿机的生产能力主要取决于链板宽度、链板速度和给矿粒度，其生产能力可按下式计算：

$$Q = 3600kbh\gamma v \tag{5-77}$$

式中　Q——板式给矿机生产能力，t/h；

　　　k——充满系数，一般 $k = 0.8$；

　　　b——矿仓排料漏斗宽，一般为链板宽度的 0.9 倍，m；

　　　h——料层厚度，m；

　　　γ——物料的松散密度，t/m³；

　　　v——带速，m/s。

（2）槽式给矿机

槽式给矿机适于 -250 mm 的中等粒度矿石的给矿，最大给矿粒度可达 450 mm，但不适于输送粉状物料。槽式给料机可以架设在地面，也可吊装在矿仓卸料口的下方。槽式给料机机体宽度为给料最大粒度的 2~2.5 倍。其给矿量计算，可按下述公式进行：

$$Q = 120\varphi bhnr\gamma \tag{5-78}$$

式中　φ——充填系数，$\varphi = 0.3 \sim 0.4$；

　　　b——槽宽，m；

　　　h——料层厚度，m；

　　　n——冲次，次/mm；

　　　r——偏心距，m；

　　　γ——物料的松散密度，t/m³。

（3）摆式给矿机

摆式给矿机多为球磨机给矿带式输送机的给矿设备，给矿粒度一般为 0~50 mm，属于间歇式给矿，其结构简单，管理方便，但给矿准确度小，均匀性差，不适于输送干粉或太大粒度的物料，否则会出现粉尘污染及出料口堵塞现象。

$$Q = 60\varphi bhl\gamma n \tag{5-79}$$

式中　φ——充填系数，$\varphi = 0.3 \sim 0.4$；

　　　b——排矿口宽，m；

　　　h——阀门与阀体间隙高度，m；

　　　l——给矿机摆动行程，m；

　　　n——偏心轮转数，r/min；

　　　γ——物料的松散密度，t/m³。

（4）电磁振动给矿机

电磁振动给矿机是一种新型的给矿设备，具有结构简单、操作方便，不需润滑，耗电量小，给矿均匀，给矿量调节方便的特点，因此已得到广泛应用，但由于振幅小，对于黏滞性湿粉状物料不宜采用。

电磁振动给矿机的生产能力，一般按产品目录中所列数据选取，也可按照下式进行计算。

$$Q = 3600\varphi bh\gamma v \tag{5-80}$$

式中　φ——充填系数，$\varphi = 0.6 \sim 0.9$；

　　　b——槽宽，m；

　　　h——槽内料层高度，m；

　　　v——输送速度，m/s；一般 $v = 0.1 \sim 0.2$ m/s；

　　　γ——物料的松散密度，t/m^3。

（5）圆盘给矿机

圆盘给料机适用于 20 mm 以下磨矿矿仓的排矿。对黏性物料（如湿精矿、含水的细粒物料）有一定的适应能力。该机给矿均匀、易于调节、管理方便，给料口直径一般为圆盘直径的 0.5 ~ 0.6 倍，但结构较复杂，价格较高，设备高度较大。当物料细粒含量高时，宜使用封闭式圆盘给矿机，一般情况下，均采用敞开式圆盘给矿机。

敞开式圆盘给矿机的生产能力按下式计算：

$$Q = \frac{60\pi hn\gamma}{\tan\alpha} \cdot \left(\frac{D}{2} + \frac{h}{3\tan\alpha} \right) \tag{5-81}$$

式中　h——套筒离圆盘高度，m；

　　　n——圆盘转数，r/min；

　　　D——套筒直径，m；

　　　α——物料堆积角，(°)；

　　　γ——物料的松散密度，t/m^3。

封闭式圆盘给矿机生产能力按下式计算：

$$Q = 60\pi n(R_1^2 - R_2^2)h\gamma \tag{5-82}$$

式中　n——圆盘转数，r/min；

　　　R_1，R_2——排矿口内、外侧距圆盘中心距离，m；

　　　h——排矿口开口高度，m；

　　　γ——物料的松散密度，t/m^3。

5.10.2　带式输送机的选择与计算

选矿厂使用的物料运输设备主要是带式输送机。带式输送机有固定式和移动式两种。材质有橡胶带、塑料带、钢绳芯带 3 种。目前，主要定型产品有：

DTII 和 DTII（A）固定带式运输机，胶带采用棉帆布、尼龙和钢绳做芯体，适用于冶金、煤炭、建材、化工等行业，已逐步取代 TD-75 型带式输送机。

GH69 带式运输机的胶带表面呈凸起花纹，适宜于大倾角物料运输；DX 带式运输机的胶带用钢丝绳做芯体，适于长距离物料运输。

带式输送机的计算内容主要包括工艺参数计算（如带宽、带速、功率、张力等）和几何参数计算（如胶带长度及安装参数等）。这里主要介绍 DTII（A）型带式输送机工艺参数的计算（按照国家标准 GB/T 17119—1997 idt ISO 5048：1989），有关其功率、张力和几何参数计算请参阅 DTII 或 DTII（A）设计手册。

5.10.2.1　原始数据及工作条件

带式输送机的设计计算，需要具备以下原始数据及工作条件资料。

(1)物料名称及输送能力;

(2)物料性质:包括粒度及粒度组成、堆密度、动及静堆积角、温度、湿度、黏度、磨琢性、磨蚀性等;输送成品物品时还包括成件物品单位重量和外形尺寸;

(3)工作环境:露天、室内、干燥、潮湿、环境温度和空气含尘量大小等;

(4)卸料方式和卸料装置形式;

(5)受料点数目及位置;

(6)输送机布置形式及相关尺寸,包括输送机长度、提升高度和最大倾角等。

(7)驱动装置布置形式、是否需要设置制动器等。

5.10.2.2　计算步骤

(1)带速的选择

对带速的选择应遵循以下原则:

①长距离、大运量、宽度大的输送机选择较高的带速;

②倾角越大、运送距离越短,则带速应越小;

③粒度大、磨琢性大、易粉碎和易起尘的物料宜选用较低带速;

④采用卸料车卸料时,带速不宜超过 2.5 m/s;采用犁式卸料器卸料时,带速不宜超过2 m/s;

⑤输送成品物件时带速不得超过 0.3 m/s;

在参考以上选择原则基础上,参考物料性质,可按表5-34选取带速。

表5-34　常用带速v(m·s⁻¹)

输送带型号	带宽 B/mm			物料特性
	500、600	800、1000	1200、1400	
TD75GH69型	0.8~2.5	1.0~3.15	1.0~4.0	磨琢性小,品质不会因粉化而降低的物料,如原煤、原盐、砂、泥土、粉矿等
DTII(A)型	0.8~2.5	1.0~3.15	1.5~5.0	
TD75GH69型	0.8~2.0	1.0~2.5	1.0~3.15	磨琢性小,品质会因粉化而降低的物料,如无烟煤、谷物、化肥等
DTII(A)型	0.8~2.0	0.8~2.5	0.8~3.15	
TD75GH69型	0.8~2.0	1.0~2.5	1.0~3.15	中等磨琢性,中小粒度(150mm以下),如矿石、石渣、钢渣等
DTII(A)型	0.8~2.0	1.0~2.5	1.0~4.0	
TD75GH69型	0.8~1.6	1.0~2.0	1.0~2.5	磨琢性大,粒度大(350mm以下),如矿石、石渣、钢渣等
DTII(A)型	0.8~1.6	0.8~2.5	0.8~3.15	
TD75GH69型	0.8~1.25	1.0~1.6	1.0~1.6	磨琢性大,易碎物料,如烧结矿、焦煤等
DTII(A)型	0.8~1.6	0.8~2.0	0.8~2.0	

(2)带宽和输送能力计算与校核

对散状物料,已知输送带宽度时,按式(5-83)计算和校核输送能力:

$$Q = 3.6Svk\gamma \tag{5-83}$$

式中　Q——输送带的输送能力,t/h;

S——输送带上物料最大截面积，m²，可查表5－35选取，表5－35中运行堆积角查表
5－36选取；

v——输送带带速，m/s；

k——倾斜输送机面积折算系数，可按表5－37查取；

γ——输送物料堆密度，t/m³。

表5－35　输送带上物料的最大截面积 S /m²

托辊槽角 $\lambda/(°)$	运行堆积角 $\theta/(°)$	输送带宽度/mm					
		500	650	800	1000	1200	1400
0	0	0	0	0	0	0	0
	5	0.0023	0.0042	0.0065	0.0105	0.0155	0.0213
	10	0.0047	0.0084	0.0132	0.0212	0.0312	0.0430
	15	0.0071	0.0128	0.0200	0.0323	0.0474	0.0654
	20	0.0097	0.0174	0.0272	0.0438	0.0644	0.0888
	25	0.0124	0.0222	0.0349	0.0562	0.0825	0.1338
	30	0.0154	0.0275	0.0432	0.0695	0.1021	0.1409
	35	0.0187	0.0334	0.0524	0.0843	0.1238	0.1709
30	0	0.0143	0.0266	0.0416	0.0686	0.1002	0.1402
	5	0.0163	0.0302	0.0472	0.0776	0.1135	0.1585
	10	0.0184	0.0339	0.0530	0.0868	0.1270	0.1770
	15	0.0205	0.0376	0.0589	0.0963	0.1409	0.1961
	20	0.0227	0.0416	0.0651	0.1062	0.1554	0.2161
	25	0.0251	0.0458	0.0717	0.1167	0.1710	0.2375
	30	0.0277	0.0504	0.0789	0.1282	0.1878	0.2607
	35	0.0306	0.0554	0.0868	0.1409	0.2065	0.2863
35	0	0.0162	0.0300	0.0469	0.0772	0.1128	0.1577
	5	0.0181	0.0334	0.0522	0.0857	0.1254	0.1749
	10	0.0210	0.0369	0.0577	0.0944	0.1381	0.1924
	15	0.0221	0.0404	0.0633	0.1038	0.1512	0.21105
	20	0.0242	0.0442	0.0692	0.1127	0.1797	0.2354
	25	0.0265	0.0482	0.0754	0.1227	0.1797	0.2354
	30	0.0289	0.0525	0.0822	0.1335	0.1956	0.2714
	35	0.0316	0.0573	0.0897	0.1457	0.2133	0.2956

续表 5-35

托辊槽角 λ/(°)	运行堆积角 θ/(°)	输送带宽度/mm					
		500	650	800	1000	1200	1400
45	0	0.0191	0.0353	0.0553	0.0908	0.1328	0.1852
	5	0.0208	0.0383	0.0600	0.0982	0.1437	0.2001
	10	0.0225	0.0413	0.0647	0.1057	0.1548	0.2152
	15	0.0243	0.0444	0,0696	0.1135	0.1662	0.2308
	20	0.0262	0.0477	0.0747	0.12116	0.1781	0.2472
	25	0.0282	0.0511	0.0802	0.1302	0.1909	0.2646
	30	0.0303	0.0549	0.0861	0.1396	0.2047	0.2835
	35	0.0327	0.0591	0.0927	0.1500	0.2200	0.3044

表 5-36 物料特性及不同带速下的运行堆积角(参考值)

序号	物料名称	堆密度 $\rho/(\times 10^3 \text{ kg} \cdot \text{m}^{-3})$	输送机最大允许倾角 $\delta/(°)$	静堆积角 $\alpha/(°)$	运行动堆积角 $\theta/(°)$							
					$v=1.0$ m/s	1.25	1.6	2.0	2.5	3.15	4.0	5.0
1	烟煤(原煤)	0.85~1.0	20	45	35	35	30	25	25	20	18	15
2	烟煤(粉煤)	0.85·0.85	20 22	45	35	35	30	30	25	25	20	20
3	炼焦煤(中精尾)	0.85	20~22	45	35	35	30	25	20	20	15	15
4	无烟煤(块)	0.90~1.0	15~16	27	25	25	20	15	10			
5	无烟煤(屑)	1.0	18	27	25	25	20	15	10			
6	焦炭	0.45~0.50	17~18	40	35	30	25	20				
7	碎焦、焦丁	0.40~0.45	20	40	35	30	25	20				
8	铁矿石	1.90~2.70	16~18	37	35	30	25	22	20	18	15	10
9	铁矿粉	1.80~2.20	18	40	35	35	30	30	25	20	20	15
10	铁精矿	2.00~2.40	20	40	35	35	30	30	25	20	20	15
11	球团矿(铁)	2.00~2.20	12	30	25	20	20	15	10			
12	烧结矿(铁)	1.70~2.00	16~18	40	35	30	25	20				
13	烧结矿粉(铁)	1.50~1.60	18~20	40	35	30	25	20				
14	石灰石、白云石(块)	1.60~1.80	16~18	40	35	30	25	25	20	20	15	10
15	石灰石、白云石(块)	1.40~1.50	18~20	40	35	30	25	25	20	18	15	10
16	活性石灰	0.80~1.00	16~18	40	35	30	25	20				
17	轻烧白云石	1.50~1.70	14~16	35	30	25	20	15				
18	干砂	1.30~1.40	16	30	27	25	20	15	10	8	5	0
19	湿砂	1.40~1.80	20~24	45	40	35	30	25	20	15	10	10
20	废旧型砂	1.20~1.30	20	40	35	30	25	20	15			

续表 5 – 36

序号	物料名称	堆密度 $\rho/(\times 10^3$ kg·m$^{-3})$	输送机最大允许倾角 $\delta/(°)$	静堆积角 $\alpha/(°)$	运行动堆积角 $\theta/(°)$							
					$v=1.0$ m/s	1.25	1.6	2.0	2.5	3.15	4.0	5.0
21	干松黏土	1.20 ~ 1.40	20	35	32	30	27	25	25	20	15	10
22	湿黏土	1.70 ~ 2.00	20 ~ 23	45	40	35	32	30	25	25	20	15
23	油母页岩	1.40	18 ~ 20	40	35	30	25	20	15	10	5	0
24	高炉渣(块)	1.30	18	35	30	25	20	15	10			
25	高炉渣(水渣)	1.00	20 ~ 22		30	25	25	20	15	10		
26	钢渣(块)		18	35	30	25	20	15	10	10	5	0
27	原盐	0.8 ~ 1.30	18 ~ 20	25	22	20	15	10	5	0		
28	谷物	0.70 ~ 0.85	16	24	20	20	15	10	10	10	5	0
29	化肥	0.90 ~ 1.20	12 ~ 15	18	15	15	10	10	5	0		

注：1. 物料的堆积密度、静堆积角和输送机允许最大倾角等随料的水分、粒度、带速等的不同而变化，以实测值为准。表列运行堆积角系根据煤、石灰石和河沙的运转试验值推算的，仅供参考。

2. 当无条件获取精确的运行堆积角时，如 $v \leqslant 2.5$ m/s，可利用静堆积角 α，按 $\theta = 0.75\alpha$ 来近似计算。然而，如果物料具有特殊流动性，如很黏或自然流动性很好，则 θ 偏离此近似值会很大。

表 5 – 37　倾斜输送机面积折算系数 k

倾角 $\delta/(°)$	2	4	6	8	10	12	14	16	18	20
k	1.0	0.99	0.98	0.97	0.95	0.93	0.91	0.89	0.85	0.81

当已知输送能力 Q 时，可按式(5 – 83)先计算需要的物料横截面积 S，然后根据 S 从表 5 – 35 中查得所需的带宽。对输送大块物料的输送机，需要按式(5 – 84)校核带宽：

$$B \geqslant 2a + 200 \tag{5 – 84}$$

式中　a——被送物料最大粒度，mm。不同带宽推荐的输送物料最大粒度见表 5 – 38。

表 5 – 38　不同带宽推荐的输送物料最大粒度

$B/$mm		500	650	800	1000	1200	1400
粒度 /mm	筛分后	100	130	180	250	300	350
	未筛分	150	200	300	400	500	600

注：未筛分物料中的最大粒度不超过 10%。

5.10.3　砂泵的选择与计算

（1）砂泵的性能及选型

砂泵是矿浆管道输送系统的关键设备，合理选择输送泵是保证矿浆输送能力、安全运行和经济效益的关键。按泵工作原理，可划分为离心泵、容积式泵及特种泵 3 种类型。离心泵主要包括沃曼泵、PN 型砂泵、衬胶泵、PS 型砂泵、PH 型砂泵,是选矿厂最常用的泵种。容积式泵中适合矿浆运输的主要有油隔离泵和隔膜泵。

①沃曼泵。沃曼泵中各种系列产品对矿浆特性的适应性各不相同。L 系列只适应重量浓度 30% 以下的低磨蚀性矿浆。AH 系列可适应高浓度磨蚀性矿浆。HH 或 H 系列较适宜于高扬程低磨蚀性矿浆。G 型或 GH 型适宜于夹带大颗粒的矿浆。原浆泵适应于粗细极不均匀的矿浆。

②PS 型砂泵。适用于中低浓度矿浆,但效率低,耐磨性差,轴封泄露严重,轴承易损坏。

③PH 型砂泵。只适应于轻质物料的矿浆。

砂泵的选型是根据所输送矿浆的性质(物料粒度、密度、矿浆浓度、硬度、黏度和矿浆的腐蚀性等)来确定砂泵的类型,然后根据输送的矿浆量、扬程和管道损失选定砂泵的规格。

砂泵的性能,通常用特定转速下的流量和扬程、流量和功率、流量与效率的清水性能曲线表示。不同类型砂泵有不同的性能曲线。

(2)普通砂泵的计算

①计算砂泵出口管径。

矿浆出口管径按下式计算:

$$d = \sqrt{\frac{4kV}{\pi v}} \qquad (5-85)$$

式中 V——所需输送的矿浆量,m^3/h;

　　　k——矿浆波动系数,$k = 1.1 \sim 1.2$;

　　　d——矿浆出口管径,m;

　　　v——矿浆临界流速,m/s,参见表 5 - 39 选用。

表 5 - 39　压力管内矿浆临界流速值(m/s)

矿浆浓度 /%	密度≤2.7 的矿石平均粒度 d_{cp}/mm				
	≤0.074	0.074 ~ 0.15	0.15 ~ 0.4	0.4 ~ 1.5	1.5 ~ 3.0
1 ~ 20	1.0	1.0 ~ 1.2	1.2 ~ 1.4	1.4 ~ 1.6	1.6 ~ 2.2
20 ~ 40	1.0 ~ 1.2	1.2 ~ 1.4	1.4 ~ 1.6	1.6 ~ 2.1	2.1 ~ 2.3
40 ~ 60	1.2 ~ 1.4	1.4 ~ 1.6	1.6 ~ 1.8	1.8 ~ 2.2	2.2 ~ 2.5
60 ~ 70	1.6	1.6 ~ 1.8	1.8 ~ 2.0	2.0 ~ 2.5	2.2 ~ 2.5

注:密度(ρ) > 2.7 时,需乘以校正系数 β_1 或 β_2;

当 d_{cp}≤1.5 mm 时,$\beta_1 = \dfrac{\delta - 1}{1.7}$;

当 d_{cp}≥1.5 mm 时,$\beta_2 = \sqrt{\dfrac{\delta - 1}{1.7}}$。

计算出的砂泵出口管径往往不是标准管径。当选用管径比计算管径小时,则流速较大,水头损失和管壁磨损增大;当选用管径比计算管径大时,则会产生局部沉淀。为了使管道流畅,在确定标准出口管径后,必须对矿浆临界流速按式(5 - 85)进行验算,且不得小于

表 5 - 40 中规定的压力管内矿浆最小流速。

表 5 - 40　压力管内矿浆最小流速概略值

矿石粒度/mm	矿石密度/$(t \cdot m^{-3})$	矿浆量/$(L \cdot s^{-1})$	矿浆浓度/%				
			15	20	30	40	50
			最小流速/$(m \cdot s^{-1})$				
1.0	3.4 ~ 3.5	30 ~ 45			1.85	1.95	2.05
	4.0 ~ 4.2	30 ~ 45		1.85	1.95	2.05	2.15
		60 ~ 80		1.90	2.00	2.10	2.20
	4.2	60 ~ 130		1.95	2.05	2.15	2.25
0.6 ~ 0	3.4 ~ 3.5	13.0 ~ 20		1.60	1.70	1.80	1.90
		30 ~ 45		1.65	1.75	1.85	1.95
	4.0 ~ 4.2	30 ~ 45		1.75	1.85	1.95	2.05
		60 ~ 80		1.80	1.90	2.00	2.10
0.4 ~ 0	3.4 ~ 3.5	13 ~ 20			1.60	1.70	1.80
		30 ~ 45			1.65	1.75	1.85
0.15 ~ 0	3.7 ~ 3.8	30 ~ 45	1.5	1.55	1.65		
		60 ~ 85	1.55	1.60	1.70		
	4.4 ~ 4.6	30 ~ 45		1.65	1.75	1.85	1.95
		60 ~ 80		1.70	1.80	1.90	2.00

②计算砂泵扬送矿浆需要的总扬程

$$H_j \geqslant (H + L \cdot i)\frac{\rho_p}{\rho_w} + h \qquad (5 - 86)$$

式中　H_j——砂泵扬送矿浆,折合为清水后所需总扬程,m;

　　　H——需要的几个高差,m;

　　　L——包括接头、弯管、阀门、三通管等阻力损失折合为直管的总长度,m,查表 5 - 41。

　　　i——管道清水阻力损失,$i = AV^2$;

　　　ρ_p——矿浆密度,t/m³;

　　　ρ_w——水的密度,t/m³;

　　　A——比阻系数,查表 5 - 42;

　　　V——矿浆流量,m³/s;

　　　h——剩余扬程(压头),m,一般 $h = 2$。

表 5 – 41 各种管件折合长度

名 称	管径/mm							
	50	63	76	100	125	150	200	250
弯头	3.3	4.0	5.0	6.5	8.5	11.0	15.0	19.0
普通接头	1.5	2.0	2.5	3.5	4.5	5.5	7.5	9.5
全开闸门	0.5	0.7	0.8	1.1	1.4	1.8	2.5	3.2
三通	4.5	5.5	6.5	8.0	10.0	12.0	15.0	18.0
逆止阀	4.0	5.5	6.5	8.0	10.0	12.5	16.0	20.0

表 5 – 42 比阻系数 A 值

内径/mm	A	内径/mm	A	内径/mm	A	内径/mm	A
9	2255×10^5	106	267.4	305	0.9392	850	0.00411
12.5	3295×10^4	131	86.23	331	0.6088	900	0.003034
15.75	8809×10^3	156	33.15	357	0.4087	950	0.002278
21.25	1643×10^3	126	106.2	406	0.2062	1000	0.001736
27	4367×10^2	148	44.95	458	0.1098	1100	0.001048
33.75	93800	174	18.96	509	0.06222	1200	0.0006605
41	44530	198	9.273	610	0.02384	1300	0.0004322
53	11080	225	4.822	700	0.01150	1400	0.0002918
68	2893	253	2.583	750	0.007975		
80.5	1168	270	1.535	800	0.005665		

注: 表中所示系铸铁管指标, 钢管指标为表中值的 75% 。

由于砂泵的性能曲线是以清水表示的, 因此, 应将砂泵扬送矿浆的总扬程折合成清水扬程。按下式计算:

$$H_k = (H_w K_h K_m) \frac{\rho_p}{\rho_w} \qquad (5-87)$$

式中 H_k——砂泵由扬送矿浆折合成清水的总扬程, m;

  K_h——扬程降低率, $K_h = 1 - 0.25 C_w$;

  C_w——矿浆重量密度(小数代入);

  K_m——扬程折减系数, 一般取 0.8 ~ 0.95;

  H_w——由砂泵性能曲线或性能表差得的清水扬程, m; 其他符号同前。

计算结果必须是供选择的砂泵 $H_k \geqslant$ 所需的 H_j。

③计算砂泵所需功率。

泵的轴功率:

$$N_0 = \frac{VH_w\rho_p}{102\eta_1} \tag{5-88}$$

式中　N_0——泵的轴功率，kW；

　　　V——扬送的矿浆量，L/S；

　　　η_1——泵的效率（查泵的清水性能曲线），其他符号同前。

　　电动机功率：

$$N = K\frac{N_0}{\eta_2} \tag{5-89}$$

式中　N——所需电动机功率，kW；

　　　N_0——泵的轴功率，kW；

　　　η_2——传动功率，皮带传动 $\eta_2 = 0.95$，直接传动 $\eta_2 = 1.0$；

　　④砂泵性能调节。

　　当泵的扬程、扬量不能满足设计要求时，可通过改变泵的转数（或出口管径）进行调节，但调节范围不能超过产品样本给定的允许范围。

　　泵的扬量与转数成正比：

$$V_2 = V_1\frac{n_2}{n_1} \tag{5-90}$$

式中　V_2——所需扬送矿浆量，m^3/h；

　　　V_1——泵在转数为 n_1 时的扬量，m^3/h；

　　　n_1——性能曲线的工作转数，r/min；

　　　n_2——当泵的扬量为 V_2 时，所需调整的转数，r/min。

　　泵的扬程和转数的平方成正比：

$$H_2 = H_1\left(\frac{n_2}{n_1}\right)^2 \tag{5-91}$$

式中　H_2——泵转数为 n_2 时的总扬程，m；

　　　H_1——泵转数为 n_1 时的总扬程，m；

　　　n_1，n_2——符号意义同前。

　　泵功率同转数的立方成正比：

$$N_2 = N_1\left(\frac{n_2}{n_1}\right)^3 \tag{5-92}$$

式中　N_2——泵转数为 n_2 时的功率，kW；

　　　N_1——泵转数为 n_1 时的功率，kW；

　　　n_1、n_2——符号意义同前。

5.10.4　起重设备

　　随着选矿厂机械化和自动化程度的不断提高，为保证机械设备正常运转，提高装备水平，加快检修速度，减轻工人的重体力劳动，并为安全生产创造良好条件，厂内必须设置相应的检修起重设备。

（1）起重设备类型

厂内常用的起重检修设备有以下几种：

①固定滑车(手动葫芦)。固定滑车属于定点起吊设备。需要使用时，将其固定在支架或房梁上。固定滑车只能做上下单向移动，最大起重重量为 20 t。但其起吊速度慢，常用于带式输送机头部和板式给矿机尾部等地点的检修起吊。

②电动滑车(电葫芦)。电动滑车(电动葫芦)可吊起重物作上下运动，还可以组装在单根轨道上作前后移动，形成同时的两向运行，起重量可达 10 t，一般选用 2～5 t。设计和安装时，其轨道必须对准设备的中心线，以利于检修部件顺利垂直吊装。该设备操作简单灵活，服务线可长可短，可直可弯，但其弯曲半径必须满足产品样本最小曲率半径所要求的值。

③单梁起重机。单梁起重机有手动和电动两种。手动单梁起重机属于轻型桥式起重设备，起重吨位小于 10 t，跨度小于 17 m，适于检修任务不繁重的情况下使用。电动单梁起重机的起重吨位小于 10 t，工作速度快，适于检修任务繁重的情况下使用。

④电动双梁起重机。与单梁起重机的区别在于其采用了结构复杂的双梁桁架，起重量大，可达 100 t 以上。起重量在 15 t 以上时，均备有主、副双钩，跨度可达 30 m 以上。

⑤电动桥式抓斗起重机。该起重机供磨矿前的配矿和精矿装车用。结构类似于桥式起重机，将吊钩改为抓斗。起重量一般有 5 t、10 t、15 t、20 t 等 4 种，服务范围较宽。

（2）检修起重设备的选择

选矿厂检修起重设备的选择与被检修设备的类型、规格、数量、配置条件和对检修工作的要求等因素有关。一般设备整体吊装的检修制度在设计中不常采用，其原因是吊车吨位过大，厂房结构复杂，建筑造价增加，还未必能节省检修时间。因此，检修用起重机的吨位，一般按被检修设备的最大件或难于拆卸的最大部件的重量考虑。同时，起重设备的选择还应满足起重设备的服务范围和起吊高度。选矿厂设备检修用起重机吨位和类型的选择参照表 5－43。

表 5－43 选矿厂设备检修用起重机吨位及类型选择参考表

设备名称	规格/mm	台数/台	起重机			备注
			起重量/t	类型	台数/台	
颚式破碎机	400×600		3	手动	1	
	600×900		10	手动或电动	1	
	900×1200		15/3	电动桥式	1	
	1200×1500		30/5	电动桥式	1	
	1500×2100		50/10	电动桥式	1	
旋回破碎机	PX500/75		10	电动桥式	1	
	PX700/130		20/5	电动桥式	1	
	PX900/150		50/10	电动桥式	1	
	PX1200/180		75/20	电动桥式	1	

续表 5 – 43

设备名称	规格/mm	台数/台	起 重 机			备 注
			起重量/t	型式	台数/台	
圆锥破碎机	Φ900		3	手动	1	
	φ1200		5	手动	1	
	φ1750		10	电动桥式	1	
	φ2200		20/5	电动桥式	1	
球磨机	1500 × 1500		3	手动	1	
	1500 × 3000		5	手动或电动	1	
	2100 × 2200		10	电动桥式	1	
	2100 × 3000		10	电动桥式	1	
	2700 × 2100		15/3	电动桥式	1	
	2700 × 3600	≤4	20/5	电动桥式	1	5 t 为电磁桥式起重机
		≤5	30/5		1	
		≥10	30/5 ,5		1	
	3200 × 4500	≤4	30/5	电动桥式	1	5 t 为电磁桥式起重机
		≤5	50/10		1	
		≥10	50/10 ,5		各 1	
	3600 × 4000	≤4	50/10	电动桥式	1	5 t 为电磁桥式起重机
		≤5	50/10 ,5		各 1	
		≥10	75/20 ,5		各 1	
	3600 × 5500		100/20 、5	电动桥式	各 1	5 t 为电磁桥式起重机
湿式自磨机	5500 × 1800			电动桥式	1	
浮选机	XJ – 3		0.5	手动或电动	1	起吊叶轮
	XJ – 6 ~ 28		1	手动或电动	1	
	XJ – 58		2	手动或电动	1	
圆筒内滤式真空过滤机	GN – 8 、12		5	电动单梁	1	检修筒体用
	GN – 20 、30 、40		10	电动单梁或桥式	1	
圆筒外滤式真空过滤机	GW – 3 、5 、20		2 、3 、5	电动单梁	1	检修筒体用
	GW – 30 、40 、50		10	电动单梁或桥式	1	
圆盘过滤机	GP – 9 、18 、27		1 、1 、2	电动单梁	1	检修筒体用
	GP – 40 、60 、120		3 、5 、5	电动单梁	1	

5.11　矿仓(矿堆)的类型、选择和计算

5.11.1　矿仓(矿堆)的类型

(1) 按矿仓的用途

选矿厂中的矿仓,按其在选矿工艺过程中的作用可分为:原矿矿仓、中间及分配矿仓、磨矿矿仓和精矿矿仓。

(2) 按矿仓的几何形状

选矿厂常用矿仓的几何形状有:矩形、圆形和槽形 3 种。

① 矩形矿仓。横断面呈矩形的矿仓称矩形矿仓,见图 5 - 2。按其底部形状又有:

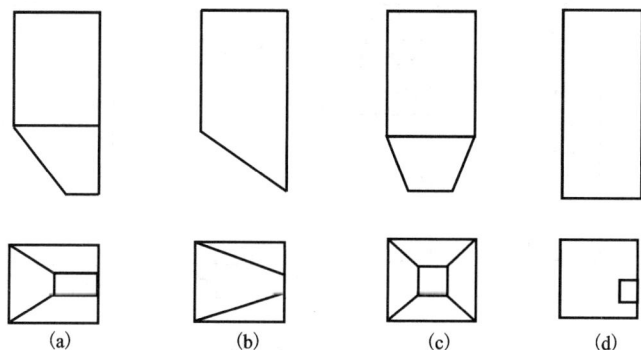

图 5 - 2　矩形矿仓

(a) 三面倾斜,底部排矿的矩形矿仓;

(b) 三面倾斜,侧部排矿的矩形矿仓;

(c) 四面倾斜,底部排矿的矩形矿仓;

(d) 平底矩形矿仓。

原矿矿仓多采用三面倾斜的矩形矿仓[图 5 - 2(a)]。在用链式给矿机时,应采用侧面排矿[图 5 - 2(b)]。在用板式或槽式给矿机时,应采用底部排矿[图 5 - 2(a)]。

② 圆形矿仓。横断面呈圆形的矿仓称为圆形矿仓,见图 5 - 3。按其底部形状又有:

(a) 平底圆形矿仓。这种矿仓由于其底部死区大,应用不够普遍,选矿厂常用多排矿口的平底圆形矿仓。

(b) 锥底圆形矿仓。从建筑结构角度来看,圆形矿仓受力均匀,节省材料,同槽形矿仓相比,在容积相同时,可以节省建筑材料三

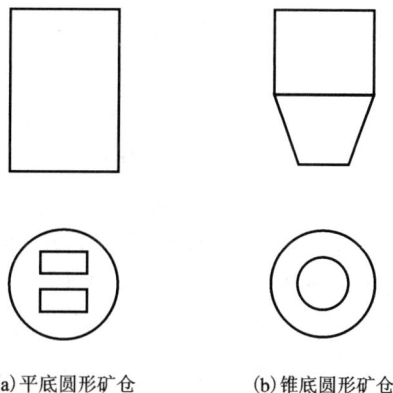

(a)平底圆形矿仓　　　(b)锥底圆形矿仓

图 5 - 3　圆形矿仓

141

分之一，目前多倾向于采用这种类型的矿仓，特别是磨矿矿仓。

　　③槽形矿仓。纵断面呈槽形的矿仓称为槽形矿仓，见图5－4。槽形矿仓按其底部形状有：梯形槽形矿仓(a)、抛物线槽形矿仓(b)、四坡漏斗槽形矿仓(c)、单坡槽形矿仓(d)、双坡槽形矿仓(e)、双行排矿口槽形矿仓(f)。

　　槽形矿仓在选矿中应用相当广泛，特别是需要分别贮存多种矿石类型时，可分成不同间隔。当多设排矿口时，其有效容积亦很大。双坡槽形矿仓和双行排矿口槽形矿仓多用作装车矿仓，它们有两行排矿口，可以加快装车速度。

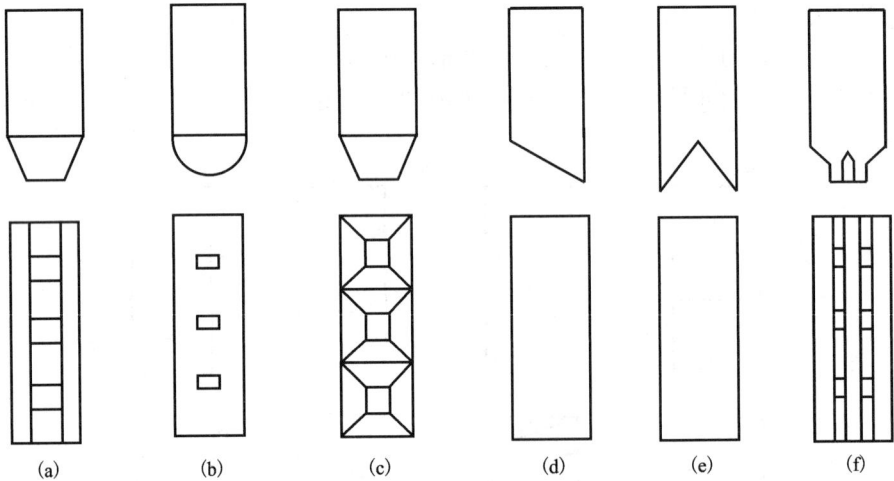

图5－4　槽形矿仓

　　(3) 按结构形式

　　选矿厂中的矿仓按其结构形式可分为：斜坡式、地面式、地下式、半地下式、高架式和抓斗式6种。

　　①斜坡式矿仓。如图5－5所示。这种矿仓结构比较简单，造价低廉，在有适宜地形利用条件下，建造这种矿仓是比较合理的，但对于水和粉矿多的矿石不宜采用。

　　②地面式矿仓。如图5－6所示。这种矿仓的主要优点是贮矿容积大，单位造价低。由于可使用推土机推矿，因而容易清理被矿石堵塞的排矿口。当采用闸门或给矿机给矿时，不宜贮存大于350 mm的矿石，但可贮存粉矿；当贮存小于10 mm矿石时，应设置仓盖。

　　③地下矿仓。如图5－7所示。这种矿仓由于处于地下，结构复杂，土方工程量大，造价高，劳动条件差，故在一般条件下尽可能不采用这种类型的矿仓。但在设计过程中，往往由于地形条件，运输设备和总平面高差的特殊要求还不得不采用。

　　④半地下式矿仓。如图5－8所示。这种矿仓不适宜贮存粒度大于350 mm和小于10 mm的矿石，特别是含泥多、湿度大的矿石，更不宜采用。因为这种矿仓的排矿口易堵塞，难清理，一般采用砂堆替代。

　　⑤高架式矿仓。如图5－9所示。这种矿仓的造价比较高，但其配置灵活，故应用比较广泛。当贮存潮湿的粉矿或含泥较多的矿石时，排矿口很容易发生堵塞，为了消除堵塞现象可以适当增大排矿口。

⑥抓斗式矿仓。如图 5 - 10 所示。这种矿仓多用于贮存潮湿的粉矿和细粒精矿。

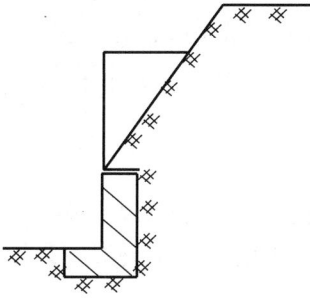

图 5 - 5　斜坡式矿仓

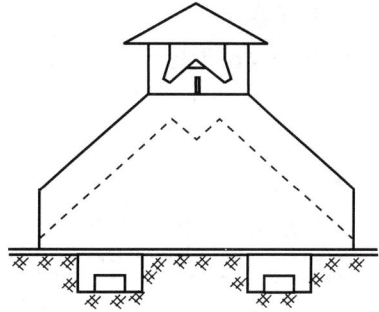

图 5 - 6　地面式矿仓

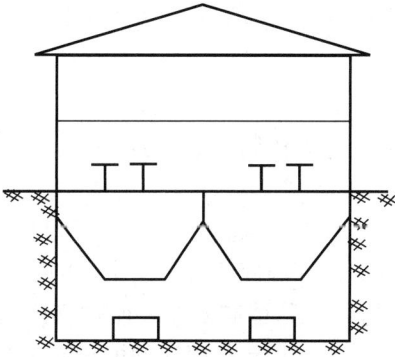

图 5 - 7　地下式矿仓

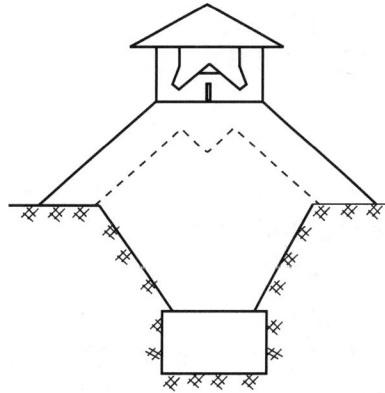

图 5 - 8　半地下式矿

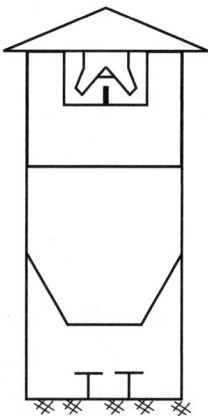

图 5 - 9　高架式矿仓

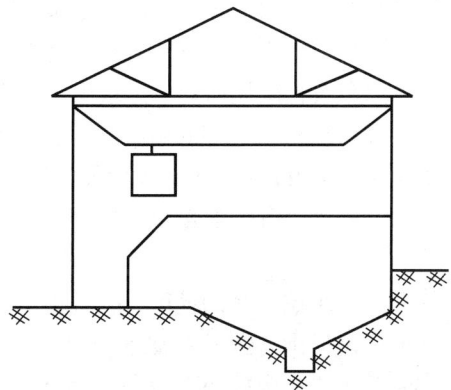

图 5 - 10　抓斗式矿仓

5.11.2 矿仓的选择

（1）原矿矿仓

原矿矿仓一般设于粗破碎前，其作用主要是满足矿山来料卸载的要求。当使用箕斗、索道、小矿车运输时，还应起到一定的贮矿缓冲作用，以调节采矿运输和选矿厂之间的生产平衡。

（2）中间矿仓

主要设于细破碎或焙烧磁选厂的还原焙烧炉之前，用于贮备矿石，调节破碎和主厂房之间及矿山采矿运输与选矿厂之间的生产。中间矿仓的建设费用高，利用率低，因而在设计过程中应尽量不采用，只有在下列特殊条件下才给予考虑：

①选矿厂距采矿场较远，或矿山因采矿、交通运输、自然气候等条件复杂，引起选矿厂供矿量有很大波动的大、中型选矿厂；

②在同一破碎系统中处理多种矿石类型的选矿厂。

（3）缓冲及分配矿仓

通常设于旋回破碎机的排矿处，或中碎、细碎及筛分设备之前，用以调节相邻作业的均衡生产。

（4）磨矿矿仓

磨矿矿仓既起分配矿石的作用，又起调节碎矿和主厂房工作制度的差异，均衡生产的作用，通常设置于磨矿作业之前。

（5）产品矿仓

产品矿仓是选矿产品的贮存矿仓和装车矿仓的总称。贮存破碎筛分厂所生产的块矿和粉矿的矿仓称块矿（粉矿）矿仓。贮存选矿厂生产的精矿的矿仓称精矿矿仓。而贮存废石的矿仓则称废石仓。产品矿仓主要用来调节选矿厂或破碎筛分厂与产品运输之间的均衡生产。

产品矿仓结构形式的选择是根据选矿厂的总图布置、选矿厂所在地区的工程地质、气候条件、矿石的物理性质（含泥量、含水量、粒度）和装车要求等因素进行综合的技术经济比较后确定的。选型中应注意下列问题：

①对气候条件恶劣地区（如冬季温度很低且持续时间较长，夏季多雨且雨量较大的地区），多采用保温、解冻、防雨、排水等措施；

②总图布置比较紧张时，尽量少用大型贮矿堆，应以占地面积小的期货类型矿仓为主；

③对含粉矿和水分多的矿石，尽量采用倾斜底型矿仓，斜底角度应为60°~70°。当采用大型矿堆时，应预先筛除粉矿后再贮存；

④对湿度大、药剂含量高、黏性强的各种精矿，多采用抓斗式矿仓，不宜采用高架式矿仓；

⑤对地下水位较高的地区，应避免采用耗资大、处理复杂的地下式或半地下式矿仓。

（6）选矿厂中各种矿仓常用的型式

①原矿矿仓应根据粗碎设备的型式、规格、运输及卸矿方式、地形条件等因素选定，一般多用矩形漏斗式矿仓；

②中间矿仓多用地面或半地下式结构。当总图布置允许时，采用地面式较为经济；

③缓冲及分配矿仓常与破碎、筛分厂房连接在一起，一般多用槽形矿仓。大块矿石用平

底槽形仓。粒度小、粉矿多的矿石,多用三边或四边倾斜的漏斗式矿仓;

④磨矿矿仓通常用高架式结构,多用圆形平底(多排矿口),槽形锥底,个别选矿厂也用悬挂式抛物线型槽形矿仓。自磨机前多用地面或半地下式矿堆。

⑤产品仓多用高架式和抓斗式结构。就某些精矿也可采用平地堆存方式,利用铲运机进行装运,但需采用防止金属流失措施。

5.11.3 矿仓容积的计算

(1)矿仓几何容积

矿仓几何容积是指矿仓从排矿口到给矿口的全部矿仓容积。显然,在几何容积中包括有一部分未被利用的"死空间"。

根据选矿工艺要求,在计算矿仓几何容积时,不但要计算出所需矿仓的几何容积及其相应尺寸,而且还需对矿仓的斜壁倾角和斜肋倾角进行校核,以便使设计的矿仓能保证矿石顺利地从矿仓中排出。

斜壁倾角就是矿仓的斜壁与水平面间的夹角,通常用 α 表示。斜肋倾角就是矿仓两斜壁相交处的棱与水平面间的夹角,通常用 β 来表示。一般要求是:

$$(\alpha、\beta) \geqslant \varphi' + (5° \sim 10°) \tag{5-93}$$

式中 φ'——矿石与仓壁的摩擦角,度。一般 $\alpha = \beta \geqslant 50° \sim 60°$,块矿取小值,粉矿取大值。

矿仓的几何形状不同,其几何容积的计算方法也不同。现对选矿厂常用矿仓几何容积的计算方法介绍如下。

1)矩形矿仓几何容积计算。

①单面倾斜、侧部排矿的矩形矿仓,见图 5-11。

矿仓几何容积:

$$V = V_1 + V_2 = AB(h_1 + \frac{h_2}{2}) \tag{5-94}$$

斜壁长度:

$$l = \sqrt{A^2 + h_2^2} \tag{5-95}$$

斜壁倾角:

$$\alpha = \arctan \frac{h_2}{A} \tag{5-96}$$

式中 A、B——矿仓的长度和宽度,m;

h_1、h_2——矿仓主体和楔体部分的高度,m;

α——斜壁倾角,(°)。

②三面倾斜、底部排矿的矩形矿仓,见图 5-12。

矿仓几何容积:

$$V = V_1 + V_2$$

而

$$V_1 = AB h_1$$

$$V_2 = h_2/6[ab + (a+A)(b+B) + AB]$$

故

$$V = AB h_1 + h_2/6[ab + (a+A)(b+B) + AB] \tag{5-97}$$

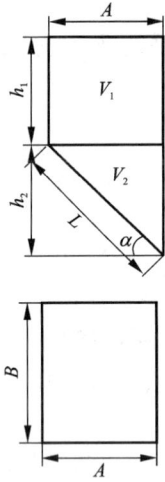

图 5 - 11　单面倾斜、侧面排矿
的矩形矿仓计算图

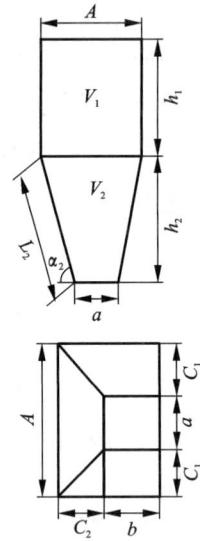

图 5 - 12　三面倾斜、底部排矿
的矩形矿仓

斜壁的长度和倾角：

$$L_n = \sqrt{h_2^2 + C_n^2} \tag{5-98}$$

$$\alpha_n = \arctan(h_2 / C_n) \tag{5-99}$$

相邻斜壁 n 和 $n+1$ 间的肋长和斜肋倾角：

$$L' = \sqrt{h_2^2 + C_n^2 + C_{n+1}^2} \tag{5-100}$$

$$\beta = \arctan\left(\frac{h_2}{\sqrt{C_n^2 + C_{n+1}^2}}\right) \tag{5-101}$$

式中　a、b——排矿口的长度和宽度，m；

　　　C_n、C_{n+1}——斜面 n 和斜面 $n+1$ 的投影长度，m；

　　　β——斜面 n 和斜面 $n+1$ 间斜肋的倾角，度；

　　　n——斜壁编号 1，2，…

2）圆形矿仓几何容积的计算，见图 5 - 13。

矿仓几何容积：

$$V = V_1 + V_2$$

而

$$V_1 = \frac{1}{4}\pi D^2 h_1$$

$$V_2 = \frac{1}{12}\pi h_2 (D^2 + Dd + d^2)$$

又 $h_2 = \dfrac{D-d}{2}\tan\alpha$ 代入上式

则得：

$$V_2 = \frac{\pi}{24}(D^3 - d^3)\tan\alpha$$

故　　　　$V = \dfrac{\pi}{4} D^2 h_1 + \dfrac{\pi}{24}(D^3 - d^3)\tan\alpha$　　（5 – 102）

斜壁长度：

$$L = \sqrt{h_2^2 + \left(\dfrac{D-d}{2}\right)^2}$$　　（5 – 103）

斜壁倾角：

$$\alpha = \arctan\dfrac{2h_2}{D-d}$$　　（5 – 104）

式中　V_1——矿仓主体(柱体)部分容积，m^3；

　　　V_2——矿仓锥体部分容积，m^3；

　　　h_1——矿仓柱体部分高度，m；

　　　h_2——矿仓锥体部分高度，m；

　　　D——矿仓柱体部分直径，m；

　　　d——矿仓排矿口直径，m；

　　　α——斜壁倾角，(°)。

（2）矿仓有效容积

矿仓的有效容积是指矿仓中可以充分利用的空间，亦即贮入矿仓中的矿石，根据需要将闸门打开后，能自由排出的那部分矿石所占有的空间。矿仓的有效容积是由矿石的堆积角、陷落角和矿仓中部仓壁所组成的有效容积的总和。

在矿仓的几何形状及其相应尺寸确定后，其有效容积主要取决于矿石的堆积角、陷落角、给矿口、排矿口的数目和矿仓的高度等。

现以一个给矿点和一个排矿口的圆形平底矿仓为例（见图 5 – 14）说明其有效容积的计算方法。

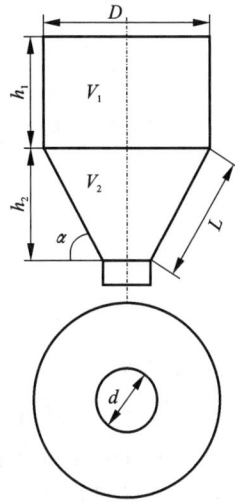

图 5 – 13　圆形矿仓

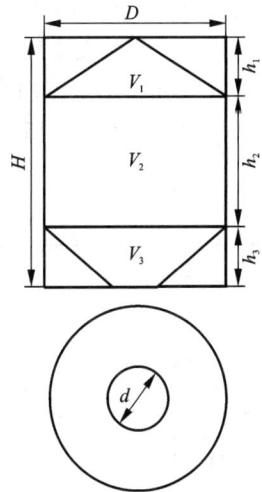

图 5 – 14　有效容积计算示意图

圆形平底矿仓的几何容积：

$$V = \dfrac{\pi}{4}D^2 H$$

圆形平底矿仓的有效容积：

$$V_{有} = V_1 + V_2 + V_3$$

又圆锥体 V_1 的容积即矿石的堆积角所组成的有效容积为：$V_1 = \dfrac{\pi}{12}D^2 h_1$，而 $h_1 = \dfrac{D}{2}\tan\rho$ 并将其代入上式得：

$$V_1 = \dfrac{\pi D^3}{24}\tan\rho$$　　（5 – 105）

又 V_3 的体积即矿石陷落角所组成的有效容积为：

$$V_3 = \dfrac{\pi}{12}h_3(D^2 + Dd + d^2)$$

而 $h_3 = \dfrac{D-d}{2}\tan\phi$ 并将其代入上式得：

$$V_3 = \frac{\pi}{24}(D^3 - d^3)\tan\phi \qquad (5-106)$$

矿仓中部仓壁所组成的有效容积为：

$$V_2 = \frac{\pi}{4}D^2 h_2 \qquad (5-107)$$

故一个给矿点和一个排矿口的圆形平底矿仓的有效容积为：

$$V_有 = \frac{\pi}{24}\left[D^3\tan\rho + 6D^2 h_2 + (D^3 - d^3)\tan\phi\right]\ (\text{m}^3) \qquad (5-108)$$

式中　H——圆形平底矿仓的高，m；

　　　D——圆形平底的内径直径，m；

　　　d——圆形平底矿仓的排矿口内径，m；

　　　ρ——矿石的堆积角，(°)；

　　　ϕ——矿石的陷落角，(°)。

由公式(5-108)看出，当矿仓的几何形状和尺寸确定后，其有效容积不但同矿石的堆积角和陷落角有关，而且还同矿仓的给矿和排矿方式有关。当矿石的堆积角和陷落角一定时，增加矿仓的排矿口和给矿口数目与矿仓的高度，能够提高矿仓的有效容积。但对一定几何形状的矿仓，由于其高度不能太大(高度太大会使粉矿的提升运输困难，且矿仓造价高)，故其有效容积只能在一定范围内变化。

在矿仓设计过程中，所需矿石的堆积角和陷落角见表5-44。

表5-44　不同物理性质物料的堆积角和陷落角

物料种类	堆积角/(°)	陷落角/(°)
各种粒度的原矿石	38~40	55~60
经过破碎后的矿石	38~40	55~60
经过筛分后的块矿石	40	50~55
经过筛分后的粉矿石	35~38	65~75
含泥多湿度大的块矿石	38~40	60~70
含泥多湿度大的粉矿石	40~45	70~80
含水10%左右的精矿石	40~45	65~75

生产实践中，采用有效利用系数来表示矿仓几何容积的利用程度。有效利用系数为：

$$K = \frac{\text{有效容积}\ V_有}{\text{几何容积}\ V_几} \qquad (5-109)$$

一般情况下，$K = 0.85 \sim 0.90$。

矿仓的给矿口尺寸是参考卸料设备确定的，其排矿口尺寸则要同矿石粒度和给矿设备型式相适应。一般说来，原矿矿仓排矿口的宽度应为最大矿块的2.5~3倍，排矿口的长度取决于给矿机的型式和规格。对于细粒粉矿石,主要考虑排矿速度和防止堵塞,排矿口一般为圆形、正方形或长方形。

有关其他各种类型矿仓和矿堆有效容积的详细计算,请参阅《选矿设计手册》,在此不赘述。

5.11.4　矿仓设计

矿仓设计计算的基本步骤包括:确定矿仓的贮矿时间和贮矿量;计算矿仓贮矿所需要的容积;选择合适矿仓类型;确定矿仓主要尺寸并计算有效容积;校核矿仓的斜肋倾角。

(1)确定矿仓的贮矿时间和贮矿量

计算矿仓最重要的参数是贮矿量,而贮矿量是由贮矿时间和流程矿量决定的,各种矿仓的贮矿时间如下。

1)原矿矿仓。

原矿矿仓的贮矿量同厂外运输条件和破碎机的生产能力有关,一般有 3 种情况:

①厂外运输能力与破碎机的平均生产能力相等时,贮矿量应根据运输间断时间来确定,其贮矿量为:

$$G = Kt_1Q \qquad (5-110)$$

②厂外小时运输量小于破碎机小时生产能力时,运输系统的工作时间大于破碎机的工作时间,其贮矿量为:

$$G = Kt_2Q \qquad (5-111)$$

③厂外小时运输量大于破碎机小时生产能力时,破碎机工作时间大于运输系统工作时间,其贮矿量为:

$$G = Kt_3Q \qquad (5-112)$$

式中　Q——破碎机的生产能力,t/h;

　　　t_1、t_2、t_3——原矿运输间断时间;破碎机停开时间内,厂外运输系统多工作的时数;厂外停运期间,破碎机多工作时数,h;

　　　K——备用系数,一般 $K = 1.1 \sim 1.25$。运输系统潜力较大时取小值。

根据生产实践数据,原矿矿仓的贮矿时间可参照表 5-45 选定。

表 5-45　原矿矿仓贮时间

工作条件	贮矿时间/h	备　　注
采用大于 900 的旋回破碎机时,应设挤满给矿受矿仓	一般应大于一个车厢容积	采用小矿车运输时,700 旋回破碎机也可采用挤满给矿
采用箕斗、索道、小型矿车、汽车运输原矿时,破碎前应设给矿机	大型厂 0.5~2.0 中型厂 1~4 小型厂 2~8	按破碎机实际生产能力计算

2)中间矿仓。

中间矿仓的贮矿时间主要是根据原矿的运输条件、各作业间工作制度和要求调节的幅度来决定,一般为 1~2 d。大型选矿厂,运输条件较好的可取 0.5~1 d。

3)缓冲及分配矿仓。

缓冲及分配矿仓的贮矿时间主要取决于运输系统的能力与设备生产能力之间的差额,当二者能力接近时,贮矿时间取小值,详见表5-46。

表5-46 缓冲及分配矿仓贮矿时间

矿仓设置地点	挤满给矿旋回破碎机的排矿矿仓	倒装矿仓	中碎前	细碎前	细碎与闭路筛分组成的机组	单独筛分前
贮矿时间/min	大于两个给矿车皮装载量	大于一次的装入量或输出量	10~15	15~40	15~40	15~40

4)磨矿矿仓。

磨矿矿仓的贮矿时间一般为24 h左右,当设计中采用中间矿仓时,其贮矿时间可适当缩短。

5)产品矿仓。

产品矿仓的贮矿时间,根据生产,设备事故和厂外运输条件而定,具体时间见表5-47。

表5-47 产品矿仓贮矿时间

运输条件	国家铁路局	企业专用线	内河船舶	汽车	海运船舶
贮矿时间/d	3~5	2~3	7~14	5~20	15~30

注:①国家铁路局承受运输,如果车皮来源困难时,贮矿时间可取上限值;

②汽车运输,如果运输距离较远,运输条件或气候条件复杂或产品的产量较少,贮矿时间取上限值;

③产品畅销,运输条件好时,贮矿时间取下限值。

(2)确定贮矿时间后,根据选矿厂的生产能力就可确定贮矿量,由贮矿量就可计算矿仓容积。

① 计算矿仓贮矿需要的容积

按下式计算矿仓贮矿所需要的容积:

$$V_{需} = Qt/\gamma \tag{5-113}$$

式中 $V_{需}$——矿仓需要的有效容积,m^3;

Q——选矿厂生产能力,t/h;

t——矿仓的贮矿时间,h;

γ——矿石堆密度,t/m^3。

②矿仓主要尺寸的确定和有效容积的计算

原矿矿仓,当采用自卸和翻斗车运输时,其长度应大于一个车皮长度。当采用30 t以上载重的底开门车运输时,其长度不得小于两个车皮长度。排矿口宽度应为最大块的2.5~3倍左右,长度根据选定的给矿机决定。

磨矿矿仓用圆形矿仓时,其台数应和磨矿系列相适应。

精矿矿仓多采用高架式和抓斗式结构形式,装车仓长度一般不小于40 m。

矿仓的有效容积可按下式进行计算。

$$V_有 = V_1 + V_2 + V_3 + \cdots \tag{5-114}$$

矿仓的几何容积为:

$$V_几 = (V_1 + V_2 + V_3 + \cdots)/K \tag{5-115}$$

K——矿仓的利用系数,一般 $K = 0.85 \sim 0.90$;

根据矿仓的几何容积,最后计算出矿仓的几何尺寸。

(3) 校核矿仓的斜肋倾角

矿仓排矿部分倾斜面的倾角是根据矿石同仓壁间的摩擦角 φ' 确定的。为了使排矿顺利,这些倾角都应符合 $\alpha \geqslant \varphi' + (5° \sim 10°)$。一般说来,两斜壁间的斜肋同水平面的夹角都小于斜壁与水平面的夹角。因此,必须校核斜壁与水平面间的夹角和斜肋倾角,避免出现排矿困难,排矿口堵塞,影响正常生产。

不同几何形状矿仓排矿部分的斜肋同水平面间夹角(倾角)的计算方法是不同的。设计中应根据具体情况,参照相关设计资料进行计算。当矿仓仓底有钢板时,其允许最小倾角一般为:对块矿为 $\alpha = 45° \sim 48°$;对细粒物料为 $\alpha = 50° \sim 55°$;对粉状物料则为 $\alpha = 60°$。

5.11.5　矿仓设计计算实例

某矽岩型铜铁矿选矿厂,$Q_日 = 1800$ t/d;$d = 0 \sim 15$ mm;$\gamma = 1.9$ t/m^3,磨矿作业为 3 个系列,每天 3 班,每班 8 小时工作,试设计磨矿矿仓。

(1)确定贮矿时间和贮存量

磨矿作业的小时生产能力为:

$$Q_时 = Q_日/T = 1800/24 = 75 \text{ t/h}$$

磨矿矿仓的贮存时间取 24 h,则贮存矿量为:

$$Q_贮 = 24 \times 75 = 1800 \text{ t}$$

(2)计算矿仓贮矿所需要的容积

按公式(5-113)得贮矿所需要的总容积:

$$V_需 = Qt/\gamma = 1800/1.9 = 948 \text{ m}^3$$

又磨矿作业为 3 个系列,矿仓也应有 3 个,每个矿仓贮矿所需的容积为:

$$V'_需 = 948/3 = 316 \text{ m}^3$$

(3) 矿仓主要尺寸的确定和有效容积的计算

拟定采用锥底圆形矿仓共 3 个,如图 5-15 所示。

由公式(5-115)得矿仓的几何容积为:

$$V_几 = V_有/K$$

取 $K = 0.85$ 时,则:

$$V_几 = 316/0.85 = 371.77 \text{ m}^3$$

根据几何容积,初步确定矿仓直径 $D = 8$ m,排矿口 $d = 1$ m,如图 5-15 所示。

有效容积由 3 部分组成,分别为:

①堆积角所组成的有效容积:

由公式(5-105)有:

$$V_1 = \frac{\pi}{24}D^3\tan\rho$$

查表 5 - 44，得物料的堆积角 $\rho = 38°$，代入式中：

$$V_1 = \frac{\pi}{24} \times 8^3 \times 0.781 = 52.34 \text{ m}^3$$

又

$$h_1 = \frac{D}{2}\tan\rho = 4 \times 0.781 = 3.12 \text{ m}$$

②陷落角所组成的有效容积：

由公式(5 - 106)有：

$$V_3 = \frac{\pi}{24}(D^3 - d^3)\tan\phi$$

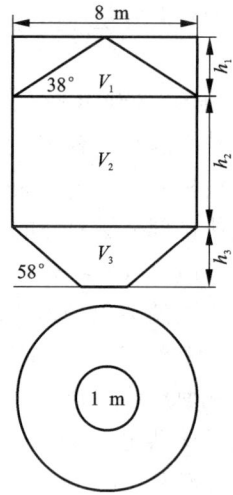

图 5 - 15　磨矿矿仓计算图

查表 5 - 44，得物料的陷落角 $\phi = 58°$，代入式中得：

$$V_3 = \frac{\pi}{24} \times (8^3 - 1^3) \times 1.60 = 107.02 \text{ m}^3$$

又

$$h_3 = \frac{D - d}{2}\tan\phi = \frac{8 - 1}{2} \times 1.60 = 5.60 \text{ m}$$

③仓壁所组成的有效容积：

由公式(5 - 114)中各有效容积间的关系得：

$$V_{有} = V_1 + V_2 + V_3 = 316$$

亦即

$$52.34 + V_2 + 107.02 = 316$$

故

$$V_2 = 156.64 \text{ m}^3$$

而

$$h_2 = \frac{4V_2}{\pi D^2} = \frac{4 \times 156.64}{\pi \times 8^2} = 3.12 \text{ m}$$

每个磨矿矿仓的总高度：

$$H = h_1 + h_2 + h_3 = 11.84 \text{ m}$$

为此，每个矿仓实际几何容积为：

$$V'_{几} = \frac{\pi D^2(h_1 + h_2)}{4} + V_3 = \frac{\pi \times 8^2(3.12 + 3.12)}{4} + 107.02 = 420.67 \text{ m}^3$$

$V'_{几} > V_{几}$ 矿仓容积计算符合要求。

思考题

5 - 1　阐述设备选择的主要原则。

5 - 2　选择破碎机应满足哪几个基本要求？

5 - 3　阐述选矿设备生产能力的计算方法。

5 - 4　破碎设备、磨矿设备生产能力计算为什么要乘上一些修正系数？

5 - 5　简述破碎磨矿设备方案比较的主要指标。

5 - 6　磨矿机类型选择的依据是什么？

5 - 7　简述格子型球磨机最适宜的磨矿粒度范围。

5 - 8　已知磨矿机给矿中 -0.074 mm 含量为 6%，磨矿细度 -0.074 mm 为 60%，磨矿

机的有效容积为 9 m³，每台处理能力为 16.6 t/h，试计算该磨机按 −0.074 mm 粒级计的 8 h 处理能力。

5 − 9　已知磨矿机给矿中 −0.074 mm 含量为 10%，磨矿细度 −0.074 mm 含量为 90%，系数 $k = 0.82$，$m = 1$，$q = 1.1$，磨矿处理量为 50 t/h，按一次计算法计算两段全闭路磨矿流程磨矿机的总容积、各段容积以及第一段磨矿细度。

5 − 10　试述跳汰、摇床、螺旋选矿机、离心选矿机和皮带溜槽等设备最适宜的选别粒度范围。

5 − 11　简述矿仓按用途、几何形状和结构形式的分类。

5 − 12　简述浮选设备的分类。其各自的优缺点是什么？

5 − 13　选择浮选设备应注意的问题有哪些？

5 − 14　浮选时间和浮选机槽数如何确定？

5 − 15　如何计算和选择浮选柱？

5 − 16　磨矿矿仓排矿常用的给矿机有哪几种？

5 − 17　简述矿仓按几何形状和按用途的分类。

5 − 18　已知某铁矿选矿厂，$Q_{精} = 10 \times 10^5$ t/a，采用企业专用线运输，$\gamma = 1.9$ t/m³，每班 8 h 工作，试设计精矿矿仓。

第6章　厂房总体布置与工艺设备配置

内容提要　本章内容包括：厂房总体布置的原则；选矿厂工艺厂房组成、建筑形式及布置方案；车间设备的配置原则和方法；破碎筛分厂房设备配置；磨矿车间设备配置；选别车间设备配置（浮选、重选、磁选）；脱水车间设备配置；选矿厂辅助车间配置设计（药剂设施、试验室和化验室等）；选矿厂生产检测及自动控制；选矿厂工业卫生及安全；尾矿设施（尾矿库组成、尾矿浓缩与输送、尾矿回水等）。

6.1　厂房总体布置

　　总体布置是选矿厂设计工作的重要组成部分。如果一个选矿厂建设项目没有总体布置设计，就会使厂房的总体布置出现分散和紊乱，甚至布置不合理，从而造成无计划的盲目建设，既影响生产和生活的合理组织，又影响建设的经济效果和建设速度，也破坏了建筑群体的统一和完整。所以，对确定要建设的选矿厂，在完成厂址选择和工艺设备配置后，必须在已确定的用地范围内，经济合理地进行工艺厂房及其他设施的总体布置设计。

　　选矿厂总体布置是在国家有关政策指导下，根据选矿厂建筑群体的组成内容和使用性能要求，结合地形条件和工艺流程，综合研究建（构）筑物及各项设施之间的平面和空间关系，正确处理厂房布置、交通运输、管线综合和绿化等问题。达到充分利用地形和节约土地，使建筑群的组成和设施融为统一的有机整体，并与周围环境及其他建筑群体相协调而进行的设计工作。

　　通常，一个选矿厂的总体布置，在综合考虑各种因素之后，可用平面和剖面（竖向）设计图纸表示出来，如图6-1和图6-2所示。

　　厂房总体布置涉及多方面的知识，是一项技术性、政策性很强的工作，需要选矿工艺设计、交通运输设计、公用工程（水、电供应）等多专业的密切配合，才能正确完成总体布置。不同类型选矿厂的总体布置，与设计对象的性质、规模、使用性能和当地条件（如地形、地质、气象、水文、周围环境、城市或农村规划要求）有密切的关系。因此，厂房总体布置必须处理好局部与整体、工业与农业、生产与生活、建设与自然、设计与施工、近期与远期等之间的关系。

6.1.1　总体布置的原则及一般规定

6.1.1.1　总体布置的原则

　　（1）总体布置必须贯彻国家有关方针和政策。认真贯彻珍惜和合理利用每一寸土地，切实保护耕地，防止污染，保护环境的国策。做到合乎国情，安全适用，技术先进和经济合理。

　　（2）总体布置应符合所在地的地区规划，或城镇、农村规划的要求。宜以现有城镇为依

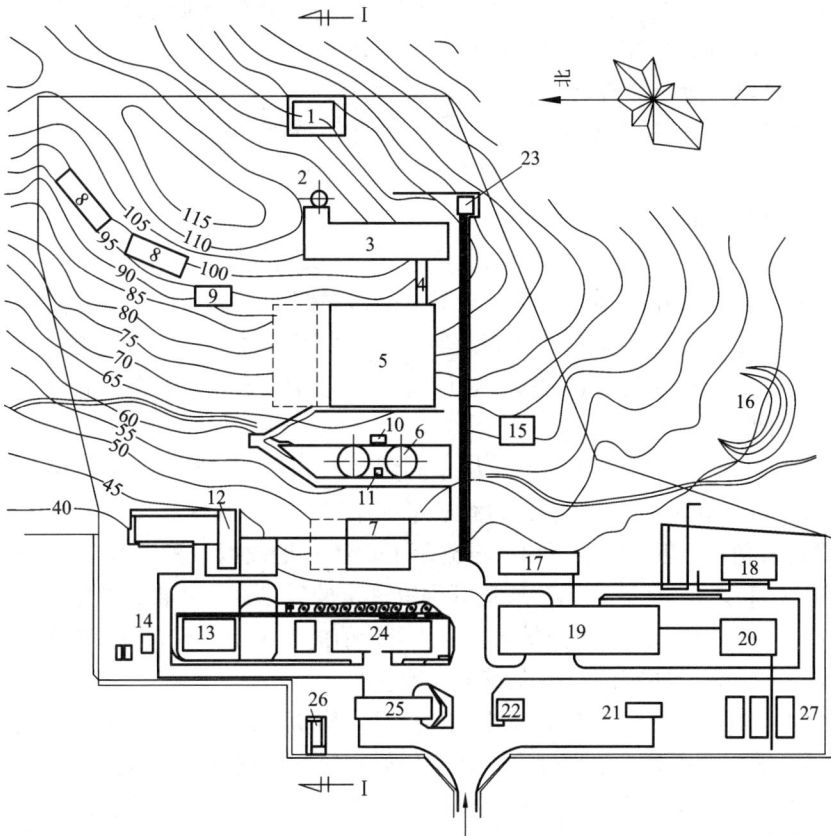

图 6-1　设在斜坡上的浮选厂总平面图

1—竖井卷扬机房；2—竖井；3—破碎车间；4—皮带通廊；5—磨浮车间；6—浓缩机；7—精矿处理车间；8—选矿厂高位水池；9—净化站及防火加压水泵房；10—精矿回水池；11—浓缩机溢流水池；12—总降压变电所；13—柴油发电机房；14—燃料油库；15—尾矿第一砂泵房；16—尾矿事故沉淀池；17—材料仓库；18—石灰仓库；19—机修车间；20—铸造车间；21—油库；22—汽车库；23—斜坡卷扬机房；24—试验室、化验室；25—行政福利室；26—堆煤场；27—露天堆置场

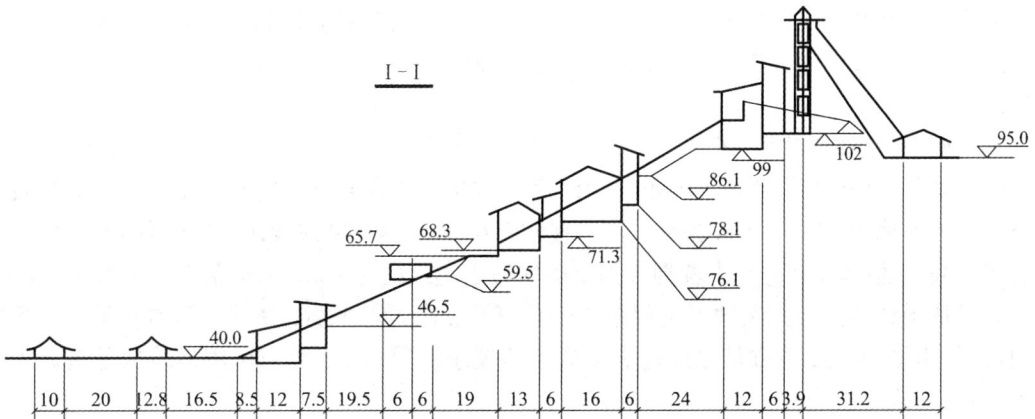

图 6-2　设在斜坡上的浮选厂剖面图

托,对辅助生产、废料加工、交通运输、维修服务和生活服务等方面进行广泛协作,如厂址附近无城镇可依托时,应按国家有关规定进行总体规划。

6.1.1.2 总体布置一般规定

(1)总平面布置必须进行多方案比较,确定合理的布置方案

根据选矿工艺流程、运输条件、安全卫生和施工管理等因素,结合选矿厂厂址的自然条件,进行多方案比较。即:

①按满足生产、生活的使用性能分区组合建筑群和道路。总平面布置应以主要工业场地为主体,全面规划统筹安排。如出入口的位置、交通线路的走向、建筑物的体型、朝向和平面组合,应按相互之间的性质关系和特点进行布置,使其紧凑合理。确定各性能区的外形,其面积不宜过小,通道的数量不宜太多,并与周围环境协调统一。生产上做到流程畅通,生活上使用联系方便。

②节约用地,做到技术经济上合理,尽量利用荒地和劣地,不占或少占耕地和好地,少拆迁民房。结合当地条件,因地制宜地进行总平面布置。充分利用和保护天然排水系统及山地植被,注意避开滑坡、塌陷、滚石和泥石流等不良地质地段以及烈度为 7~9 度的地震区、湿陷性黄土地区和膨胀土地区。同时应避开国家规定的风景区、自然保护区、历史文物古迹保护区、生活饮用水水源地、卫生防护带、有开采价值的矿床上、不能确保安全的水库、尾矿库、废料堆场的下方以及圈定的军事设施等区域。

③满足卫生、防火和安全等有关技术规范。建、构筑物之间的间距应结合通风、防火、防震和防噪等要求综合考虑,合理确定。在常年盛行风向的同一延长线附近,不宜布置有多个污染源的工业场地,避免各个场地的互相影响。对散发烟尘、有害气体的建(构)筑物,应布置在工业场地和居住区常年最小频率风向的上风侧,并采取措施避免各个场地间的相互影响。

(2)充分注重选矿厂工业场地的竖向布置

竖向布置应与平面布置统一考虑,并与场地外现有的和规划的运输线路、排水系统及场地标高等相协调。在满足生产、安全运输、排水和卫生等要求的同时,应注意全厂环境的立体空间美观。

①设计标高的确定。在江、河、湖、海沿岸地带场地的标高,应高出设计水位加波浪侵袭高和壅水高,再加至少 0.5 m。矿井(竖井、斜井、平硐等)的井口标高则至少再高出 1 m。当所在地区无计算洪水的资料时,选矿厂的最低设计标高,可采用调整核定的历史洪水位加 0.5 m 进行设计。

②选矿厂的竖向布置一般采用台阶式布置。台阶宽应满足建(构)筑物和运输线路的布置、管线敷设、场地绿化和施工要求。台阶高度按生产工艺要求、物料运输联系、地形及地质条件等因素确定(以 1~4 m 为宜,但不宜大于 6 m)。当有特殊要求并能确保台阶稳定时,可适当提高。建(构)筑物至边坡脚或挡土墙的最小净距离为 4 m,困难条件下不得小于 2 m。

③场地平整的土石方及地下工程余土的总填挖量应力求平衡,使其工程费用最少。填挖方边坡度、填方压实、填方基底处理和填方土料要求应符合《工业与民用建筑地基基础设计规范》等有关规定。

④场地排雨水,应根据场地工程地质条件与使用要求,可采用自然排水、明沟排水、暗沟(管)排水或混合排水方式。管沟的出口段应与天然水道或原有排水系统衔接。建(构)筑

物周围场地的最小整平坡度不宜小于 0.5%，最大不宜大于 6%。

（3）管线综合布置合理

①管线综合布置应满足安全使用、维护检修和施工要求，并需满足最短敷设长度要求和扩建时所需的最小合理间距，并按地上和地下管线的具体规定敷设。

②管线的敷设方式，应根据地区自然条件，管内介质的特性、空间组织要求、道路宽度、施工和检修等因素确定。在符合技术、经济和安全的条件下，宜共架、共杆或共沟布置。

③管线应与道路和建筑物平行敷设。干管应布置在靠近主要用户或支管较多的一侧，尽量减少管线之间、管线与运输线路间的交叉。当相互交叉时，宜成直角通过，在条件困难时，其交角不得小于 45°。

④各管线相互位置的关系应符合以下原则：有压力管线让自流管线，管径小管线让管径大管线，可弯曲管线让不可弯曲或难弯曲管线，无管沟管线让有管沟管线，新设计管线让原有管线，临时性管线让永久性管线，工程量小管线让工程量大管线，施工检修方便管线让施工检修困难管线。

（4）满足交通运输要求

①厂外主要货物运输，采用单一的运输方式为宜，必要时也可采用不同运输方式的联合运输，但必须处理好不同运输方式的衔接。厂内运输可采用多种运输方式，按计划在规定线路上均衡运输，应避免多次倒运，精简运输中转层次。

②物料运输线路的布置要短捷和畅通，避免重复交叉、避免人流、货流线路相互干扰。厂内运输线路应符合《工业企业厂内运输安全规程》的规范。厂外运输线路应符合《工业化标准轨距铁路设计规范》和《厂矿道路设计规范》的规定。

③装卸运输设备的选择类型与规格不宜过多，保证运输和装卸作业的连续性，确保企业的最小库存量及设施。

（5）合理进行绿化布置，加强环境保护

①绿化布置要与建、构筑物、道路、管线的布置统一考虑，充分发挥绿化在改善小气候、净化空气、防火防尘、美化环境方面的作用。有色金属新建选厂绿化占地率不得小于 15%，矿山与选矿厂则以保护当地生态环境，减少植被破坏为主。

②注意绿化结合生产、生产区的树木种植应不影响厂房的采光和通风要求。选矿厂周围已有树木和绿地应保留，空地及防护地带应绿化。

③绿化植物的选择与建、构筑物的最小水平距离应符合有关规定，使绿化布置与建筑群体、空间环境协调一致，形成层次丰富、环境优美的景观。

（6）合理考虑发展和预留改、扩建用地

在处理近期建设和远期发展的关系上，应根据批准的可行性研究报告中有关发展的要求，本着远近结合、以近为主、近期集中、远期外围、自内向外、由近及远的原则进行布置，达到近期紧凑、远期合理、预留地应设在工业场地之外。对于改、扩建工程项目要在原有基础上挖潜革新、填空补实，正确处理好新建工程与原有工程之间的新老关系。本着"少花钱、多办事"和"充分利用、合理改造"的原则，通过全盘考虑，做出经济合理的远期规划布局和分期改、扩建设计。

6.1.2　选矿厂总平面组成及厂房布置要求

（1）选矿厂总平面组成

选矿厂总平面由4种不同性能要求的建筑群组成，包括主要生产厂房、辅助生产厂房、公用工程设施、行政管理及生活福利设施。工业场地则可分为主要工业场地、辅助工业场地及居住场地。

①主要工业场地。应布置主要生产厂房和辅助生产厂房。其中，主要生产厂房包括破碎厂房(含原矿仓、粗碎、中间矿仓、中碎和细碎等)、主厂房(含粉矿仓、磨矿和选别车间等)、脱水厂房(含浓缩池、过滤、干燥以及精矿贮存和装运等)以及连接各生产厂房和设施的带式输送机通道、转运站等建筑物。辅助生产厂房是指直接为生产服务的维修站、药剂贮存制备及给药、选矿试验室、化验室、技术检查站、备品备件及材料仓库、锅炉房及燃料堆场以及选矿厂职能办公室等。

②辅助(公用)工业场地。应布置矿山、选矿厂或其他企业共用的工程设施及厂房。主要包括：靠近主要用户的总降压变电所及设施、机修和汽车修理及外部运输设施、位于工厂或生活区上游的水源地和供水设施以及下游的污水处理场和在地势较低地区设置油库等。

③居住场地。应布置居住区的生活福利设施，包括职工住宅、公用食堂、浴室、医务所、子弟学校和托儿所、文娱场所及行政办公室等。

（2）厂房布置要求

①主要生产厂房的平面位置应布置在以挖土为主的地段。同时选矿厂外部运输道路的路面标高应高于洪水位0.5 m以上。场地平整标高应高于地下水位0.5 m以上。厂内地面应高于厂外地面0.15~0.3 m。

②厂房之间的布置应根据工艺流程特点和技术发展要求充分利用地形，贯彻自流、紧凑的原则，合理确定预留场地。

③选矿厂排出的尾矿、污水、粉尘、有害气体、噪声和放射性物质等应有妥善处理设施，并符合国家现行标准和规范的规定。如建筑设计防火规范、防震及交通安全规定、工业安全保护规定和环境保护规定等。

④选矿厂辅助生产厂房及设施，应尽量靠近主要生产厂房，但必须符合有关规范标准。如试验室、化验室应与破碎、磨矿厂房等保持必要的距离，一般不小于50 m。技术检查站宜设在主厂房内等。

6.1.3　选矿厂厂房布置方案及建筑形式

6.1.3.1　厂房布置方案

在满足选矿工艺流程、地形特点和施工技术要求的条件下，厂房布置方案可分为山坡式和平地式两种。沿山坡式地形布置时，实现工艺流程的自流是比较经济的。如破碎厂房的地形坡度为25°，主厂房的地形坡度在15°左右。平地式布置，对地形坡度无严格要求，但为解决厂区排水问题，其厂区自然坡度以4%~5%较好。

6.1.3.2　厂房建筑形式

（1）多层式厂房

对地形坡度小于6°的平地和大于25°的高山地区，宜建造多层式厂房。对平地，原矿仓设于地下，将原矿一次提升到足够的位置后，借助重力自流至各层加工处理。地形很陡的厂址，原矿仓可设于最高位置，而后按工艺流程由上至下逐层布置厂房，这样，厂房内的机组之间的落差较大，因此多用于物料自流坡度要求较大、流程中返回作业少的工艺过程。如破碎筛分车间、重介质选矿厂、洗煤厂及干式磁选厂。多层式厂房的优点是厂房占地面积小，操作联系方便。缺点是厂房高度大，结构复杂，基建费用大。

（2）单层阶梯式厂房

在10°~20°的山坡上，按工艺流程顺序，由高至低将厂房布置在几个台阶上。厂房的长度方向基本平行于地形等高线，各台阶的厂房均为单层厂房，设备则安装在各台阶地面上。当台阶数不能满足布置厂房的场地数时，可沿等高线方向两端相邻场地布置厂房，进行横向联系，则物料流动线作相应的平行移动，并垂直于下一个台阶的厂房长度方向，即所谓的错台式竖向布置。优点是能确保选矿厂主矿流实现自流。厂房结构简单，造价低，厂房内无中间楼面，自然采光好，尤其是对大、中型浮选厂和以摇床为主的重选厂房，厂房面积大，显得更为合理。但在土地征用费昂贵的地区需权衡利弊。

（3）混合式厂房

这是设计中常用的布置形式。特别对处理多金属矿石的大、中型选矿厂，工艺流程复杂、地形条件利用有限时，采用混合式厂房尤为有利。一般将主要设备按单层阶梯式布置，返回物料量小的作业布置在多层式厂房内，既减少了占地面积，又方便生产管理。平缓地形，采用提升运输设备和多层式厂房，以实现选矿厂主矿流的自流布置。

6.2　车间设备配置

选矿厂各车间内设备配置的任务包括：按工艺流程的要求，确定设备在厂房内平面与剖面的合理位置。保证流程的畅通和设备的正常运转。创造具有操作方便、安全、卫生的工作环境。

6.2.1　设备配置的主要原则

1）设备配置必须符合选矿工艺流程要求。即设备配置应严格按照工艺流程结构进行，保证工艺流程的正确性。

2）确保工艺流程基本自流。即应尽可能按物料流动方向和运输方式配置，实现或基本实现主矿流自流，不用或少用砂泵。这不仅可以节省电能和大量经营费用，而且还有利于作业稳定和生产正常。

3）保证流程具有灵活性。即对同一作业的多台同型号，同规格的设备或机组，尽可能配置在厂房内同一标高，以便变革流程时设备具有互换性。

4）配置时，除考虑其他专业设施留出必要的平面和空间位置外，力求配置紧凑，操作、管理和检修方便。

5)随着选矿厂自动化程度的提高和计算机在选矿过程中的应用，协同相关专业考虑局部集中控制或中央集中控制。

6.2.2 设备配置方法

选矿厂车间内的设备配置，实际上是按设备机组来进行的(特别是破碎厂房)。所谓设备机组，就是把两个以上的工艺设备(包括工艺设备、辅助设备和非标部件及构筑物等)，按照工艺流程要求配置在一起，并通过自流或短距离运输机械联结所形成的机械组合。

6.2.2.1 设备配置的基本方法

首先应根据所设计的工艺流程和设备选型，结合选厂地形特点，确定破碎筛分、磨矿选别和脱水厂房的设备配置方案。然后，按照设备机组的定义，对各车间设备机组进行划分和配置。由于选矿工艺设备和辅助设备属于标准设备，具有准确的联结形式、规格和尺寸。设计者只需确定出机组中非标准部件及构件的连接形式和尺寸，即可计算出该设备机组的进、出矿流空间位置。设备机组配置完成后，按照工艺流程要求，结合厂房布置场地大小，选择带式输送机等远距离输送方式将设备机组进行连接。同时考虑各种通道规范和建筑标准，以决定工艺过程中相邻的两个设备机组是配置在同一厂房还是分设不同厂房。

1)两机组配置在同一厂房的基本条件是：

①在确保物料流动畅通的前提下，厂房的长宽尺寸能布置在平整的场地内；

②选用运输机械连接两机组后，厂房的空间利用系数合理，能节省建筑面积；

③两机组配置在同一厂房后，其检修设备起重量大致相同，可节省检修吊车。

2)两机组能否设置在同一厂房，一般还应考虑以下因素：

①机组本身的高差和重叠后的高度以及连接它们之间的水平距离；

②选用中间运输设备使用技术条件的可能性(如提升角度等)；

③两机组布置在同一厂房内时，厂房的建筑面积、空间利用系数及结构等是否符合建筑规范；

④同时必须结合场地考虑能否布置下一厂房；

⑤设计在同一厂房内时，对共用检修设备的经济性、操作维修是否方便以及排污设施的可能性等方面加以比较。

6.2.2.2 设备机组配置

由于选矿工艺流程和配置方案的不同，选矿厂各车间的设备机组种类也有所不同。归纳起来，大致有粗碎设备机组、中碎及细碎设备机组、筛分设备机组、磨矿分级设备机组和过滤设备机组等。

(1)破碎车间机组图

破碎车间常见的设备机组配置如图 6-3~图 6-5 所示。

图 6-3 为颚式破碎机与电磁振动给矿机的设备机组配置图。其矿流方向是：原矿从矿仓由电振给矿机 S_1，经溜槽 G_2 给入颚式破碎机 S_2，破碎机排矿经 G_3 给入到带式输送机 S_3。因此该机组可以看作是由矿仓、排矿漏斗 G_1、电振给矿机 S_1、给矿漏斗 G_2、颚式破碎机 S_2、排矿漏斗(溜槽) G_3、带式输送机 S_3 组成的设备机组。

在进行此机组设备配置设计时，主要是确定原矿仓排矿口与电磁振动给矿机 S_1、颚式破碎机 S_2 和带式输送机 S_3 之间的定位尺寸，其确定基本步骤如下：

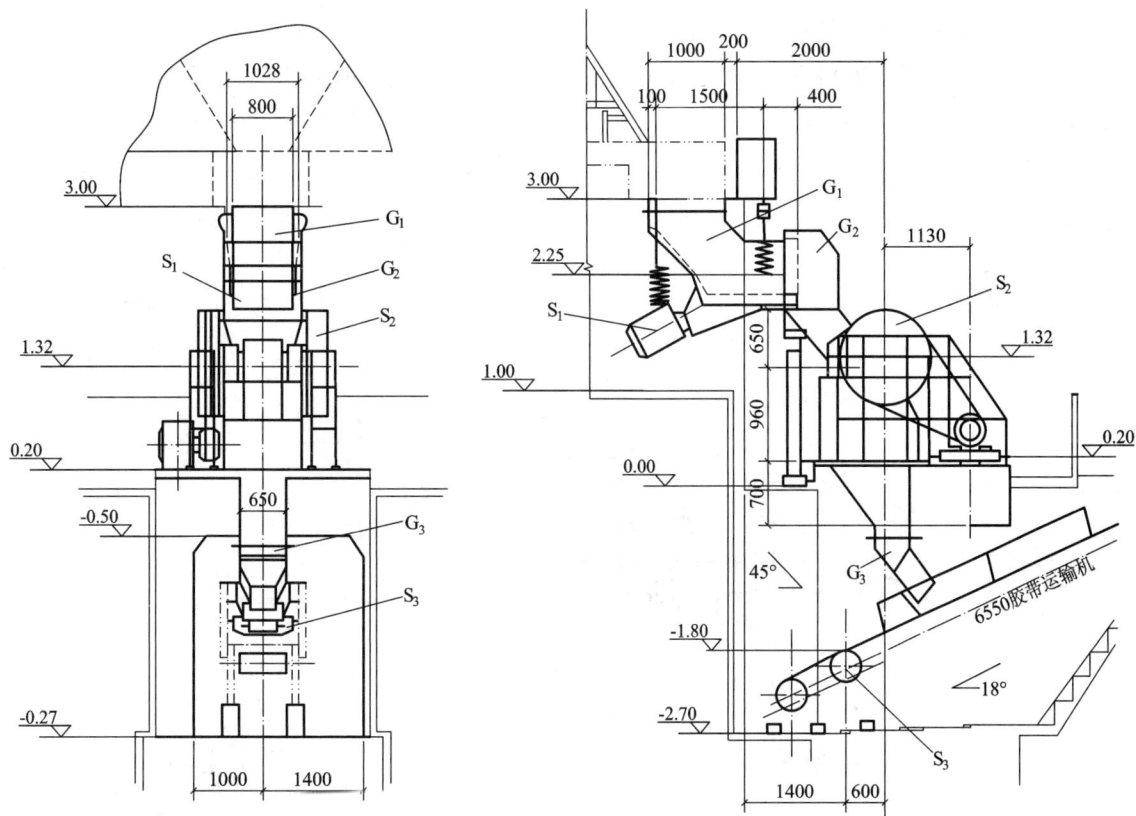

图 6-3 电振给矿机与颚式破碎机机组图

S_1—DZ6 电磁振动给矿机；S_2—PEF400 mm×600 mm 颚式破碎机；S_3—TD75-6550 胶带运输机

G_1—矿仓排矿漏斗；G_2—破碎机给矿漏斗；G_3—破碎机排矿漏斗

①确定原矿仓排矿口的标高和尺寸。通过确定原矿仓顶部标高和原矿仓的选择计算，可确定矿仓底部排矿口的几何形状、尺寸大小和位置。

②确定电磁振动给矿机与矿仓底部排矿口之间定位尺寸。由于原矿仓内矿柱对给料机的压力很大，一般在矿仓排矿口与给矿机之间要设计排矿漏斗 G_1 作缓冲。综合考虑矿石性质、矿仓排矿口和电振给矿机尺寸来确定此漏斗的尺寸。此漏斗尺寸确定后，就可确定电振给矿机和原矿仓之间的位置关系和尺寸。

③确定电振给矿机和颚式破碎机之间的定位尺寸。电振给矿机 S_1 与颚式破碎机 S_2 之间要通过漏斗（溜槽）G_2 进行联结，该溜槽尺寸与坡度的确定，要考虑矿石性质、工艺要求（预先筛分与否）、电振给矿机和颚式破碎机的结构尺寸等因素，保证排矿畅通和设备检修方便。溜槽 G_2 的形状和尺寸确定后，电振给矿机与颚式破碎机之间的定位尺寸就可确定。

④确定颚式破碎机与带式输送机之间的位置关系和尺寸。颚式破碎机的排矿要经过漏斗 G_3 给到带式输送机 S_3 上。此漏斗尺寸的确定要考虑到矿石性质和带式输送机宽度等因素。带式输送机尾轮与漏斗 G_3 的下矿点间应留有一定距离（参考《DTII 型带式输送机设计手册》）。

在上述机组配置完成后，再按照生产操作条件、设备检修和各种通道规范要求以及地面排污设施和建筑规范要求等形成粗碎车间设备配置图。

图 6-4 是 PYB1200 圆锥破碎机配置机组图。矿石由带式输送机 S_1 经头部漏斗 G_1 和给矿漏斗 G_2，给入圆锥破碎机 S_2 中，破碎产物经排矿漏斗 G_3 排至带式输送机 S3 上送至筛分作业。该机组的设计应确定给矿带式输送机 S_1 和破碎机 S_2 给矿口以及破碎机 S_2 排矿口和带式输送机 S_3 之间的相互关系和定位尺寸，其确定方法同上，设计时应考虑满足生产和设备检修等要求。

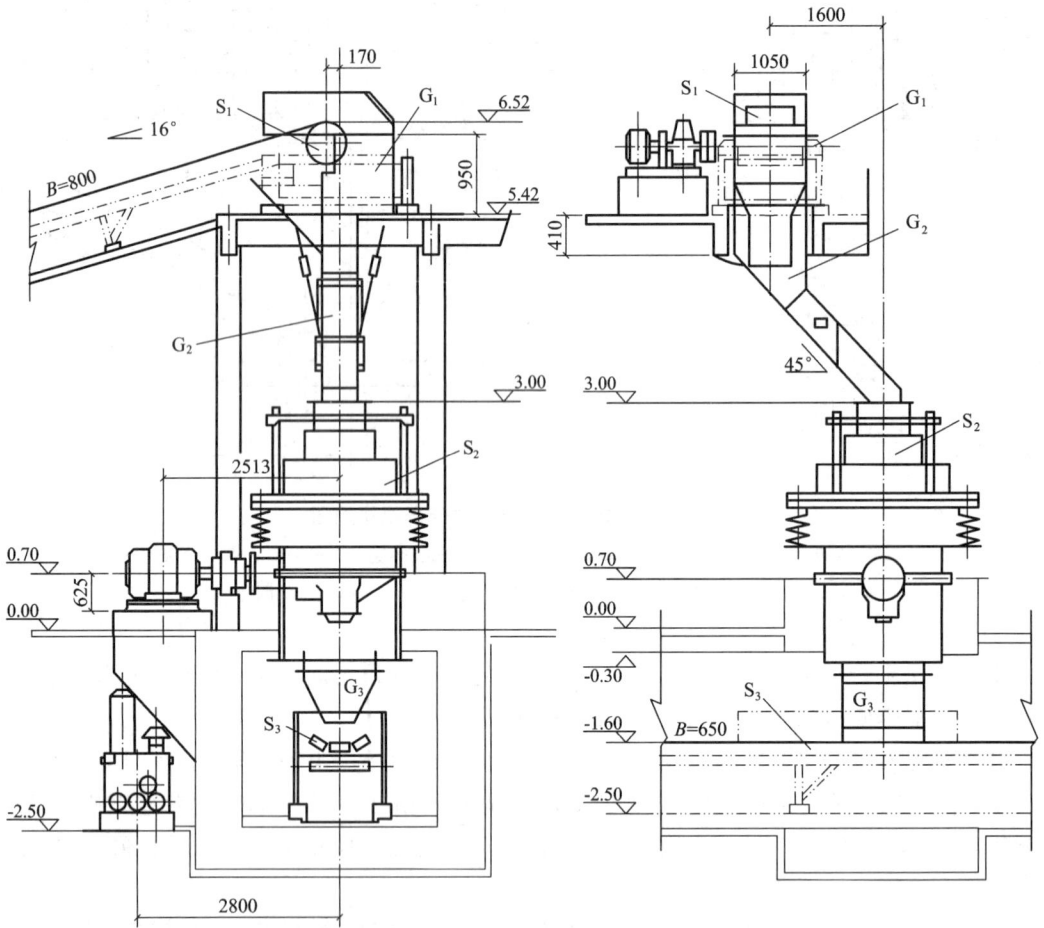

图 6-4　PYB-1200 圆锥破碎机机组配置图

S_1—$B=800$ mm 胶带运输机；S_2—PYB-1200 标准圆锥破碎机；S_3—$B=650$ mm 胶带运输机

G_1—胶带运输机头部漏斗；G_2—破碎机给矿漏斗；G_3—破碎机排矿漏斗

图 6-5 是 SZZ_21250 mm×2500 mm 振动筛机组配置图。矿石由带式输送机 S_1，经头部漏斗 G_1 和筛上给矿漏斗 G_2，给入到振动筛 S_2 上，筛上产物经漏斗 G_3 给入带式输送机 S_3 上返回破碎，筛下合格产物经筛下漏斗 G_4 排入粉矿仓。进行此机组图配置设计时，应确定带

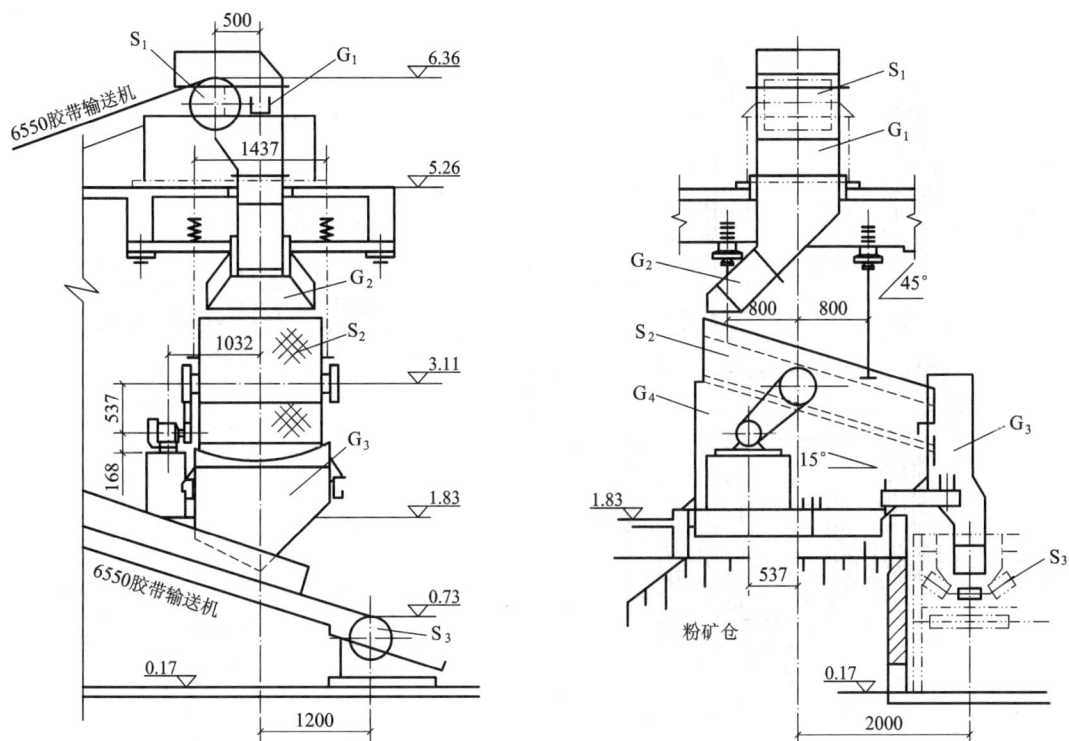

图 6 - 5　SZZ₂1250 mm × 2500 mm 振动筛机组配置图

S_1—$B = 650$ mm 胶带运输机；S_2—SZZ₂1250 mm × 2500 mm 振动筛；S_3—$B = 650$ mm 胶带运输机

G_1—胶带运输机头部漏斗；G_2-振动筛给矿漏斗；G_3—振动筛筛上产物漏斗；G_4—振动筛筛下产物漏斗

式输送机 S_1、振动筛 S_2、带式输送机 S_3 和粉矿仓之间的相互关系和定位尺寸。设计过程中，除应考虑矿石能实现自流外，还应考虑振动筛的给矿能均匀分布在筛面上，并避免筛上矿石流动过快，从而提高筛子的筛分效率。此外，还应考虑振动筛等设备的检修和维护方便。

（2）磨矿车间机组图

磨矿车间的设备种类相对较少，因而，设备机组也相对较少，最常见是球磨机与螺旋分级机机组配置，如图 6-6 所示。

进行球磨机与螺旋分级机的机组配置设计应解决好 3 个重要问题，即螺旋分级机的安装角度应在允许的范围内；满足螺旋分级机返砂溜槽坡度的要求；满足球磨机排矿溜槽坡度的要求。其配置基本步骤如下：

①确定球磨机与螺旋分级机的平面关系尺寸。确定球磨机中心与螺旋分级机中心的距离（由磨机中心至大齿轮罩最外缘距离、分级机中心至槽体最外缘距离和考虑设备安装和检修方便的预留距离 100~200 mm 组成），图 6-6 中该尺寸为 $A = 2150$ mm。确定球磨机与螺旋分级机纵向位置关系，即将球磨机大勺中心与分级机返砂口中心放在同一直线上。

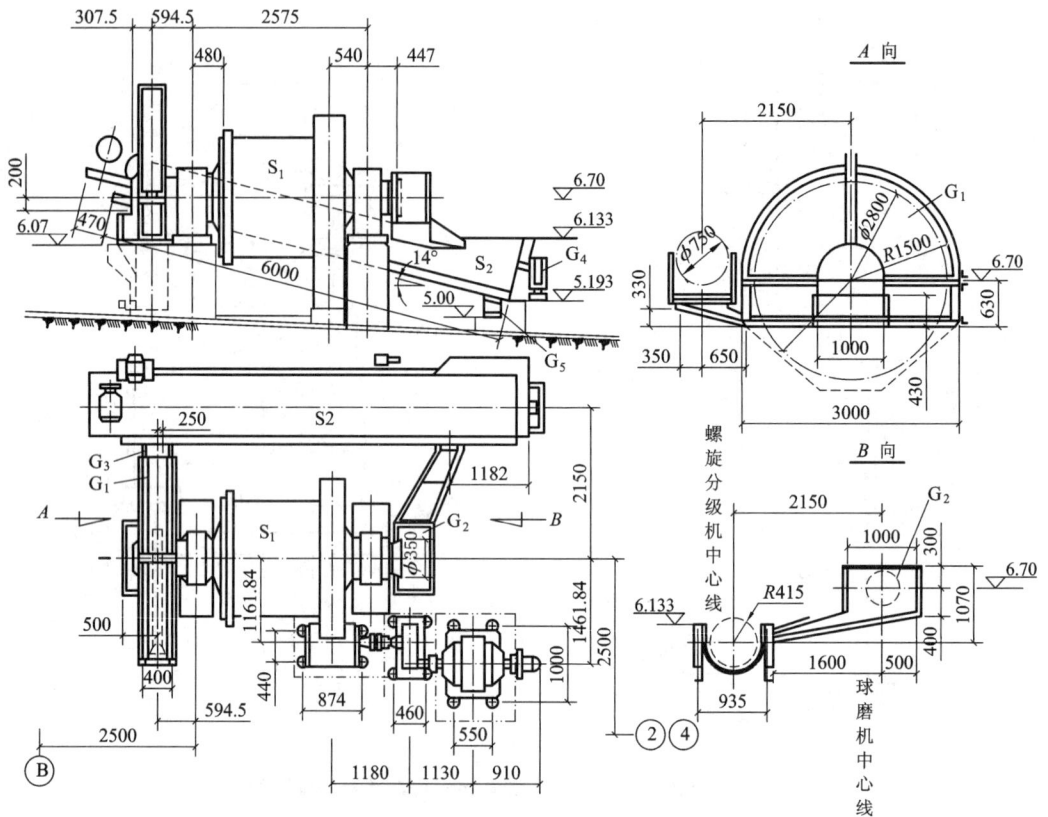

图 6 - 6 φ1500 mm × 1500 mm 球磨机与 φ750 mm 单螺旋分级机机组配置图

S₁—φ1500 mm × 1500 mm 球磨机 1 台；S₂—φ750 mm 单螺旋分级机 1 台；G₁—磨机泥勺罩；

G₂—磨机排矿溜槽；G₃—分级机返砂溜槽；G₄—分级机溢流槽；G₅—分级机底座

②确定球磨机与分级机返砂槽的尺寸关系，即确定球磨机中心与分级机返砂口处槽底的距离。

③确定球磨机与分级机溢流面的尺寸关系，即确定球磨机中心与分级机溢流面之间的距离。

④计算分级机的安装角度。先计算出分级机返砂口底部至溢流堰处槽体的底部距离，然后根据槽体实际长度，求出分级机槽体的倾角 α。根据计算出的倾角 α 值确定是否满足分级机安装角度要求，如果不满足，可适当调整分级机返砂口底部至溢流堰处槽体的底部距离的值，以达到分级机的安装要求。

6.2.3 破碎车间设备配置

（1）设备配置方案

生产实践中常用的破碎流程有两段开路、两段一闭路、三段开路和三段一闭路。每种破碎流程可根据地形、设备类型规格和数量、给矿和排矿方式和矿仓位置形式以及筛分与破碎设备是否共厂房，或分厂房设置等情况可形成若干种可行的配置方案。以破碎车间适应山坡地形而言，破碎车间设备配置有3种典型方案：

①横向配置方案，即物料流动线平行地形等高线；

②纵向配置方案，即物料流动线垂直地形等高线；

③混合配置方案，即横向配置与纵向配置并用。

前两种配置方案常用于开路破碎流程，如图6-7、图6-8、图6-11和图6-12所示。后一种配置方案常用于闭路破碎流程，如图6-9、图6-10、图6-13和图6-14所示。

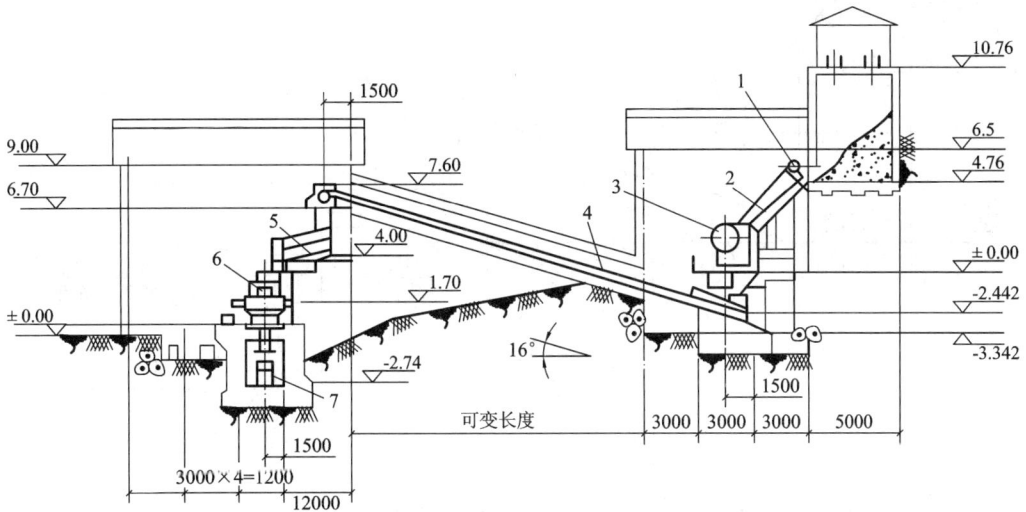

图6-7 两段开路破碎分设厂房的纵向设备配置图

1—3B锁链给矿机；2—1150 mm×2000 mm斜格筛；3—400 mm×600 mm颚式破碎机；4—B500 mm胶带运输机；

5—1250 mm×2500 mm万能吊筛；6—φ1200 mm中型圆锥破碎机；7—B500 mm胶带运输机

（2）设备配置要点

①开路破碎流程宜采用纵向配置方案，闭路破碎流程则宜采用横向和混合配置方案。

②破碎、筛分等主要工艺设备，一般应采用单系列配置。对大、中型选矿厂的破碎、筛分设备机组，宜分别单独设置厂房。破碎流程中如有洗矿及重介质选别等作业时，亦应单独设置厂房。

③破碎机、重型振动筛等大型设备宜配置在坚实的地基上，以减少基建投资。

④细碎机和筛分机台数超过2台时，一般应在设备之前设置分配矿仓，确保给料均匀。

⑤中、细碎机前应设置除铁装置，避免铁件进入破碎腔而损坏设备，以保证中细碎机的正常工作。

⑥连接破碎机组和筛分机组的带式输送机通廊，一般应采用封闭式结构，尤其是在北方地区。在气象条件较好的地区，也可采用活动防护罩式结构。通廊的地下部分应考虑通风、防水和排污设施。通廊地下部分至地上的交接处，应设置平台、楼梯及通行门。

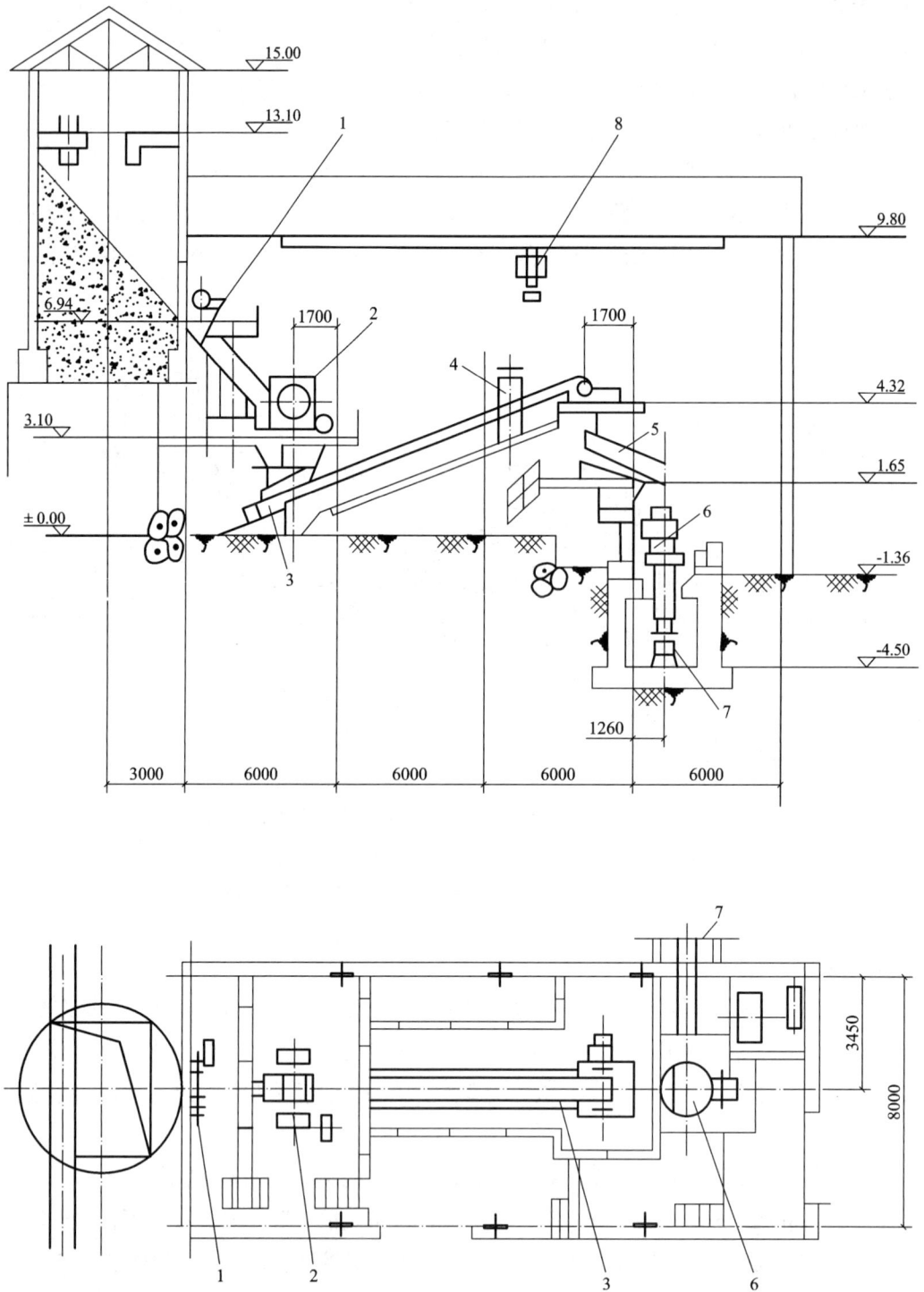

图 6 - 8　两段开路破碎共厂房配置图

1—3B 锁链给矿机；2—400 mm×600 mm 颚式破碎机；3—B500 mm 胶带运输机；4—φ700 mm 悬垂磁铁；

5—1250 mm×2500 mm 万能吊筛；6—φ900 mm 中型圆锥破碎机；7—B500 mm 胶带运输机；8—3 t 电动葫芦

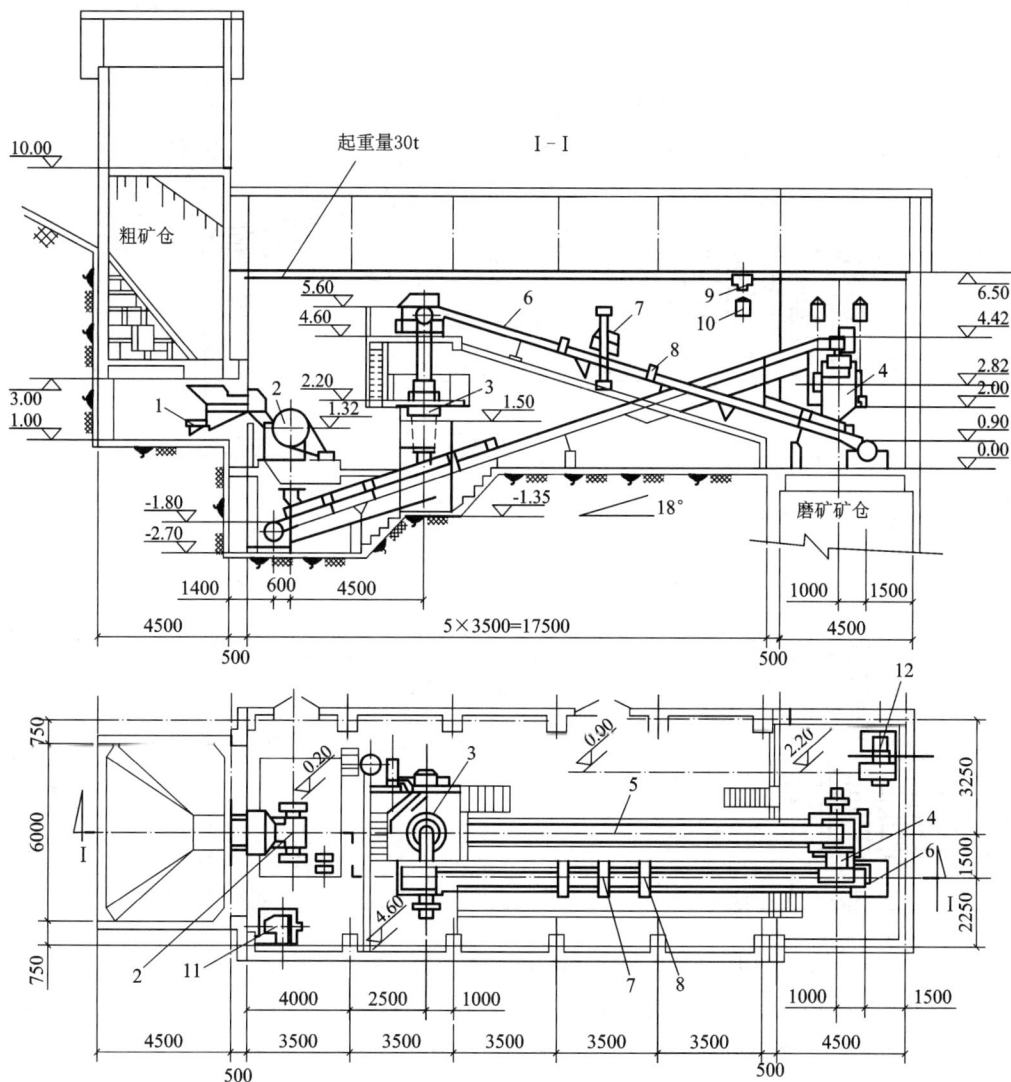

图6-9　两段一闭路破碎与筛分设备共厂房的平剖面配置图

1—DZ$_3$电磁振动给料机；2—400 mm×600 mm 颚式破碎机；3—ϕ600 mm 标准圆锥破碎机；4—SZZ$_2$
900 mm×1800 mm 自定中心振动筛；5、6—B650 胶带运输机；7—MW1-6 悬垂磁铁；8—B500 mm
金属探测器；9—1 t 手动单轨起重机；10—1 t 环链手动葫芦；11、12—水力除尘器组

⑦破碎车间的露天矿堆和石灰堆场，应设置在厂区最大风频的下风向，并应与主要生产
厂房保持一定距离。否则必须采取有效的防尘扩散措施。

（3）设备配置实例

①两段开路破碎的设备配置。两段开路破碎常用于中、小型的建筑材料破碎厂、洗煤
厂、冶炼熔剂厂等对产品粒度无特殊要求的工厂。近年来由于小型超细破碎旋盘破碎机和细

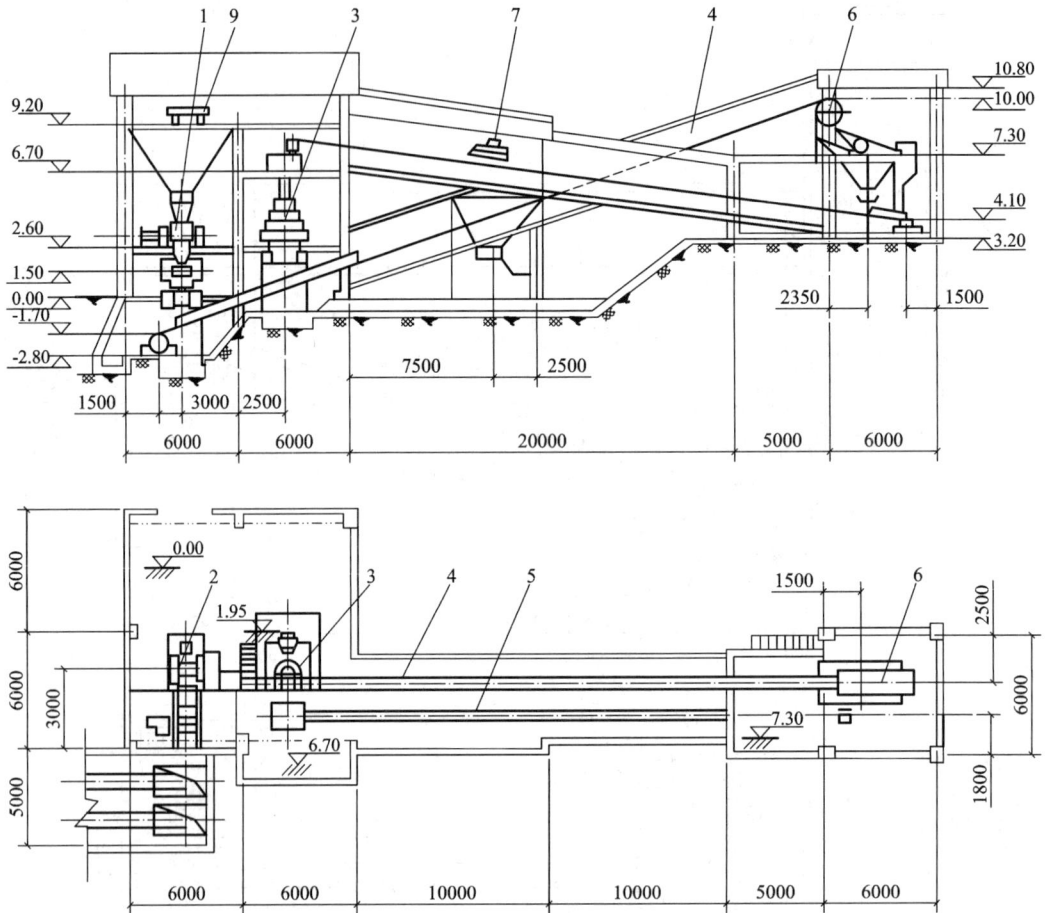

图 6-10 两段一闭路破碎与筛分设备分厂房的平剖面配置图

1—1200 mm×4500 mm 板式给矿机；2—400 mm×600 mm 颚式破碎机；3—φ1200 mm 中型圆锥破碎机；

4、5—B650 mm 胶带运输机；6—1250 mm×4000 mm 万能悬挂振动筛；7—B650 mm 螺旋刮板卸矿机；

8—500 mm×500 mm 双颚式扇形闸门；9—5 t 手动单梁起重机

碎深腔颚式破碎机的出现，一些 100~300 t/d 的小型选矿厂，在原料含泥不大时，也采用两段开路破碎流程。设备台数少，便于配置。结合厂房布置的地形，其设备配置包括：两段分设厂房的纵向配置和两段共用厂房的横向配置，如图 6-7 和图 6-8 所示。

图 6-7 为两段开路破碎分设厂房的纵向设备配置。因地形平缓使连接两段的带式输送机过长，而不得不分设厂房，以避免较长的带式输送机配置在厂内而造成厂房面积、空间利用不合理。第一段破碎采用普通复摆颚式破碎机，不设预先筛分。第二段破碎是采用中型圆锥破碎机，两个厂房分别配有 2 t 手动葫芦。

图 6-8 为两段开路破碎共用厂房的设备配置。因地形为缓坡地形，两段破碎之间所需高差较小，因而连接两段破碎的带式输送机 3 的长度较短，可不分设厂房。这种配置的优点

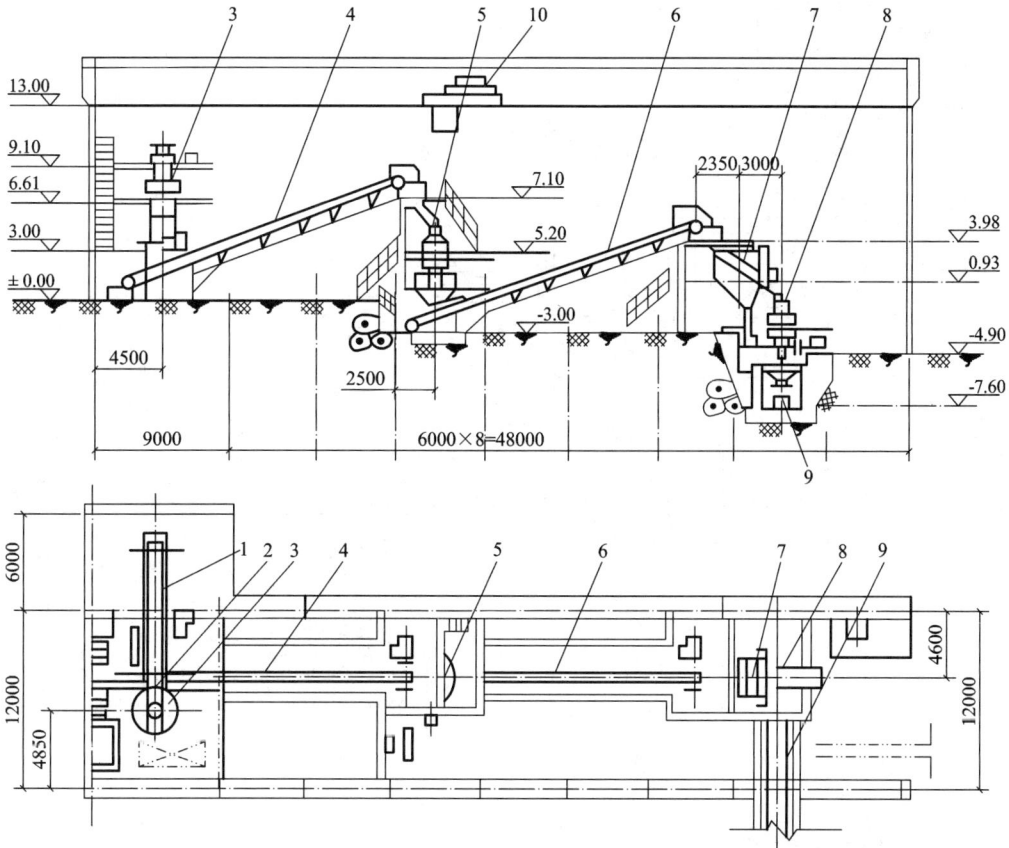

图 6-11　三段开路破碎设备共厂房横向配置图

1—1200 mm×7000 mm 板式给矿机；2—1200 mm×2600 mm 悬臂清扫条筛；3—φ500 mm 旋回破碎机；4—B650 mm 胶带运输机；5—φ1650 mm 标准圆锥破碎机；6—B800 mm 胶带运输机；7—1500 mm×300 mm 振动筛；8—φ1650 mm 短头圆锥破碎机；9—B650 mm 胶带运输机；10—15/3 t 电动桥式起重机

是：操作联系方便，适于较缓地形，厂房内设有三个不同标高的地面，相应降低了厂房高度，空间利用较合理。该种配置既要考虑厂房空间利用的合理性，又要保证正常生产而设置必要的检修设备。从两段开路破碎设置预先筛分的必要性考虑，如采用超细碎的旋盘式破碎机代替中型圆锥破碎机，则可选择取消预先筛分，从而降低厂房高度，设置共用的单梁电动吊车确保生产，同时还可改善破碎车间的工作环境。

②两段一闭路破碎厂房的设备配置。为控制破碎产品的最终粒度，两段一闭路破碎是中、小型选矿厂常用的流程，其基本配置形式有以下两种：

a）破碎与闭路筛分设备共厂房配置。这种配置类似两段开路破碎共厂的横向配置方案，如图 6-9。配置是将两段破碎设备靠近设置在厂房的一端，闭路筛子设置在厂房的另一端，以适应闭路带式输送机所需的距离，两机组设备高差愈大，厂房空间利用愈不合理，其优缺

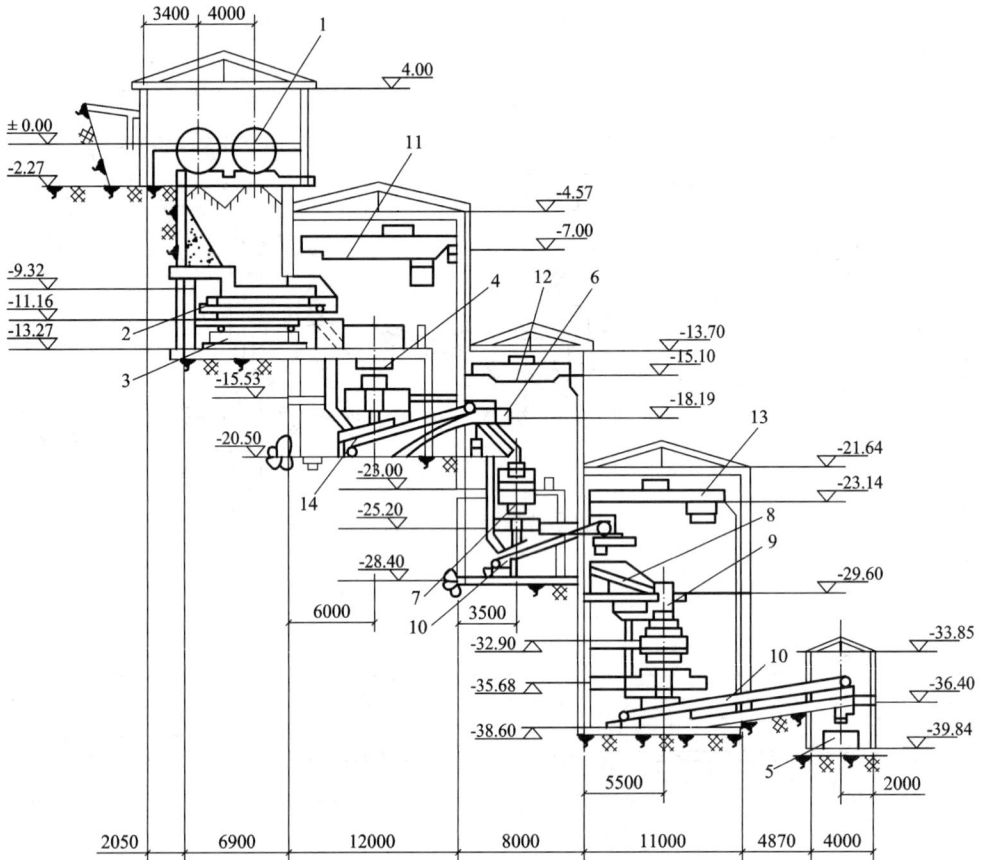

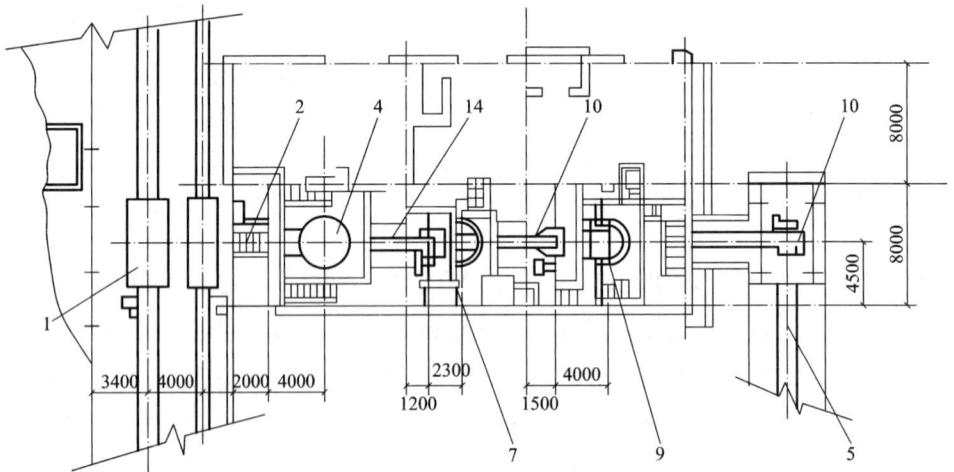

图 6 – 12 三段开路破碎设备分设厂房的纵向配置图

1—2 m³ 翻车机；2—1200 mm×7000 mm 板式给矿机；3—B500 mm 胶带运输机；4—φ700 mm 旋回破碎机；5—B1000 mm 胶带运输机；6—1200 mm×2600 mm 悬臂条筛；7—φ1650 mm 标准圆锥破碎机；8—1800 mm×3600 mm 振动筛；9—φ1200 mm 短头圆锥破碎机；10—B800 mm 胶带运输机；11—20/5t 电动桥式起重机；12—10 t 电动桥式起重机；13—15/3 t 电动桥式起重机；14—B1000 mm 胶带运输机

点类同两段开路破碎共厂房配置。

b）破碎与闭路筛分设备分设厂房的纵向配置，如图 6 – 10 所示。与上述配置方案的区别在于：闭路筛分单独设置厂房，有利于破碎厂房工业卫生条件的改善，并使两条带式输送机形成的交叉走廊置于厂房外，减少了破碎厂房面积且建筑结构简单而节省建筑费用。该配置方案常被中、小型选矿厂所采用。

为获得小于 10 mm 的最终破碎产品，可把细碎用的中型圆锥破碎机 3 换成超细碎机，将闭路单层振动筛换成双层振动筛，这样，可扩大两段一闭路破碎流程的应用范围，即所谓的两段半破碎流程。其设备配置类似图 6 – 10，但筛子、排矿溜槽和带式输送机等的配置尺寸应做一些调整。

③三段开路破碎厂房的设备配置。根据建厂地形，可配置成两种基本形式。一种是三段开路破碎设备共厂房的横向配置，如图 6 – 11。该配置适合于厂房横向布置较长、设备台数少、规格小的情况，其优点是生产管理方便，可共用吊车，但因带式输送机通廊和筛子均在厂房内，使厂房面积和空间利用率低，同时导致厂房防尘卫生条件较差而不够合理。如果机组之间的带式输送机受提升角度限制而使带式输送机过长，则应考虑分段设置厂房，用带式输送机联系各段，以节省建筑费。

另一种是三段开路破碎设备纵向配置（呈阶梯式配置），如图 6 – 12。它属于充分利用陡坡地形的典型纵向配置形式。相对于图 6 – 11 配置而言，其优点是设备配置紧凑，占地面积小，物料运输距离短。缺点是检修吊车增加，检修场地不能共用而增加建筑面积。

④三段一闭路破碎厂房的设备配置。三段一闭路破碎流程是大、中型选矿厂常用的流程。对大型或特大型破碎筛分厂来说，随着破碎机规格的增大，台数的增多，及地形条件的限制，其破碎厂房的配置形式及设备配置方案是比较复杂的。同时，当细碎机台数超过两台以上，或是矿山离选矿厂较远，原矿最大块度受运输工具限制而采用索道运输矿石时，还会出现粗碎与中细碎厂房分开设置的配置方案。有关这些方面的设备配置，可参阅相关的配置图集。下面仅就中型有色金属选矿厂常用的粗、中、细碎设备共厂房和分设厂房的设备配置举例分述。

a）破碎设备共厂和筛分设备独立的横向配置，如图 6 – 13。这种配置形式是中型选矿厂破碎厂房典型的横向配置。其特点是 3 台破碎机共设置在一厂房内，共用一台 10 t 电动桥式起重机。但当振动筛 7 为二台及以上时，应考虑设置分配矿仓，确保振动筛 7 的正常工作。

b）破碎厂房与筛分厂房呈"L"型配置，如图 6 – 14、图 6 – 15 和图 6 – 16。原矿仓、粗碎机 2、中细碎机 3 呈纵向配置，并与细碎机 4 配置在同一厂房内，筛分厂房单独设置，并与中细碎机呈横向配置。该种配置方案较适合于纵向坡度为 25°左右，且纵向较狭窄，而横向较开阔的地形。这也是三段一闭路破碎筛分设备的典型配置。

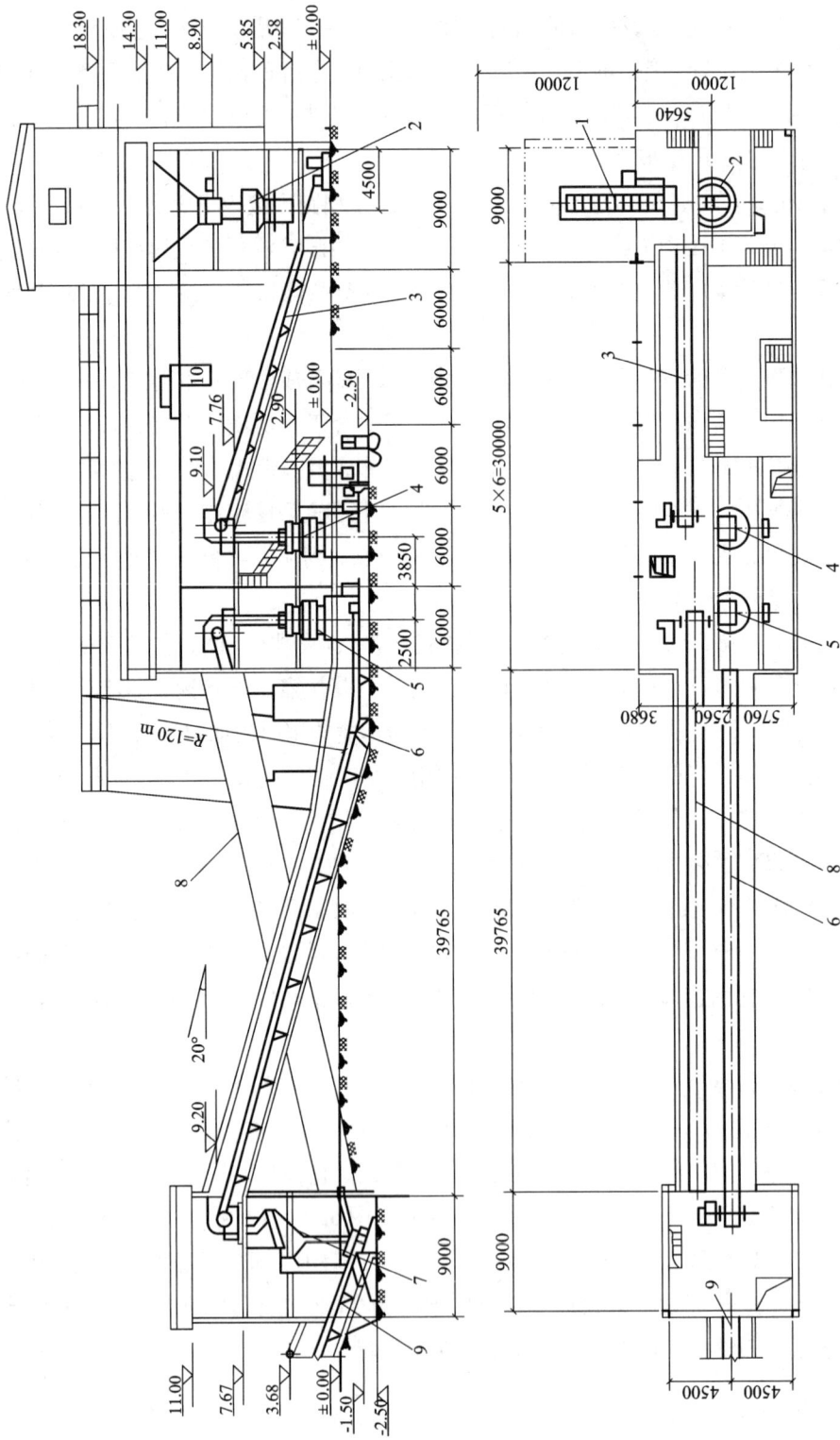

图 6-13　三段一闭路破碎共厂房和筛分厂房独立的横向配置图

1—1200 mm×8000 mm 板式给矿机；2—φ500/75 mm 旋回破碎机；3—B650 mm 胶带运输机；4—φ1650 mm 标准圆锥破碎机；5—φ1650 mm 短头圆锥破碎机；6—B800 mm 胶带运输机；7—1500 mm×3000 mm 振动筛；8、9—B800 mm 胶带运输机；10—10 t 电动桥式起重机

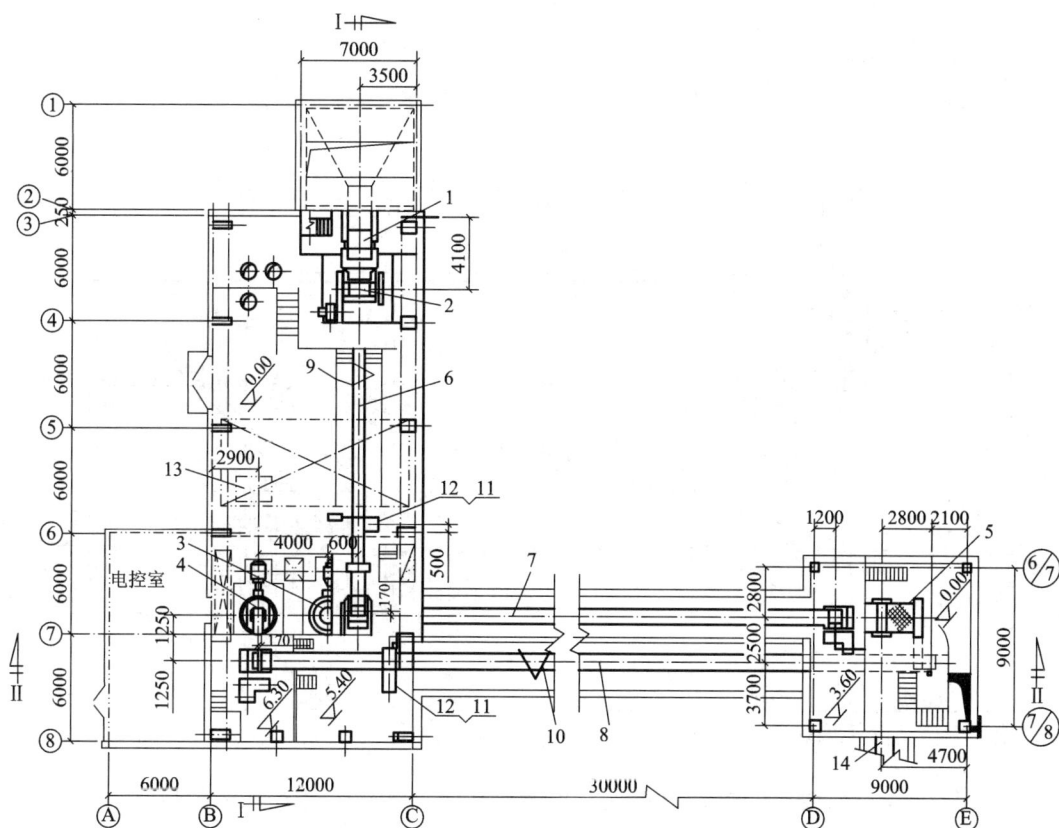

图6-14　三段一闭路破碎设备呈"L"型配置平面图

1—DZ1500 mm×2400 mm电磁振动给矿机；2—PEF600 mm×900 mm颚式破碎机；3—φ1200 mm标准圆锥破碎机；4—φ1200mm短头圆锥破碎机；5—ZD1540矿用单轴振动筛；6—B650 mm(1#)胶带运输机；7—B650 mm(2#)胶带运输机；8—B650 mm(3#)胶带运输机；9—B800 mm金属探测器；10—B650 mm金属探测器；11—除铁小车；12—MW1-6悬挂磁铁；13—8 t电动桥式起重机；14—B650 mm(4#)胶带运输机

6.2.4　磨矿及浮选车间设备配置

由于选矿厂磨矿设备与选别设备在生产操作上联系较多，所以这些设备一般应配置在同一厂房内，成为整个选矿厂的主要部分，故有主厂房之称。在主厂房的设备配置中，磨矿矿仓、磨矿分级、选别以及联结三者的辅助设备及设施必须同时综合考虑。按厂房布置的地形，分为平地式和山坡式两种配置方案。浮选厂、磁选厂或重选厂的主厂房设备配置，一般多利用山坡台阶式布置厂房。即使是平地地形，为了保证矿浆自流，在磨矿与选别车间之间也要造成一定的坡度。磨矿设备多配置在单层厂房内，选别设备可配置在单层或多层厂房内。同时，由于磨矿分级设备是重型设备，选别设备是轻型设备，所以两者多配置在不同跨度的厂房内，以便采用不同起重量的吊车和厂房结构以及保证矿浆自流。

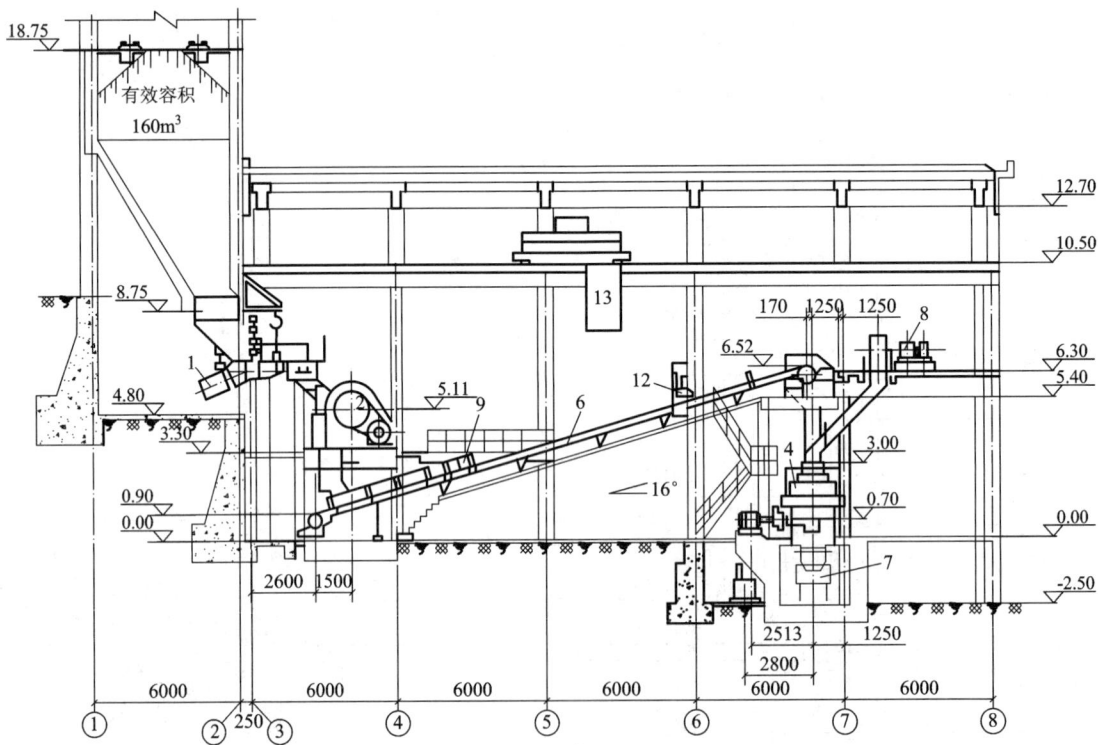

图 6-15　三段一闭路破碎设备呈"L"型配置 I - I 剖面图(图注同图 6-14)

6.2.4.1　磨矿车间设备配置

（1）设备配置方案

①纵向配置。即磨机中心线与厂房纵向定位轴线互相垂直的配置(所谓厂房纵向定位轴线,即标注厂房或车间跨度的柱子中心线,下同)。这种配置是闭路磨矿常用的最佳方案。优点是配置整齐、操作和看管方便。它既适用于一段磨矿,也适用于两段磨矿,即将第二段磨矿机组与第一段磨矿机组配置在同一个台阶上(即同一个跨度内),以便共用检修吊车和检修场地。一段磨矿的分级机溢流用砂泵扬至第二段磨矿的分级机或旋流器给矿口,如图6-17 所示。

②横向配置。即磨矿机中心线与主厂房纵向定位轴线互相平行的配置。它具有厂房跨度小的优点,但磨矿产品自流、操作和管理上就不及纵向配置优越,且厂房空间利用系数也低,如图6-18 和图6-19 所示。

（2）设备配置要点

①大、中和小型选矿厂,一般都采用纵向配置方案。主要优点是操作方便,有利矿浆自流及矿浆分配。

②磨矿车间长度尽量与选别车间长度基本一致。如选别车间过长,地形许可时,可考虑选别作纵向配置,或磨矿作横向配置。

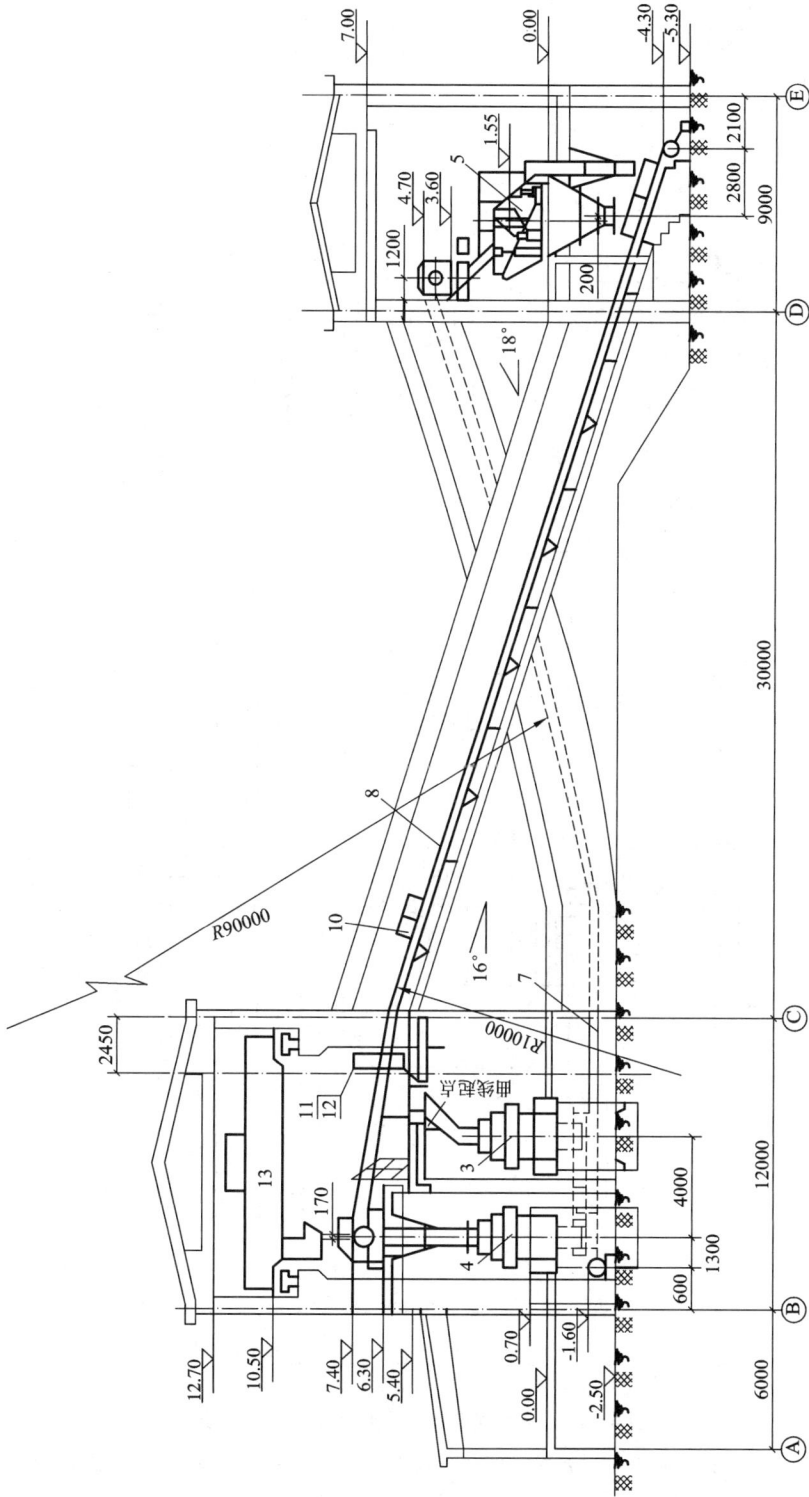

图 6 – 16　三段一闭路破碎设备呈 "L" 型配置 Ⅱ – Ⅱ 剖面图（图注同图 6 – 14）

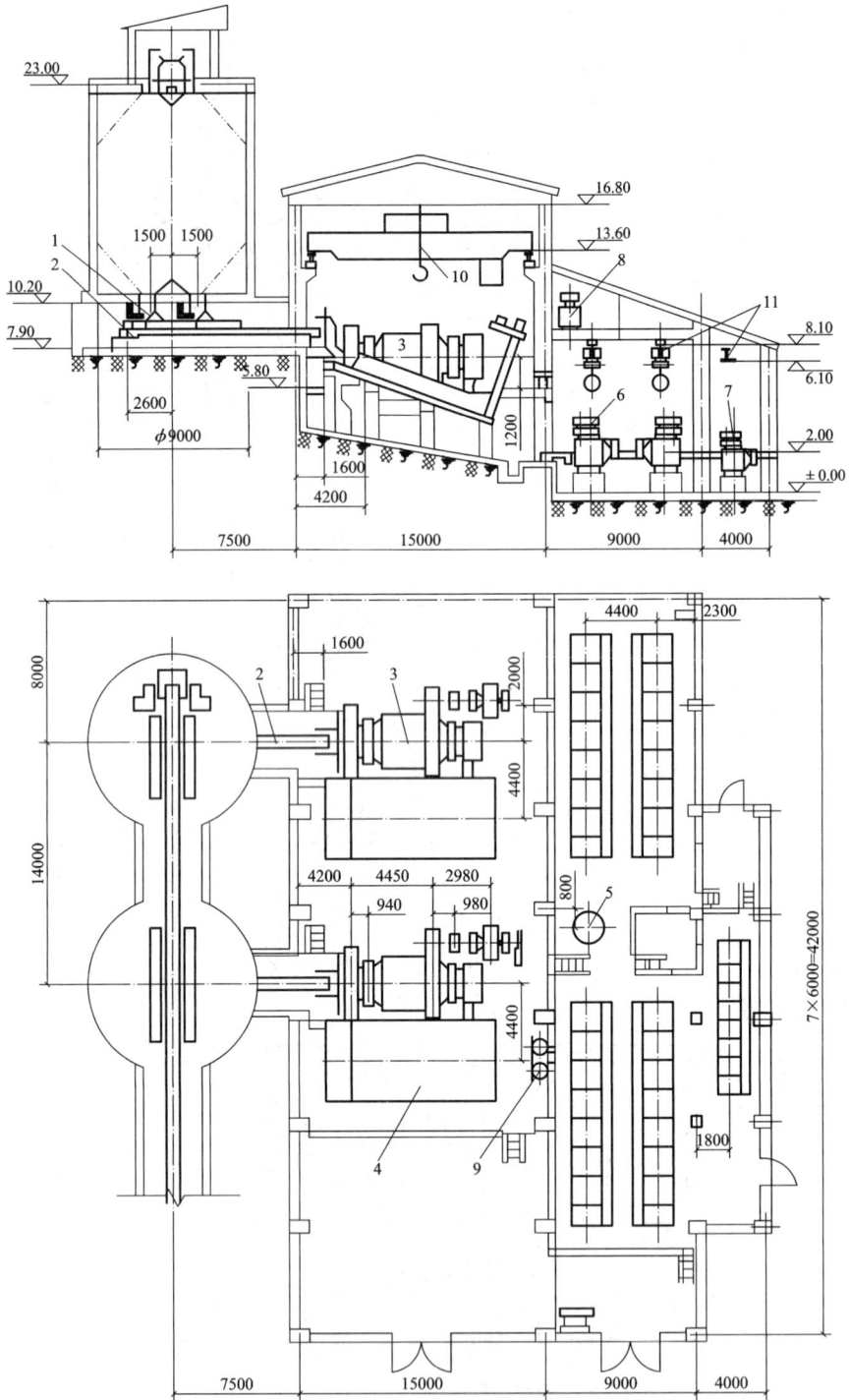

图 6-17　一段磨矿的浮选厂配置图

1—600 mm×600 mm 摆式给矿机；2—B500 mm 胶带运输机；3—φ2700 mm×3600 mm 格子型球磨机；

4—φ2000 mm 高堰式双螺旋分级机；5—φ2500 mm×2500 mm 搅拌槽；6—XJ-28 浮选机；7—XJ-6 浮选机；8—药剂搅拌槽；9—给药机；10—20/5 t 电动桥式起重机；11—1 t 手动链式起重机

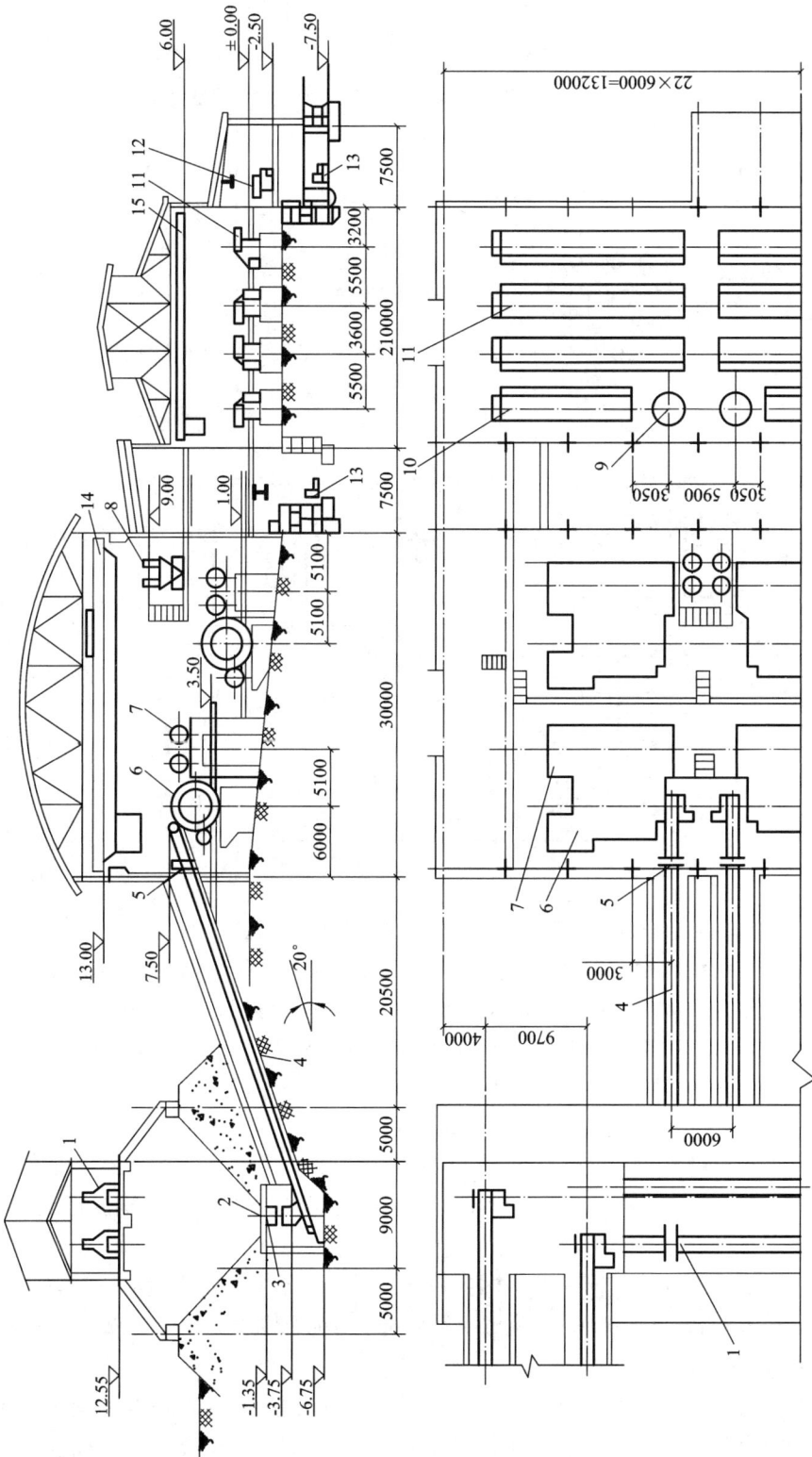

图 6-18　两段磨矿的浮选主厂房配置图

1—1200 mm 移动卸矿车 2 台；2—600 mm×600 mm 摆式给矿机 36 台；3、4—B650 mm 带式输送机 5—IIT 皮带秤 6 台；6—φ3200 mm×3100 mm 格子型球磨机 12 台；
7—φ2400 mm 高堰式双螺旋分级机 12 台；8—φ750 mm 旋流器 12 台；9—φ3500 mm 搅拌桶 6 台；10—7A-6 槽浮选机 6 台；11—7A-8 槽浮选机 18 台；
12—4A-16 槽浮选机 3 台；13—砂泵；14—30/5t 电动桥式起重机；15—2t 电动单梁起重机

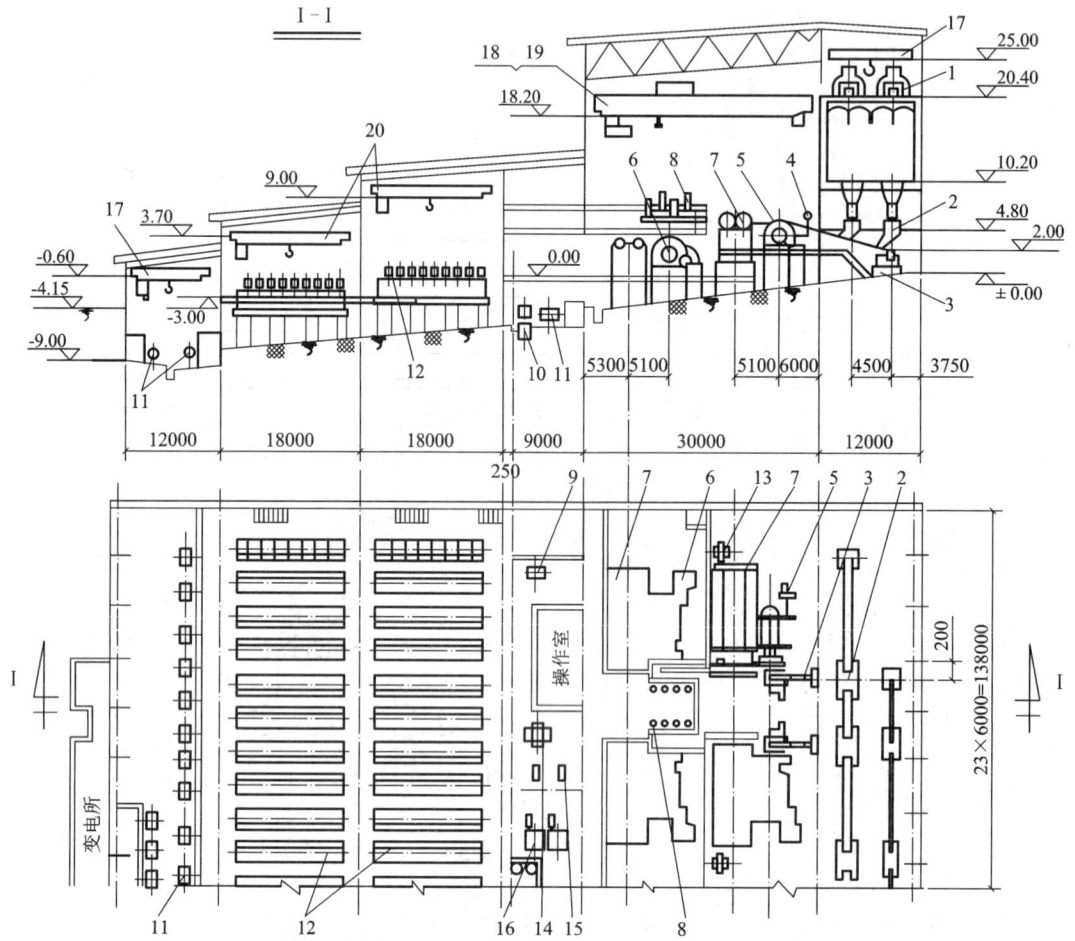

图 6 – 19 带控制分级的两段磨矿的浮选主厂房配置图

1—B1400 mm 胶带运输机；2、3、4—B800 mm 胶带运输机；5—φ2700 mm × 3600 mm 格子型球磨机；6—φ2700 mm × 3600 mm 溢流型球磨机；7—φ2400 mm 高堰式双螺旋分级机；8—φ750 mm 旋流器；9—分配器；10—立式砂泵；11—砂泵；12—XJ – 28 浮选机；13—取样机；14—矿流分配器；15—给药机；16—贮药桶；17—5 t 电动单梁起重机；18—15/3t 电动桥式起重机；19—125/20 t 电动桥式起重机；20—2 t 电动单梁起重机

③多段磨矿的磨矿机，可配置在同一跨间内，也可配置在两个跨间内。配置在两个跨间内的优点在于：若选别流程长，则矿浆输送距离短、高差小、生产成本低。若选别流程短，磨机台数不多，则应配置在一个跨间内比较经济。

④多系列磨矿应注意设备配置的同一性。即各系列设备从上至下相互平行对称配置。当各磨矿系列的矿石品位波动较大，或单一磨矿与多系列选别作业配置时，易实现先集中磨矿产物后分配至多系列选别作业选别。

⑤磨矿矿仓的贮矿时间一般为 16 ~ 36 h。当选矿厂规模小，或规模大并设有中间矿仓时可取 16 h。磨矿矿仓多采用圆柱形矿仓。若矿仓直径大，为了提高矿仓有效容积，仓底可增加卸矿口以减少矿仓死角。值得提出的是，随着选矿厂规模的日益扩大，对特大型选矿的磨

矿前的贮矿设施广泛采用经济适用的大型矿堆,如江西德兴铜矿的大山选矿厂磨矿前的粉矿贮存就是采用矿堆形式。

磨矿机给料常用带式输送机,其角度不宜过大,一般应小于18°。带式输送机的受料点应保持平稳,带式输送机的长度取决于电子秤安装要求,其受矿点至电子秤的最小距离,一般不应小于 8 m。为确保自动称量的精度,最好采用重锤尾部拉紧装置,使胶带保持一定的张力。

⑥吊车起重能力按5.10.4的相关规定选取。

⑦磨矿车间地面应有 5% ~10% 的坡度,并设置良好的排污排砂及回收矿渣系统。保证符合环境要求,减少金属流失。

⑧钢球仓应设置在检修场地附近,并结合地形考虑运输方便。为改善清球的条件,在检修场地应设置废钢球仓,以便及时装车外运。

⑨磨矿机排矿溜槽坡度和分级机返砂溜槽坡度与分级溢流粒度等有关,按表6-1选取,并按厂家对不同规格,不同型号的磨矿机与分级机自流联结机组的相关尺寸要求,作出正确的配置。

表6-1 不同磨矿细度的磨矿机排矿及分级机返砂溜槽的坡度

分级机溢流粒度/mm	-0.074	-0.1	-0.15	-0.2	-0.3	-0.4	-0.6	-0.8	-1.2	-2
磨机排矿溜槽坡度/%	10	13	15	17	20	22	23.5	24.5	25	27
分级机返砂溜槽坡度/%	25	28.5	31.5	34.5	3.5	40	43	45.5	47	50

注:本表数据适用于密度为2.85的矿石,对密度较大的矿石,坡度应适当增大15% ~30%。

6.2.4.2 浮选车间设备配置

(1)设备配置方案

①横向配置。即每列浮选机槽内矿浆流动线与厂房纵向定位轴线互相平行的配置。这种配置是浮选车间常用方案,陡坡地形更为常用。当采用机械搅拌式浮选机时,大部分浮选机可配置在一个或几个台阶上。若采用充气机械搅拌式浮选机时,在同一地面标高上,为实现于各作业间矿浆自流,每个作业浮选机之间应留有300~600 mm 的自流高差,浮选机操作平台的高差也随之相应地变化,如图6-17所示。

②纵向配置。即每列浮选机槽内矿浆流动线与厂房纵向定位轴线互相垂直的配置。这种配置是平地,或地形坡度小,或浮选机规格小的常用方案。如我国白银厂铜选厂的主厂房,见图6-19,因平地建厂,即属此种配置。若流程复杂、返回点多、返回量大时,则厂内横向交错管道多、生产操作不方便。若地形坡度大(即陡坡),则土石方量大、基建费高。所以,纵向配置方案在选矿厂不常用。

(2)设备配置要点

①为使矿浆流量符合浮选机允许的通过量,需要划分浮选系列并与磨矿系列合理地进行组合,特别是大、中型选矿厂。因此在主厂房配置时,应首先合理划分系列和作业区。作业区是由一个或几个系列组成,常见的组合是一对一,即一台磨机与一个浮选系列组合。它既利于操作调整,技术考查,也利于系列轮换检修,其互换性较好。

②每排浮选机的槽子数或总长力求相等。当每排浮选机前设有搅拌槽时,其总长度(包括搅拌槽)也应尽量相等。每排浮选机之间尚需配置砂泵时,砂泵机组应与搅拌槽相互对应,使行列配对整齐,以利于厂房面积的合理使用和操作看管的方便。

③浮选回路力争自流,回路变动应具灵活性。对几个作业的自吸式机械搅拌浮选机(即XJK型浮选机),应配置在同一标高上,以利于同一作业的泡沫产物向前一作业返回。且每排总浮选槽数不能过多,否则,难以实现矿浆自流。XJK浮选机槽数与泡沫槽坡度见表6-2,浮选车间的管道坡度见表6-3。

如采用充气机械搅拌式浮选机(或大型浮选机)时,因泡沫产物均需采用泡沫泵输送来构成浮选回路。此时,每排浮选机的槽数虽不受限制,但为保证浮选槽内矿浆的自流,每排浮选机的槽数也不宜过多,且每个作业之间应保持300~600 mm的自流高差。

表6-2 XJK型浮选机槽数与其泡沫槽坡度的关系

浮选机容积 /m³	同一坡度泡沫槽所连接的浮选机槽数										吸浆管中心至槽底距离 /mm	泡沫槽宽度 B/mm
	1	2	3	4	5	6	7	8	9	10		
0.13	36.5	29.1	15.6	12.1	10.0	8.4	7.3	6.4	5.8	5.2	188	100
0.23	36.5	29.1	15.6	12.1	10.0	8.4	7.3	6.4	5.8	5.2	224	100~150
0.35	35.0	19.7	14.3	11.0	9.0	7.6	6.6	5.8	5.2	4.7	243	150~200
0.62	34.8	20.8	14.9	11.6	9.5	8.0	6.9	6.1	5.5	5.0	265	200~250
1.10	27.2	16.3	11.6	9.1	7.4	6.3	5.4	4.8	4.3	3.9	321	250~300
2.8	19.8	11.8	8.5	6.6	5.4	4.5	3.9	3.5	3.1	2.7	406	300~350
5.8	14.6	8.8	6.3	4.9	4.0	3.4	2.9	2.6	2.3	2.1	515	350~400

注:泡沫槽起坡点一般低于浮选机泡沫堰50 mm。当浮选泡沫产物量很大时,可适当增大泡沫槽宽度。

表6-3 浮选车间自流管道(溜槽)最小坡度

输 送 产 物	矿浆中固体浓度/%	自流管道坡度/%	最大溜槽坡度/%
铜、锌、黄铁矿分级机溢流用管道送至浮选机时,粒度-0.3 mm	40	5-8	
粒度-0.2 mm	33	3-5	
经粗磨含有大量黄铁矿的硫化矿混合精矿,不加水时	40	10	15
同上,送去精选,补加清水	25~30	7	10
送去浓缩的铜、铅、锌和其他最终精矿,补加水冲洗后	20~25	4	7
同上,精矿浓缩之后的矿浆	50~70	7	10
浮选各作业尾矿浆	33	1.5~2.0	2.0~4.0

④浮选回路中必须采用砂泵扬送矿浆时，应尽量使砂泵的扬量和扬程最小。为节省砂泵数量，返回到同一地点的中间产物应使其汇集于适当地点，然后用砂泵集中返回。回路中应选用低扬程的泡沫泵或长轴泵，以便减少能耗。

⑤浮选机配置应便于操作及维修。泡沫槽宽度应根据浮选机规格、数量以及泡沫产率来决定。双排配置的浮选机泡沫槽应相向对称（即泡沫槽对泡沫槽），或合而为一（如双面刮泡的浮选机）。三排配置的浮选机，其中靠柱子的一排浮选机的泡沫槽不宜面向柱子。泡沫槽距操作台的高度，一般为 600 ~ 800 mm，最小不得低于 300 mm。

泡沫槽宽度一般为 100 ~ 500 mm，泡沫槽始端的坡点宜低于浮选机泡沫溢流堰 50 mm 以上，泡沫槽末端接管（包括溜槽接管在内）坡度可以小一些，因下一个作业浮选机进矿口有一定吸力，一般有 1.5% 的坡度即可。

需指出的是，目前对大型化浮选设备的配置，多采用埋入设计，即将栅格平台设置于浮选机槽体之上，因而，浮选机泡沫槽与操作平台之间的高度关系，不再按以上要求考虑。这种配置不仅使浮选车间设备整洁美观，也是大型浮选机所决定的。

⑥浮选车间必须保证良好的照明条件和检修条件，以便操作人员观察泡沫情况和检修方便。检修吊车应根据浮选机的规格和台数选取（参见 5.10.4）。一般选用电动葫芦或电动单梁起重机。

⑦浮选车间必须考虑给药设施的位置。给药设施一般配置在高于浮选机的平台上。一般设置在浮选跨间的楼层上，以保证药剂自流输送。药剂管道的坡度均应大于 3%，且其架设路线不得妨碍浮选机的吊装检修。规模小的选矿厂，多采用集中给药方式，规模大的选矿厂多采用集中制备与分散给药相结合的方式。如必须用泵输送药剂时，其管道布置时应保证一定的倒流坡度，以便停止送药时，管道内残余的药液可自流返回药剂池中。各种管道均涂以不同的颜色，或标明记号，以示区别和便于查找。对剧毒及强腐蚀性的药剂更应注意，严格遵守有关设计规定。

⑧浮选机操作平台应设有排水孔洞，或制成格栅式盖板。地面应有 3% ~ 5% 的坡度，以便冲洗地面。排污系统地沟应与全厂排污系统相适应。浮选机的放矿应接以引流管道，并排至事故放矿的泵池，以便回收再选。

⑨取样系统数应与生产流程相适应，在设置取样点的地方应留有足够的高差和工作空间。

6.2.4.3　磨浮主厂房设备配置实例

1）一段磨矿的浮选主厂房设备配置。选厂规模 2000 t/d，回收单一金属矿。磨矿分级机组呈纵向配置，浮选机则呈横向配置。矿浆自流输送，检修场地集中于厂房的一端，给药室配置在浮选车间的楼面上，如图 6 - 17 所示。该配置中，磨矿机与浮选机的系列搭配是：粗和扫选作业采用一对一，精选作业合并在一起。

2）两段磨矿的浮选主厂房设备配置。选厂规模 13000 t/d，回收两种金属矿物。磨矿机组呈横向配置，浮选机系列呈横向配置，见图 6 - 18。粉矿的储存采用半地下式矿仓（堆）。两段磨矿的联系和中间产物的返回均采用砂泵扬送。磨矿与浮选之间专门设有一跨供给药室、控制室和砂泵房使用。

3）带控制分级两段磨矿的浮选主厂房设备配置。选厂规模 10000 t/d，回收两种金属矿物。两段磨矿分级机组均为横向配置，浮选机系列为纵向配置，如图 6 - 19 所示。配置特点是：一、二段磨矿机组之间保持 2 m 高差，磨矿产品可自流。浮选车间长度减少，各组浮选机间的高差降低。但磨矿车间跨度大，空间利用率低。浮选车间配置、生产操作和看管不便。因此，该配置只在流程结构较简单的浮选厂采用。

4）阶段磨矿、阶段选别的铜浮选厂主厂房配置。规模为 14000 t/d，回收单一金属矿物。矿浆自流输送，由于系列数多，两段磨矿分级机组分为配置在两个不同标高的跨间内，均呈纵向配置。浮选机系列对应于一、二段磨矿呈横向配置。由于设备型号和规格一致，既利于操作调试和技术考查，也利于系列轮换检修，其互换性较好。给药室集中在第一段浮选跨间的楼上，如图 6 - 20 所示。该配置如采用当今更大型化的球磨机和浮选机代替原设计的球磨机和浮选机，则第二段分级应采用较成熟的水力旋流器，其生产系列数和厂房面积将大大减少，更符合设计规范要求。

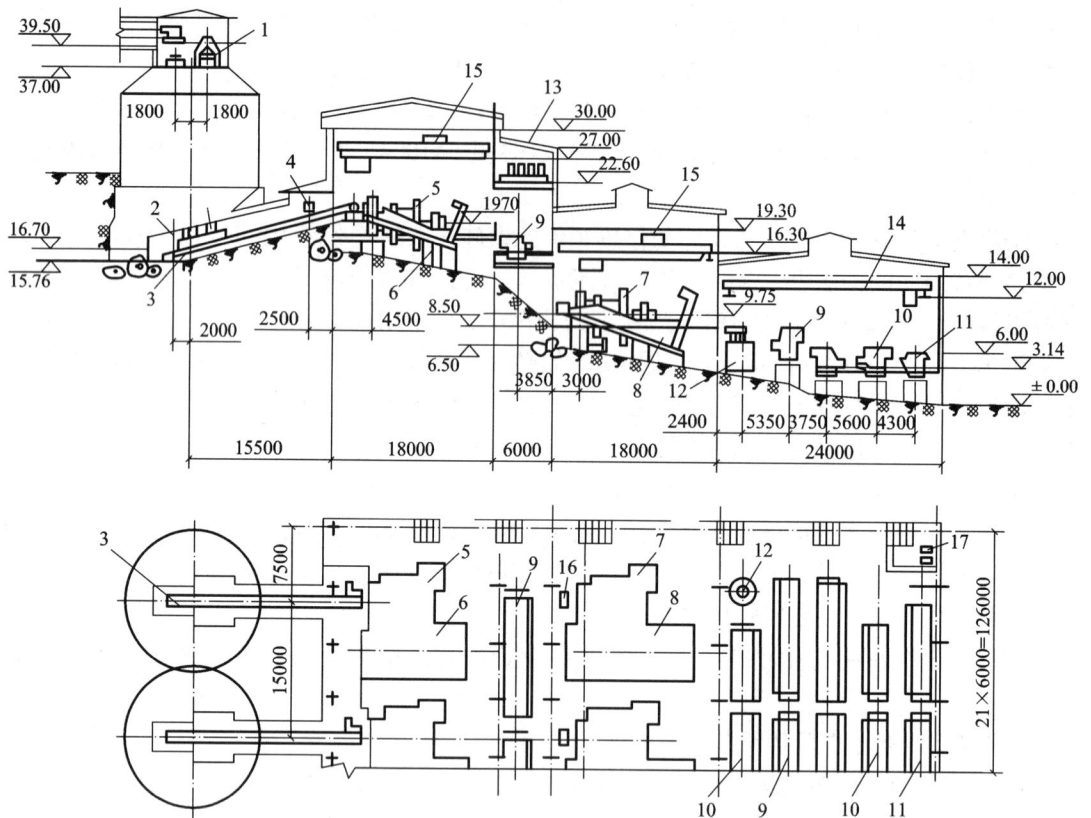

图 6 - 20　阶段磨矿阶段铜浮选厂主厂房配置图

1—B = 1000 mm 卸料小车 2 台；2—600 mm × 600 mm 摆式给矿机 21 台；3—B650 mm 胶带运输机 7 台；4—B650 自动称 7 台；5—ϕ3200 mm × 3100 mm 格子型球磨机 7 台；6—ϕ2400 mm 高堰式双螺旋分级机 7 台；7—ϕ2700 mm × 3600 mm 溢流型球磨机 7 台；8—ϕ2400 mm 沉没式双螺旋分级机 7 台；9—XJ - 58 浮选机 21 台；10—XJ - 58 浮选机 14 台；11—XJ - 28 浮选机 7 台；12—ϕ300 搅拌槽 7 台；13—给药机；14—2t 电动单梁起重机；15—30/5 t 电动桥式起重机 2 台；16—ϕ500 mm 旋流器；17—AII - 1 型自动取样机

6.2.5　重选车间设备配置

由于重选厂处理物料的密度差大，入选粒度较粗，流程结构复杂，且多为阶段磨选流程，选别设备种类和台数多（特别是细粒重选），耗水量大，矿浆流量大，水回收设施复杂等特点。因此，重选厂房的设备配置比浮选厂房和磁选厂房的设备配置要复杂得多。但其基本配置方案仍可归纳为以下两种。

（1）设备配置方案

①单层阶梯式配置。与浮选厂阶梯式配置类似，基本是按作业设备归类合并后配置在单层厂房内实现物料自流。矿浆流向非常清楚，便于重型、大型和振动等设备的配置，如图 6 - 21 的剖视图。对中、小型选矿厂，尤其是处理砂矿的重选厂，鉴于其服务年限短、厂房结构简单、投资省和建设快，可从简建厂。厂房适宜地形坡度是：分选细粒嵌布矿石一般为 10° ~ 20°，粗粒嵌布矿石一般为 20° ~ 30°。这种配置的特点是占地面积大，地沟系统较复杂。

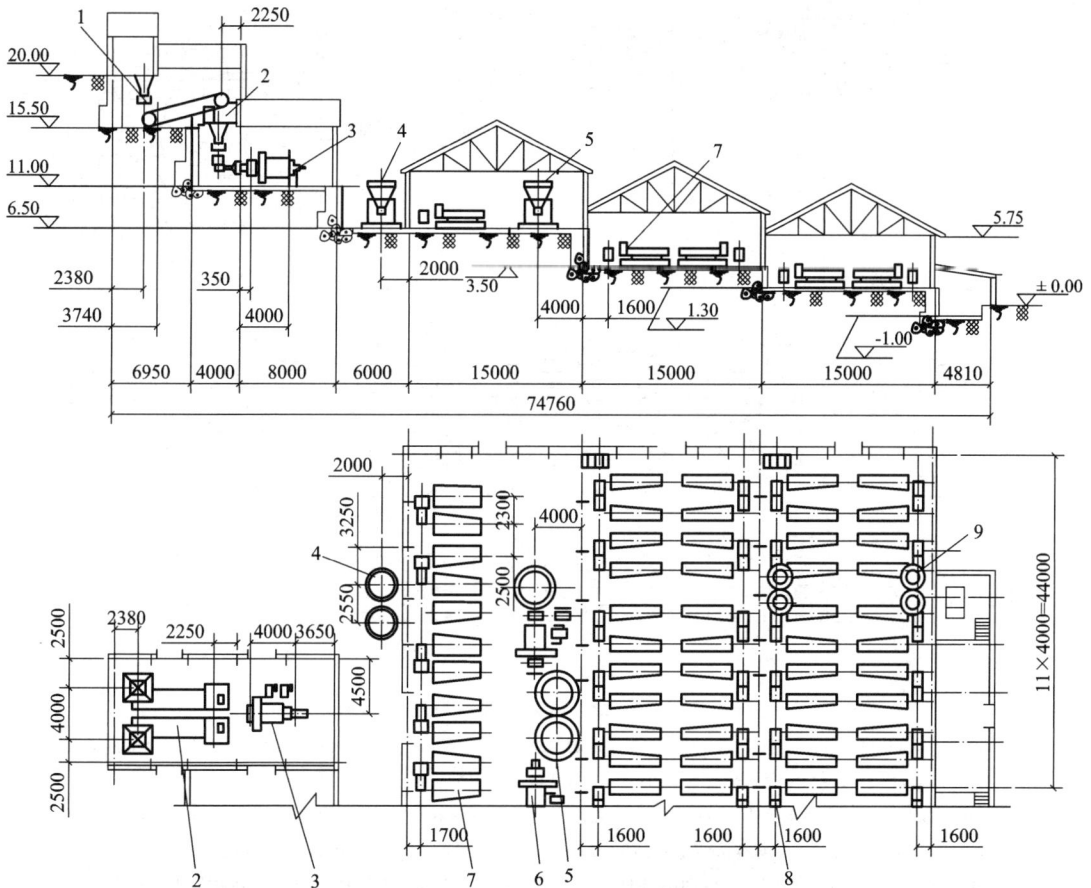

图 6 - 21　单层阶梯式重选厂设备配置图

1—B400 mm 振动给矿机；2—1500 mm × 6700 mm 搅拌式洗矿机；3—φ1500 mm × 3000 mm 棒磨机；

4—φ2000 mm 浓泥斗；5—φ3000 mm 浓泥斗；6—φ1500 mm × 2400 mm 球磨机；

7—1800 mm × 4400 mm 摇床；8—水力分级箱；9—φ1000 mm 浓泥斗

②多层－单层阶梯式配置。这种配置适用于两种情况：一是重选厂某些作业（如重介质旋流器分选作业）的机组需要较大的高差，要求将设备安装在有足够高度的楼层上，而另外部分作业的设备占地面积大且振动较强，宜采用单层阶梯式配置在地面上（如摇床等）。二是因受场地限制，为减少占地面积，部分重量轻、振动小的设备，可配置在楼层上，适宜地形坡度为 15°～20°，如图 6－22 所示。

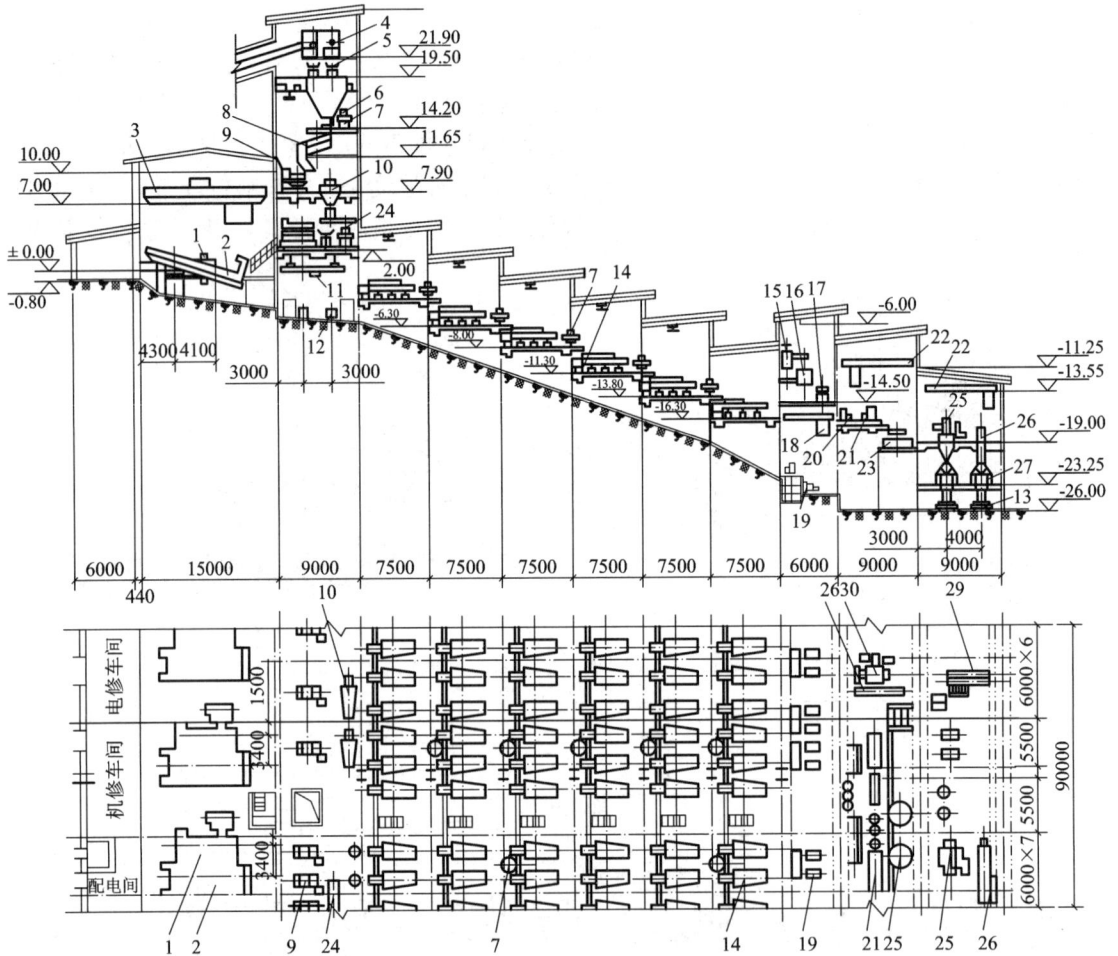

图 6－22　多层—单层阶梯式重选厂配置

1—φ1500 mm×3000 mm 棒磨机；2—φ1500 mm 双螺旋分级机；3—15/3 t 电动桥式起重机；4—B650 mm 胶带运输机；5—B800 mm 移动可逆胶带运输机；6—400 mm×400 mm 摆式给矿机；7—矿浆分配器；8—1250 mm×2500 mm 振动筛；9—1000 mm×1000 mm 下动型隔膜跳汰机；10—水力分级机；11—2 t 电动悬挂式起重机；12—4″砂泵；13—精矿小车；14—1800 mm×4400 mm 摇床；15—φ1500 mm 搅拌槽；16—φ1500 mm 贮药槽；17—给药机；18—1 t 电动桥式起重机；19—лн－2″砂泵；20—30L 浮选机；21—XJK－0.13 浮选机；22—2 t 电动桥式起重机；23—φ3600 mm 浓密机；24—B650 mm 胶带运输机；25—5 m² 过滤机；26—φ750 mm 螺旋分级机；27—φ1200 mm×3500 mm 间接圆筒干燥机；28—1 m² 过滤机；29—φ500 mm×4500 mm 螺旋输送机；30—φ1200 mm×1200 mm 球磨机

（2）设备配置要点

①结合地形特点，按流程要求和物料自流来确定合理配置方案。分级与粗粒选别作业配

置在较高处,细粒物料作业配置在较低处。除循环矿流外,尽量实现矿浆自流。对占地面积小、机体轻和振动强度不大的设备可配置在上层,反之应配置在下层或地面。

②均匀给矿,均匀分矿,确保体积流量稳定和均衡,浓度和粒度稳定,是重选厂设备配置中应注意的重要问题。它必须有良好的给矿和分矿设备,矿浆计量装置(即自动取样机)以及它们所需的高差。

③中间产品输送泵,根据返回点多且分散的特点,应局部集中配置。不宜采用全厂大集中的方式,以避免造成自流管、沟的复杂化而使管理困难。选用砂泵种类和规格要少。根据需要选用变速砂泵,尽量不用地下吸入式砂泵配置,采用单泵配单管。同时要设置必需的检修设施和场地,以保证筛网、筛板、砂泵叶轮和泵壳等易损件的更换。

④管路布置尽量减少弯曲,方便操作和检修,不得妨碍起重机运行。

⑤地沟系统坡度的种类不宜过多,以便适应矿石性质波动和流程变动。地沟及溜槽宽度不小300 mm,坡度不宜过大。地沟拐弯应避免直角,入口处应设置格栅,地沟上应敷设活动盖板或格板,以满足自流输送和便于清理维修,妥善安排好事故排浆系统。

⑥摇床采用操作面向配置,并特别注意整齐、紧凑,便于操作看管。

⑦重选厂的耗水量大(高达 $15 \sim 30 m^3/t$),而且污染较小,因此需重视回水利用和回收设施。

(3)设备配置实例

①单层阶梯式重选厂配置。如图 6-21 的平、剖面图所示。设备配置按流程顺序沿地坡线从高至低地进行。其特点是:全厂按单系列设备配置成较明显的生产区,磨矿机(包括返回产物磨矿机6)集中配置在地坡较高处。分级设备采用分泥斗及分级箱构成闭路磨矿作业。二段磨矿前设置 $\phi 3000$ mm 分泥斗 5 来控制给矿浓度。然后按先粗后细的选别顺序,依次逐台配置选别设备,这样保证了选别流程主矿流自流的要求。

②多层-单层阶梯式大型重选厂配置。如图 6-22 的平、剖面图所示。配置特点是:粗粒级物料的洗选设备按多层式配置,原料经由带式输送机提升到多层建筑的顶部,重量大、振动较大的设备(如摇床等)按单层阶梯式配置。第三跨为多层式配置,设备按流程顺序进行配置,即从上至下为:来矿带式输送机4、分配矿仓、给矿机6、振动筛8、跳汰机9及水力分级机等,第二跨为单层配置,设有棒磨机 1 和脱泥用双螺旋分级机 2。第三跨为多层式配置,第四跨至第九跨均属单层阶梯式配置,安装占地面积大的摇床 14 共 144 台。第十至十二跨为多层式配置,如第十跨,上层设置振动小的搅拌槽、贮药桶及给药机,下层配置砂泵。

6.2.6 磁选厂房的设备配置

随着永磁和强磁磁选机等新的高效磁选设备的出现,大大简化了磁选工艺流程,进而磁选设备的配置也得到了简化。湿式磁选车间的设备配置,基本上类同于浮选车间的设备配置,一般是紧挨磨矿车间布置。

(1)设备配置方案

①单层阶梯配置。当地形坡度较陡时($15° \sim 25°$),将设备按照工艺流程的顺序,沿着地形坡度,自上而下分别布置在几个不同的台阶上,实现矿浆自流,其设备配置形式如图 6-23 所示。

②多层配置。当地形坡度较平缓时(小于$15°$),将设备重量不大,振动较小,或者设备重量虽大,但没有振动的磁选机和磁力脱水槽等设备安装在楼层上,设备配置如图 6-24 所示。

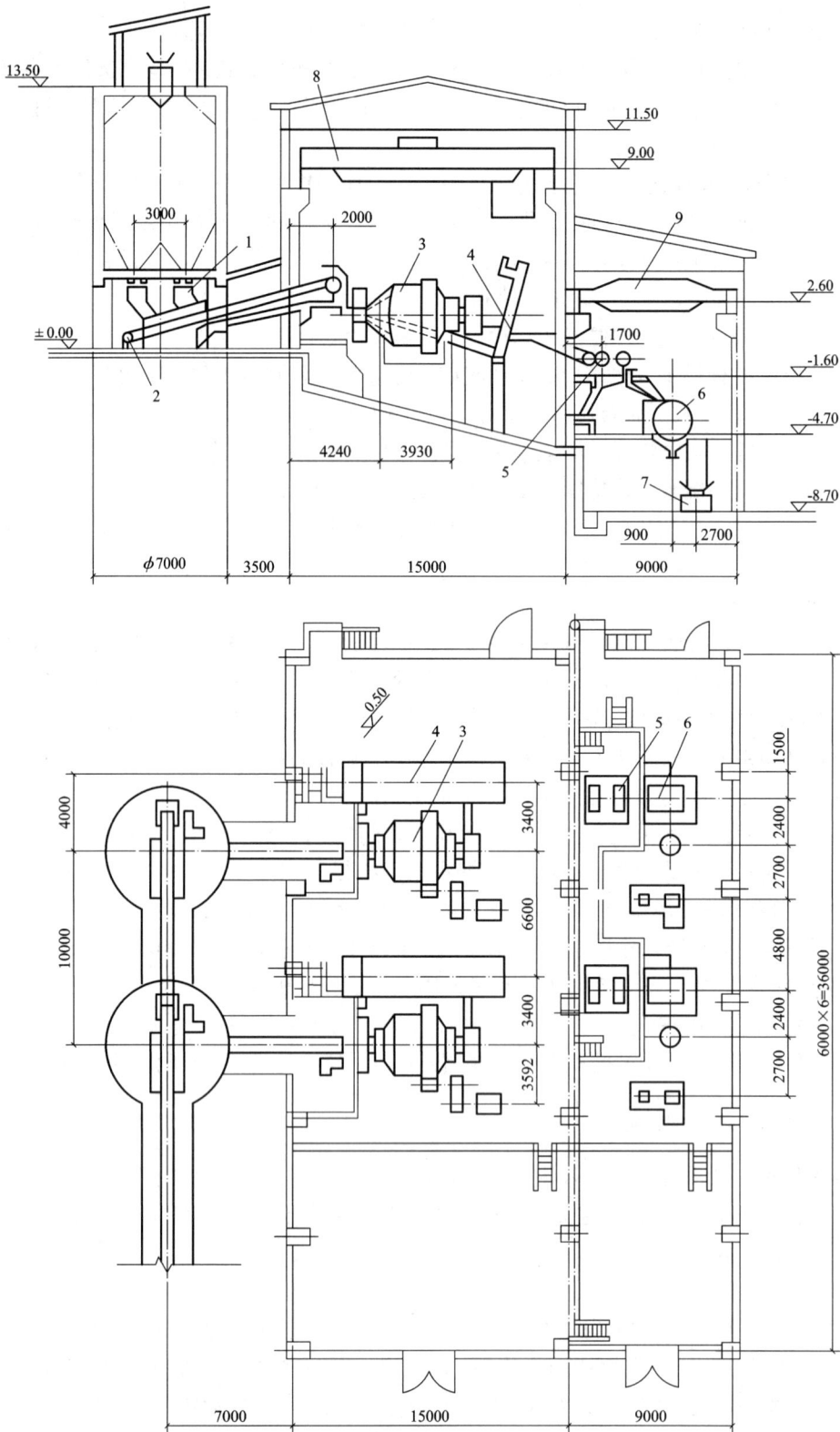

图 6-23 单层阶梯式磁选车间设备配置

1—600 mm×600 mm 摆式给矿机；2—B500 mm 胶带运输机；3—φ2700 mm×2100 mm 格子型球磨机；4—φ2000 mm 高堰式单螺旋分级机；
5—φ600 mm×1800 mm 双筒永磁磁选机；6—8 m² 外滤式永磁过滤机；7—B650 mm 胶带运输机；8—15/3 t 电动桥式起重机；9—2 t 电动单梁起重机；

（2）设备配置要点

磁选设备配置要点基本上与浮选车间和重选车间的设备配置要求类似，配置要点如下：

①由于磨矿分级机组的生产能力大于单台磁选机，其溢流需要分配给多台磁选机，因而，设计中应考虑矿浆的均匀分配。

②干式磁选车间的设备配置多采用多层式。如地形坡度较陡，也可采用单层式配置。

③磁选得到的精矿密度较大，要保证矿浆的自流，必须保证矿浆管道有足够的坡度，具体数据可参考生产实践资料或《选矿设计手册》。

（3）设备配置实例

①单层阶梯式磁选车间配置。如图6-23所示。该配置中的设备沿地形坡度配置在不同的台阶上，使得物料能很好地实现自流。

②多层式磁选车间配置。如图6-24所示。这种配置中把分级及机溢流用砂泵一次性扬送到磁选跨间的磁力脱水槽，然后进磁选机，借助高差实现矿浆自流。

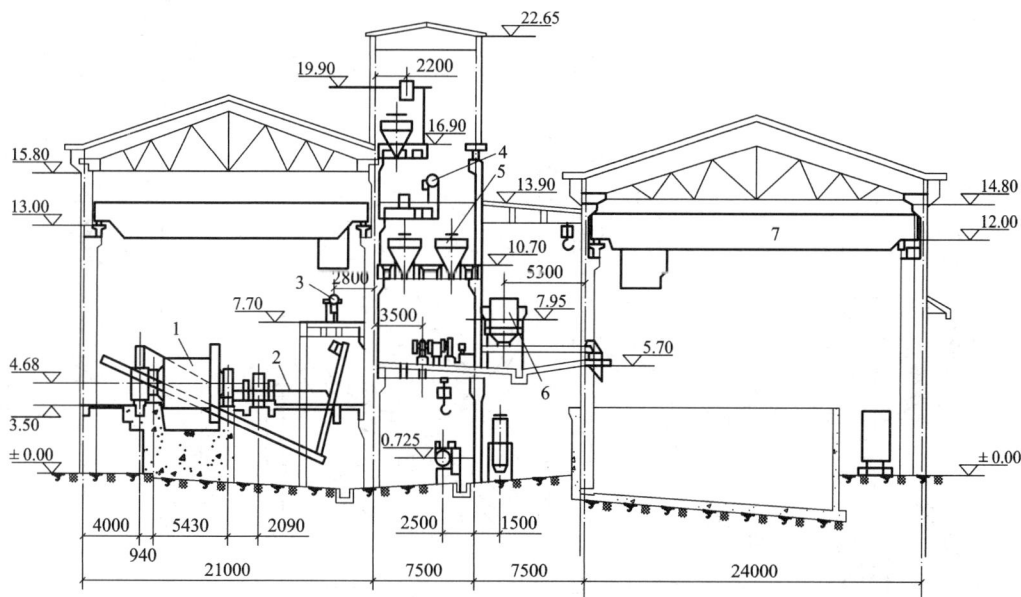

图6-24　湿式多层磁选车间配置

1—φ2700 mm×3600 mm 格子型球磨机；2—φ2000 mm 沉没式双螺旋分级机；3—XCTN1050 ×2100 mm 永磁筒式磁选机；4—φ600 mm×1800 mm 双筒磁选机；5—PTY-2000型永磁磁力脱水槽；6—TCW-12型真空永磁过滤机；7—10 t 电动抓斗桥式起重机

6.2.7　脱水厂房的设备配置

精矿脱水是选矿工艺过程中最后一个关键环节。精矿脱水作业常用浓缩、过滤两段脱水或浓缩、过滤和干燥三段脱水。精矿脱水段数的确定，取决于被脱水物料的性质（包括粒度、密度、浓度及物料表面的药剂影响等）和用户对精矿含水量的要求。此外，精矿储存和运输方式与气候条件等对脱水的段数也有一定影响。脱水厂房的设备配置，应根据已确定的脱水段数及选择的设备类型、台数和占地面积大小，结合地形条件做出不同的设备配置方案。

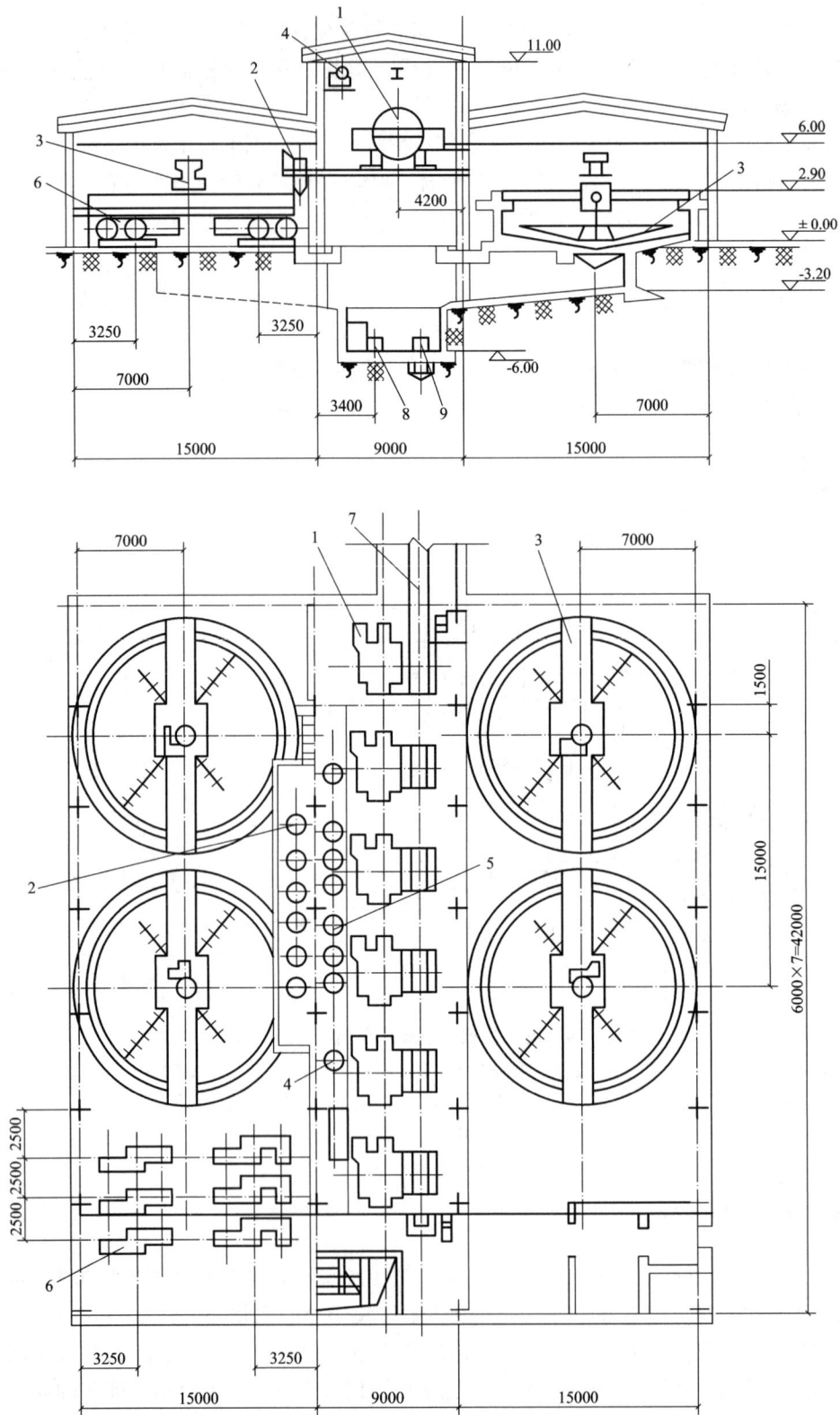

图 6-25　两段脱水, 浓缩机配置在厂房内

1—20 m² 过滤机; 2—2.2 m³ 滤液缸; 3—φ12000 mm 浓密机; 4—三流矿浆分配器; 5—0.8 m³ 气水分离器;
6—V₂ 型真空泵; 7—B500 mm 胶带运输机; 8—2SP 砂泵; 9—ПНB-2 立式砂泵

（1）设备配置方案

①浓缩机和过滤机配置在厂房内，并与主厂房连为一体。这种配置方案，浓缩机的直径一般不要超过 15 m，否则使厂房跨度过大而显得很不合理。它适用于精矿产量较少的中、小型选矿厂，或贵金属与稀有金属选矿厂。尤其是在高寒地区更具有防冻的优点，如图 6 - 25 所示。

②浓缩机配置在露天，过滤机与精矿仓按单层阶梯式配置在厂房内，如图 6 - 26 所示。

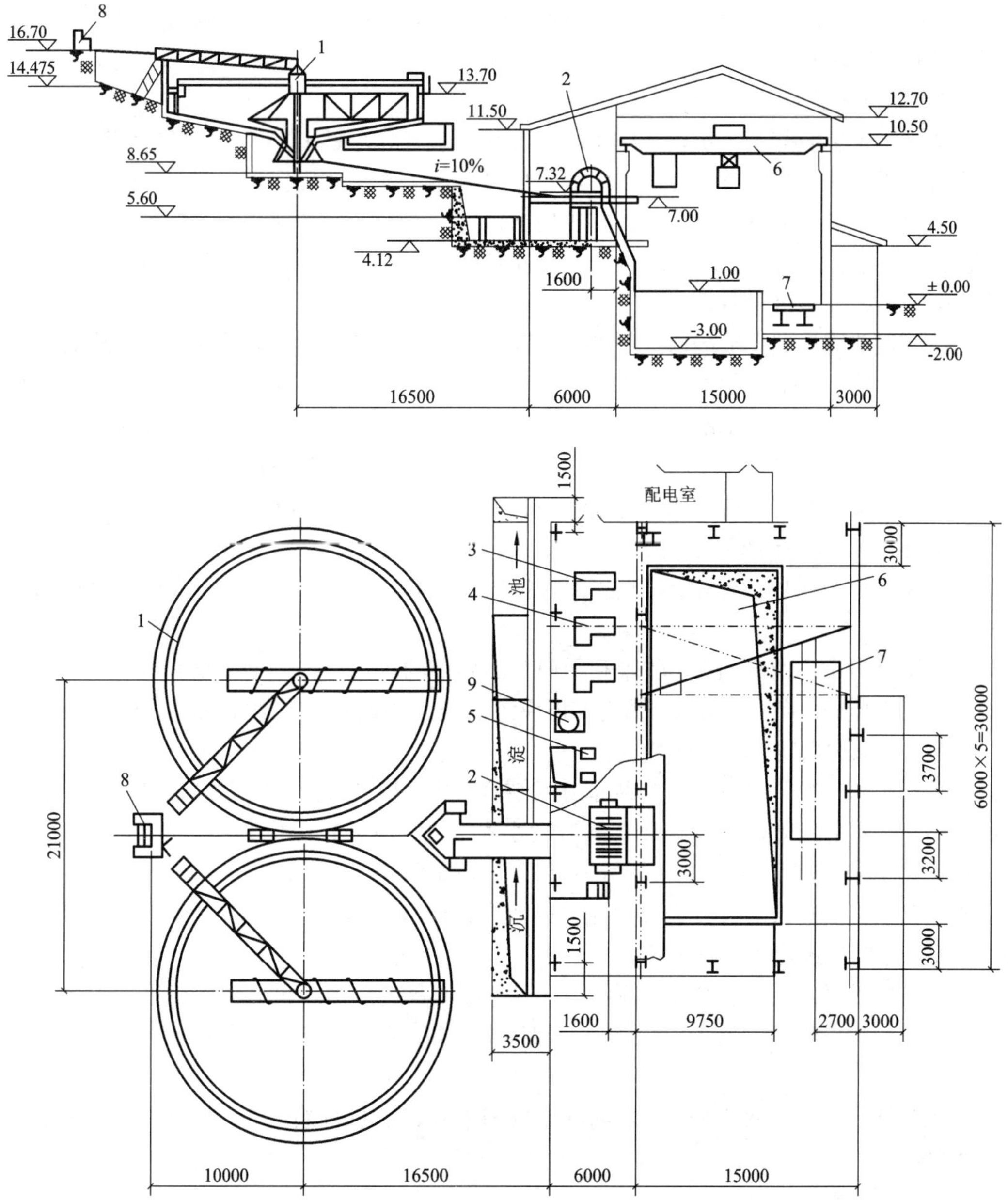

图 6 - 26　山坡地两段脱水车间配置

1—TNB - 18 m 周边传动浓缩机；2—ПY68 - 2.5/8 圆盘过滤机；3—SZ - 3 水环式压缩机；4—PMK4 水环式真空泵；
5—2PN 污水泵；6—5t 电动抓斗桥式起重机；7—30 t 地中衡；8—矿浆分配器；9—自动放水滤液缸

主要特点是：浓缩机底流可自流到过滤机，过滤机的滤饼可直接卸入精矿仓。生产作业线短、操作方便、配置紧凑，多见于中小型有色金属选矿厂。当地形条件不能满足自流时，浓缩机底流用砂泵扬送至配置在楼上的过滤机，滤饼直接卸入精矿仓，真空泵、压风机等布置在楼下。后者多用于精矿量较大的大中型选矿厂。

③干燥机配置方案有两种：a)干燥机与过滤机配置在同一厂房内，过滤机安装在楼上，干燥机安装在楼下。干燥后的精矿用带式输送机转运至精矿仓。b)干燥机安装在独立的两层厂房的楼上，精矿仓设置在楼下，干燥后的精矿直接卸入精矿仓。过滤和干燥厂房设备配置图如图 6-27 所示。

（2）设备配置要点

①浓缩机位置应与主厂房精矿排出管位置相适应，最好紧接主厂房，以免弯管过多。保证自流的管长最短，并以露天为主。山坡建厂多采用半地下式配置，其底部排矿口不应少于两个。当浓缩机泵房建在地下时，为减少地下深度，浓缩机排出管可考虑直接与砂泵进口相接，取消砂泵池所占高差。砂泵房污水应设置专用水泵排出，并送至浓缩机的给矿箱。地下泵房应配置良好的检修设备。

②过滤机前应设置调节闸阀或缓冲槽，以保证给矿均匀稳定。楼板或操作台地面应低于矿浆缓冲槽上缘，地面应有3%左右的坡度。当采用活塞式真空泵时，必须严格防止气水分离器中滤液串入真空泵活塞缸中，气水分离器高度必须大于 10.5 m。当采用水喷射泵时，喷射泵的尾管高度也必须大于 10 m，水箱、风包及水泵位置应相互适应，真空罐高度应留有放水阀的位置。喷射泵尾管应与水箱保持垂直，以防止气体与水射流直接冲击管壁。风包位置不宜距水箱过远，以减少管路损失。

③对两段脱水流程，滤饼最好直接卸入精矿仓。对三段脱水流程，滤饼最好直接卸入干燥机。

④干燥厂房中应留有通风、收尘和干燥产品堆存的场地。当采用原煤为燃料时，应考虑相应的供煤设施，如煤仓、给煤装置等，还应考虑排灰渣设施。针对干燥厂房烟气较大的特点，还必须加强通风防尘和收尘措施。

⑤精矿仓与精矿包装场地应与装车方式结合考虑，尽量减少二次运输。对含水少而又松散的物料，可采用高架式装车仓装车。对含水大于8%而又较黏的物料，则以抓斗仓为宜。水分4%左右的干燥后精矿，一般应采取装袋或装桶后外运。

⑥精矿出厂前应设置计量设备及相关的取样检测仪表，如地中衡、电子秤和取样机等设备，应按操作规程选定和设置其位置。

⑦对价格昂贵的精矿，设计中应考虑完善的回收系统。浓缩机溢流应设置回收细粒精矿的沉淀池。过滤机地面的排污应与滤液返回设施合并。收尘系统排出气体不允许含有过量精矿粉。

⑧积极推广应用高效浓缩机、自动压滤机和陶瓷过滤机等新设备，以便节省能耗，降低滤饼水分。

（3）设备配置实例

①两段脱水的室内配置，如图 6-25 所示。其配置特点是：浓缩机配置在室内，与过滤机共厂房。过滤机高于浓缩机配置，便于滤液自流返回浓缩机。浓缩机底流用砂泵扬送至过滤机前的矿浆分配器，均匀分配至每台过滤机。过滤精矿用带式输送机集中运输至精矿仓。

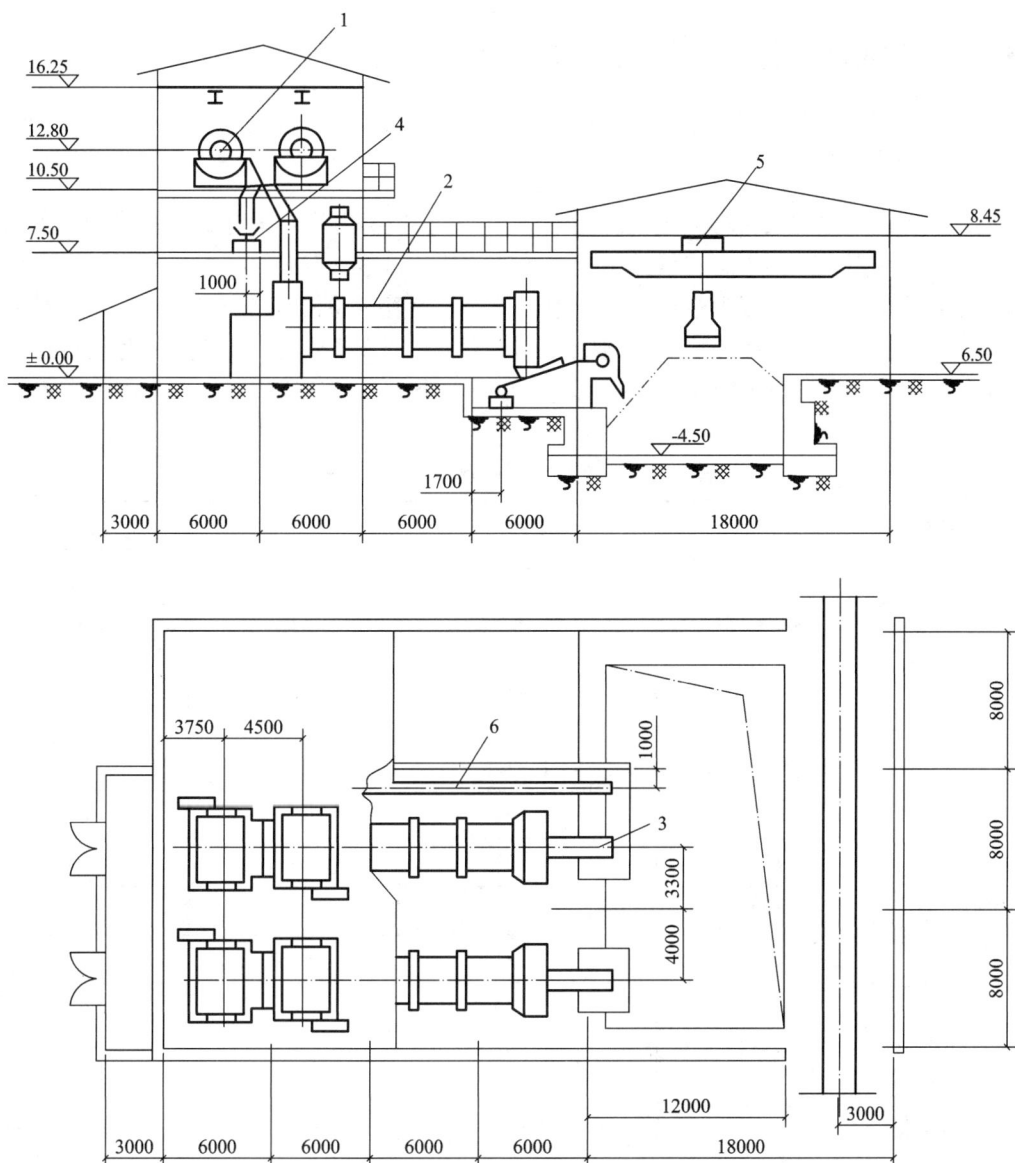

图 6-27 过滤机与干燥机集中配置

1—40 m² 圆筒过滤机；2—2200 mm × 12000 mm 圆筒干燥机；

3、4—B400 mm 带式输送机；5—5 t 电动抓斗桥式起重机；6—B400 mm 带式输送机

②两段脱水的山坡地配置，如图 6-26 所示。其配置特点是：浓缩机露天配置，浓密机底流可以自流输送至过滤机，过滤机的滤饼可直接卸入精矿仓。该配置生产作业线较短，配置紧凑，操作管理较为方便，是地形条件容许下的最常见配置。

③过滤、干燥机和精矿仓集中配置，如图 6-27 所示。其配置特点是：过滤机、干燥机和精矿仓集中配置在相邻的厂房内，浓缩机则布置在露天。过滤机配置在楼上，滤饼直接卸入干燥机，干燥后的产品直接送入精矿仓。设备配置集中紧凑，并兼顾考虑了不采用干燥的灵活性，是有色金属选矿厂中常见的三段脱水配置形式。

6.3 检修场地、通道平台和地面排污

6.3.1 检修场地

生产厂房内除少数设备可实施就地检修外，多数在厂房内均设置有专门的检修设备和场地。检修场地位置视厂房外运输线路情况和车间扩建的可能性确定。一般宜设置于各车间与外部运输相连的一端，只有少数厂房设于中部或两端。确定检修场地面积时，应考虑检修用的设备、备品备件、检修用的工具(如破碎机的锥体架、熔锌炉、钳工台等)的存放情况以及所拆下的旧部件、废衬板等所需占用的场地面积。各类主要设备检修场地大小参见表6-4。

表6-4　各类主要设备检修场地参考表

设备名称	规格/mm	台数	柱距数	柱距/m
颚式破碎机	400×600	1	1	4~6
	600×900	1~2	1	6
	900×1200	1~2	1	6
	1200×1500	1(2)	1(2)	9(6)
	1500×2100	1~2	2	6
旋回破碎机	φ500	1~2	1~2	6
	φ700	1~2	2	4~6
	φ900	1~2	3	6
	φ1200	1~2	3~4	6
	φ1400	1~2	4	6
圆锥破碎机	φ900	1~2	1	6
	φ1200	1~2	1	6
	φ1650	1~2(大于或等于3)	1(2)	6
	φ2200	1~4(大于或等于5)	2(3)	6
球磨机	φ1500×1500	2~6	1~2	6
	φ1500×3000	2~6	1~2	6
	φ2100×2200	2~6	2	6
	φ2700×3600	2~6(大于或等于7)	2~3(3~4)	6
	φ3200×4500	2~6(大于或等于7)	3~4(4~5)	6
	φ3600×4000	2~6(大于或等于7)	3~4(4~5)	6

续表 6 - 4

设备名称	规格/mm	台数	柱距数	柱距/m
自磨机	$\phi5500 \times 1800$	2~8(大于或等于9)	2~3(4)	6
	$\phi7500 \times 2500$	2~8	3~4	6

注：(1) 旋回、圆锥破碎机的检修场地，包括熔锌炉、备件架、锥体存放坑等位置。

(2) 井下破碎站的场地不受柱距限制，应根据硐室情况确定，不宜过大。

(3) 磨矿跨的检修场地是按分级机设备配置考虑的，如采用旋流器时应扣除分级机存放面积。

(4) 浮选及过滤厂房一般不设专门的检修场地，只有在设备数量多、检修工作量大，才考虑1~2柱距。

当根据5.10.4表5-43确定起重机的吨位后，对于桥式起重机，还应确定起重机轨道面高度和服务范围。如果确定不当，会影响起重机的利用效率。为此，对起重机轨道面高度和服务范围要进行详细计算，参见图6-28。

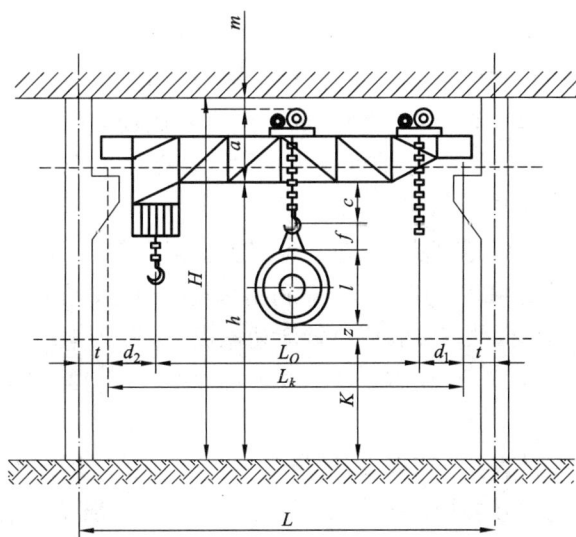

图6-28 桥式起重机轨道面高度和服务范围计算图

1) 厂房地面至起重机轨道面高度(h)，mm

$$h = K + z + l + f + c$$

2) 厂房地面至屋架下缘凸出结构件地面的高度(H)，mm

$$H = h + a + m$$

3) 起重机设备跨度(L_k)，mm

$$L_k = L - 2t$$

4) 起重机服务范围(L_0)，mm

$$L_0 = L_k - d_1 - d_2$$

图 6 - 28 和上述各式中：

K——车间所有安装设备或操作平台栏杆突出最高点至地面的距离，mm；

z——安全距离；$z \geqslant 300$ mm；

f——吊钩至被吊部件上缘的距离，一般为 1 ~ 1.5 m；

m——起重机最突出部分与屋架下弦间的距离，供电滑触线配置在厂房一侧时，$m \geqslant 100$ mm；供电滑触线配置在屋架下弦时，$m \geqslant 400$ mm；

t——厂房跨度柱子中心线与起重机轨道中心线之间的距离，15 t 以内的起重机 $t = 500$ mm；20 ~ 100 t 起重机 $t = 750$ mm；

a、c、d_1、d_2——起重机有关结构尺寸，mm（按设备图纸查对）；

L——厂房的跨度，mm。

6.3.2　操作通道和平台

为满足生产和操作安全，在厂房内应设置必要的通道和操作平台，留出设备安装及零部件吊运孔洞等。设置时应做到既经济，又满足生产与安全所需要的面积和高度，设计时可详细参考《选矿安全规程》进行。

厂房主要大门及通道位置设于检修场地一端（即与外部交通相连的一端）。门宽应大于设备及运输车辆最大外形尺寸的 400 ~ 500 mm。当设备比较大不经常更换时，不设专用大门，在墙上预留安装洞，洞宽最好与柱间尺寸相同，洞高大于拖车装运组件最高点 400 ~ 500 mm，设备安装完毕后再封闭。

为解决多层建筑中设备或零部件的运输，各层楼板应留有必要的安装孔。开孔尺寸应大于设备及零部件外形尺寸的 400 ~ 500 mm。对利用率较高的安装孔周围应设置安全栏杆。栏杆可设计成活动式，利用率低的安装孔应设置活动盖板，以利于生产安全和厂房采暖。

安装临时起重设备的地方，应留有足够的高度和面积。厂房结构应有足够强度，以满足设置临时吊挂的需要。

选矿厂各层操作平台的设置，应以设备操作、检修、维护时拆卸安装方便为原则。当同一位置或同一机组需要设置几层操作平台时，层间净高高度一般不应小于 2 m。上层平台不可妨碍下层设备的操作和吊装检修。平台的面积大小和形状应满足生产操作和检修，临时放置必要的检修部件及工具所需的面积。

设计平台的强度时，主要应考虑操作检修人员和拆卸最重部件或零件的荷重，一般按均匀荷重 400 kg/m^2 考虑。当有集中荷重或动载荷时，则应根据荷重种类、大小和位置向土建设计提出特殊要求，采取特殊加固措施。

厂房内的通道，根据其服务性质可分为主要通道、操作通道和维修通道。

（1）主要通道。主要通道是连通各相连或相邻生产车间，供选矿工作人员通行、联系或兼顾操作之用的通道。例如纵向排列的磨矿分级机组前沿的通道，既是主要通道，也是操作通道。主要通道的宽度不但要保证通行方便，而且要考虑一般小件搬运的畅通。对大型选矿厂其主要通道一般宽度为 2 ~ 3 m。对中、小型选矿厂其宽度为 1.5 ~ 2 m。

（2）操作通道。操作人员看管多台设备时需经常流动观察、检测和调节的通道称为操作通道，如相向配置的浮选机之间的通道。一般操作通道宽度不应小于 1.2 ~ 1.5 m。

（3）维修通道。专供某设备和特定部件维护与修理所用的通道称之为维修通道，维修通道需能满足小型检修设备的通过。专用维修通道一般宽度为 0.6~0.9 m。无论是主通道、操作通道或维修通道，其净空高度均不应低于 2.0 m。对斜坡通道，当其坡度为 6°~l2°时，应加防滑条。当其坡度大于 l2°时，应设踏步。

带式运输机通廊尺寸与带宽的关系见表 6-5、表 6-6 和表 6-7。

表 6-5　敞开式带式运输机通廊尺寸

输送机带宽/mm	A/mm	C/mm	H/mm
500	2600	1300	1050
650	2800	1400	1050
800	3000	1500	1050
1000	3200	1600	1050
1200	3400	1700	1050
1400	3600	1800	1050

表 6-6　单台带式运输机通廊尺寸

输送机带宽/mm	A/mm		C/mm	
	非采暖	采暖	非采暖	采暖
500	2600	2800	1300	1400
650	2800	3000	1400	1500
800	3000	3200	1500	1600
1000	3200	3500	1600	1750
1200	3500	4000	1750	2000
1400	4000	4500	2000	2250

6.3.3　厂内通风、除尘与排污

在选矿厂内，矿石破碎、筛分和转运，矿仓的给料和排料以及干燥车间等地点均会产生粉尘。在浮选药剂的存放、配制和添加地点以及浮选车间，则会产生大量的有害气体。在选矿的生产过程中，还会产生生产污水、收尘污水和药剂污水等各种污水。为此，在设计过程中，应该考虑相应的除尘、通风和排污设施，以改善生产环境。

（1）除尘

选矿厂通常采用的除尘方式有以下几种：

①物料加湿。一般采用喷嘴加湿，将喷雾器安装在破碎机给矿口的上方、破碎机排矿口处（一般安装在排料的胶带上）及振动筛的筛上等地点。

表 6 - 7　两台带式运输机通廊尺寸

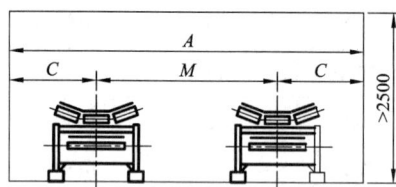

输送机带宽/mm	A/mm		M/mm		C/mm	
	非采暖	采暖	非采暖	采暖	非采暖	采暖
500 + 500	4500	5000	1900	2100	1300	1450
500 + 650	4500	5000	1900	2100	1300	1450
500 + 800	5000	5500	2200	2400	1400	1550
650 + 650	5000	5500	2200	2400	1400	1550
650 + 800	5000	5500	2200	2400	1400	1550
650 + 1000	5500	6000	2500	2700	1500	1650
800 + 800	5500	6000	2500	2700	1500	1650
800 + 1000	5500	6000	2500	2700	1500	1650
800 + 1200	6000	6500	2800	2900	1600	1800
1000 + 1000	6000	6500	2800	2900	1600	1800
1000 + 1200	6000	6500	2800	2900	1600	1800
1000 + 1400	6500	7000	3100	3200	1700	1900
1200 + 1200	6500	7000	3100	3200	1700	1900
1200 + 1400	7000	7500	3400	3500	1800	2000
1400 + 1400	7000	7500	3400	3500	1800	2000

②将产生粉尘的地点采用密闭罩盖起来。将粉尘局限在一定的空间内,是保证抽风除尘达到良好效果的前提。再用抽风机从密闭罩内抽出一定的空气,罩内形成一定的负压,防止粉尘逸出罩外。应注意除尘风管倾角,不小于 60°为宜,垂直管及斜管风速 8 ~ 15 m/s,水平管风速将加大一倍以上,保持在 18 ~ 25 m/s。对抽出的含尘气体需进行除尘净化,使之符合排放标准后再排放到室外大气中。

③选矿厂常见的除尘系统包括就地式、分散式和集中式 3 种。其中,就地式除尘系统系将除尘器直接设置在产尘设备处,就地捕集和回收粉尘,但因受到操作场地的限制,应用面较窄。

分散式除尘系统系将一个或数个的产尘点的抽风合为一个系统,除尘器和通风机安装在产尘设备附近,其优点管路短、布置简单、风量易平衡,但粉尘回收较麻烦。这是应用较多的一种。

集中式除尘系统系将全车间厂房的产尘点的抽风全部集中为一个除尘系统,可以设置专门除尘室,由专人看管。其优点粉尘回收容易实现机械化,但管网较复杂,阻力不易达到平衡,运行调节较难,管道易磨损和堵塞。

(2)通风

①选矿厂内设置的操作室等人员和仪器仪表集中的地方,应考虑通风和换气。

②磨矿及选别跨间最好设有天窗,可以排除球磨机电机余热和生产作业的异味。

③药剂仓库、配药室和给药室应设在一个单独作业间里,为控制药剂散发的有害气体,还应设计整体的通风设施。

④选矿厂内的高压开关室、电器控制室、变压器及低压配电室、仪表室以及计算机室等,均应根据工艺要求进行设计,确保换气与通风次数。

(3)排污

在设计过程中,对选矿厂内的污水应根据不同性质分别进行处理。

①设置地面排污系统。根据污水性质不同,分别设置不同系统。生产污水(地面污水、事故池放矿污水),一般不宜直接向厂外排放,应通过地沟汇集于污水池,利用污水泵返回生产系统中。收尘污水(破碎及精矿干燥)不得向外排放,应通过管道,溜槽或地沟汇集于泵池和沉淀池中。经过处理分别将矿砂和水返至各自回收系统,不能利用的废水,废砂应送入尾矿系统。

②排污沟结构形式。为便于施工,一般采用矩形断面。地沟宽度一般为 300 ~ 600 mm,考虑清理方便,宽度不宜过窄过深。地沟始点深度可取 50 ~ 100 mm。地面坡度不应小于地沟坡度。破碎、磨浮厂、磁选厂则按3% ~5%考虑。重选厂粗粒、大密度物料自流输送的地沟坡度,可大于7%,一般为4% ~6%。地沟表面应设格栅或盖板确保安全。

③事故池容积及返回措施。事故放矿池的容积,原则上按一次性事故的矿浆量考虑。当矿量特别大时,可考虑扣除部分水量来计算所需事故池容积。返回措施多用高压水先行造浆,再用砂泵返回适当地点,返回量要控制均衡,以不造成生产波动为原则。

④污水沉淀池形式及清理方法。沉淀池一般位于厂房外最低处,为清理方便,最少应分为工作区、沉淀区、清理区三个区,按不同要求轮换使用。沉淀池的溢流水与污水池的溢流水一并纳入尾矿库,以便统一处理。

总之,选矿厂"三废"排放,应遵守有关标准及规定。如水的环境保护标准、大气的环境保护标准、废渣的环境保护要求、防暑和防寒规定、工业企业噪声卫生标准和放射性防护规定以及空气中粉尘含量标准等。

6.4 选矿厂辅助设施

选矿厂辅助设施,包括机修、试验室、化验室、技术检查站、药剂设施、备品备件和材料仓库、选厂办公室以及锅炉房、燃料堆放场地等。在选矿厂主要生产工程项目设计后,常以单项工程列出作专项设计。选矿专业负责除机修、仓库堆场、办公室之外的设计,在编制初步设计文件中应按设计选矿厂的性能要求分项,并说明项目设置内容,绘制配置图和计算它们的单位投资。在方案比较和可行性研究中,则多根据类似企业的统计资料,该项目的投资占选矿厂各生产项目(车间)投资的百分数进行估算。

6.4.1 药剂设施

(1)药剂的存储

药剂贮存方式,根据药剂性质、种类及包装形式的不同而异。对于散装的液体药剂需设贮液槽,而对于袋装或桶装的药剂则应设置仓库贮存。

①药剂仓库位置。一般靠近药剂制备室,并有公路相通。对用药量大且用铁路运输的药

剂，则仓库应靠近铁路线。槽车运输的液体药剂，应考虑卸车设施。

②药剂贮存时间。根据药剂供应点的远近、交通运输和用药量的多少等条件决定。用药量虽不多，但供应点远，交通不便，供药时间长时，库存量应大些，反之可小些。一般按贮存1－3个月的生产用药量来考虑仓库面积。对于一些大型选矿厂，用药量多，且药剂供应条件又较好的情况下，药剂贮量可小于1个月，但不宜低于0.5个月。

③药剂堆放高度。依药剂的包装方式而定。铁桶包装，可用吊车立放，堆放2－3层。麻袋或编织袋包装，可多层叠放。用人工堆放，高度以堆取方便为主，计算高度不宜超过1.5 m（铁桶装除外）。

④药剂仓库面积。应根据药剂堆存量和包装形式确定，除考虑药剂堆放所占面积外，还应考虑有足够的搬运通道及相应的设施。

⑤仓库的高度。对大型药剂仓库应设置单梁起重机，中小型仓库亦应设置电动葫芦作堆放、运送药剂用。仓库高度参见起重机安装高度的确定。

⑥药剂的贮存。不同品种的药剂应分别堆放。剧毒药剂、强酸、强碱等应单独存放，以确保安全。

⑦药剂的防护。根据药剂性质不同，设计仓库时要考虑通风、防火、防晒、防腐、防潮等措施。如煤油、松油类需防火。碳酸钠、漂白粉和硫酸铜等需防潮。黄药、黑药需防晒。酸、碱类需防腐等。

（2）药剂的制备

药剂制备是浮选厂生产的重要环节，在主厂房设计中必须考虑药剂制备及给药设施所具备的条件。

①药剂制备地点。对药剂用量少、品种也少的选矿厂，可将药剂制备室和给药室集中设置在主厂房内。而对药剂品种多、用量又大的选矿厂，把药剂制备室设在靠近主厂房的高位置处，让药剂自流至给药室，从而缩短输药管线，便于操作管理和相互间联系。

②药剂制备浓度。以方便给药、贮存及计量为准则，对用药量小的可采用低浓度制备，而用药量大的采用高浓度制备。一般制备浓度在5% ~20%之间。剧毒的氰化物则配成1%为宜。

③药剂制备量的确定。对于加水溶解的药剂，一般采用药剂搅拌槽。不需溶解的药剂如煤油、2号油等设置药剂贮存槽。药剂溶解量的大小，由用药量、药剂配制浓度及贮药容器等因素决定，一般每班溶解一次，对用药量大的可每班溶解两次。对剧毒药剂可采取专人配制，并应与其他药剂配制室分开。

（3）药剂的添加

①给药方式。根据选矿厂规模的大小，药剂品种的多少以及药剂性质等特点可分为集中给药和分散给药。对小型选矿厂，当浮选系统不多时，可采取集中给药的方式。集中给药便于管理操作。对于多系统的大型选矿厂，多采用分散给药的方式。对使用剧毒药剂的，应单独设置给药室以确保安全。

②给药装置。目前除少数老选矿厂仍使用斗式给药机、杯式给药机和轮式给药机外，已普遍采用了虹吸给药机。由于在虹吸给药机前加以不同的装置，又称为微机控制加药装置，负压加药装置等。此外还有采用小型定量泵进行加药的。

目前新设计的选矿厂均普遍采用自动给药机。此外，微量蠕动泵在选矿厂的药剂添加中也得到了应用。

6.4.2　试验室与化验室

（1）选矿试验室

选矿试验室的基本任务是根据生产过程中矿石性质的变化提供合理的操作条件、改进选矿工艺和解决生产中存在的问题，并进行新技术、新工艺、新药剂及综合回收等试验研究工作。具体任务应该包括下述各项：

①根据矿山的开采计划，分析各个时期入选矿石性质可能的变化情况，及时研究矿石的可选性，为生产提供合理的技术操作条件。

②定期和不定期考查生产工艺流程，积累生产资料，统计和分析各项生产技术经济指标，提出改进工艺的措施，使各项生产指标达到最佳水平。

③试验选矿新技术、新工艺，不断改善和革新选矿流程。

④研制和推广使用新设备、新药剂、新材料。

⑤开展环境保护和"三废"处理以及伴生有价矿物的回收利用试验研究。

选矿试验室的一般设计原则：

①各种规模的选矿厂，一般都应该设置选矿试验室。

②试验室的规模应与选矿厂的规模、处理的矿石性质、选矿方法和工艺流程的复杂程度相适应。

③选矿试验室与化验室一般应该分开设置，以避免噪声、震动、粉尘，酸雾、废气等的相互影响。

④大、中型选矿厂的选矿试验室与技术检查站一般应该分开设置，小型选矿厂可将两者合并布置于选矿厂主厂房内。

⑤选矿试验室可按工序分室布置，各室应具有较好的通风、除尘、采光、照明、排污等设施。

⑥选矿试验室一般应布置于选矿厂主厂房附近，室外应有较宽阔的摊晒矿样和堆放材料的场地。

选矿试验室可按试验任务的不同分为大型、中型和小型等 3 种规模。对于采、选、冶联合企业，尚应设置装备完善的中心试验室。

①矿石类型和工艺流程复杂的大、中型选矿厂，应该设有较完善试验设施的大型试验室，其中应设置单独的矿样加工、显微镜鉴定、物相分析、制片、浓缩脱水、过滤干燥和各种选矿工艺室等，必要时可增设连续选矿试验装置。

②对于处理矿石性质比较简单的大、中型选矿厂，可设置中型试验室、其试验设施和装备水平介于大型与小型试验室之间。

③对于处理简单易选矿石的小型选矿厂以及在联合企业中已经设有中心试验室的大，中型选矿厂，可设置小型试验室，其装备水平较低，一般仅设 1 - 2 个选矿工艺室和 1 个过滤干燥室，其他有关的设备分别放置于这些室内，矿样加工、缩分，称量等设施可与技术检查站共用。这种试验室一般只能完成条件试验和简单的闭路试验。

根据我国金属矿物资源的特点和当前选矿厂生产中广泛应用的选矿方法，选矿试验室可分为重选，磁选和浮选实验室，也可根据试验需要组成两种以上的联合选矿实验室类型，以适用黑色金属、有色金属化工及非金属矿物的选矿试验研究。选矿试验室常见设备包括：

①碎矿设备。一般采用小型颚式破碎机、辊式破碎机、圆盘粉碎机和单（双）层振动筛等。破碎设备的规格可根据给矿和破碎产品的粒度确定。

②磨矿设备。一般采用锥形球磨机或圆筒型棒磨机，前者多用于浮选或磁选试验室，后者多用于重选试验室。

③岩矿鉴定设备。制片设备一般采用切片机、磨片机、抛光机和嵌样机等，中、小型选矿试验室一般不设置这些装置。鉴定设备一般采用偏光显微镜（用于透明矿物）、反光显微镜（用于不透明矿物）及显微摄影装置。中、小型试验室一般仅设置高倍体视显微镜。

④选矿设备。选矿试验设备根据选别方法确定。重选一般采用跳汰机、离心选矿机、螺旋选矿机、摇床、水力分级机、水力旋流器和各种溜槽等。浮选设备的种类和规格较多，需要根据试验室的规模具体确定其规格和数量。干式磁选机一般采用单辊、强磁选机。对处理强磁性矿物一般采用磁选管、鼓形磁选机、磁力脱水槽等。对弱磁性矿物采用平环，辊式强磁选机。根据需要尚可增设电选、光拣选、摩擦选等试验设备。

（2）化验室

化验室的基本任务是承担各种原料、产品以及水质、药剂等分析检验工作。各种规模的选矿厂，一般都应该单独设置化验室。天平室、比色室和极谱室应设置于干燥的地方，避免潮湿、粉尘、暴晒、震动和酸气的影响。化验室的规模与类型一般根据分析元素的种类、分析方法和总工作量确定。化验室一般由各种分析室、滴定液制备室、天平室、电炉室、蒸酸室、蒸馏室、副样室等组成，同时还应设置办公室和仓库等，详细请参阅《选矿设计手册》。

6.4.3 工艺检测与控制

（1）工艺过程的控制

①选矿过程控制方式的选择。一般有前馈控制与反馈控制两种主要控制方式。选矿过程控制中，由于复杂多变的因素较多，一般难以求得比较精确的控制关系式和建立准确的数学模型，故在实际的生产当中，不宜大量采用前馈控制方式。但由于选矿过程滞后时间较长，如果将某一生产过程（如磨矿、浮选）完全纳入一个反馈控制系统。则难以收到良好的控制效果。因此，近年来，在国内外一些选矿过程控制系统设计中，多采用"单元作业控制"的方法，即将一个生产过程划分为若干个作业控制单元。（如将一个浮选过程，划分为粗选，扫选、精选等几个控制单元），然后，采用以反馈控制方式为主，辅以前馈控制方式的综合控制方式。但是需要根据每一选矿过程的具体情况和要求，通过深入分析比较，适当划分"单元"范围和数量。

②磨矿回路的过程控制。磨矿回路控制的主要目的是使磨矿产品粒度符合工艺要求，使磨矿机具有合适的装载量，提高磨矿机的磨矿效率，并防止磨矿机产生过负荷现象。

以凤凰山铜矿和向山硫铁矿等选矿厂的实践为例，棒、砾磨矿控制系统包括恒定给矿回路、比例加水回路、粒度控制回路、砾石添加控制回路、泵池液位调节回路和棒磨机功率检测回路。球磨控制系统则主要包括恒定给矿回路、比例加水回路、分级机溢流浓度控制回路、分级机返砂量的监视和球磨机的功率检测等。

③浮选回路的过程控制。浮选回路过程控制是在保证精矿品位合格的条件下，尽量提高有用矿物的回收率，降低浮选药剂消耗。

由于整个浮选过程具有较长的过程滞后时间，所以，一般将整个浮选作业划分为若干单元，分别对这些单元进行控制。以凤凰山铜矿为例，浮选回路控制系统主要包括浮选作业加药量的控制、浮选机闸门的控制和精矿品位的控制等。

（2）工艺参数的测定与取样

为加强选矿厂技术管理，及时了解选矿生产情况，须对选矿过程进行取样检查。根据生产要求及取样检查的内容，采取的样品可分为以下几种：

①化学分析样。及时了解选厂生产情况（如原矿品位、精矿品位、尾矿品位，精矿杂质含量等），以便及时发现生产中存在的问题，指导生产。

②水分样。测定原矿和精矿水分，以便计算日处理原矿量（干量）及生产的精矿量（干量），并控制精矿水分不超过规定范围。

③矿浆筛析及浓度样。测定磨矿产品粒度和浓度，并据此调节磨矿分级设备的操作，确保磨矿的粒度，浓度符合生产工艺要求。

选矿厂的取样方法，主要有人工取样和自动（机械）取样两种。为了提高取样样品的代表性并节约劳力，一般选矿厂均设计安装自动取样机。由于取样对象和样品用途不同，选矿厂采用的取样设备也各异。

目前生产中采用的取样机，按样品的粒度分，有细粒（如磨细的原矿、精矿、中矿和尾矿）取样机、中等粒度矿石和大块矿石取样机。根据样品的物理状态，有湿式取样机（如过滤后的浮选精矿取样机，块状矿石取样机等）。这些取样机，经生产现场多年生产实践，运转正常，所取样品代表性能满足要求。

在选矿过程中，需要检测的工艺参数，大致可分为数量、质量和操作条件 3 大类。主要的数量参数有：处理的矿石量、矿浆量和精矿量，浮选药剂及电能的消耗量等。质量参数有：碎矿和磨矿产品粒度，原矿、精矿和尾矿品位，作业回收率及总回收率等。操作条件参数有：矿浆浓度和矿浆 pH 值，碎矿和磨矿作业的循环矿量，设备的负荷率以及精矿水分等。

随着科学技术的进步，选矿厂生产过程的检测方法和手段的自动化程度逐步提高，如广东凡口铅锌矿采用的 X—荧光在线取样检测分析系统，大大减轻了劳动强度，提高了检测的准确性和速度，对及时调整生产过程提供了可靠保证。

④产品的计量

为了加强选矿厂的计划管理，一般对每日进入的原矿量和产出的精矿量均应进行计量。选矿厂日处理量，一般以磨矿机的处理量为标志。磨矿机给矿量的计量方法主要有人工计量和仪表自动计量两种。一般小型选矿厂，原矿的计量采用人工在带式输送机上刮取一定长度的矿石进行称量，计算出每小时的矿石量，其计算公式为：

$$Q = \frac{3.6qVf}{L} \tag{6-1}$$

式中　Q——给矿量，t/h；

　　　q——刮取的矿石重量，kg；

　　　L——在带式运输机上，刮取的矿石段长度，m；

　　　V——带式输送机速度，m/s；

　　　f——原矿含水系数。

有条件的小选厂也可以采用皮带秤或电子皮带秤进行计量。一般大、中型选矿厂都采用仪表自动记录重量,并将数据存储在计算机内。

6.4.4 机修设施

选矿厂机修设施装备标准按有关矿山机修与汽修设施工艺设计标准执行。有色金属矿选矿厂按《有色金属矿山机修与汽修设施工艺设计标准》YSJ016—92 执行。新建有色矿山企业应贯彻机修以修理为主、汽修以维护为主的原则。

选矿厂的机修设施装备水平及其规模,应根据选矿厂的规模、主要设备规格、部件及零件的自给率、年检修工作量而定。一般大、中型选矿厂均应设机修厂,负责全厂的大、中修任务,大于 5000 t/d 的选矿厂还应有电修部分。随着我国设备制造水平的不断提高,机修工作量可逐渐减少,甚至取消中心机修厂。而以部、零件更换办法取代,保证设备较高的运转率。小型选矿厂一般不设机修厂。

检修站是整个检修设施中任务最小的基层单位。一般分散布置在各主要生产厂房,负责维修(计划预修前的工作,检查运转情况)和小修工作。负责对设备的调整、修理和更换小型零件。

工具室一般与检修站配置综合考虑,一般是利用厂区内的空余面积选定其位置及大小。

6.4.5 备品、备件与材料仓库

中、小型选矿厂一般不单独设计设备及材料仓库,从总仓库中直接领用。但大型选矿厂和流程比较复杂、设备种类多、维修工作量大的中、小型选矿厂,有时须考虑在选矿厂区域内设置专用仓库,其设计要点是:

①确定仓库面积。根据预计贮存的设备备品,备件和材料的种类及数量进行计算,并参照类似企业经验确定。

②选定仓库结构型式。根据要贮存的材料、设备特点,确定为露天、料棚和封闭等型式。

③仓库中应根据储存的设备材料重量、数量设置相应的水平运输及提升设备,如叉车、电葫芦等。

④对剧毒、贵重仪器应单独设置保管间。对易燃、易爆物品必须按照有关规定处理,采取有效防火、防爆措施。

⑤仓库位置应选择在交通方便与大量备品、备件、材料消耗点比较接近处,有条件时应设计成高栈台、低货位的仓库。

在地形比较复杂、场地较狭小地区,可利用地形高差设计成两层或错层仓库。上层存放小型零件、材料和仪表,下层存放重、大设备及材料。仓库面积计算公式:

$$F = \frac{Q}{qK} \qquad (6-2)$$

式中　F——仓库面积,m²;

　　　Q——预计材料存储量;

　　　q——单位面积堆积量;

　　　K——面积利用系数。

此外,选矿厂根据需要应设置相应的办公室和交接班室,包括车间办公室、交接班室(按最大班人数考虑,0.8~1.0 m²/人)、更衣室及浴室、食堂、会议学习室等。

6.5 选矿厂的尾矿设施

选矿厂尾矿主要指细粒含水尾矿。处理细粒含水尾矿的尾矿设施系统，是由尾矿库、尾矿输送系统、回水输送系统、尾矿水净化系统四部分组成，如图6-29所示。

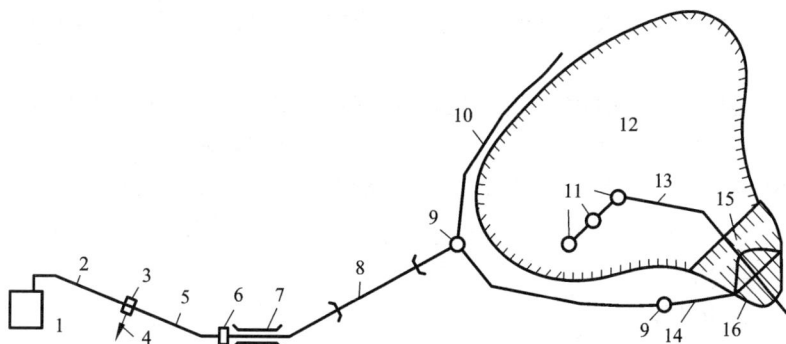

图6-29 尾矿设施构筑物布置图

1—选矿厂；2—自流尾矿输送溜槽；3—砂泵站；4—自流尾矿事故排出管；5—压力尾矿输送管；6—矿浆池；7—管桥；8—管道穿越山岭的隧洞；9—静压力矿浆池；10—尾矿沉淀池后岸沉降溜槽；11—尾矿沉淀池排水井；12—尾矿沉淀池；13—尾矿沉淀池排水管；14—静压力尾矿管及尾矿分散管；15—尾矿堆积坝；16—尾矿沉淀池初期坝

6.5.1 尾矿库

尾矿库是贮存尾矿的场所，是尾矿设施中的主要组成部分。它的基建费约占尾矿设施总基建费一半以上。它由沉淀池12、初期坝16、堆积坝15、排水井11、排水管道13、截水沟或排洪道等组成。尾矿库设计正确与否，不仅影响选矿厂持续正常生产、周围环境卫生，而且还影响周围居民安全和农业生产。因此，设计时，必须十分重视，认真研究。设计尾矿库需考虑的问题是：库址选择基本原则、尾矿库形式、尾矿库所需容积等。

（1）尾矿库址选择基本原则

①尽量不占或少占农田，不搬迁或少搬迁村庄。有条件时应做到占地还地；

②尾矿库容积应满足生产要求，一个尾矿库的库容力求能容纳全部生产年限的尾矿量，可一次建设或分期建设，每期使用年限不少于10年；

③尽量靠近选矿厂，最好位于工业企业和居民区的下游，常年主导风向的下方；

④尾矿输送距离短，尽可能自流输送或扬程小；

⑤汇水面积小，纵深要长，纵坡要缓。可减小排洪系统的规模；

⑥避开有价矿床和采矿场安全区。未经技术论证，不宜位于有开采价值的矿床上部；

⑦库区、坝址工程地质条件好。库区口部要小，"肚子"要大。可使初期坝工程量小，库容大。

（2）尾矿库形式

①一面筑坝型尾矿库。即在山谷谷口处筑坝形成的尾矿库。特点是初期坝相对较短，坝

体工程量较小，后期尾矿堆坝相对较易管理和维护，当堆坝较高时，可获得较大的库容。库区纵深较长，澄清距离及干滩长度易于满足设计要求。但是汇水面积较大，排水设施工程量大，我国大中型尾矿库大多属于这种类型的尾矿库。

②三面筑坝型尾矿库。即在山坡下依山三面筑坝所围成的尾矿库。其特点是初期坝相对较长，初期坝和后期尾矿堆坝工程量较大。由于库区纵深较短，澄清距离及干滩长度受到限制，后期堆坝高度一般不太高，故库容较小。汇水面积虽小，但调洪能力较小，排洪设施的进水构筑物较大。由于尾矿水的澄清条件和防洪控制条件较差。管理、维护相对比较复杂。国内低山丘陵地区的尾矿库大多属于这种类型。

③四面筑坝型尾矿库。即在平地四面筑坝围成的尾矿库。其特点是初期坝和后期尾矿堆坝工程量最大，维护管理比较麻烦。由于周边堆坝，库区面积越来越小，尾矿沉积滩坡度越来越缓，因而澄清距离、干滩长度以及调洪能力都随之减少，堆坝高度受到限制，一般不高。但汇水面积小，排水构物相对较小。国内平原或沙漠地区多采用这类尾矿库。例如金川、包钢和山东省一些金矿的尾矿库。

（3）尾矿库容积计算

尾矿库的库容有全库容、总库容和有效库容之分，如图 6 – 30 所示。

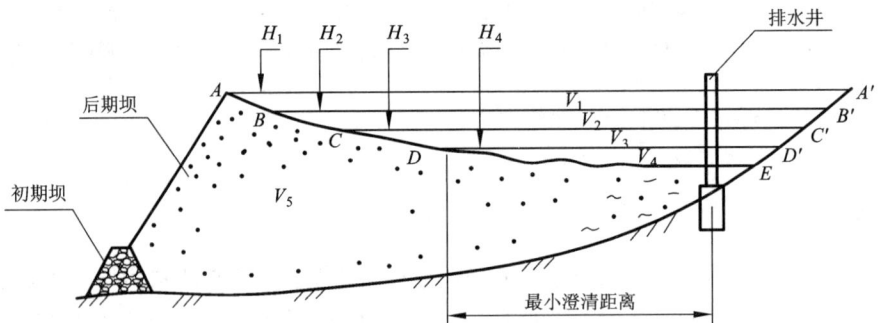

图 6 – 30　尾矿库库容组成

H_1—某一坝顶标高，对应的水平面为 AA'；▽ H_2—洪水水位，对应的水平面为 BB'；▽ H_3—蓄水水位，对应的水平面为 CC'；▽ H_4—正常生产的最低水位，亦可称之为死水位，对应的水平面为 DD'。该水位由最小澄清距离确定；DE—细颗粒尾矿沉积滩面及矿泥悬浮层面

①空余库容（V_1）。指水平面 AA' 与 BB' 之间的库容，它是为确保设计洪水位时，坝体安全超高或安全滩长的空间容积，是不允许占用的，故又称安全库容。

②调洪库容（V_2）。指水平面 BB' 和 CC' 之间的库容，它是在暴雨期间用以调洪的库容。是设计确保最高洪水位不致超过 BB' 水平面所需的库容，因此，这部分库容在非雨季一般不许占用，雨季绝对不许占用。

③蓄水库容（V_3）。指水平面 CC' 和 DD' 之间的库容，供矿山生产水源紧张时使用，一般的尾矿库不具备蓄水条件时，此值为零，CC' 和 DD' 重合。

④澄清库容（V_4）。指水平面 DD' 和滩面 DE 之间的库容，它是保证正常生产时水量平衡和溢流水水质得以澄清的最低水位所占用的库容，俗称死库容。

⑤有效库容（V_5）。是指滩面 $ABCDE$ 以下沉积尾矿以及悬浮状矿泥所占用的容积。它是

尾矿库实际可容纳尾矿的库容,按式 6 - 3 计算:

$$V_5 = W/d \qquad (6-3)$$

式中　V_5——有效库容,m^3;

　　　W——设计根据选矿厂全部生产期限内产出的尾矿总量,t;

　　　d——尾矿平均堆积干密度,t/m^3。

　　⑥尾矿库的全库容(V)。指某坝顶标高时的各种库容之和。

$$V = V_1 + V_2 + V_3 + V_4 + V_5 \qquad (6-4)$$

　　⑦尾矿库的总库容。指尾矿堆至最终设计坝顶标高时的全库容。

根据选矿厂服务年限,可按下式计算尾矿库所需要的容积:

$$V = \frac{QN}{\gamma\varphi} \qquad (6-5)$$

式中　V——尾矿库所需总容积,m^3;

　　　Q——尾矿排出量,t/a;

　　　N——选矿厂生产年限,a;

　　　γ——尾矿松散密度,t/m^3;

　　　φ——尾矿库充满系数,$\varphi = 0.6 \sim 0.85$。

　　(4)尾矿库设计的基础资料

尾矿库设计的基础资料包括:尾矿日产量、设计服务年限内的尾矿总量;尾矿颗粒分析及其加权平均粒径;尾矿浆的流量及其浓度;尾矿沉积滩的坡度;尾矿浆的最小澄清距离;尾矿库内平均堆积干密度;尾矿库地区的地震设防烈度及气象资料;尾矿库址工程水文地质条件。

上述参数及资料是尾矿库设计必不可少的。一般应由企业提供,随着今后生产工艺的改进,若上述参数有变化,须及时将新的参数提供给设计部门,以便对原设计做必要的修改。

6.5.2　尾矿输送系统

尾矿输送通常采用水力输送系统。输送方式有自流输送、压力输送和联合输送 3 种。自流输送最经济和简单。压力输送最复杂,投资最大。联合输送则介于两者之间。具体输送方式要根据尾矿特性、总体布置、地形条件、技术手段和装备水平等因素,经技术经济比较后确定。

不管采用那种输送方式,都应考虑以下基本原则:

①尽量采用自流输送、或局部自流输送。

②线路短、土石方、桥涵、地沟等工程量小。

③尽量不占或少占农田。

④尽量避开市区、居民区、工程地质差、洪水淹没区、采矿崩落带。

⑤施工、维修方便和备用管道。

6.5.3　回水输送系统

在选矿工艺许可的条件下,尽量回收和利用尾矿水。尾矿水的回收方式有:

①浓缩机(池)的溢流回水。

②尾矿库的澄清回水。

③两者的混合回水。

其中尾矿库的澄清回水较好,回水率可达 50% ,高的可达 70% ~ 80% 。它的取水构筑物形式有固定水泵站、浮船水泵站、库内缆车等三种。回水输送系统的管道设计与一般供水管道设计相同。

6.5.4 尾矿水净化系统

尾矿库澄清水排入公共水源时(如江、河),必须符合《工业企业设计卫生标准》的规定。若超过标准,必须采取净化措施。其方法有:

①自然沉淀。

②物理化学净化。

③化学净化。

若回水供选矿厂生产使用时,则以不影响工艺指标为原则进行适当的处理。

思考题

6-1 选矿厂总体布置的意义和主要内容是什么?应遵循的主要原则是什么?

6-2 简述影响总体布置的因素。在具体实施时应处理好哪些方面的关系?

6-3 选矿厂总平面的组成及主要工业场地包括哪些?

6-4 选矿厂厂房布置的基本方案及厂房建筑形式有哪些?

6-5 简述厂内设备配置应遵循的主要原则。

6-6 设备配置按什么方法进行?需解决什么问题?

6-7 破碎厂房设备配置的基本方案有哪些?配置基本要点是什么?

6-8 主厂房设备配置的基本方案及常用配置方案有哪些?配置基本要点是什么?

6-9 脱水厂房配置方案有哪些?配置基本要点是什么?

6-10 选矿厂的生产辅助设施包括哪几方面哪些内容?

6-11 选矿厂药剂存储和药剂制备中需注意的问题?

6-12 选矿厂生产过程的自动控制方式有哪些?其控制原理和特点是什么?

6-13 选矿厂试验室和化验室的规模,类型和任务包括哪些?

6-14 简述尾矿库的组成、结构形式和尾矿输送方式。

第7章 计算机辅助设计

内容提要 本章内容包括：计算机辅助设计概述；选矿厂计算机辅助设计的研究现状；计算机程序设计基础（方程求解、数据处理等）；选矿工艺计算编程基础（工艺流程的表达、模块和结构矩阵计算编程、工艺设备的计算编程）；计算机绘图基础（Autocad 软件包常用命令及接口编程）；选矿工程图设计基础（选矿工艺流程图的表达和绘制，工艺设备配置图的绘制）。

7.1 概述

7.1.1 计算机辅助设计概述

计算机辅助设计，即 Computer Aided Design(CAD)，是指采用计算机作为主要技术手段，运用各种数字信息与图形信息进行产品或工程设计。通俗地说，就是利用计算机完成方案设计、数据计算和工程绘图等设计工作。

计算机辅助设计(CAD)的应用，有利于缩短设计周期、提高设计工作效率和设计产品质量。由于计算机具有快速、准确运算及自动绘图等功能，一方面，能在较短的时间内完成产品设计和更新，使得设计工作效率显著提高，提高了产品的市场竞争能力，加快了工程建设进度，从而可显著地增加经济效益。另一方面，计算机能方便快速地完成设计过程中重复繁琐的数据计算、结果分析、方案比较和优化等工作，使设计者能将精力放在产品或工程设计的创造性工作中，这无疑有利于提高设计的整体质量。

7.1.2 计算机辅助设计系统的硬件及软件

计算机辅助设计系统由硬件和软件两部分构成。

(1)硬件组成

一般的计算机辅助设计系统的硬件由图 7-1 所示几部分组成。

① 主机：这是 CAD 系统的核心部分，它控制和指挥整个系统。大、中、小型或微型计算机均可采用。具体采用什么类型计算机，应根据 CAD 系统要完成的任务复杂程度确定。目前，由于微型计算机体积小、功耗低，价格便宜，因此，微型计算机 CAD 系统的应用较为广泛。

② 输入设备：这是向计算机输入数据、程序及图形数字信息的设备。主要包括键盘、鼠标器(Mouse)、数字化图形输入板、光笔、扫描仪及数码成像设备等。

③ 输出设备：这是将计算机的计算结果及绘制的工程图形，以"硬拷贝"形式输出各种纸质文件的设备。主要包括绘图仪和打印机。

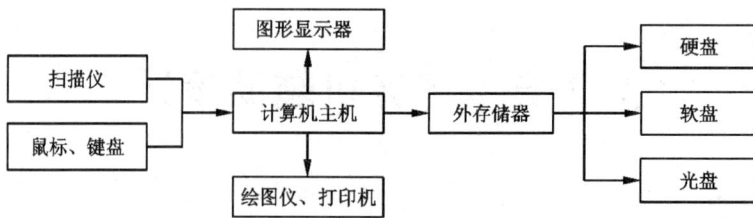

图 7 – 1　CAD 系统硬件组成

④外存储器：这是存放大量原始数据、计算结果、计算机程序和图形文件的装置，主要指硬盘、软盘、U 盘、存储卡及光盘存储器等。

（2）软件组成

一般计算机辅助设计（CAD）系统的软件主要包括以下三大类：

① 通用商业化 CAD 系统软件。这类软件具备了完善的图形处理、图形输入和输出及用户接口等功能，具有很强的通用性，可用作众多工程领域的图形处理及开发环境。其中，最著名的主要有 AutoCAD 软件包、3DS Studio 等。

② 程序设计语言。利用程序设计语言，用户根据不同目的，编制出各种工程计算和图形处理的应用程序，并通过接口编程，实现与商业化 CAD 系统软件的通讯，以完成不同工程领域的特殊设计任务。这些程序设计预言主要包括 BASIC 、FORTRAN、PASCAL、C 语言、Visual Basic、Visual C、Lisp 及各种数据库语言等。

③ 应用程序。用户根据各自工程领域的设计要求，利用高级语言开发出的软件，或基于商业 CAD 软件包的各种实用接口程序等。用户可直接利用这些程序完成相应的工程设计任务。对于不同工程设计领域，开发出功能强大的应用程序是计算机辅助设计研究工作的主要任务。

7.1.3　选矿厂计算机辅助设计的现状与发展趋势

（1）选矿厂计算机辅助设计研究现状

选矿厂设计领域的计算机研究主要集中在以下 4 个方面：

①工艺流程、工艺设备的计算方法和数学模型的研究；

②选矿厂设计管理工作的研究；

③部分标准、非标准设备等的图形绘制软件的研究；

④选矿厂设计专家系统的研究；

其中，第一个方面的研究工作较为充分，第二个方面的研究工作则相对很少，第四个方面研究刚刚起步，大部分的注意力都放在第三个方面的研究工作上。

归纳起来，选矿厂计算机辅助设计的研究工作可分为以下 4 个阶段：

①AutoCAD 绘图软件包的初级应用阶段。这一阶段主要是集中于 AutoCAD 绘图软件包内部功能的应用研究。其特点是利用 AutoCAD 软件包的绘图、编辑和图形建块的功能实现设备或配置图的绘制。这里计算机只是充当制图工具，其图形库的建立方法为静态机制，即建立固定的设备或机组的图块。因此，建库的工作量大，设计的速度慢、灵活性差。

②专用图形库与参数化绘图相结合的研究阶段。在对 AutoCAD 绘图软件包应用研究不断深入的同时，结合选矿厂设计的具体特点，对球磨机、分级机等标准设备利用建立专用图形库的方法(静态实现机制)完成，对各种钢结构件等非标准设备利用高级语言编程的方法(即动态实现机制)完成。其特点是显著地减少了图形库的建库工作量，使得设计的速度和灵活性有所提高。

③参数化绘图的研究阶段。将选矿厂设计中的所有设备分成不同的类型，并按其各自的特点编制相应的绘图子程序，并按各类设备的不同型号规格建立设备的几何特征点的数据库，从而实现了全参数化绘图(全动态实现机制)。这种方法的显著特点就是完全抛弃了静态实现机制，使得设计的灵活性和速度都有显著的提高，但是，由于大的编程量和数据库的建库工作量，使得系统的维护和使用不太方便，且数据库的维护和管理工作量大。

④人工智能技术(专家系统)应用于选矿厂设计的研究阶段。目前进行了碎磨流程方案选择专家系统和破碎厂房工艺设计专家系统以及磨浮工艺设计专家系统的研究等。

(2)选矿厂计算机辅助设计研究发展趋势

与其他领域的专家系统发展相比，选矿厂设计的智能 CAD 技术的应用才刚刚起步。尽管已对破碎厂房工艺设计及磨浮工艺设计的专家系统以及对智能 CAD 技术在选矿厂设计中的应用进行了研究。但与其他行业相比，专家系统及智能 CAD 技术在矿业工程设计中应用的研究工作还很不够。

根据选矿厂设计的特点，计算机辅助设计必须解决好数据计算、图形设计和设计规范及设计经验知识的运用的三个问题，按这一标准来衡量，已有研究工作存在以下不足：

① 已有的 CAD 方面研究主要是面向于数学模型的基础研究。包括计算方法、计算数学模型和基本图形处理三个方面，对设计中涉及的规范和经验等知识的应用问题尚未考虑。

② 设计专家系统方面的研究则着重于设计规范和设计经验知识应用问题。对数据计算、图形处理等方面则未曾考虑或考虑不够充分。

③ 所有的研究工作都未曾涉及三维图形的处理问题，而这一点则是选矿厂计算机辅助设计的主要发展趋势。

7.2 程序设计基础

7.2.1 程序设计基本过程及要求

程序设计是借助各种计算机程序，按一定规范编写计算机能够直接或间接识别并执行的程序的过程。程序设计的基本过程大致包括几个步骤：①针对需要解决的实际工程问题，建立相应的数学模型。②根据解析所建立的数学模型的逻辑过程，设计程序编制的框图。③借助各种高级语言，采用适当的算法编写程序源代码。④对所编写的源代码程序进行调试、修改和编译，最终形成功能完善的程序。

程序设计的基本要求是：①计算结果的精度和误差要满足不同工程领域的要求；②在完成相同计算和绘图功能的前提下，程序的运算量要小，速度要快；③程序运行对计算机内存资源的占有量要小；④程序的结构必须清晰、简明，便于阅读、理解和修改。

7.2.2 方程组求解

方程求解是选矿工艺流程计算过程中的关键问题。根据选别工艺流程计算的特点,方程求解主要包括:线性方程组和矛盾方程组求解。

(1)线性方程组求解

线性方程常用的求解方法很多,高斯主元素消元法是最常用的解法之一。高斯主元素消元法的基本思想是:对方程组 $AX=B$ 进行一系列的初等变换,以减少方程中的变量数,直到将原线性方程组 $AX=B$ 转化为等价的倒三角形线性方程组 $A_n X=B_n$,然后通过回代求解未知数。即

$$\begin{cases} a_{11}x_1 + a_{12}x_2 + a_{13}x_3 + \cdots + a_{1n}x_n = b_1 \\ a_{21}x_1 + a_{22}x_2 + a_{23}x_3 + \cdots + a_{2n}x_n = b_2 \\ a_{31}x_1 + a_{32}x_2 + a_{33}x_3 + \cdots + a_{3n}x_n = b_3 \\ \qquad\qquad\qquad\vdots \\ a_{n1}x_1 + a_{n2}x_2 + a_{n3}x_3 + \cdots + a_{nn}x_n = b_n \end{cases} \qquad (7-1)$$

将方程式(7-1)中的常数项移至等式左边,则其增广系数矩阵为:

$$\begin{pmatrix} a_{11} & a_{12} & a_{13} & \cdots & a_{1n} & b_1 \\ a_{21} & a_{22} & a_{23} & \cdots & a_{2n} & b_2 \\ a_{31} & a_{32} & a_{33} & \cdots & a_{3n} & b_3 \\ \vdots & \vdots & \vdots & & \vdots & \vdots \\ a_{n1} & a_{n2} & a_{n3} & \cdots & a_{nn} & b_n \end{pmatrix} \qquad (7-2)$$

将式(7-2)中第2~第 n 行分别减去第1行 $\times a_{ij}/a_{11}$,可得:

$$\begin{pmatrix} a_{11}^1 & a_{12}^1 & a_{13}^1 & \cdots & a_{1n}^1 & b_1^1 \\ 0 & a_{22}^1 & a_{23}^1 & \cdots & a_{2n}^1 & b_2^1 \\ 0 & a_{32}^1 & a_{33}^1 & \cdots & a_{3n}^1 & b_3^1 \\ \vdots & \vdots & \vdots & & \vdots & \vdots \\ 0 & a_{n2}^1 & a_{n3}^1 & \cdots & a_{nn}^1 & b_n^1 \end{pmatrix} \qquad (7-3)$$

再将第3~第 n 行分别减去第2行 $\times a_{ij}/a_{22}$,…如此变换至第 n 行止,可得:

$$\begin{pmatrix} a_{11}^1 & a_{12}^1 & a_{13}^1 & \cdots & a_{1n}^1 & b_1^1 \\ 0 & a_{22}^2 & a_{23}^2 & \cdots & a_{2n}^2 & b_2^2 \\ 0 & 0 & a_{33}^3 & \cdots & a_{3n}^3 & b_3^3 \\ \vdots & \vdots & \vdots & & \vdots & \vdots \\ 0 & 0 & 0 & \cdots & a_{nn}^n & b_n^n \end{pmatrix} \qquad (7-4)$$

变换过程中,令 $R = a_{ik}^{k-1}/a_{kk}^{k-1}$,则式(7-4)中元素可用以下通式表示:

$$a_{ij}^k = a_{ij}^{k-1} - Ra_{kj}^{k-1}, \ b_i^k = b_i^{k-1} - Rb_k^{k-1}$$

式中　k——消元次数;

　　　i——行数;

j——列数。

对式(7-4)采用回代法即可求出方程的解。即

$$x_n = b_n^k / a_{nn}^k \quad x_k = (a_{k, n+1}^{k-1} - \sum_{j=k+1}^{n} a_{kj}^{k-1} x_j) / a_{kk}^{k-1}$$

式中　$k = n-1, n-2, \cdots, 3, 2, 1$

以上求解过程中，如果出现 $a_{ii}^i = 0$ 时，计算将无法进行，因此，在实际计算过程中，常采用选主元素消元法。即在消去 x_k 的一些系数之前，先从其对应的列中选出绝对值最大的系数为主元素，交换第 k 行和此主元素所在的行，然后按上述消元法消去 x_k 的一些系数($k = 1, 2,$ $\cdots, n$)，只要方程组的系数行列式不等于零，逐步选出的主元素都不等于零，消元过程一定能进行到底。

高斯主元素消元法的 C 语言函数参考源程序如下：

a[i][j]：线性方程组的系数增广矩阵

x[i]：线性方程组的解

N：线性方程组方程式个数

```c
void gauss(void)
  {int i, j, p, k;
  float T, R, eb;
  for(i = 0; i < n; i + +) x[i] = 0.0; /* 数组初始化 */
  for(k = 0; k < n - 1; k + +){/* 重复 N - 1 次 */
      p = k; eb = a[k][k];
      for(i = k; i < n; i + +)/* 选绝对值最大的为主元素 */
          if(abs(a[i][k]) > abs(eb)) {eb = a[i][k]; p = i; }
      for(j = 0; j < n + 1; j + +) {/* 行交换 */
      T = a[k][j]; a[k][j] = a[p][j]; a[p][j] = T; }
      for(i = k + 1; i < n; i + +)/* 消元变换 */
      {R = a[i][k]/a[k][k];
      if(a[i][k] = = 0) continue;
      for(j = k; j < n + 1; j + +)
      a[i][j] = a[i][j] - a[k][j] * R;
      }
        }
  x[n - 1] = a[n - 1][n]/a[n - 1][n - 1]; /* 回代过程 */
    for(k = n - 2; k > = 0; k - -){
      for(j = k + 1; j < n; j + +) x[k] = x[k] + a[k][j] * x[j];
      x[k] = (a[k][n] - x[k])/a[k][k];
    }
  return;
  }
```

（2）矛盾方程组求解

一般线性方程组，未知数的个数通常与方程式的个数相等。如果方程式的个数多于未知数的个数时，数学上就无法得到唯一确定的解，这样的方程组就称为矛盾方程组。

在工艺流程指标计算中，对单金属的浮选流程计算，由物料平衡所得到的线性方程的个数等于未知数的个数，并借助选矿常用公式，可得到满足线性方程组的解。但对于多金属浮选流程的计算，由物料平衡所得到的线性方程的个数大于未知数的个数，因此，得到的联立方程组为一矛盾方程组，因而得不到满足方程组的解。利用最小二乘法原理，对矛盾方程组进行变换，即能求出使各线性方程式近似成立的最优解。对矛盾方程组：

$$\sum_{j=1}^{m} a_{ij}x_j = b_i (i = 1, 2, \cdots, n)，其中 n > m \qquad (7-5)$$

按最小二乘法原理，利用各方程式误差的平方和：

$$Q = \sum_{i=1}^{n} R_i^2 = \sum_{i=1}^{n} \left[\sum_{j=1}^{m} a_{ij}x_j - b_i \right]^2 \qquad (7-6)$$

作为衡量一个近似解的近似程度（或优劣程度）的标志。则可定义：

如果 $x_j(j = 1, 2, \cdots, m)$ 的一组取值，使得误差的平方和 Q 达到最小值，则这组值为矛盾方程组式（7-5）的最优近似解。

误差平方和 Q 可以看成 m 个自变量 x_j 的二次函数，因此，求解矛盾方程组式 7-5 的问题归结为求二次函数 Q 的最小值问题。由于二次函数 Q 是连续函数，

$Q = \sum_{i=1}^{n} R_i^2 \geq 0$，则一定存在一组 $x_1, x_2, \cdots, x_m$ 使得 Q 达到最小值。

将式（7-6）两边对 x_k 求偏导（$k = 1, 2, \cdots, m$）：

$$\begin{aligned}
\frac{\partial Q}{\partial x_k} &= \sum_{i=1}^{n} 2 \left[\sum_{j=1}^{m} a_{ij}x_j - b_i \right] a_{ik} \\
&= 2 \sum_{i=1}^{n} \left[\sum_{j=1}^{m} a_{ij}a_{ik}x_j - a_{ik}b_i \right] \\
&= 2 \left[\sum_{j=1}^{m} \left(\sum_{i=1}^{n} a_{ij}a_{ik} \right) x_j - \sum_{i=1}^{n} a_{ik}b_i \right]
\end{aligned}$$

令 $\dfrac{\partial Q}{\partial x_k} = 0$，则有：

$$\sum_{j=1}^{m} \left(\sum_{i=1}^{n} a_{ij}a_{ik} \right) x_j = \sum_{i=1}^{n} a_{ik}b_i \quad (k = 1, 2, \cdots, m) \qquad (7-7)$$

式（7-7）是具有 m 个未知数，m 个线性方程式的线性方程组，该方程组存在 m 个解。式（7-7）所示方程组为矛盾方程组式（7-5）的正规方程组，其解为矛盾方程组的最优近似解。

对于经变换后得到的正规方程组式（7-7）的求解，仍可采用高斯主元素消元等方法进行。

矛盾方程组最小二乘法变换的 C 语言函数参考源程序如下：

/ *G[i][j]：矛盾方程组系数矩阵 */

/ *G1[i][j]：变换的中间矩阵 */

/ *BB[i]：常数矩阵 */

/ *M：矩阵的行数 */

```
／＊L：矩阵的列数＊／
void change(void)
{ int i, j, k;
float s;
        for(i = 0; i < = M; i + +)／＊转置矩阵 G→G1＊／
    for(j = 0; j < L; j + +) G1[j][i] = G[i][j];
       for (j = 0; j < L; j + +) {／＊求 G＊G1＊／
    for(k = 0; k < L; k + +){s = 0.0;
    for(i = 0; i < = M; i + +) s = s + G1[j][i] ＊ G[i][k];
      G[j][k] = s; }
          }
       for(i = 0; i < L; i + +){ s = 0.0; ／＊求 BB＊G＊／
    for(j = 0; j < = M; j + +) s = s + G1[i][j] ＊ BB[j];
        BB[i] = s;
           }
      return;
   }
```

7.2.3　实验数据处理

设计过程中，许多参数之间的关系很难用一个确定的理论公式来表达，只有根据试验测得的一组离散数据来表达它们之间的关系。在程序设计中，对于这些数据的处理主要有两种方法。一是根据这些离散数据建立对应的经验公式，作为计算的数学模型，称之为数据的公式化。二是直接将试验数据编入程序，供设计计算时检索和调用，称之为数据的程序化。

7.2.3.1　数据公式化

数据公式化，就是利用曲线来拟合试验测得的一组离散数据点，从而获得一组离散点通过的近似函数表达式。通常用一个 m 次多项式来拟合一组离散数据 (x_i, y_i)，$i = 1, 2, 3, \cdots$，n。即用 $P_m(x) = a_1 + a_2 x + \cdots + a_{m+1} x^m$ 近似地表达这组离散数据之间的函数关系 $y = f(x)$。

用 m 次多项式拟合离散点就是确定待定常数 a_1，a_2，$\cdots$，a_{m+1}，确定待定常数的方法有平均法和最小二乘法。

（1）平均法

用平均法确定待定常数时，假定一组数据相对于拟合曲线正负偏差出现的机会相等，则要求离散点与拟合曲线偏差的代数和最小。平均法确定待定常数的步骤是：

①选定拟合方程。通常选一次或二次多项式，次数越高，解线性方程组的计算量越大。

②将 n 组数据代入多项式，得 n 个线性方程式。

③根据拟合方程的形式（即次数 m）确定待定常数 $(a_1, a_2, \cdots, a_k)$ 的个数 $k(k = m + 1$，且 k 必定小于 n），然后将 n 个线性方程式分成 k 组。

④将每组的方程式相加，可把 n 个线性方程式合并为 k 个线性方程式。

⑤联立 k 个方程式求解，得 k 个待定常数 $(a_1, a_2, \cdots, a_k)$，从而获得具体的拟合方程。

（2）最小二乘法

用平均法确定待定常数时，有时因正负偏差相互抵消，因而不能保证很好地拟合离散点。最小二乘法能较好地解决这一问题。最小二乘法确定待定常数是假定离散点与拟合曲线偏差的平方和为最小。最小二乘法确定待定常数的步骤是：

①选定拟合方程的形式；

②设 $y'_i = a_1 + a_2 x_i + \cdots + a_{m+1} x_i^m$ 是根据已定常数 a_1，a_2，$\cdots$，a_{m+1} 计算的函数值，则各离散点与曲线之间偏差的平方和为

$$Q = \sum_{i=1}^{n} (y'_i - y_i)^2$$

③根据偏差平方和最小原则，计算待定常数 a_1，a_2，$\cdots$，a_{m+1}，即可获得拟合曲线的方程式。

最小二乘法多项式拟合的 C 语言参考源程序如下：

```c
/* a[i][j]：线性方程组的系数增广矩阵 */
/* *x[i]：线性方程组的解 */
#include <stdio.h>
#include <math.h>
void gauss();
float a[60][10], x[10];
int N, M; /* N0, N：多项式的次数；M：实测数据点个数 */
main()
{int i, j, k, N0;
float s[10], b[10], P[60], Gama[60], x[10], t[60], y[60];
printf("输入 N0, M：\n"); scanf("%d, %d", &N0, &M);
for(i = 0; i < M; i++){
   printf("输入 t[%d], y[%d]：\n", i+1, i+1);
   scanf("%f, %f", &t[i], &y[i]);   /* 输入实测点数据 */
   }
N = N0 + 1;                          /* M */
for(k = 0; k < 2*N-1; k++){ /* 计算 Σtₙⁱ n = 1, 2, ..., 2*N-1 */
   s[k] = 0;                          /* i = 1 */
   for(i = 0; i < M; i++) s[k] = s[k] + pow(t[i], k);
   }
for(i = 0; i < N; i++)/* 组成系数矩阵 */
   for(j = 0; j < N; j++) a[i][j] = s[i+j];
for(k = 0; k < N; k++){ /* 计算 Σtₙⁱyᵢ i = 1, 2, ..., M; n = 1, 2, ..., N-1 */
   b[k] = 0;
   for(i = 0; i < M; i++) b[k] = b[k] + y[i] * pow(t[i], k);
   a[k][N] = b[k]; /* 形成增广矩阵 */
   }
gauss(); /* 见高斯主元素消元法子程序 */
```

```
for(i = 0; i < M; i + + ) {/ * 按求得的解计算各实测点偏差 */
    P[i] = 0;
    for(j = 0; j < N; j + + ) P[i] = P[i] + x[j] * pow(t[i], j);
    Gama[i] = fabs(P[i] - y[i]);
    }
for(i = 0; i < N; i + + ) printf("X[%d] = %f\n", i + 1, x[i]);
}
```

7.2.3.2 数据程序化

将原始数据编入程序中有两种方法：一种是把数据以数组形式，结合数据检索直接编在程序中。二是将数据存储在数据文件中，供计算程序运行时根据需要检索和调用。

在数据检索中，如果参数值介于已知数据之间时，就不可能直接得到要求的原始数据，此时，应采用函数插值法解决。函数插值的基本思想也是构造一个函数 $y = P(x)$ 作为离散点 (x_i, y_i) 的近似表达式，然后按 x 值来计算 $P(x)$ 的值，作为离散点 (x_i, y_i) 的近似值。

常用的插值方法有线性插值、拉格朗日插值和分段插值三种，下面主要介绍前两种插值法。

（1）线性插值

线性插值（即为两点插值），是通过两点的一直线来近似表示两结点参数间函数关系。所以，两结点间任一点函数值为：$y = y_{i-1} + (y_i - y_{i-1})(x - x_{i-1})/(x_i - x_{i-1})$

线性插值仅用到两个点的信息，因此，计算精度较低。

（2）拉格朗日插值

拉格朗日插值是 $(n-1)$ 次多项式插值。它是通过 n 个结点，用 $n-1$ 次多项式来近似表达参数间的函数关系。其公式为：

$$y = \sum \frac{(x - x_1)(x - x_2)\cdots(x - x_{i-1})(x - x_{i+1})\cdots(x - x_n)}{(x_i - x_1)\cdots(x_{i}-x_{i-1})(x_i - x_{i+1})\cdots(x_i - x_n)}y_i$$
$$= \sum_{i=1}^{n}(\prod_{\substack{i=1 \\ j \neq i}}^{n}\frac{(x - x_i)}{(x_i - x_j)})y_i$$

当结点数 $n = 2$ 时，为线性插值：

$$P_2(x) = y_1(x - x_2)/(x_1 - x_2) + y_2(x - x_1)/(x_2 - x_1)$$
$$= y_1 + (y_2 - y_1)(x - x_1)/(x_2 - x_1)$$

拉格朗日插值计算的 C 预言参考源程序如下：

```
#include  < stdio. h >
#define DN 20 / * 数据点个数 */
main( )
{ int i, j, k, N;
  float x[DN], y[Dn], Y, X, T;
  printf("输入插值多项式的次数: \n"); scanf("%d", %N);
  printf("输入插值点已知变量的值: \n"); scanf("%f", &X);
  printf("输入已知插值结点(x, y)的值: \n");
```

```
for(i = 0; i < N; i + +) {
    printf("输入(x[%d], y[%d]): \n", i + 1, i + 1);
    scanf("%f, %f", &x[i], &y[i]);
        }
Y = 0;
for(k = 0; k < N; k + +){
    T = 1;
    for(j = 0; j < N; j + +)
      if(j! = k) T = T * (X - x[j])/(x[k] - x[j]);
    Y = Y + T * y[k];
        }
printf("Y = %f\n", Y);
    }
```

7.2.4 曲线处理

曲线是函数的另一种表达方式，它的特点是直观，能够清晰地看出函数的变化趋势，但曲线本身无法直接参与计算机运算，计算时，参与运算的是根据曲线图查得的有关数据，因此，需要将曲线转换成相应的数据形式或数学表达式，供程序使用。

实现曲线的程序化分为两步：第一步是将曲线变成相应的数表，即将曲线数表化；第二步是将数表按前面介绍的方法公式化或程序化。

7.3 选矿工艺计算编程基础

选矿工艺计算主要包括工艺流程计算和主要工艺设备计算。工艺流程计算包括破碎和磨矿流程、选别流程和脱水流程。工艺设备计算包括破碎、筛分、磨矿、分级、选别及脱水等设备。其中，工艺设备计算均有相应的经验公式或图表数据，采用 7.2 节中介绍的方法可以得到求解。因此，本章重点介绍选矿工艺流程计算的程序编制。

7.3.1 破碎及磨矿流程计算

根据第四章可知，破碎和磨矿流程主要由以下五种单元的流程组合而成，如图 7 - 2 所示。

对于破碎和磨矿，以上 5 种单元流程都有相应的计算方法和公式，因此，只需对每一种单元流程编制相应的计算子程序，并通过对子程序的组合调用来完成特定破碎和磨矿流程的计算。

破碎和磨矿流程计算编程需要解决的关键问题是：①计算过程中需要查找各种表格和曲线数据。程序编制时，对表格数据的处理宜采用建立数据库方法；对各种曲线的处理宜采用曲线拟合方法。②破碎流程计算中，涉及设备选型问题，宜采用建立相应的破碎及筛分设备数据库的方法。③流程和设备计算须同时进行，以获得各段破碎设备负荷率基本平衡。

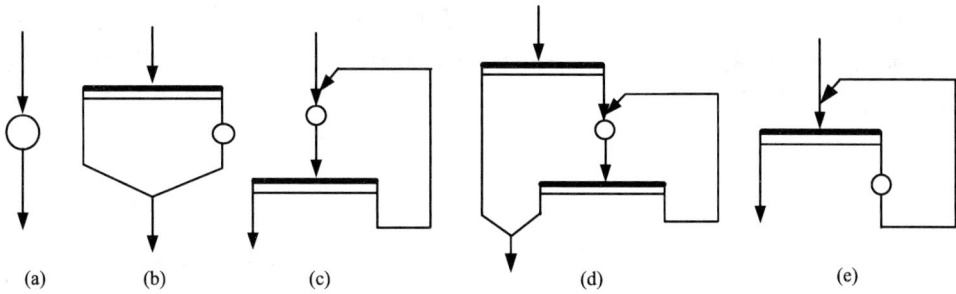

图 7 - 2　破碎和磨矿单元流程

7.3.2　浮选流程计算

选别工艺流程计算中，浮选流程的计算最为普遍。对浮选流程的计算机辅助计算，需要解决 3 个方面的关键问题：浮选流程的表达；计算所采用的数学模型；流程计算的方法。

（1）浮选流程的表达

根据已有研究成果，浮选流程的表达方法种类较多，但，其中最主要的有模块表达和结构矩阵表达两种。

①模块表达。

通过对浮选流程结构特点的系统分析，将结构相近的作业归为一类，用同一个模块来表达。按模块划分的原则，浮选流程可划分为以下几个模块，如图 7 - 3 所示。通过对这些模块的不同组合，可以得到不同结构的浮选流程。

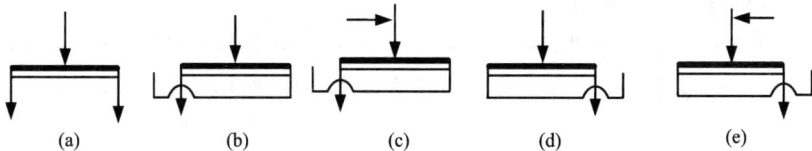

图 7 - 3　浮选流程模块类型

上述模块中，（a）代表原、精、尾计算模块；（b）代表最后一次精选作业计算模块；（c）代表中间精选作业计算模块；（d）代表最后一次扫选作业计算模块；（e）中间扫选作业计算模块。

在上述模块划分基础上，可将模块进一步简化图 7 - 4 所示的一个通用模块。在图 7 - 4 中，对产物 2 和产物 3 应设置判断是否为返回产物的标识；对模块中给矿 F_1，F_2，$\cdots$，F_n 的个数按流程中的具体情况确定。

模块表达法具有以下特点：表达方法直观易懂；类似手工计算过程；对中矿顺序返回的浮选流程容易实现通用程序的编制。

②结构矩阵表达。

对浮选流程中的每一个选别作业，设进入该作业的选别产物代码为 1，该作业排出的选

别产物代码为 -1,与该作业无关的其他选别产物代码为0。同时,对浮选流程中的中矿汇集点,看成是只有一个出料,多个进料的作业,且其产物编码原则同前。根据这一原则,任何复杂的浮选流程可用产物代码构成的结构矩阵进行表达。如图7-5所示的浮选工艺流程就可用式7-8的结构矩阵来表达。

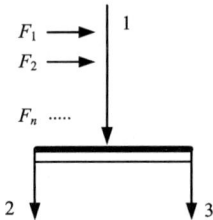

图7-4 浮选流程的简化模块

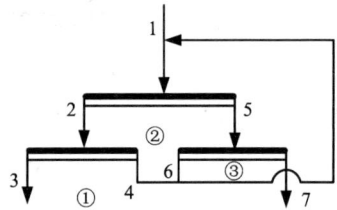

图7-5 举例流程图

$$L = \begin{matrix} & & \text{选别产物编号} & & & & \\ & 1 & 2 & 3 & 4 & 5 & 6 & 7 \\ \text{选别作业编号} \begin{array}{c} ① \\ ② \\ ③ \end{array} & \begin{pmatrix} 0 & 1 & -1 & -1 & 0 & 0 & 0 \\ 1 & -1 & 0 & 1 & -1 & 1 & 0 \\ 0 & 0 & 0 & 0 & 1 & -1 & -1 \end{pmatrix} \end{matrix} \qquad (7-8)$$

结构矩阵表达法具有以下特点:能充分表达不同流程结构,流程的表达准确,无二义性;通过对结构矩阵维数的不断扩充,可完成复杂流程的表达和计算;根据结构矩阵表达法编制的程序具有很好的通用性。

(2)浮选流程计算的基本方法

在第4章中详细介绍了选别流程计算的基本方法,为便于流程计算编程,归纳如下:

①对单金属浮选流程,各浮选作业均直接根据物料平衡进行计算。即

$$\begin{cases} \gamma = \sum_{i=1}^{n} \gamma_i \\ \gamma\alpha_j = \sum_{j=1}^{m} \gamma_i\beta_{ij} \end{cases}$$

②对多金属浮选流程,既可采用选取主金属(即视为单金属)法计算,也可使多金属参与计算。如是后者,各浮选作业的物料平衡方程组为一个矛盾方程组,应采用最小二乘法进行计算。

③计算步骤:首先计算全流程的原、精、尾矿指标;由最后一次精选作业向上计算各精选作业的各产物指标;由最后一次扫选作业向上计算各扫选作业的各产物指标;计算流程中各混合产物指标;对流程的计算结果进行物料平衡检查,并进行必要的数据调整。

(3)浮选流程计算的数学模型

选别流程计算机编程中常用的数学模型包括:

①物料平衡方程:

$$\begin{cases} r_0 = r_1 + r_2 + \cdots + r_j \\ r_0\alpha_1 = r_1\beta_{11} + r_2\beta_{21} + \cdots + r_j\beta_{j1} \\ \qquad\qquad\vdots \\ r_0\alpha_i = r_1\beta_{1i} + r_2\beta_{2i} + \cdots + r_j\beta_{ji} \end{cases} \qquad (7-9)$$

式中　r_0——给矿产率；

　　　r_j——选别产物的产率；

　　　α_i——给矿品位；

　　　β_{ji}——选别产物的品位。

②数学模型

常用的数学模型主要有：线性方程组求解，包括高斯主元素消元法、迭代法等，详见7.2节；矛盾方程组求解，如最小二乘法，详见7.2节；对计算结果进行优化的数学模型（有关优化数学模型的内容请参阅相关资料）。

（4）浮选流程计算程序设计

不同的程序设计者编制的程序在功能上存在一定差异，但对于一个功能较完善的浮选流程计算软件，至少应包括以下如图7-6所示的七个功能模块。

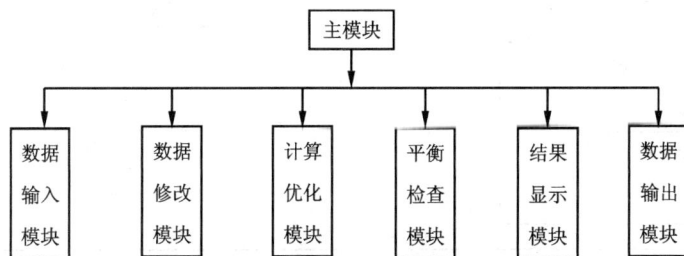

图7-6　浮选流程计算软件的模块结构

图7-6中，计算优化模块是最主要的组成部分。下面以中矿顺序返回典型浮选流程为例（不含矿浆流程计算）介绍浮选流程计算程序编制的基本方法。

1）模块表达法

前面已提到，模块计算法与人工计算基本相似，因此，程序的编制相对较容易。

① 程序完成的基本功能。

编制的程序适用于多金属，多循环，中矿顺序返回，精、扫选作业次数任意的浮选流程的数质量指标计算。

② 程序框图。

模块法计算程序编制原则框图见图7-7。

③模块法计算 C 语言参考源程序示例。

／＊ 文件名——LCJS. C

变量说明：Q——产物重量（t/d 或 t/h）　　　　R——产物产率（％）

　　　　　B——产物品位（％）　　　　　　　E——产物回收率（％）

　　　　　N——精选作业次数　　　　　　　M——扫选作业次数

下标：V——混合产物 */

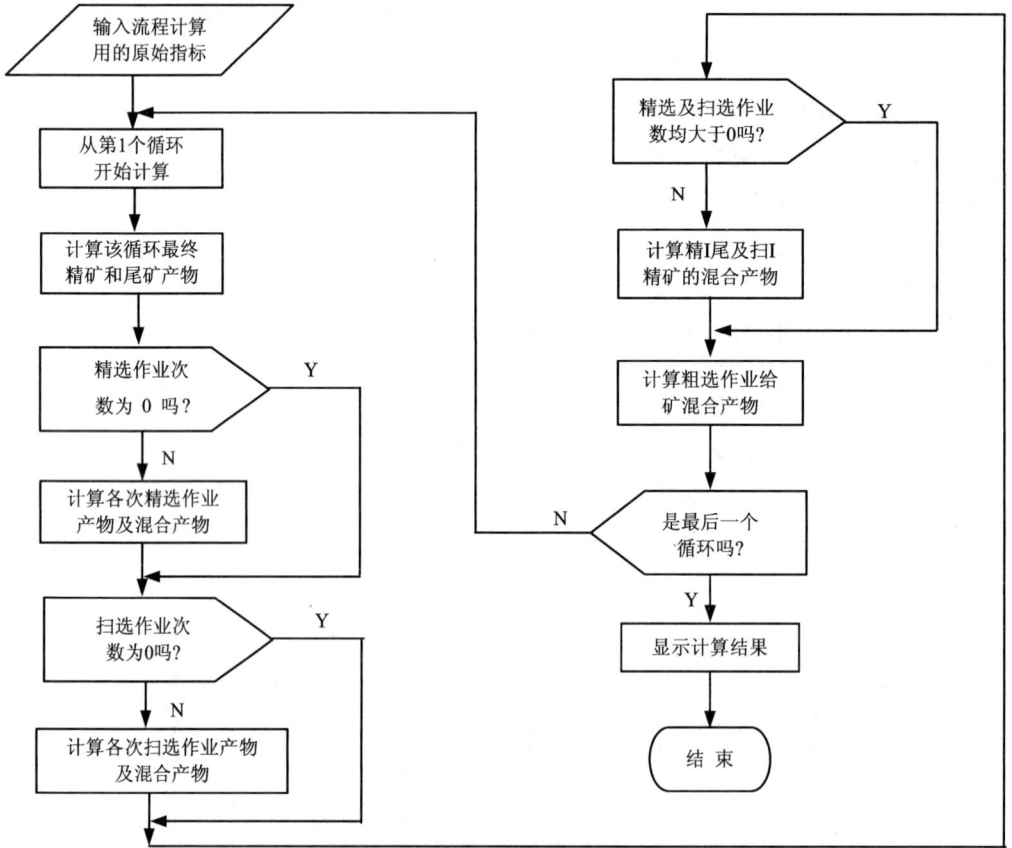

图 7 - 7　典型浮选流程模块法计算程序框图

```
#include <stdio. h>
#define df1 60 /* 流程产物个数 */
#define df2 2 /* 金属个数 */
#define df3 20 /* 精、扫选中间混合产物个数 */
#define df4 3 /* 流程的循环个数 */
float R[df1],Q[df1],E[df1][df2],B[df1][df2]; /* 产物指标 */
float RV[20],QV[20],BV[20][2],EV[20][2]; /* 精、扫选中间混合产物指标 */
int l = 0,js;
void tem(int k);

main()
{
    int yk[df4],wk[df4],jk[df4],N[df4],M[df4];
    /* 精选 I 尾矿和扫选 I 精矿混合产物指标 */
```

```
float RR[df4],QQ[df4],EE[df4][df2],BB[df4][df2];
/* 粗选给矿的混合产物指标 */
float RP[df4],QP[df4],EP[df4][df2],BP[df4][df2];
int i,j,p=0,xh,Np=0,T,T1,T2,T3,T4;
/* 原始数据输入 */
printf(" \r1 输入原矿处理量 Q(t/d) :");scanf("%f",&Q[0]);
printf(" \r2 输入原矿产率 R(%) :");scanf("%f",&R[0]);
printf(" \r3 输入金属种类数 JS :");scanf("%d",&js);
for(i=0;i<js;i++){
    printf(" \r4 输入原矿回收率%d :",i+1);scanf("%f",&E[0][i]);}
    printf(" \r5 输入流程的循环个数 XH :");scanf("%d",&xh);
for(i=0;i<xh;i++){
    printf(" \r 输入循环%d 的原矿编号 :",i+1);scanf("%d",&yk[i]);
    printf(" \r 输入循环%d 的精矿编号 :",i+1);scanf("%d",&jk[i]);
    printf(" \r 输入循环%d 的尾矿编号 :",i+1);scanf("%d",&wk[i]);
    printf(" \r 输入循环%d 的精选次数 N:",i+1);scanf("%d",&N[i]);
    printf(" \r 输入循环%d 的扫选次数 M:",i+1);scanf("%d",&M[i]);
    Np=Np+N[i]+M[i];
        }
    Np=Np+xh;
    for(i=0;i<Np*2+1;i++)
        for(j=0;j<js;j++){
    printf(" \r 输入产物 %d 品位 %d :",i+1,j+1);
        scanf("%f",&B[i][j]);}
for(i=0;i<xh;i++){
/* 最终精矿和尾矿计算 */
R[jk[i]-1]=(int)((R[yk[i]-1]*(B[yk[i]-1][0]-B[wk[i]-1][0])/
(B[jk[i]-1][0]-B[wk[i]-1][0]))*100+.5)/100.0;
Q[jk[i]-1]=R[jk[i]-1]*Q[0]/100.0;
R[wk[i]-1]=R[yk[i]-1]-R[jk[i]-1];Q[wk[i]-1]=Q[yk[i]-1]-Q[jk[i]
-1];
    for(j=0;j<js;j++){
E[jk[i]-1][j]=(int)((R[jk[i]-1]*B[jk[i]-1][j]/B[0][j])*100+.5)/
100.0;
        E[wk[i]-1][j]=E[yk[i]-1][j]-E[jk[i]-1][j];
        if(B[wk[i]-1][j]!=0) continue;
        else B[wk[i]-1][j]=(int)((E[wk[i]-1][j]*B[0][j]/R[wk[i]-1])*
```

```
100 + 0.5)/100.0;
    }
    if(N[i] > 0){/* 当精选作业次数不为0时 */
    /* 最后一次精选计算 */
    R[wk[i]] = (int)((R[jk[i] - 1] * (B[jk[i] - 1][0] - B[wk[i] + 1][0])
            /(B[wk[i]][0] - B[wk[i] + 1][0])) * 100 + .5)/100.0;
    Q[wk[i]] = (R[wk[i]] * Q[0] + .5)/100.0;
    R[wk[i] + 1] = R[wk[i]] - R[jk[i] - 1];Q[wk[i] + 1] = Q[wk[i]] - Q[jk[i] -
1];
    for(j = 0;j < js;j + + ) {
        E[wk[i]][j] = (int)((R[wk[i]] * B[wk[i]][j]/B[0][j]) * 100 + .5)/
100.0;
        E[wk[i] + 1][j] = E[wk[i]][j] - E[jk[i] - 1][j];
        if(B[wk[i] + 1][j]! = 0) continue;
        else B[wk[i] + 1][j] = (int)((E[wk[i] + 1][j] * B[0][j]/R[wk[i] + 1]) *
100 + 0.5)/100.0;
            }
    /* 倒数第二次精选至精选I的计算 */
    for (j = wk[i] + 2;j < (wk[i] + N[i] * 2);j + =2) tem(j);
    }
    if(M[i] > 0){/* 当扫选次数不为零时 */
    /* 最后一次扫选计算 */
    if(N[i] > 0) T = wk[i] + N[i] * 2;
        else T = wk[i] + N[i];
    R[T] = (int)((R[wk[i] - 1] * (B[T + 1][0] - B[wk[i] - 1][0])/(B[T][0] - B[T
+ 1][0])) * 100 + .5)/100.0;
    Q[T] = (R[T] * Q[0])/100.0;
    R[T + 1] = R[T] + R[wk[i] - 1];Q[T + 1] = Q[T] + Q[wk[i] - 1];
    for(j = 0;j < js;j + + ) {
        E[T][j] = (int)(((R[T] * B[T][j])/B[0][j]) * 100 + .5)/100.0;
        E[T + 1][j] = E[T][j] + E[wk[i] - 1][j];
        if(B[T + 1][j]! = 0) continue;
        else
    B[T + 1][j] = (int)((E[T + 1][j] * B[0][j]/R[T + 1]) * 100 + 0.5)/100.0;
    }
    /* 倒数第二次扫选至扫选I的计算 */
    for(j = (wk[i] + 2 + N[i] * 2);j < (wk[i] + (N[i] + M[i]) * 2);j + = 2) tem(j);
```

```
        }
/* 精 I 的尾矿和扫 I 的精矿混合产物计算 */
if(N[i] >0 && M[i] >0) {
T1 = wk[i] + N[i] * 2 - 1;T2 = wk[i] + (N[i] + M[i]) * 2 - 2;
RR[p] = R[T1] + R[T2];
QQ[p] = Q[T1] + Q[T2];
for(j = 0;j < js;j + +){
EE[p][j] = E[T1][j] + E[T2][j];
BB[p][j] = (int)(((B[0][j] * EE[p][j])/RR[p]) * 100 + .5)/100.0;
        }
p + +;
        }
/* 粗选给矿的混合产物计算 */
if(N[i] = =0) T3 = wk[i] + M[i] * 2 - 2;
if(M[i] = =0) T3 = wk[i] + N[i] * 2 - 1;
if(N[i] = =0 || M[i] = =0) {
    RP[i] = R[yk[i] - 1] + R[T3];
    QP[i] = Q[yk[i] - 1] + Q[T3];
    for(j - 0;j < js;j + +) {
        EP[i][j] = E[yk[i] - 1][j] + E[T3][j];
        BP[i][j] = (int)(((B[0][j] * EP[i][j])/RP[i]) * 100 + .5)/100.0;
        }
}
else { T4 = wk[i] + (N[i] + M[i]) * 2 - 2;T3 = T4 - 1;
    RP[i] = R[yk[i] - 1] + R[T3] + R[T4];
    QP[i] = Q[yk[i] - 1] + Q[T3] + Q[T4];
    for(j = 0;j < js;j + +) {
    EP[i][j] = E[yk[i] - 1][j] + E[T3][j] + E[T4][j];
        BP[i][j] = (int)(((B[0][j] * EP[i][j])/RP[i]) * 100 + .5)/100.0;
        }
    }
}
/* 结果显示 */
/* 流程产物指标显示 */
for(i = 0;i < Np * 2 + 1;i + +){
    printf("R[%d] = %6.2f(%)\n",i + 1,R[i]);
    printf("Q[%d] = %6.2f(t/d)\n",i + 1,Q[i]);
```

```
    for(j = 0;j < js;j + +){
    printf("B[%d][%d] = %7.2f(%)\n",i + 1,j + 1,B[i][j]);
    printf("E[%d][%d] = %7.2f(%)\n",i + 1,j + 1,E[i][j]);
        }

    }
/* 混合产物指标显示 */
for(i = 0;i < l;i + +){
    printf("RV[%d] = %6.2f(%)\n",i + 1,RV[i]);
    printf("QV[%d] = %6.2f(t/d)\n",i + 1,QV[i]);
    for(j = 0;j < js;j + +){
    printf("BV[%d][%d] = %7.2f(%)\n",i + 1,j + 1,BV[i][j]);
    printf("EV[%d][%d] = %7.2f(%)\n",i + 1,j + 1,EV[i][j]);
        }

    }
/* 精 I 的尾矿和扫 I 的精矿混合产物指标显示 */
for(i = 0;i < p;i + +){
        printf("RR[%d] = %6.2f(%)\n",i + 1,RR[i]);
        printf("QQ[%d] = %6.2f(t/d)\n",i + 1,QQ[i]);
        for(j = 0;j < js;j + +){
    printf("BB[%d][%d] = %7.2f(%)\n",i + 1,j + 1,BB[i][j]);
    printf("EE[%d][%d] = %7.2f(%)\n",i + 1,j + 1,EE[i][j]);
            }
            }
/* 粗选给矿的混合产物计算指标显示 */
for(i = 0;i < xh;i + +){
        printf("RP[%d] = %6.2f(%)\n",i + 1,RP[i]);
        printf("QP[%d] = %6.2f(t/d)\n",i + 1,QP[i]);
        for(j = 0;j < js;j + +){
    printf("BP[%d][%d] = %7.2f(%)\n",i + 1,j + 1,BP[i][j]);
    printf("EP[%d][%d] = %7.2f(%)\n",i + 1,j + 1,EP[i][j]);
            }
            }
}
void tem(int j)  /* 精、扫选中间作业计算 */
{ float F,H,P,k;
    F = R[j - 2] * (B[j - 2][0] - B[j + 1][0]);
    H = R[j - 1] * (B[j - 1][0] - B[j + 1][0]);
```

$$P = B[j][0] - B[j+1][0];$$

$$R[j] = (int)(((F-H)/P) * 100 + .5)/100.0;$$

$$Q[j] = (R[j] * Q[0])/100.0;$$

$$R[j+1] = R[j] + R[j-1] - R[j-2];$$

$$Q[j+1] = Q[j] + Q[j-1] - Q[j-2];$$

$$for(k=0;k<js;k++) \{$$

$$E[j][k] = (int)((R[j] * B[j][k]/B[0][k]) * 100 + .5)/100.0;$$

$$E[j+1][k] = E[j][k] + E[j-1][k] - E[j-2][k];$$

$$if(B[j+1][k]! = 0) \ continue;$$

$$else \ B[j+1][k] = (int)((E[j+1][k] * B[0][k]/R[j+1]) * 100 + 0.5)/$$

$$100.0;$$

$$\}$$

/* 各混合产物计算 */

$$RV[l] = R[j-2] + R[j+1];$$

$$QV[l] = Q[j-2] + Q[j+1];$$

$$for(k=0;k<js;k++) \{$$

$$EV[l][k] = E[j-2][k] + E[j+1][k];$$

$$BV[l][k] = (int)(((B[0][k] * EV[l][k])/RV[l]) * 100 + .5)/100.0;$$

$$\}$$

$$l++;$$

$$\}$$

2) 结构矩阵法

结构矩阵法由于能准确表达所要计算的工艺流程，同时，可使多金属组分均参与流程计算，因而就会涉及矛盾方程组的求解的问题，因此，结构矩阵法的编程相对较为复杂，这里重点介绍结构矩阵法编程的基本思路。

①程序功能

结构矩阵法计算程序，可满足多金属，任意结构流程的计算，最终得到一组使全流程近似平衡的最优解。

②程序框图

结构矩阵法编程的原则框图见图 7-8，相关源程序省略。

7.3.3　工艺设备选择计算

选矿工艺设备选择计算一般步骤包括：

①根据工艺要求及特点选择合适的设备类型及规格范围；

②根据设备能力计算公式，计算每台设备处理能力；

③计算所需设备台数及负荷率等；

④计算不同方案设备的总重量、总价格和总功率；

⑤根据设备台数、设备负荷率、总重量、总价格及总功率，选择最佳方案。

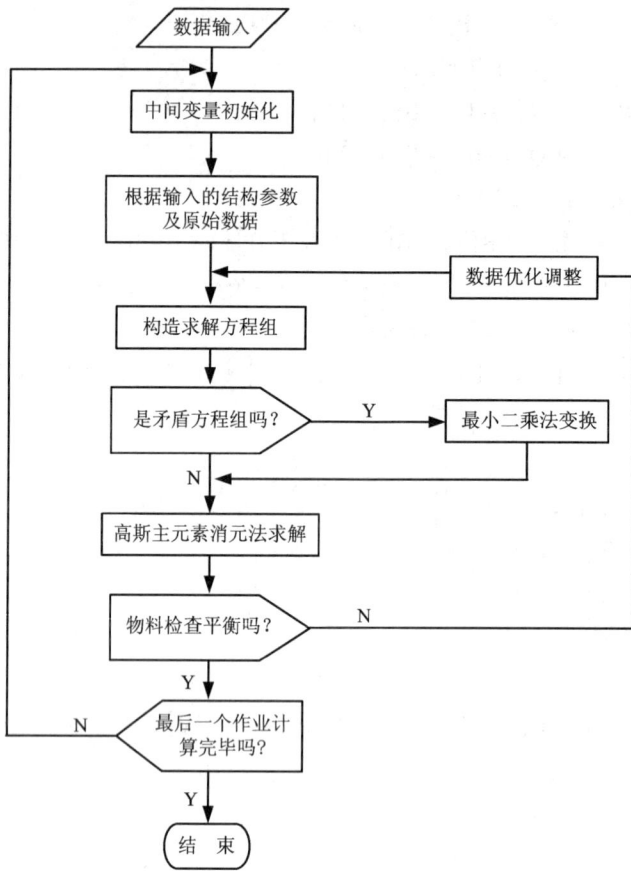

图 7-8 结构矩阵法计算主程序框图

设备选择计算程序的编制也应按上述步骤进行。其中,第 1 步的内容可由设计者完成或编制相应的专家系统程序由计算机完成。第 2 步和第 3 步的内容根据相应的计算公式编制程序,其中,经验数据、表格数据及曲线的处理应采用本章第二节介绍的方法进行。第 4 步及第 5 步的设备方案比较是根据设备投资(总价格)、能耗(总功率)进行的。因此,对每一方案的设备总价格和总功率进行加权,得到优化的目标函数,并对该函数求极小值,可得到最佳方案。

设备选择计算程序一般应包括图 7-9 所示的功能模块。图 7-9 中,各设备计算模块还应包括多个下一级的功能模块。其中,各功能模块均具有相似的结构,如图 7-10 所示。

设备计算涉及的内容较多,这里仅就浮选设备的选择计算程序编制为例介绍设备选择计算程序编制的基本方法,程序功能与框图。

该程序仅为计算模块部分,根据已获得的矿浆流程计算结果和拟选的浮选机规格等参数,计算所需要的浮选机数量,程序框图见图 7-11。

```
#include < stdio. h >
#include < math. h >
#include < stdlib. h >
```

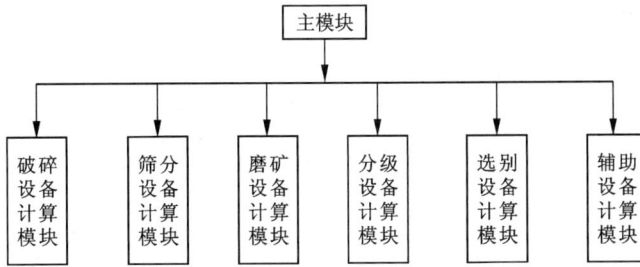

图 7 – 9　设备选择计算软件功能模块

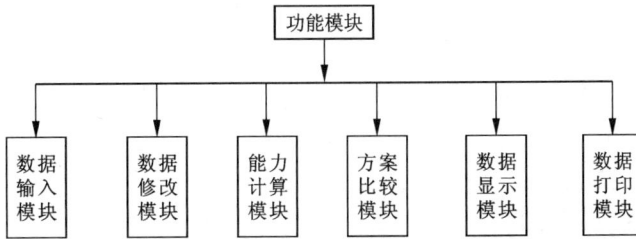

图 7 – 10　设备计算各功能模块的结构

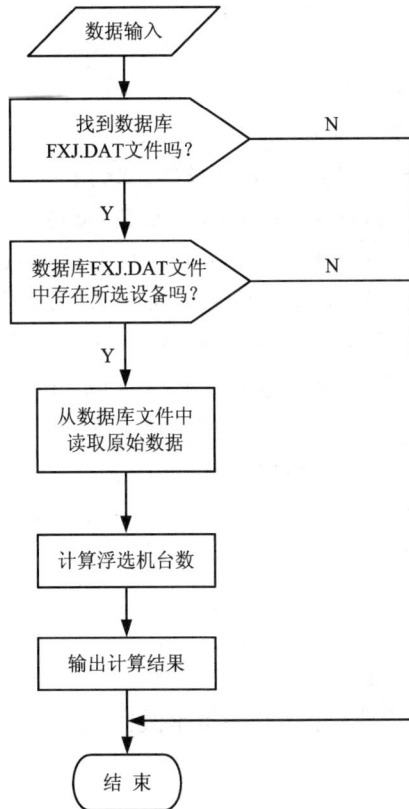

图 7 – 11　浮选机计算程序框图

```
#include  < dos. h >
#include  < conio. h >
FILE  * fp;
char dr[30];
void fxj(void);


main( )
{
fxj( );
}


void fxj(void)
{ int ch, n, n2, i = 1, b;
float w1, v, v1, v2, N, n1, q, c, r, t;
char s[8], s1[8], sd[60];
signal(SIGFPE, (fptr)catcher);
flag = setjmp(jumper);
fp = fopen("fxj. res", "wb"); fclose(fp);
while(i > 0) { clrscr( );
cprintf("浮选机选择计算\n\7");
cprintf("\n 作业编号 : "); scanf("%d", &b);
cprintf("\r 给矿量 Q (t/h) : "); scanf("%f", &q);
cprintf("\r 矿石的密度 (t/m3) : "); scanf("%f", &r);
cprintf("\r 给矿矿浆浓度 (wt%) : "); scanf("%f", &c);
cprintf("\r 该作业的浮选时间(min) : "); scanf("%f", &t);
cprintf("\r 输入浮选机类型(如: xj - 11) : "); scanf("%7s", s);
strcpy(sd, dr); strcat(sd, "\\dat\\fxj. dat"); fp = fopen(sd, "rb");
if(fp = = NULL) {cprintf("\r 在当前目录中未找到 FXJ. DAT \n");
cprintf("\r 按任一键返回\n"); getch( ); return; }
while(! feof(fp)) { fscanf(fp, "%7s, %f, %f", s1, &v2, &N);
if(memcmp(s, s1, 7) = = 0) { v1 = v2; break; }
}
fclose(fp);
if(v1 = = 0 ) {cprintf("\7");
cprintf("\r 不存在你所需浮选机! 按任一键重做!"); getch( );
flag = 0; return; }
if(flag = = 0) {
w1 = q * (100 - c)/c;
v = (q/r + w1)/60;
```

n2 = (int) (v * t/(0. 825 * v1)) ; n1 = (v * t/(0. 825 * v1)) ;

if((n1 − n2) > 0. 5) n = n2 + 1 ; else if(n2 !   = 0) n = n2 ; else n = 1 ;

}

else { cprintf(" \7 ") ; cprintf(" \r 数学计算错误! 按任一键重做!") ;

getch( ) ; flag = 0 ; return ; }

cprintf(" \r 作业 %d 的浮选机为: % s %4. 2f(m3) %d(cao) \n" , b, s1, v1, n) ;

cprintf(" \r 继续吗? (y/n) ") ; ch = getch( ) ;

if(ch = = 89 || ch = = 121) i = 1 ; else i = 0 ;

fp = fopen(" fxj. res" , " ab") ;

fprintf(fp, " \rZY − %d %s %4. 2f %d(cao) \n" , b, s1, v1, n) ;

fclose(fp) ;

}

}

7.4 计算机绘图基础

7.4.1 图形程序设计的基本方法

计算机辅助设计中,图形程序设计一般包括对几何图形的处理、程序框图的设计和绘图程序的编制 3 个方面。

（1）几何图形的处理

几何图形的处理有下面四种基本方法:

①几何相交图形处理。

几何相交图形主要是直线与圆、直线与圆弧、圆弧与圆弧等相交的图形,对这类图形的处理主要是通过数学公式计算其交点或切点的坐标。

②几何组合图形处理。

这类图形一般是由简单的、基本的图形组合而成。相反,复杂的几何图形可以分解为若干个基本图形,将这些基本图形用简单的参数编成相应的绘图子程序,然后以组合的方法调用这些子程序,从而实现复杂图形的自动绘制。

③对称图形的处理。

对称图形的绘图程序,编制一半图形就行了,然后再根据其是轴对称还是中心对称,变换其相对的 x 或 y 坐标,画出另一半图形。

④参数化图形处理。

对于标准化或规格化的零件或设备,只要用少数几个主要参数,就可以确定各部件的尺寸。这类图形本身只有大小相似的区别,用计算机绘制时,根据主要参数和数学公式计算其他各部分的尺寸和点的坐标。

（2）程序框图设计

根据图形设计的数据计算和绘图全过程,编制相应的程序框图,作为程序源代码编制的依据。

（3）图形程序编制

图形程序编制方法和要求与计算程序编制相同。下面以标准工程图图框绘制程序为例加以介绍。工程设计所采用的图纸标准如表 7-1。表中各参数含义如图 7-12 所示。

表 7-1　工程图纸图幅规范

图号	$B \times L$/mm	c/mm	a/mm	图幅
0	841×1189			2.0
1	594×841	10		1.0
2	420×594		25	0.5
3	297×420	5		0.25
4	210×297			0.125

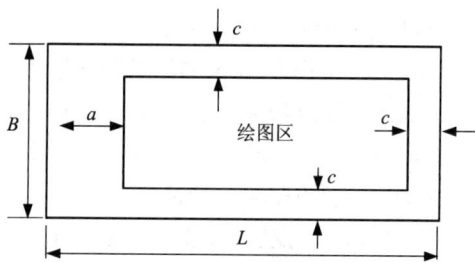

图 7-12　工程图框示意图

要编制一个可以绘制各种图号和不同位置（横放或竖放）的标准图幅的通用程序，必须考虑三个方面的问题：不同图幅的尺寸不同，用 N=0，1，2，3，4 表示；横放或竖放应设置代码控制，用 K=0（横放）和 K=1（竖放）表示；边框尺寸必须根据图幅大小确定。

根据上面的分析，绘制标准图幅的程序框图如图 7-13 所示。采用与 AutoCAD 的 DXF 接口形式编制绘图程序，C 语言参考源程序如下。

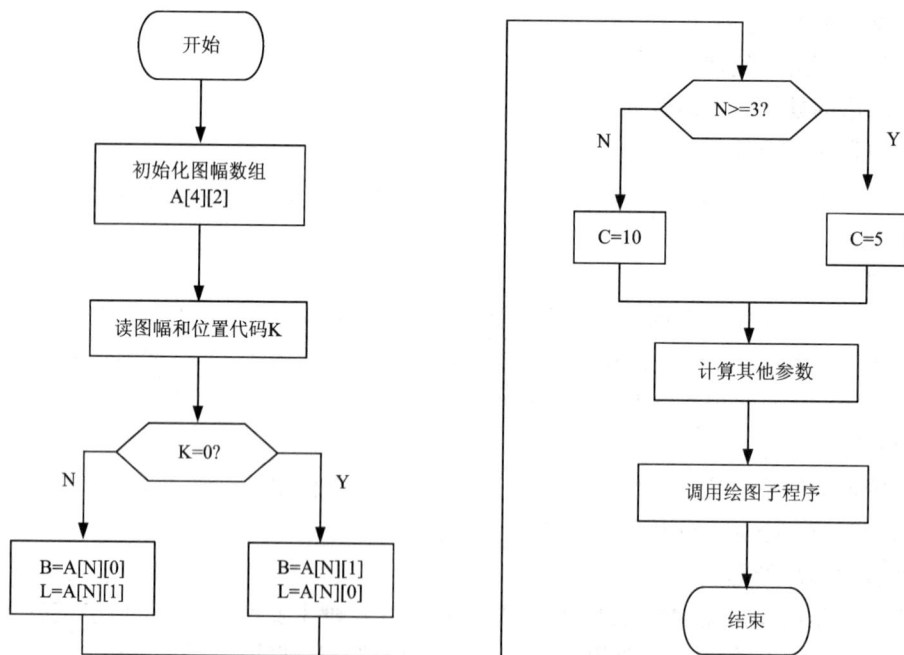

图 7-13　标准图框绘制的程序框图

```
#include  < stdio. h >
#include  < stdlib. h >
```

```
#include <conio.h>
#include "hthsk.c"/*DXF文件的接口函数,见附录一*/
FILE *fp;
main()
{ int tufu[4][2] = {1189, 841, 841, 594, 594, 420, 420, 297, 297, 210};
int K, N, B, L, a, c, h, j;/*K=0:横放;K=1:竖放;N:图号*/
printf("请输入图号:\n"); scanf("%d", &N);
printf("请输入图纸位置:\n"); scanf("%d", &K);
if(K==0) {L=tufu[N][0]; B=tufu[N][0]; }
else {B=tufu[N][0]; L=tufu[N][1]; }
if(N>=3) c=5; else c=10;
a=25; h=B-c; j=L-a;
fp = fopen("tufu.dxf", "wb");
line("0", 0, 0, 0, B); line("0", 0, B, L, B); line("0", L, B, L, 0); line("0", L,
0, 0, 0);
pline("0", a, c, 0.3, a, h); pline("0", a, h, 0.3, j, h); pline("0", j, h, 0.3, j, c);
pline("0", j, c, 0.3, a, c);
fprintf(fp, "%d\n", 0);
fprintf(fp, "\r%s\n", "EOF");
fclose(fp);
}
```

7.4.2　AutoCAD 绘图软件包简介

AutoCAD 绘图软件包的内容极为丰富,功能也十分强大,要完整介绍 AutoCAD 软件的内容,需要占用大量篇幅。为此,下面主要介绍 AutoCAD 软件包 2008 版本中最常用的内容(详细内容请参阅 AutoCAD2008 版本的使用指南)。

(1) AutoCAD 的工作方式

AutoCAD 有两种工作方式:一种是基于图形编辑器来进行图形的绘制和编辑。用户在图形编辑器中,利用软件包所提供的丰富绘图命令来构造用户所需要的几何图形,并可对该图形进行任意的修改、缩放、保存、打印等操作,从而可十分方便地完成图形设计工作。

另外一种方式,AutoCAD 为用户提供了各种丰富的接口,方便用户借助各种高级语言程序编写一些具有特殊功能的外部程序,以实现特殊专业绘图的需要,从而使 AutoCAD 的功能得以扩展。用户一般可通过三种主要途径开发用户应用程序:一是使用 AutoCAD 内部提供的 AutoLISP 语言;二是在 DXF 接口下使用各种高级语言编程;三是在 ADS 接口下,使用 Visual C 语言编程。

(2) AutoCAD 的常见文件类型

.dwg－绘图文件　　　.dxf－绘图交换文件　　　.lin－线型库文件　　　.mnu－菜单文件

.scr－命令文件　　　.drv－设备驱动文件　　　.shp－形状/字体定义源文件

.shx－形状/字体定义已编辑文件　　　.plt－图形输出文件

（3）AutoCAD 常用的实用命令

HELP 显示求助信息命令

命令格式：Command：Help

OPEN 打开已有图形文件

命令格式：Command：OPEN

NEW 新建图形文件

命令格式：Command：NEW

SAVE（_qsave 或_saveas）保存绘图文件（扩展名为. DWG）

命令格式：Command：SAVE

QUIT（EXIT）放弃已有图形，退出 AutoCAD 环境

命令格式：Command：Quit

LIMITS 设置绘图工作区域

命令格式：Command：Limits

ON/OFF/ < lower left corner > < 0.0000，0.0000 > ：〈输入点〉

Upper right corner < 12.0000，9.0000 > ：〈输入点〉

（4）AutoCAD 常用二维实体绘图命令

LINE 细实线绘制

命令格式：Command：Line From point：〈点〉To point：〈点〉

CIRCLE 圆的绘制

命令格式：Command：Circle

3P/2P/TTR/ < center ponit > ：

该命令有以下几种供用户选择的画圆方式：

－3P　　　圆上三点　　　　－2P　　　圆上两点

－C，R　　圆心，半径　　　　－C，D　　圆心，直径

－TTR　　　切点，切点，半径

命令格式：Command：Arc

Center/ < Start point > ：

该命令有以下几种供用户选择的画弧方式：

－3 P 弧上三点　　　　　　　　　－S，C，E 起点，圆心，终点

－S，C，A 起点，圆心，包角　　　－S，C，L 起点，圆心，弦长

－S，E，R 起点，终点，半径　　　－S，E，A 起点，终点，包角

－S，E，D 起点，终点，起始方向　　－Continue 与上一条线或弧的平滑连接

PLINE 绘二维多义线

命令格式：command：Pline

From point：点

Current line － width is 0.0000

Arc/Close/Halfwidth/Length/Undo/Width/ < Endpoint of line > ：

该命令有以下几种供用户选择的作图方式：

－A 置于绘弧方式　　　　　　　　　　－C 产生闭合图形

－H 指定线的半宽　　　　　　－L 绘制指定长度直线

　－U 取消上一次绘图操作　　　－W 指定线段的宽度

TRACE 绘指定宽度直线

命令格式：Command：Trace

Trace width ＜current＞：宽度值

From point ：起点

To point：到某点

TEXT 绘制文字

命令格式：Command：Text（或 Dtext）

Justify/Style/＜Start point＞：

Hight ＜default＞：文字高度

Rotation angle ＜default＞：旋转角

Text：文字

（5）AutoCAD 常用编辑命令

COPY 复制图素到指定位置

命令格式：Command：Copy

Select objects：选中图素

＜Base point or displacement＞/Multiple：

MIRROR 产生指定图素的镜像图形

命令格式：Command：Mirror

Select objects：选中图素

First point of mirror line：镜像线上第一点

Second point：第二点

Delete old objects? ＜N＞：

MOVE 移动图素到指定位置

命令格式：Command：Move

Select objetcs：选中图素

Base point or displacement：基点

Second point of displacement：第二点

ROTATE 旋转指定的图素

命令格式：Command：Rotate

Select objects：选中图素

Base point：确定基点

＜Rotate angle＞/Reference：旋转角或参考点

SCALE 改变指定图素的比例

命令格式：Command：Scale

Select objects：选中图素

Base point：确定基点

＜Scale factor＞/Reference：比例系数或参考点

ERASE 擦除选中的图形

命令格式：Command：Erase

Select objects：选中图素

UNDO 取消前面已操作的命令

命令格式：Command：Undo

Auto/Back/Control/End/Group/Mark/ < Number > ：

REDO 取消 U 或 UNDO 命令

命令格式：Command：redo

(6) AutoCAD 常用显示命令

REDRAW 重画当前屏幕，消除辅助制图点

命令格式：Command：Redraw

ZOOM 控制屏幕上图形的显示

命令格式：Command：Zoom

All/Center/Dynamic/Extents/Left/Previous/Vmax/Windows/ < Scale(X/XP) > ：

(7) AutoCAD 图层和线型命令

LAYER 图层控制命令

命令格式：Command：Layer

? /Make/Set/New/ON/OFF/Color/Ltype/Freeze/Thaw/Lock/Unlock：

LINETYPE 线型控制命令

命令格式：Command：Linetype

? /Create/Load/Set：

(8) AutoCAD 图块命令

BLOCK 定义图块

命令格式：Command：Block

Block name (or?)：图块名

Insert base point：插入基点

Select objects：选中图形

INSERT 插入图块

命令格式：Command：Insert

Block name(or?) < default > ：块名或 * 块名

Insert point：插入点

X scale factor < 1 > /Corner/XYZ：X 方向比例

Y scale factor (default = X)：Y 方向比例

Rotation angle < 0 > ：旋转角

WBLOCK 建立图块文件

命令格式：Command：Wblock

Block name：块名(. dwg)

Insert base point：插入点

Select objects：选中定义的块

（9）AutoCAD 常用尺寸标注命令

DIM 启动尺寸标注

命令格式：Command：Dim

Dim：输入各种尺寸标注命令

Dim：Exit（退出尺寸标注）

HOR 水平尺寸标注

命令格式：Dim：Hor

（HORIZONTAL）First extension line origin or RETURN to select：

选择第一条标注线起点

Second extension line origin：选择第二条标注线起点

Dimension line location ＜Text/Angle＞：尺寸线位置

Dimension text ＜default＞：尺寸数据

VER 垂直尺寸标注

命令格式：Dim：Ver

（VERTICAL）First extension line origin or RETURN to select：同上

Second extension line origin：同上

Dimension line location ＜Text/Angle＞：同上

Dimension text ＜default＞：同上

ANG 角度尺寸标注

命令格式：Dim：Ang

（ANGULAR）Select arc，circle，line，or RETURN：选择弧、圆或线

Second line：第二条线

Dimension arc line location ＜Text/Angle＞：标注位置

Dimension text ＜default＞：尺寸数据

Enter text location（or RETURN）：尺寸数据书写位置

几种常用尺寸标注系统变量的含义：

DIMTAD 当状态为"ON"时，尺寸文字写在尺寸线上方；为"OFF"时，尺寸线分为二段，尺寸文字注在它们中间。缺省时为"OFF"。

DIMTIH 当状态为"ON"时，任何情况下，尺寸文字总是水平书写；为"OFF"时，尺寸文字的旋转角度与尺寸线相同。缺省时为"ON"。

DIMTSZ 指定尺寸标注中，代替箭头的斜线的长度，为零则画箭头，缺省为"0"。

DIMTXT 指定尺寸文字的高度，缺省为"0.18"。

（10）AutoCAD 其他命令

DXFOUT 以当前图形产生.DXF 文件

命令格式：Command：Dxfout

File name：文件名

DXFIN 装入.DXF 文件到编辑器并生成图形

命令格式：Command：Dxfin

File name：文件名

PLOT（PRINT）图形输出命令

命令格式：Command：Plot（出现图形输出对话框）

（11）AutoCAD 的接口方式

1）DXF 接口。

DXF 文件本来只是微机 CAD 软件 AutoCAD 用以将内部图样信息传递到外部的数据文件，不是由标准化机构制订的标准。但是，由于 AutoCAD 软件的流行，因而 DXF 文件也就成为事实上接口文件的一种类型。DXF 文件是可读的，DXF 文件是一种 ASC II 码文本文件，其总体结构分为如下五个段：

①标题段：有关图形的总体信息。如系统当前设置状态参数等。

②表段：包括以下各项目的定义：线型表；图层表；字体表；视图表。

③图块段：包括定义图块实体的描述。

④实体段：图中各实体图表的具体描述。该段是 DXF 文件的核心部分。

⑤文件结束标志 EOF。

DXF 文件的基本单位是组，每个组在 DXF 文件占二行，其首行是组码，第二行是组值。组码除用以表明组值数据类型外，还标明了该组的用途。组码和该组用途的关系是：

组码	组的用途
0	标识图素实体、表项或文件头的开始，后随的文字标明具体对象
1	图素实体的文字说明
2	名称、属性、特征、图块名等
3 ~ 5	其他文字或名称
6	线型名
7	实体名
8	图层名
9	变量名标识符（仅用于标题段）
10	主 X 坐标（直线或文字起点、圆心等）
11 ~ 18	其他 X 坐标
20	主 Y 坐标
21 ~ 28	其他 Y 坐标
30	主 Z 坐标
31 ~ 36	其他 Z 坐标
38	实体的标高，如果非零的话
39	实体厚度，如果非零的话
40 ~ 48	文字字符高，比例因数等浮点数数值
49	重复性的值
50 ~ 58	角度值
62	颜色号
66	实体跟随标志
70 ~ 78	整数值，如重复次数、标志位、模式等

所有的变量、表项、实体描述都是先由一个组给出名称，然后由若干个组说明其内容，

由这些变量、表项、实体组成各个段。DXF 接口文件的一般结构如下：

0
SECTION
2
HEADER 　标题节，存放有关该图的一般信息。
…
0
ENDSEC

0
SECTION
2
TABLES 　表节，包含线型表、图层表、式样表、视图表等的定义。
…
0
ENDSEC

0
SECTION
2
BLOCKS 　块节，存放有关该图的图素块的定义。
…
0
ENDSEC

0
SECTION
2
ENTITIES 　实体节，存放有关该图的绘图图素。
…
0
ENDSEC

0
EOFC 　结束

值得指出的是，一个有效的 DXF 接口文件，可仅由实体节和结束组码构成。通常，在 DXF 接口文件程序编制中，可只考虑实体节的内容，DXF 接口文件的接口函数见附录一。DXF 接口的主要优点是设计简单，可移植性好。其缺点是转换步骤多，转换时间长，转换的实时性差。

2）SCR 接口。

在 AutoCAD 中，还可以利用 SCR 文件作为接口文件，由高级语言编程直接生成 SCR 文件，在 AutoCAD 中运行 SCR 文件绘制图形。AutoCAD 提供的 SCR 文件是一种绘图命令集文件，类似操作系统中的批处理文件，可以执行某一预定任务的命令和参数序列。它也是一种

ASCⅡ码文件，在 AutoCAD 中用"SCRIPT"命令从指定的 SCR 文件中读出命令组，并执行。

　　SCR 文件格式为每一 AutoCAD 命令占一行，命令与参数用空格隔开，并严格遵循 AutoCAD 命令应答格式。例如用命令文件画出一边长为一个单位的正方形，然后加以擦除工作，可以编辑生成一名为 TEST. SCR 命令文件来完成。

　　LINE，1010，1111，1111，1010，10(画出正方形)

　　ERASE L(擦除)

　　在 AutoCAD 环境中，键入 SCRIPT 命令，如：COMMAND：SCRIPT

　　SCRIPT FILE(DEFAULT)(SCR 文件名 < 缺省值 > ：TEST

　　此时，TEST. SCR 文件中的命令序列得到执行，绘出图形。

　　可以看出，在 AutoCAD 中，当需要将计算后的数据生成图形，采用高级语言直接建立 SCR 文件较之建立 DXF 文件更为简洁易懂。

7.5　选矿工程图设计基础

　　选矿工程设计图主要包括工艺流程图(含数质量流程图和矿浆流程图)、设备配置图、设备安装图及金属结构件制造图等。其中，最主要的是工艺流程图和工艺设备配置图。

7.5.1　常用的基于 AutoCAD 的绘图函数

　　选矿厂设计中，常用的绘图函数主要包括(存于文件 HTHSK. C 中)：细实线、粗实线、圆、弧和文字书写五大类函数，详见附录一。

7.5.2　典型工艺流程图的绘制

　　选矿工艺流程包括破碎磨矿、选别、脱水等工艺流程。对工艺流程的绘制，最关键的是要确定流程的结构表达形式，以便实现计算机绘图。

　　(1)破碎磨矿流程

　　破碎磨矿流程的绘制较为简单，都是由图 7 - 2 中五种基本图形组成。对图 7 - 2 中五种基本图形分别编制相应的子程序，并设置相应的代码(依次为 1，2，3，4，5)，通过给定不同的代码，即可组成所要求的破碎和磨矿流程，其中，图 7 - 2 中的单元流程(3)的 C 语言绘制参考函数如下：

```
/□ X，Y：绘图的起点坐标□/
/□ r：圆的半径□/
/□ l：X 方向绘图长度；ln：Y 方向绘图长度□/
/□ M：金属种类数；C：C =1，为有矿浆部分，C =0 则无□/
void pmlc3(int x，int y，int r，int l，int ln，int M，int C)
  {
    line("0"，x，y，x，y - ln + r)；
    circle("0"，x，y - ln，r)；
    line("0"，x，y - ln - r，x，y - ln - ln/2)；
    pline("0"，x - l * (1 + M + C)，y - ln - ln/2，x + l * (1 + M + C)，y - ln - ln/2)；
```

line("0", x − l * (1 + M + C), y − ln − ln/2 − 1, x + l * (1 + M + C), y − ln − ln/2 − 1);
line("0", x − l * (1 + M + C), y − ln − ln/2, x − l * (1 + M + C), y − 2 * ln);
line("0", x + l * (1 + M + C), y − ln − ln/2, x + l * (1 + M + C), y − 2 * ln);
line("0", x + l * (1 + M + C), y − 2 * ln, x + 2 * l * (1 + M + C), y − 2 * ln);
line("0", x + 2 * l * (1 + M + C), y − 2 * ln, x + 2 * l * (1 + M + C), y − ln/2);
line("0", x + 2 * l * (1 + M + C), y − ln/2, x, y − ln/2);
arrow_left(x, y − ln/2); / * 箭头←绘制函数 * /
}

（2）选别流程

选别工艺的不同，流程结构也较为复杂，下面介绍典型浮选工艺流程的绘制。浮选流程图绘制主要有模块法和"二叉树"法两种。

1）模块法。

对浮选流程的模块描述同浮选流程的计算相同。所谓模块法，就是将浮选流程按结构相似原则划分为不同的模块（参见图 7 − 3），通过模块的不同组合，即可获得所要求的工艺流程。

2）"二叉树"法。

浮选流程结构无论多么复杂，都存在一个共同的特点，即每个浮选作业均具有一个进料，两个出料的结构，任何浮选流程都是由这些结构相同的作业组合而成。浮选流程结构的这一特点，使得借用"数据结构"中的"二叉树"原理能很好地进行描述，流程图的绘制进而可以看成是对"二叉树"的遍历。

"二叉树"是一种数据结构，它的特点是，每个结点至多只有二棵子树（"二叉树"中不存在度大于 2 的结点），其子树又有左右子树之分，次序不能任意颠倒。

根据浮选流程结构的特点，图 7 − 14 所示的浮选流程可以用图 7 − 15 所示的"二叉树"描述。

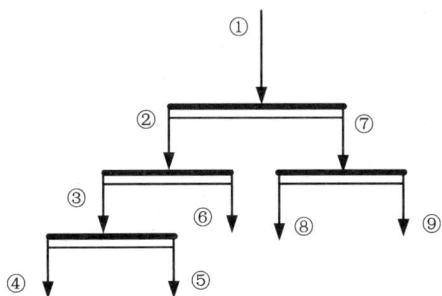

图 7 − 14　举例的浮选流程　　　　　图 7 − 15　图 7 − 14 对应的"二叉树"描述

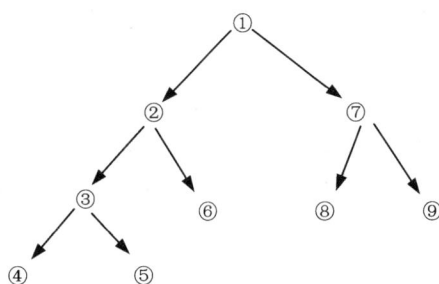

虽然，利用"二叉树"能准确地描述结构确定的浮选流程，但是，要能方便地在计算机上实现浮选流程图的绘制，还必须对浮选流程中的所有物料，按一定的原则进行编码才能实现。首先，浮选流程中的所有物料均应按先序遍历"二叉树"的操作顺序进行编号；同时，各物料按如下原则进行编码：

① 按先序遍历操作，其左子树不为空的产物，编码设定为 0；

② 按先序遍历操作，左子树为空的产物，且该产物不是返回产物时，其编码设定为 − 1；

③ 按先序遍历操作，左子树为空的产物，且该产物是返回产物时，其编码设定为所返回地点的产物的编号。

根据上述编码原则，图 7-14 的浮选流程相应的编码见表 7-2。

表 7-2　图 7-14 的浮选流程相应的编码

产物编号	①	②	③	④	⑤	⑥	⑦	⑧	⑨
编码	0	0	0	-1	-1	-1	0	-1	-1

（3）浮选流程绘图程序设计

浮选流程图的绘制程序一般应包括：主模块、数据输入模块、数据修改模块、流程图初始化模块、原则线流程生成模块、指标标注模块及 AuotCAD 接口模块组成。见图 7-16。

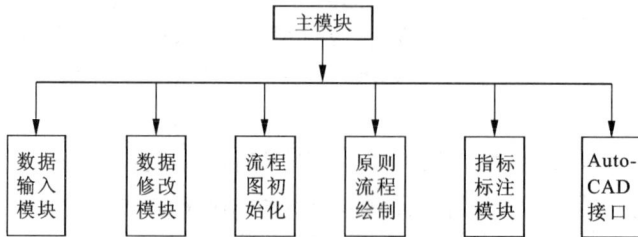

图 7-16　浮选流程绘图软件模块结构

其中，流程图初始化、原则流程绘制及指标标注为重要部分。这里主要介绍模块法绘制典型浮选流程的程序设计。

```
#include  < stdio. h >
#include "hthsk. c"/ * DXF 文件的接口函数，见附录一 * /
float X0, Y0, XX, YY, XE, YE, YE1, YE2, XS, YS;
float L1, L2, L3, L4, L5, L6;
float A1, A2, A3, A4, A5, A6, A7, A8;
float B1, B2, B3, B4, B5, B6, B7, B8;
float X[100], Y[100];
int M, N, L, I, K, U, T, F;
char A[18];
FILE  * fp;
void jinsaoxuan(void);
void jinxuan(void);
void huizi(void);
void saoxuan(void);
void line1(void);
```

```
main( )
{ clrscr( );
  printf("\r1.输入绘图文件名 : "); scanf("%s", A);
  printf("\r2.输入金属元素个数:"); scanf("%d", &M);
  printf("\r3.输入精选作业个数 : "); scanf("%d", &N);
  printf("\r4.输入扫选作业个数:"); scanf("%d", &L);
  strcat(A, ".DXF");
  fp = fopen(A, "wb");
  X0 = 50.0; Y0 = 70.0;
  L1 = 16; L2 = 15 + 12 * M; L3 = 6 + 6.7 * M; L4 = 6; L5 = 8; L6 = L2 - L3;
  /* 绘粗选作业 */
  X[0] = X0 - L2/2; Y[0] = Y0 - L1; X[1] = X[0] + L2; Y[1] = Y[0];
  X[2] = X[0]; Y[2] = Y[0] - .4; X[3] = X[1]; Y[3] = Y[2];
  XS = X0; YS = Y0; XE = X0; YE = Y0 - L1; line("0", XS, YS, XE, YE);
  XS = X[0]; YS = Y[0]; XE = X[1]; YE = Y[1]; line("0", XS, YS, XE, YE);
  XS = X[0]; YS = Y[0] - .1; XE = X[1]; YE = YS; line("0", XS, YS, XE, YE);
  XS = X[2]; YS = Y[2]; XE = X[3]; YE = Y[3]; line("0", XS, YS, XE, YE);
  XS = X[0]; YS = Y[0]; XE = X[0]; YE = Y[0] - L1; line("0", XS, YS, XE, YE);
  XS = X[1]; YS = Y[1]; XE = X[1]; YE = Y[1] - L1; line("0", XS, YS, XE, YE);
  /* 绘精选作业 */
  for (I = 4; I < ((N + 1) * 4); I + = 4) { XX = 4; jinsaoxuan( ); }
  for (K = 1; K < = N; K + +) jinxuan( );
  /* 绘扫选作业 */
  U = 1;
  for (I = ((N + 1) * 4); I < ((N + L + 1) * 4); I + = 4){
  if (I = = ((N + 1) * 4)) XX = ((N + 1) * 4 - 1); else XX = 3;
  jinsaoxuan( ); }
  for (T = 2; T < = L; T + +) saoxuan( );
  fprintf(fp, "%d\n", 0);
  fprintf(fp, "\r%s\n", "EOF");
  fclose(fp);
}


void jinsaoxuan(void)
{ /* 绘精选、扫选作业子程序 */
  X[I] = X[I - XX] - L3/2; Y[I] = Y[I - XX] - L1;
  X[I + 1] = X[I] + L3; Y[I + 1] = Y[I];
  X[I + 2] = X[I]; Y[I + 2] = Y[I] - .4;
  X[I + 3] = X[I + 1]; Y[I + 3] = Y[I + 2];
```

```
    XS = X[I]; YS = Y[I]; XE = X[I + 1]; YE = Y[I + 1]; line("0", XS, YS, XE, YE);
    XS = X[I]; YS = Y[I] - .1; XE = X[I + 1]; YE = YS; line("0", XS, YS, XE, YE);
    XS = X[I + 2]; YS = Y[I + 2]; XE = X[I + 3]; YE = Y[I + 3]; line("0", XS, YS,
XE, YE);
    if (U = = 1) YE1 = Y[I] - L4; else YE1 = Y[I] - L1;
    if (U = = 1) YE2 = Y[I + 1] - L1; else YE2 = Y[I + 1] - L4;
    XS = X[I]; YS = Y[I]; XE = X[I]; YE = YE1; line("0", XS, YS, XE, YE);
    XS = X[I + 1]; YS = Y[I + 1]; XE = X[I + 1]; YE = YE2; line("0", XS, YS, XE,
YE);
}


void jinxuan(void)
{/* 绘精选作业顺序返回产物 */
    A1 = X[K * 4 + 1]; B1 = Y[K * 4 + 1] - L4;
    A2 = A1 - L3 + 1; B2 = B1; A3 = A1 - L3; B3 = B2 + 1;
    A4 = A3 - 1; B4 = B2; A5 = A4 - L5; B5 = B4;
    A6 = A5; B6 = B5 + L4 + 1.5 * L1;
    if (K = = 1) YY = L2/2; else YY = L3/2;
    A7 = A1 - L3/2 + YY - 1; B7 = B6;
    A8 = A7 + 1; B8 = B7 - 1;
    if (K = = 1) A1 = A1 + L6;
    huizi();
}


void huizi(void)
{
    XS = A1; YS = B1; XE = A2; YE = B2; line("0", XS, YS, XE, YE);
    XS = A2; YS = B2; XE = A3; YE = B3; line("0", XS, YS, XE, YE);
    XS = A3; YS = B3; XE = A4; YE = B4; line("0", XS, YS, XE, YE);
    XS = A4; YS = B4; XE = A5; YE = B5; line("0", XS, YS, XE, YE);
    XS = A5; YS = B5; XE = A6; YE = B6; line("0", XS, YS, XE, YE);
    XS = A6; YS = B6; XE = A7; YE = B7; line("0", XS, YS, XE, YE);
    XS = A7; YS = B7; XE = A8; YE = B8; line("0", XS, YS, XE, YE);
}


void saoxuan(void)
{/* 绘扫选作业顺序返回产物 */
    L6 = 0;
    A1 = X[(N + 1) * 4 + (T - 1) * 4]; B1 = Y[(N + 1) * 4 + (T - 1) * 4] - L4;
```

$A2 = A1 + L3 - 1$；$B2 = B1$；$A3 = A1 + L3$；$B3 = B2 + 1$；

$A4 = A3 + 1$；$B4 = B2$；$A5 = A4 + L5$；$B5 = B4$；

$A6 = A5$；$B6 = B5 + L4 + 1.5 * L1$；

$A7 = A1 + 1$；$B7 = B6$；$A8 = A1$；$B8 = B7 - 1$；

huizi( )；

}

7.5.3　设备配置图形绘制

（1）交互式绘图

交互式绘图是在 AutoCAD 环境中，利用其提供的丰富绘图命令，完成选矿厂设计图纸的绘制工作。在绘图过程中，常采用图层、线型及用户坐标（UCS）系统设置技术，按照绘图实体的实际尺寸和绘图比例绘制，完成的设计图纸可存盘或用绘图仪输出。目前，选矿专业的大部分图纸均采用这种方式完成，其缺点是，图形绘制速度慢，精度差。

（2）建立图块库

选矿厂设计中，破碎、筛分、球磨等标准定型设备，是配置图或机组图中较为稳定的绘图单元。可利用 AutoCAD 的图块功能建块，形成选矿厂设计的专用图块库。所谓专用图块，主要指常用选矿设备或机组三视图的图块文件。

为适应设备配置图、机组图的需要，一般应建立设备图块、配置图块及工程图块三大类。设备图块包括单体设备和标准设备机组，配置图块的内容与设备图块基本相同，但绘图比例大，线条简单。工程图块包括一些标准设备配置图或实际工程设计配置图。

为了提高图块的利用效率，减少图块的建立工作量，在建立图块时，应充分利用图层设置功能，根据设计的不同需要，在相同图块的不同层上绘制不同的内容（即具体图形、线型、比例等），在图块调用时，通过对不同图层的冻结或解冻，满足不同图形设计的需要。

图块库的建立，既可用 AutoCAD 软件提供的交互方式，也可采用高级语言编程的方法实现，通过参数化，能显著提高图块库的建立速度。

AutoCAD 软件包的用户菜单编制方法如下：

1）菜单文件建立。

在 ASCII 码的纯文本编辑环境下进行编写。以屏幕菜单为例：

□□□SCREEN

选矿设备　　　　　　　　　　　　　　　　｛主菜单｝

［破碎设备］^C^C＄S＝破碎设备

［磨矿设备］^C^C＄S＝磨矿设备

［浮选设备］^C^C＄S＝浮选设备

［重选设备］^C^C＄S＝重选设备

［磁选设备］^C^C＄S＝磁选设备

［脱水设备］^C^C＄S＝脱水设备

［其他设备］^C^C＄S＝其他设备

［AutoCAD］^C^CMENU ACAD　　　　　　　｛返回 AutoCAD 主菜单｝

```
　＊＊破碎设备                              {子菜单}
破碎设备

［颚式机］^C^Cinsert ＊espsj              {插入图块文件}
［旋回机］^C^Cinsert ＊xhpsj
［圆锥机］^C^Cinsert ＊yzpsj
［对辊机］^C^Cinsert ＊dgpsj
［反击机］^C^Cinsert ＊fjpsj
［锤式机］^C^Cinsert ＊cspsj
［返回 ］^C^C $S =                       {返回"选矿设备"主菜单}
……
```

2）菜单文件使用。

在 AutoCAD 中启动用户菜单的格式为：

Command：menu ＜用户菜单名＞＜Enter＞

启动用户菜单后，即可像 AutoCAD 的内部菜单同样使用，Menu 命令在调入用户菜单的同时，在指定路径中产生一个 .MNX 的菜单编译文件。

（3）参数化绘图

在设备配置过程中，经常要对某些设备图形进行各种几何变换，以得到满足设计要求的几何图形。专用设备图块难以实现图行灵活变换的要求。只有采用参数化绘图才能有效解决这一问题。实践证明，对设备图形的直接操作不如对相应的设备图形数据的操作方便。设备图形数据库的建立，不仅是满足图元过程绘图的需要，也是满足图形的几何变换的需要。

任何图形的信息一般都包括几何信息和拓扑信息两个方面。所谓几何信息，即指几何形体在空间的位置和大小；拓扑信息则指组成几何形体的各点、边和面的数目及其相互之间的连接关系。

二维图形的几何信息表现为定义形体的所有特征点（如直线的两端点和圆心点等）的二维坐标；拓扑信息则表现为定义所有特征点、轮廓线的数目及相互间的关系。在图形的参数绘图过程中，对形状相似，大小不同的几何图形，其拓扑信息往往保持不变，即所有的特征点和轮廓线的数目和关系不变。只是几何图形的特征点的坐标值发生了变化。因此，对几何图形的定义可归结为对图形几何信息的定义。

二维图形的尺寸是形体大小和位置的自然描述。尺寸包括形体的几何外形尺寸和形体在平面上的定位尺寸。一个结构复杂的几何图形往往有许多几何特征点，但是用于定义这些特征点所需的尺寸并不会太多，因此，尺寸是表达形体几何信息，进而定义几何形体的最佳方式。

既然用尺寸约束能定义几何形体，那么通过尺寸的改变来驱动图形的变化则是完全可能的。其实，用尺寸约束定义几何图形，就是通过尺寸定义图形的特征点的坐标。尺寸对图形的定义可以分为显性定义和隐性定义，即图形中的特征点的坐标可以从尺寸的标注中直接得到时，称其定义是显性的。反之，若其特征点的坐标须从图形的拓扑关系中演算出来，则称其定义是隐性的。隐性定义往往存在于几何交切、平行和垂直等关系中。对图形中的隐性定义特征点的求解，首先必须确定各图素间的拓扑关系，然后根据拓扑关系计算得到。如图 7

–17 所示几何图形，其中 $P_1 \sim P_6$ 为图形的几何特征点，$P_1 \sim P_4$ 为隐性定义特征点，$P_5 \sim P_6$ 为显性定义特征点，按尺寸定义，只需知道 r_1、r_2 和 l 三个参数，即可绘出此几何图形。

根据尺寸约束法定义几何图形的原理，在建立选矿工艺设备图形数据库时，只需将定义设备的几何形状的尺寸存储在图形数据库中，设备的所有几何特征点的坐标值，在参数绘图过程中，由外部绘图子程序经过各种几何变换临时生成，不仅大大减少了图形数据库的建库工作量，而且加快了绘图的速度和灵活性。对图 7–18 中所示的球磨机，若采用几何特征点描述，则需要存储 90 个特征点的数据，而用尺寸约束法描述，则仅需 $L_1 \sim L_9$ 和 D 共 10 个参数即可，其所有的特征点坐标数据根据其拓扑关系演算而得，从而使得所有球磨机的图形数据可共用同一数据库，其扩充和修改极为方便。

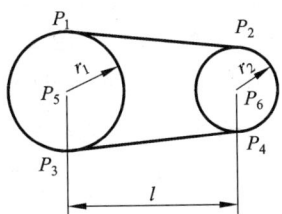

图 7–17　尺寸约束法图例一　　　　图 7–18　尺寸约束法图例二

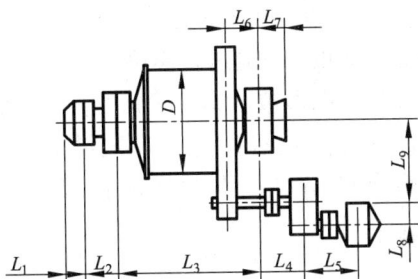

(4) 设备配置图的绘制

要很好地解决设备配置图的绘制，应该解决好设备配置图的表达(或描述)和配置图的调整两个方面的问题。

1) 设备配置图的标准组件描述。

选矿厂通常包括破碎机、磨矿机和各种选别机械等主要设备。各种中间贮矿仓及给矿机、砂泵和胶带输送机等辅助设备及设施。

选矿厂设备配置图是在确定的工艺条件下，在厂房内各种工艺设备的布置以及设备间的管道、溜槽和胶带输送机的具体布置形式。在设备配置过程中，一种主要的工艺设备与其辅助设备或其他工艺设备通常配置成一个自然的设备机组或工艺过程单元，如典型的磨矿机和分级机机组。在设备、管道、溜槽及胶带输送机等的布置过程中，其定位还受到诸如操作通道、维修通道等条件的约束，这些约束条件在设备配置图设计中必须充分考虑。

既然选矿设备配置主要以各种机组方式进行，那么可将各种设备机组、设备单体、各种通道和检修场地描述成标准的立方体模块，通过对这些立方体模块在厂房内按工艺要求进行"拼接"，即可实现配置图的设计。对确定的工艺流程，一旦其标准模块被选定，那么，设备配置图设计的工作是确定这些模块之间的相对位置。

将每种模块均定义成一个或多个平行六面体，该平行六面体定义了模块中工艺设备及辅助设备等占用的物理空间，因此，选矿厂设备配置图设计约束条件为：

①各种通道和检修场地均可定义成特殊的模块(即不含工艺设备)；

②各模块之间均不存在相互交叉的情况。

2) 设备配置图调整算法。

根据"标准组件"确定了设备配置图中的各种模块后，按照"拼接"原理就可得到设备配置的初始形式,即各模块之间的位置是相对定位的,然后,通过一定的调整算法对各模块的位置进行调整,从而得到最终的配置图。

对于选矿工艺设备配置,其主要的可比部分是工艺厂房的投资,即算法是通过调整各模块间的位置,使得工艺厂房的几何尺寸达到最小,从而使厂房的投资最省。厂房的几何尺寸为:

$$L = \sum_{i=1}^{n} L_i \quad B = \sum_{j=1}^{n} B_j \quad H = \sum_{k=1}^{n} H_k$$

L_i、B_j、H_k 分别表示与厂房各方向尺寸有关的模块的长、宽和高。对厂房的高度 H,是指与剖面图对应的切面上相关模块高度值的和,其值主要由工艺要求确定。此外,厂房的长度和宽度(L 和 B)的值还受到建筑模数的约束,即 L 和 B 均需满足 3 的倍数。因此,算法是在建筑模数的约束下,通过各模块的位置的移动,使得工艺厂房的 L 和 B 值最小,投资最低。

在建立图形数据库的基础上,编制相应的绘图程序来实现配置图的自动生成。采用参数化绘图原理,开发出了磨浮车间设备配置的绘制软件。采用该设计软件绘制的某 300 t/d 白钨多金属矿选矿厂主厂房设备平、断面图如图 7-19 和图 7-20 和图 7-21 所示。

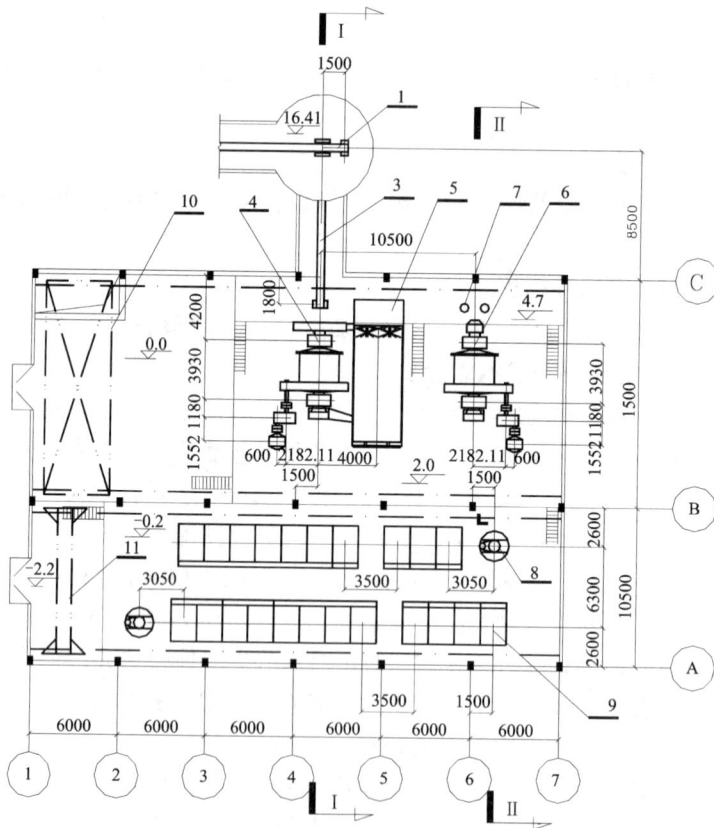

图 7-19 平面图

1—TD75 胶带机(B = 650 mm);2—摆式给矿机(400 mm × 400 mm);3—TD75 胶带机(B = 500 mm);4—MQG2721 湿式格子型球磨机;5—2FG-15 高堰式双螺旋分级机;6—MQY2721 湿式溢流型球磨机;7—水力旋流器(D = 500 mm);8—XB-2000 mm 搅拌槽;9—XJ-2.8 浮选机;10—桥式起重机(Q = 10 t);11—电动单梁起重机(Q = 3 t)

I -- I

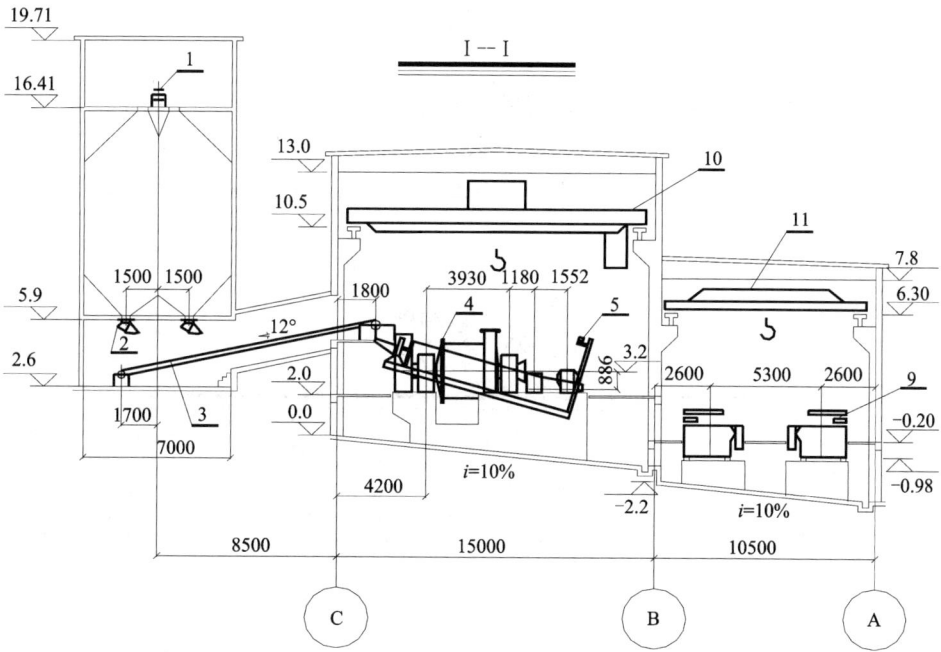

图 7 - 20   断面图 1

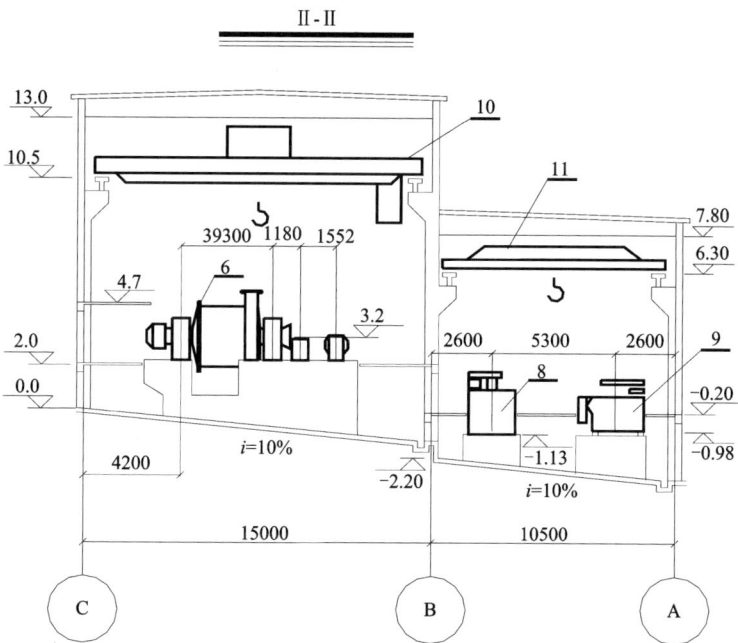

II - II

图 7 - 21   断面图 2

思考题

7 - 1　浮选流程计算程序一般由哪几部分组成,各部分应完成什么功能?

7 - 2　某铅锌选矿厂日处理原矿 2000 t/d,原矿产率为 100%,原矿中各金属回收率均为 100%,各金属品位见图 7 - 22,试编程计算下图流程的数质量指标,将计算结果保存在数据文件中。

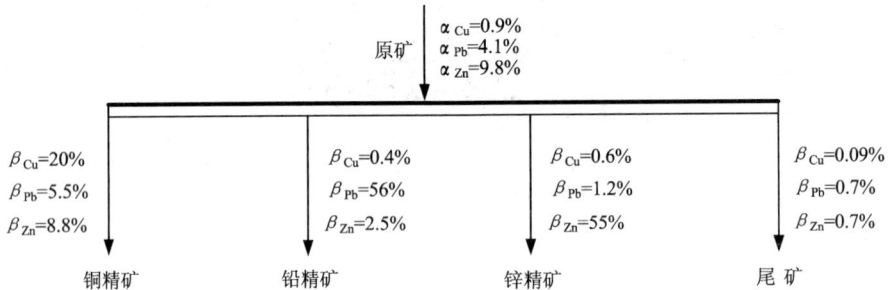

原矿　$\alpha_{Cu}=0.9\%$
　　　$\alpha_{Pb}=4.1\%$
　　　$\alpha_{Zn}=9.8\%$

$\beta_{Cu}=20\%$　　　$\beta_{Cu}=0.4\%$　　　$\beta_{Cu}=0.6\%$　　　$\beta_{Cu}=0.09\%$
$\beta_{Pb}=5.5\%$　　　$\beta_{Pb}=56\%$　　　$\beta_{Pb}=1.2\%$　　　$\beta_{Pb}=0.7\%$
$\beta_{Zn}=8.8\%$　　　$\beta_{Zn}=2.5\%$　　　$\beta_{Zn}=55\%$　　　$\beta_{Zn}=0.7\%$

铜精矿　　　　铅精矿　　　　锌精矿　　　　尾 矿

图 7 - 22　题 7 - 2 图

7 - 3　AutoCAD 环境中,选矿工程图纸绘制的方法主要有哪些? 各自的特点是什么?

7 - 4　在 AutoCAD 环境中,利用 DXF 接口编程绘制图 7 - 2 的流程图,并将题 7 - 2 计算的数质量指标标注在流程图中。

第8章　工程概算与财务分析

8.1　工程概算

选矿工程总概算是控制建设项目基建投资、提供投资效果评价、编制固定资产投资计划、资金筹措、施工投标和实行投资大包干的主要依据，也是作为控制施工图设计预算的主要基础。总概算的编制要严格执行国家有关方针政策和规定，大、中型建设项目初步设计阶段编制总概算，施工图设计阶段编制施工图预算，技术设计阶段编制修正总概算，施工结束后编制决算。

概算和预算由设计单位编制，决算由生产单位编制，设计单位参加。编制工程概算要严格执行国家有关方针政策，如实反映工程所在地的建设条件和施工条件，正确选用材料单价、概算指标、设备价格和各种费率。

8.1.1　工程概算结构形式与组成

一个建设项目可以有一个或几个单项工程（也称工程项目）所组成。如选矿厂建设项目，其中的破碎和筛分车间、主厂房、精矿处理车间等为单项工程。一个单项工程又可分解为建筑工程、设备及其安装工程等单位工程。

（1）工程概算结构形式

工程概算结构形式如图8-1所示。

（2）工程概算组成

基本建设概算文件包括建设项目总概算、单项工程综合概算、单位工程概算和其他工程与费用概算4部分组成。

①单位工程概算

从工程概算结构形式看出，单位工程概算是单项（即子项）工程概算的组成部分，是编制综合概算的原始资料。根据概算编制要求，单项工程设计者单独编制本专业的单位工程概算，然后送交概算专业人员汇总。矿物加工专业人员只编制矿物加工专业的单位工程概算，其内容包括：选矿工艺设备、金属结构件和工艺管道三部分。

②单位工程综合概算

单位工程综合概算是各专业单位工程概算的汇总，即选矿、土建、供排水、供电等专业单位工程概算的汇总。它是编制总概算的基础。由于它的项目编制齐全、费用开列详细，便于投资决策者查阅和分析各项基建投资的组合情况。凡是独立设计的建设项目，都必须由概算专业人员编制综合概算。

③其他工程和费用概算

确定建筑、设备及其安装工程之外的，与整个建设工程有关的其他工程和费用文件，它

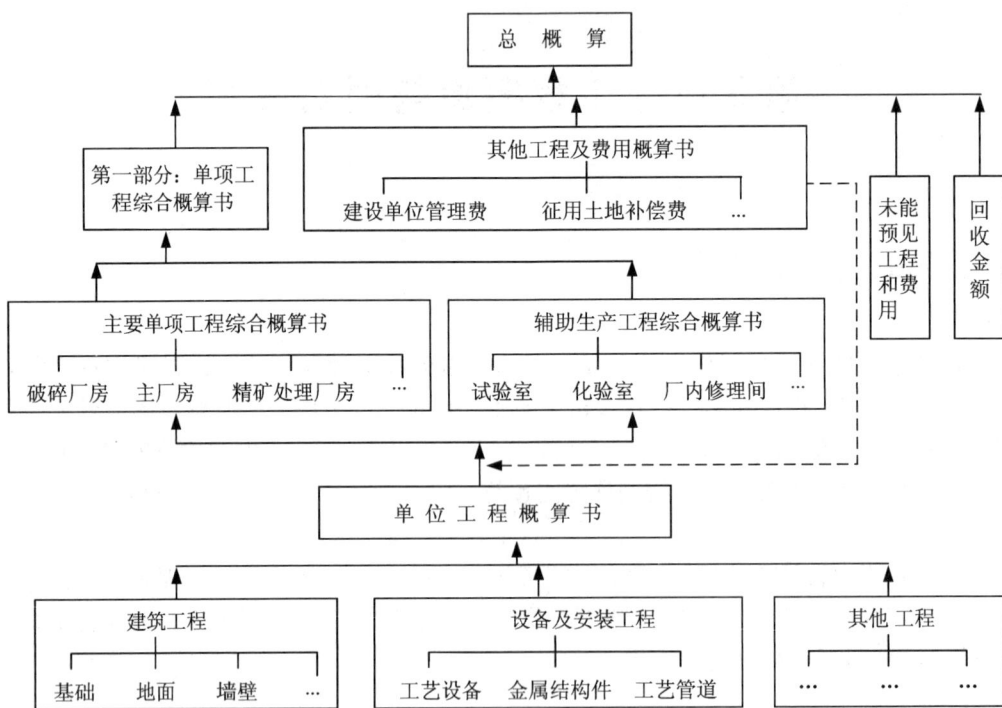

图 8-1　工程概算结构形式

以独立的项目列入总概算或综合概算书中，该部分费用包括建设单位管理费、征用土地补偿费、建设场地原有各种建筑物和构筑物迁移补偿费、青苗和树木补偿费、勘察设计费、工器具和备品备件购置费、办公和生活用具购置费、职工培训费、临时设施费、联合试车费等等。

④总概算

总概算是按基建费用的性质和用途，分项汇总的工程概算价值表。总概算表见表 8-1。它概括了从项目筹建到竣工验收的全部费用。由于总概算项目简明扼要，费用用途清楚，便于投资决策者掌握基建工程投资去向。凡属于独立设计的建设项目，如矿山企业或选矿厂，都必须由概算专业人员编制总概算。

表 8-1　总概算表

序号	工程费用名称	概 算 价 值 /万元						技术经济指标		占投资总额/%
		建筑工程费用	设备购置费用	安装工程费用	工器具及生产家具费	其他费用	总价值	数量单位	单位价值/元	
1	2	3	4	5	6	7	8	9	10	11

8.1.2　矿物加工专业单位工程概算编制

矿物加工专业设计人员在初步设计接近完成时，最后一项工作是编制矿物加工专业单位工程概算，即破碎、筛分、主厂房、精矿处理等生产车间以及试验室化验室等各单项工程费用中的单位工程概算，主要是"设备及安装工程概算表"，内容包括选矿工艺设备、金属结构件和工艺管道 3 个部分的概算价值。

（1）工艺设备概算价值

工艺设备概算价值 = 设备原价 + 设备运杂费 + 设备安装间接费

设备原价为设备清单中的标准设备，按国家统一价格(含考虑的浮动因素)。非标准设备指未定型或需要单独设计和特殊订货的设备，其价值等于非标准设备净重"t"数乘以相应的估价指标计算。估价指标(元/t)，参照表 8 - 2(设计时，参考当时新的单价指标。以下各表均同)。

表 8 - 2　非标准设备参考估价指标

设备类别	单位	估价指标/(元·t⁻¹)
一般钢结构设备	t	2500 ~ 3000
普通起重机	t	3500 ~ 4000
带式输送机	t	5000

注：此表根据《选矿设计手册》的估价指标。

设备运杂费 = 设备原价 × 运杂费率

设备安装间接费 = 设备原价 × 安装间接费率

运杂费率见表 8 - 3，安装间接费率见表 8 - 4。

表 8 - 3　国内设备运杂费率

序号	工程所在地区	设备运杂费率/%
1	北京、天津、上海市、辽宁、吉林	4
2	黑龙江、江苏、浙江、河北	4.5
3	内蒙古自治区、山西、安徽、山东省	5
4	湖北、江西、河南省	5.5
5	湖南、福建、陕西省	6
6	广东省、宁夏回族自治区	6.5
7	甘肃、四川省、广西壮族自治区	7
8	云南、贵州、青海省	8
9	新疆维吾尔自治区、西藏自治区	10
10	海南省	15

注：① 对于地处偏僻，远离铁路运输线的矿山基建项目，可按上述费率适当增加 0.5% ~ 1%。

② 自制及库存设备运杂费率可取 0.5%。

表8-4　设备及金属结构件安装间接费率

工程类别	设备名称	费率/%	应用范围
破碎筛分厂	破碎、筛分、卸矿、储矿、起重运输等	2~2.5	独立筛分厂、采矿场破碎分站
选矿厂	破碎、选矿及其他	3	小型选矿厂
	辅助设备	2.8	中型选矿厂
		2.5	大型选矿厂
选矿试验室		4.4	
工艺金属结构件及工艺管道	支架、漏斗、矿浆管道	2.2	选矿厂及破碎厂

（2）金属结构件概算价值

金属结构件概算价值 = 金属结构件重量 × 单价 + 安装及间接费

金属结构件安装及间接费 = 金属结构件价格（即金属结构件重量 × 单价）× 安装间接费率（见表8-4）

金属结构件重量应根据初步设计图纸，或参考类似企业实际指标和扩大指标确定。选矿厂工艺金属结构件估重扩大指标见表8-5，金属结构件的单价应根据加工质量、材质和市场综合确定。

表8-5　工艺金属结构件扩大指标

项　　目	选矿厂规模	
	大、中型	小型
金属结构件重量占标准设备重量百分比/%	5~8	7~9

（3）工艺管道概算价值

可按所在单项工程的设备原价的2%~2.5%进行估算。管道零件费率（含安装间接费）按所在单项工程的原价百分率估算，如表8-6所示。

表8-6　工艺管道零件费率

车间名称	不同生产工艺管道零件费率/%		
	磁选	浮选	重选
主厂房	0.3	1.35	0.45
精矿脱水	0.55	0.34	0.55

上述选矿工艺设备、工艺金属结构件和工艺矿浆管道3部分单位工程概算价值的合计构成矿物加工专业单位工程概算价值。

矿山项目包括固定资产投资（含工程费用，包括建筑工程、设备购置、安装工程及生产工器具购置费、其他费用和预备费用）、流动资金和建设期借款利息。其中，固定资产投资的计算即指前面所讲述的概算。流动资产由应收账款、存货和现金 3 个方面组成,一般可按年销售收入或经营成本的比例简单估算,对采选企业其比例为 30% ~ 50%。建设期借款利息的计算可参考相关资料进行。

8.2　生产总成本、销售收入和税金

8.2.1　生产总成本

总成本费用包括生产成本、管理费用、财务费用和销售费用。

(1)生产成本

生产成本 = 原材料 + 辅助材料 + 燃料 + 动力 + 工资 + 职工福利费 + 制造费

①原材料费。购买矿石费和矿石运输费,元/t 矿。

②辅助材料费。生产过程中所消耗的衬板、筛网、钢球、钢棒、浮选机叶轮盖板、胶带、各种药剂以及润滑油脂等材料费。其费用 = 材料单位消耗 × 材料单价。材料单价应含运杂费和运输损耗费,设计中可按辅助材料厂出厂单价加 10% 计。其他材料费可按辅助材料费总额的 5% ~ 10% 估算。

③动力和燃料费。指生产过程中耗用的电、风、蒸汽、煤和燃料油等费用。由每吨精矿中所支出的金额乘以年精矿量。

④工资。指直接工资,包括直接从事产品生产人员的工资、奖金、津贴和补贴,即生产工人实得的全部工资总额。由每吨精矿中所支出的金额乘以年精矿量。

⑤职工福利费系按生产工人实得工资总额的 14% 提取。

⑥制造费。指企业各生产车间为组织和管理生产所发生的各项费用,包括各生产车间管理人员工资、职工福利费、折旧费、经营性租赁费、修理费、机物料消耗、低值易耗品、取暖费、水电费、办公费、差旅费、运输费、停工损失费及其他费用。制造费用与原成本核算制度中的车间经费相似,核算内容也基本相同,公式为:

制造费用 = 折旧费 + 修理费 + 经营性租赁费 + 其他费用

固定资产折旧费一般采用平均年限法,即在固定资产预计使用年限中平均分摊。

(2)管理费用

管理费用 = 无形资产摊销费 + 开办摊销费 + 技术转让费 + 技术开发费 + 土地使用费 + 其他管理费

无形资产包括专利权、商标权、著作权、土地使用权、非专利技术、商誉等。企业通过计提摊销费回收无形资产的资本支出,无形资产从开始使用之日起,在有效使用期限内平均摊入成本中,一般采取平均年限法,不计残值。

(3)财务费用

财务费用 = 利息支付(包括长期负债利息和流动资金借款利息) + 其他财务费

有关利息支付的计算,详请参阅有关资料。

(4)销售费用

销售费用是指企业在销售产品过程中发生的各项费用(包括包装费、运输费、装卸费、保险费、销售佣金、广告费,销售部门经费等)。内销产品一般为工厂出厂价,销售费用计算到工厂仓库(精矿仓)。

8.2.2 选矿精矿设计成本

精矿设计成本是指选矿厂达到设计规模的正常生产成本，由原料费和选矿加工费组成，计算至精矿仓为止。若条件有显著差别时（如矿石品种、原矿品位、可选性、工艺流程及矿石量等），应根据变化分别进行成本计算。选矿厂精矿设计成本如表 8 - 7 所示。

表 8 - 7 精矿设计成本

成 本 项 目	单 位	数量	单价	金额	项目构成说明
1. 生产成本					1 = 1.1 + 1.2 + 1.3 + 1.4 + 1.5 + 1.6
1.1 原矿费(包括原矿运输)	元/t				
1.2 辅助材料费					1.2 = 1.2.1 + 1.2.2 + 1.2.3 + …
1.2.1 衬板	kg/t				
1.2.2 钢球	kg/t				
1.2.3 药剂	kg/t				
1.2.4 油脂	kg/t				
1.2.5 滤布	m^2/t				
1.2.6 胶带	m^2/t				
…					
1.3 燃料(煤等)	t				
1.4 动力					1.4 = 1.4.1 + 1.4.2
1.4.1 水	m^3/t				
1.4.2 电	kW·h/t				
1.5 生产工人工资及附加工资	元				
1.6 制造费					1.6 = 1.6.1 + 1.6.2 + 1.6.3 + …
1.6.1 折旧费	元				
1.6.2 维修费	元				
1.6.3 其他	元				
…					
2. 管理费					2 = 2.1 + 2.2
2.1 摊销费	元				
2.2 其他	元				
3. 财务费					3 = 3.1 + 3.2
3.1 利息支出	元				
3.2 其他	元				
4. 销售费	元				
5. 选矿总成本	元				5 = 1 + 2 + 3 + 4
6. 选矿加工费	元/t				6 = (5 - 1.1)/年原矿量 t

8.2.3 销售收入和利润

准确地确定产品销售数量和销售价格是做好项目财务评价的主要前提。销售收入指项目建成投产后，向社会提供产品(选矿精矿)所得到的收益，等于产品年销售量乘以产品销售单价。即：

$$销售收入 = 销售量 \times 产品单价$$

销售收入不同于总产值，销售收入指已出售产品得到的货币收益，产值则指已完成的生产产品、半产品和正待生产的产品等的总价值。因此，计算销售收入时，应以已出售产品的量为依据，同时按照相关部门规定的现行市场价格进行计算。

对于国有企业，应先按规定向国家缴纳产品税或增值税(矿山企业还应缴纳资源税)，所得税后的纯收入为销售利润或企业实现利润。销售利润通过向国家财政上交所得税和调解税后，得到的净利润称为企业利润。

$$销售利润 = 销售收入 - 销售成本 - 产品税$$
$$企业利润 = 销售利润 - (所得税 + 调节税)$$

8.2.4 税金

现行设计矿山企业主要应缴纳增值税、企业所得税、城市维护建设税和教育附加税。按国家规定，各税种的税率如下：

①增值税。采、选企业如果是独立企业，其产品(采矿为原矿，选矿为精矿)税率为17%；

②所得税。企业所得税率是应纳税所得额(一般为利润总额)的33%。企业每一纳税年度的收入总额减去允许扣除项目的余额为纳税所得额；

③城市维护建设税。改革后的城市维护建设税，计税依据是企业的销售收入，税率为0.5% ~ 1%；

④教育附加税。以实际缴纳的产品税、增值税和营业税额作为计算依据，其税率为2%。

8.3 选矿厂劳动定员

8.3.1 劳动定员

选矿厂设计的劳动定员，应根据国家有关部门制定的劳动人事政策和规定，结合具体生产特点和条件进行编制。

①生产工人。指在选厂内直接从事生产岗位操作工以及从事厂外供水、供热、运输、房屋维修以及生产工段中的勤杂人员，但不包括服务人员中的工人。该类人员按表8-8选厂劳动定员明细表格式定编。

在册系数 = 全年工作日总数/每个职工全年实际出勤日数

在册人数 = 出勤人数 × 在册系数

在册系数是根据所采用的工作制度和职工的正常出勤率来确定，与采用的工作班次无关。选矿厂的工作制度有连续工作制(一年工作365天)和间断工作制(休息日及法定假日停产休息)两种。在工人出勤率为92%～94%的情况下,连续工作制的在册人员系数取1.26～1.28,间断工作制取1.06～1.08,在册人数均应按各个工段不同工种的定员人数分别计算。

表8-8 选矿厂生产工人劳动定员明细表

序号	工种	实际定员额定标准				合计人数	在册系数(%)	在册人数	备注
		一班	二班	三班	四班				
1	2	3	4	5	6	7	8	9	10

②工程技术人员。指在选矿厂职能机构和生产工段中担负技术工作的人员,包括已取得技术职称主管生产的厂长,车间主任以及计划生产、工程管理、机动能源、安全技术、质量检查、运输、调度、科研、环境保护等单位工作的技术人员。约占表8-8第(6)栏中生产工人合计人数15%。

③管理人员。指在选矿厂职能机构和生产工段中从事行政福利、经营财务、劳动工资及人事教育等管理工作,亦包括从事党群政治工作的人员。约占同表中生产工人合计人数10%～12%。

④服务人员。指从事选厂职工生活福利工作和间接服务于生产的人员。包括文教卫生、生活福利、消防、住宅管理与维修、打字、通讯、清扫、门卫、行政电话和维修等部门的工作人员。约占同表中生产工人合计人数10%～13%。

8.3.2 劳动生产率

劳动生产率,指劳动者在一定时间内创造出一定数量的合格产品的能力。即产品数量与所消耗的劳动时间的比例,通常称效率。效率越高经济效益就越好,能全面反映企业的生产技术水平和管理水平,是一个综合性指标。

选矿厂劳动生产率有实物劳动生产率和货币劳动生产率。

①实物劳动生产率。

$$选矿厂全员原矿(精矿)实物劳动生产率 = \frac{年原矿(精矿)总产量}{选矿厂全部在册人数} \quad t/(人·a);$$

$$生产工人实物劳动生产率 = \frac{年原矿(精矿)总产量}{生产工人在册人数工作日数} \quad t/(人·d);$$

②货币劳动生产率。

$$选矿厂全员原矿(精矿)货币劳动生产率 = \frac{年选矿厂产品总产值}{选矿厂全部在册人数} \quad 元/(人·a);$$

$$生产工人货币劳动生产率 = \frac{年选矿厂产品总产值}{生产工人在册人数工作日数} \quad 元/(人·d);$$

劳动生产率是由选矿厂生产规模、工艺特点、工序繁简、装备水平、自动化程度、操作和管理水平等各种因素决定的。新建选矿厂应与类似选矿厂劳动生产率进行对比分析,说明其高低原因,指出提高具体措施和有效途径。

8.4　资金来源与融资方案

在投资估算的基础上，资金来源与融资方案应分析建设投资和流动资金的来源渠道及筹措方式，并在明确项目融资主体的基础上，设定初步融资方案。通过对初步融资方案的资金结构、融资成本和融资风险的分析，结合融资后财务分析，比选、确定融资方案，为财务分析提供必需的基础数据。

8.4.1　融资方案

按照融资主体不同，融资方式分为既有法人融资和新设法人融资两种。确定融资主体应考虑项目投资的规模和行业特点，项目与既有法人资产、经营活动的联系，既有法人财务状况，项目自身的盈利能力等因素。

（1）既有法人融资方式

建设项目所需资金来源于既有法人内部融资、新增资本金和新增债务资金。既有法人融资项目的新增资本金可通过原有股东增资扩股、吸收新股东投资、发行股票、政府投资等渠道和方式筹措。既有法人内部融资的渠道和方式包括：货币资金、资产变现、资产经营权变现、直接使用非现金资产。

（2）新设法人融资方式

建设项目所需资金来源于项目公司股东投入的资本金和项目公司承担的债务资金。新设法人融资项目的资本金可通过股东直接投资、发行股票、政府投资等渠道和方式筹措。项目债务资金可通过商业银行贷款、政策性银行贷款、外国政府贷款、国际金融组织贷款、出口信贷、银团贷款、企业债券、国际债券、融资租赁等渠道和方式筹措。

对准股本资金，优先股股票在项目评价中应视为项目资本金。可转换债券在项目评价中应视为项目债务资金。

8.4.2　资金来源可靠性分析

在初步明确项目的融资主体和资金来源的基础上，对于融资方案资金来源的可靠性、资金结构的合理性、融资成本高低和融资风险大小，应进行综合分析，结合融资后财务分析，比选确定融资方案。

资金来源可靠性分析应对投入项目的各类资金在币种、数量和时间要求上是否能满足项目需要进行下列几方面分析：

（1）既有法人内部融资的可靠性分析

①通过调查了解既有企业资产负债结构、现金流量状况和盈利能力，分析企业的财务状况、可能筹集到并用于拟建项目的现金数额及其可靠性。

②通过调查了解既有企业资产结构现状及其与拟建项目的关联性，分析企业可能用于拟建项目的非现金资产数额及其可靠性。

（2）项目资本金的可靠性分析

①采用既有法人融资方式的项目，应分析原有股东增资扩股和吸收新股东投资的数额及其可靠性。

③采用新设法人融资方式的项目，应分析各投资者认缴股本金数额及其可靠性。

③采用上述两种融资方式，如通过发行股票筹集资本金，应分极其获得批准的可能性。

（3）项目债务资金的可靠性分析

①采用债券融资的项目，应分析其能否获得国家有关主管部门的批准。

②采用银行贷款的项目，应分析其能否取得银行的贷款承诺。

③采用外国政府贷款或国际金融组织贷款的项目，应核实项目是否列入利用外资备选项目。

8.4.3 资金结构合理性分析

对项目资本金与项目债务资金、项目资本金内部结构以及项目债务资金内部结构等资金比例合理性的分析。项目资本金与项目债务资金的比例应符合下列要求：符合国家法律和行政法规规定；符合金融机构信贷规定及债权人有关资产负债比例的要求；满足权益投资者获得期望投资回报的要求；满足防范财务风险的要求。

确定项目资本金结构应符合下列要求：

①根据投资各方在资金、技术和市场开发方面的优势，通过协商确定各方的出资比例、出资形式和出资时间。

②采用既有法人融资方式的项目，应合理地确定既有法人内部融资和新增资本金在项目融资总额中所占的比例，分析既有法人内部融资及新增资本金的可能性与合理性；

③国内投资项目，应分析控股股东的合法性和合理性；外商投资项目，应分析外方出资比例的合法性和合理性。

确定项目债务资金结构应符合下列要求：①根据债权人提供债务资金的条件（包括利率、宽限期、偿还期及担保方式等）合理确定各类借款和债券的比例；②合理搭配短期、中长期债务比例；③合理安排债务资金的偿还顺序；④合理确定内债和外债的比例；⑤合理选择外汇币种；⑥合理确定利率结构。

8.4.4 资金成本分析

通过计算权益资金成本、债务资金成本以及加权平均资金成本，分析项目使用各种资金所实际付出的代价及其合理性，为优化融资方案提供依据。具体计算和分析应符合下列要求：

①权益资金成本可采用资本资产定价模型、税前债务成本加风险溢价法和股利增长模型等方法进行计算，也可直接采用投资方的预期报酬率或既有企业的净资产收益率。

②债务资金成本应通过分析各种可能的债务资金的利率水平、利率计算方式（固定利率、浮动利率）、计息（单利、复利）和付息方式以及宽限期和偿还期，计算债务资金的综合利率，并进行不同方案比选。

③在计算各种债务资金成本和权益资金成本的基础上，再计算整个融资方案的加权平均资金成本。

此外。为减少融资风险损失，对融资方案实施中可能存在的资金供应风险、利率风险和汇率风险等风险因素应进行分析评价，并提出防范风险的对策。

8.5   财务分析和技术经济指标

8.5.1   财务分析

财务分析在项目财务效益与费用估算的基础上进行。财务分析的内容应根据项目的性质和目标确定。对于经营性项目，财务分析应通过编制财务分析报表，计算财务指标，分析项目的盈利能力、偿债能力和财务生存能力，判断项目的财务可接受性，明确项目对财务主体及投资者的价值贡献，为项目决策提供依据。

（1）分析方法

财务分析可分为融资前分析和融资后分析，一般宜先进行融资前分析，在融资前分析结论满足要求的情况下，初步设定融资方案，再进行融资后分析。

①融资前分析。以动态分析（折现现金流量分析）为主，静态分析（非折现现金流量分析）为辅。融资前动态分析应以营业收入、建设投资、经营成本和流动资金的估算为基础，考察整个计算期内现金流入和现金流出，编制项目投资现金流量表，利用资金时间价值的原理进行折现，计算项目投资内部收益率和净现值等指标。

融资前分析排除了融资方案变化的影响，从项目投资总获利能力的角度，考察项目方案设计的合理性。融资前分析计算的相关指标，应作为初步投资决策与融资方案研究的依据和基础。根据分析角度的不同，融资前分析可选择计算所得税前指标和（或）所得税后指标。融资前分析也可计算静态投资回收期（P_t）指标，用以反映收回项目投资所需要的时间。

②融资后分析。以融资前分析和初步的融资方案为基础，考察项目在拟定融资条件下的盈利能力、偿债能力和财务生存能力，判断项目方案在融资条件下的可行性。融资后分析用于比选融资方案，帮助投资者做出融资决策。

融资后的盈利能力分析应包括动态分析和静态分析两种；其中，动态分析包括下列两个层次：

a. 项目资本金现金流量分析，应在拟定的融资方案下，从项目资本金出资者整体的角度，确定其现金流入和现金流出，编制项目资本金现金流量表，利用资金时间价值的原理进行折现，计算项目资本金财务内部收益率指标，考察项目资本金可获得的收益水平。

b. 投资各方现金流量分析，应从投资各方实际收入和支出的角度，确定其现金流入和现金流出，分别编制投资各方现金流量表，计算投资各方的财务内部收益率指标，考察投资各方可能获得的收益水平。当投资各方不按股本比例进行分配或有其他不对等的收益时，可选择进行投资各方现金流量分析。

静态分析系指不采取折现方式处理数据，依据利润与利润分配表计算项目资本金净利润率（ROE）和总投资收益率（ROI）指标。静态盈利能力分析可根据项目的具体情况选做。

（2）分析指标

财务盈利能力分析指标（财务内部收益率、投资回收期、财务净现值、投资利润率、投资利税率、资本金利润率等，其中内部收益率、投资回收期为盈利能力分析的主要而常用的评价指标）；

①财务内部收益率（$FIRR$）。指能使项目计算期内净现金流量现值累计等于零时的折现

率,即 *FIRR* 作为折现率使下式成立:

$$\sum_{t=1}^{n} (CI - CO)_t (1 + FIRR)^{-1} = 0 \qquad (8-1)$$

式中　　*CI*——现金流入量;

　　　　CO——现金流出量;

　　　　$(CI - CO)_t$——第 *i* 期的净现金流量;

　　　　n——项目计算期。

项目投资财务内部收益率、项目资本金财务内部收益率和投资各方财务内部收益率都依据上式计算,但所用的现金流入和现金流出不同。

当财务内部收益率大于或等于所设定的判别基准 i_c(通常称为基准收益率)时,项目方案在财务上可考虑接受。项目投资财务内部收益率、项目资本金财务内部收益率和投资各方财务内部收益率可有不同的判别基准。

②财务净现值(*FNPV*)。指按设定的折现率(一般采用基准收益率 i_c)计算的项目计算期内净现金流量的现值之和,可按下式计算:

$$FNPV = \sum_{t=1}^{n} (CI - CO)_t (1 + i_c)^{-t} \qquad (8-2)$$

式中　i_c——设定的折现率(同基准收益率);其他符号同前。

一般情况下,财务盈利能力分析只计算项目投资财务净现值,可根据需要选择计算所得税前净现值或所得税后净现值。按照设定的折现率计算的财务净现值大于或等于零时,项目方案在财务上可考虑接受。

③项目投资回收期(P_t)。指以项目的净收益回收项目投资所需的时间,一般以年为单位。项目投资回收期宜从项目建设开始年算起,若从项目投产开始年计算,应予以特别注明。项目投资回收期可采用下式计算:

$$\sum_{t=1}^{p_t} (CI - CO)_t = 0 \qquad (8-3)$$

项目投资回收期也可借助项目投资现金流量表计算。项目投资现金流量表中累计净现金流量由负值变为零的时点,即为项目的投资回收期。投资回收期应按下式计算:

$$P_t = T - 1 + \frac{\left| \sum_{i=1}^{T-1} (CI - CO)_i \right|}{(CI - CO)_T} \qquad (8-4)$$

式中　*T*——各年累计净现金流量首次为正值或零的年数。投资回收期短,表明项目投资回收快,抗风险能力强。

④总投资收益率(*ROI*)。表示总投资的盈利水平,系指项目达到设计能力后正常年份的年息税前利润或运营期内年平均息税前利润(*EBIT*)与项目总投资(*TI*)的比率。总投资收益率应按下式计算:

$$ROI = \frac{EBIT}{TI} \times 100\% \qquad (8-5)$$

式中　*EBIT*——项目正常年份的年息税前利润或运营期内年平均息税前利润;

　　　　TI——项目总投资。

总投资收益率高于同行业的收益率参考值,表明用总投资收益率表示的盈利能力满足要求。

⑤项目资本金净利润率(ROE)。表示项目资本金的盈利水平,系指项目达到设计能力后正常年份的年净利润或运营期内年平均净利润(NP)与项目资本金(EC)的比率。项目资本金净利润率应按下式计算:

$$ROE = \frac{NP}{EC} \times 100\% \qquad (8-6)$$

式中 NP——项目正常年份的年净利润或运营期内年平均净利润;

　　　 EC——项目的资本金。

项目资本金净利润率高于同行业的净利润率参考值,表明用项目资本金净利润率表示的盈利能力满足要求。

偿债能力分析应通过计算利息备付率(ICR)、偿债备付率($DSCR$)和资产负债率($LOAR$)等指标,分析判断财务主体的偿债能力。

①利息备付率(ICR)。指在借款偿还期内的息税前利润($EBIT$)与应付利息(PI)的比值,它从付息资金来源的充裕性角度反映项目偿付债务利息的保障程度,应按下式计算:

$$ICR = \frac{EBIT}{PI} \times 100\% \qquad (8-7)$$

式中 $EBIT$——息税前利润;

　　　 PI——计入总成本费用的应付利息。

利息备付率应分年计算。利息备付率高,表明利息偿付的保障程度高。利息备付率应当大于1,并结合债权人的要求确定。

②偿债备付率($DSCR$)。指在借款偿还期内,用于计算还本付息的资金($EBITDA - T_{AX}$)与应还本付息金额(PD)的比值,它表示可用于还本付息的资金偿还借款本息的保障程度,应按下式计算:

$$DSCR = \frac{EBITAD - T_{AX}}{PD} \times 100\% \qquad (8-8)$$

式中 $EBITAD$——息税前利润加折旧和摊销;

　　　 T_{AX}——企业所得税;

　　　 PD——应还本付息金额,包括还本金额和计入总成本费用的全部利息。

融资租赁费用可视同借款偿还。运营期内的短期借款本息也应纳入计算。如果项目在运行期内有维持运营的投资,可用于还本付息的资金应扣除维持运营的投资。

偿债备付率应分年计算,偿债备付率高,表明可用于还本付息的资金保障程度高。偿债备付率应大于1,并结合债权人的要求确定。

③资产负债率($LOAR$)。指各期末负债总额(TL)同资产总额(TA)的比率,应按下式计算:

$$LOAR = \frac{TL}{TA} \times 100\% \qquad (8-9)$$

式中 TL——期末负债总额;

　　　 TA——期末资产总额。

适度的资产负债率,表明企业经营安全、稳健,具有较强的筹资能力,也表明企业和债权人的风险较小。对该指标的分析,应结合国家宏观经济状况、行业发展趋势、企业所处竞争环境等具体条件判定。项目财务分析中,在长期债务还清后,可不再计算资产负债率。

④流动比率是流动资产与流动负债之比,反映法人偿还流动负债的能力,应按下式计算:

$$流动比率 = \frac{流动资产}{流动负债} \times 100\% \qquad (8-10)$$

⑤速动比率是速动资产与流动负债之比,反映法人在短时间内偿还流动负债的能力,应按下式计算:

$$速率比率 = \frac{速动资产}{流动负债} \times 100\% \qquad (8-11)$$

式(8-11),速动资产=流动资产—存货。

(3)财务生存能力分析

在财务分析辅助表和利润与利润分配表的基础上编制财务计划现金流量表。通过考察项目计算期内的投资、融资和经营活动所产生的各项现金流入和流出,计算净现金流量和累计盈余资金,分析项目是否有足够的净现金流量维持正常运营,以实现财务可持续性。

财务可持续性应首先体现在有足够大的经营活动净现金流量,其次各年累计盈余资金不应出现负值。若出现负值,应进行短期借款,同时分析该短期借款的年份长短和数额大小,进一步判断项目的财务生存能力。短期借款应体现在财务计划现金流量表中,其利息应计入财务费用。为维持项目正常运营,还应分析短期借款的可靠性。

8.5.2 财务效果不确定性分析

在进行技术经济效果评价时,不可能对被采用方案的未来结果预测得十分准确。虽然是在诸多工程项目、生产企业数据统计的基础上得来的,但其预测和估计值总带有一定的不确定性和风险性,包含着一定的假设和主观判断。需要进行不确定性分析,分析不确定性因素对财务评价指标的影响,以避免和减少决策的失误以及预测的经济效益有过大的出入,增强其可靠性。

进行不确定性分析,首先要检查对投资收益率有决定影响的因素,要特别注意销售收入、生产成本、投资、建设周期四个因素的变化幅度。不确定性分析常采用盈亏平衡分析和敏感性分析。如果需要和条件具备还可进行概率分析等。

(1)不确定性与风险

①不确定性。通过对拟建项目具有较大影响的不确定性因素进行分析,计算基本变量的增减变化引起项目财务或经济效益指标的变化,找出最敏感的因素及其临界点,预测项目可能承担的风险,使项目的投资决策建立在较为稳妥的基础上。

②风险。指未来发生不利事件的概率或可能性。投资建设项目经济风险是指由于不确定性的存在导致项目实施后偏离预期财务和经济效益目标的可能性。经济风险分析是通过对风险因素的识别,采用定性或定量分析的方法估计各风险因素发生的可能性及对项目的影响程度,揭示影响项目成败的关键风险因素,提出项目风险的预警、预报和相应的对策,为投资决策服务。经济风险分析的另一重要功能还在于它有助于在可行性研究的过程中,通过信息反馈,改进或优化项目设计方案,直接起到降低项目风险的作用。风险分析的程序包括风险因素识别、风险估计、风险评价与防范应对。

③不确定性与风险的关系。二者既有联系，又有区别。由于人们对未来事物认识的局限性，可获信息的有限性以及未来事物本身的不确定性，使得投资建设项目的实施结果可能偏离预期目标，这就形成了投资建设项目预期目标的不确定性，从而使项目可能得到高于或低于预期的效益，甚至遭受一定的损失，导致投资建设项目"有风险"。通过不确定性分析可以找出影响项目效益的敏感因素，确定敏感程度，但不知这种不确定性因素发生的可能性及影响程度。

借助于风险分析可以得知不确定性因素发生的可能性以及给项目带来经济损失的程度。不确定性分析找出的敏感因素又可以作为风险因素识别和风险估计的依据。

（2）盈亏平衡分析

盈亏平衡分析是指项目达到设计生产能力的条件下，通过盈亏平衡点分析项目成本与收益的平衡关系。盈亏平衡点是项目的盈利与亏损的转折点，即在这一点上，销售（营业、服务）收入等于总成本费用，正好盈亏平衡，用以考察项目对产出品变化的适应能力和抗风险能力。盈亏平衡点越低，表明项目适应产出品变化的能力越大，抗风险能力越强。

盈亏平衡点通过正常年份的产量或者销售量、可变成本、固定成本、产品价格和销售税金及附加等数据计算。可变成本主要包括原材料、燃料、动力消耗、包装费和计件工资等。固定成本主要包括工资（计件工资除外）、折旧费、无形资产及其他资产摊销费、修理费和其他费用等。为简化计算，财务费用一般也将其作为固定成本。正常年份应选择还款期间的第一个达产年和还款后的年份分别计算，以便分别给出最高和最低的盈亏平衡点区间范围。

盈亏平衡分析分为线性盈亏平衡分析和非线性盈亏平衡分析，项目评价中仅进行线性盈亏平衡分析。线性盈亏平衡分析有以下 4 个假定条件：

①产量等于销售量，即当年生产的产品（服务，下同）当年销售出去；

②产量变化，单位可变成本不变，从而总成本费用是产量的线性函数；

③产量变化，产品售价不变，从而销售收入是销售量的线性函数；

④按单一产品计算，当生产多种产品，应换算为单一产品，不同产品的生产负荷率的变化应保持一致。

盈亏平衡点的表达形式有多种，项目评价中最常用的是以产量和生产能力利用率表示的盈亏平衡点。盈亏平衡点一般采用盈亏平衡图求取。图中销售收入线（如果销售收入和成本费用都是按含税价格计算的，还应减去增值税）与总成本费用线的交点即为盈亏平衡点。

（3）敏感性分析

敏感性分析是投资建设项目评价中应用十分广泛的一种技术，用以考察项目涉及的各种不确定因素对项目基本方案经济评价指标的影响，找出敏感因素，估计项目效益对它们的敏感程度，粗略预测项目可能承担的风险，为进一步的风险分析打下基础。

敏感性分析包括单因素敏感性分析和多因素敏感性分析。单因素敏感性分析是指每次只改变一个因素的数值来进行分析，估算单个因素的变化对项目效益产生的影响；多因素分析则是同时改变两个或两个以上因素进行分析，估算多因素同时发生变化的影响。为了找出关键的敏感性因素，通常多进行单因素敏感性分析。

敏感性分析方法一般包括以下几点：

①根据项目特点，结合经验判断选择对项目效益影响较大且重要的不确定因素进行分析。经验表明，主要对产出物价格、建设投资、主要投入物价格或可变成本、生产负荷、建设

工期及汇率等不确定因素进行敏感性分析。

②敏感性分析一般是选择不确定因素变化的百分率为 $i_5\%$、$i_{10}\%$、$i_{15}\%$、$i_{20}\%$ 等；对于不便用百分数表示的因素，例如建设工期，可采用延长一段时间表示，如延长一年。

③建设项目经济评价有一整套指标体系，敏感性分析可选定其中一个或几个主要指标进行分析，最基本的分析指标是内部收益率，根据项目的实际情况也可选择净现值或投资回收期评价指标，必要时可同时针对两个或两个以上的指标进行敏感性分析。

④敏感度系数系指项目评价指标变化的百分率与不确定因素变化的百分率之比。敏感度系数高，表示项目效益对该不确定因素敏感程度高。

⑤临界点是指不确定性因素的变化使项目由可行变为不可行的临界数值。可采用不确定性因素相对基本方案的变化率或其对应的具体数值表示。

当该不确定因素为费用时，即为其增加的百分率；当其为效益时为降低的百分率。临界点也可用该百分率对应的具体数值表示。当不确定因素的变化超过了临界点所表示的不确定因素的极限变化时，项目将由可行变为不可行。

8.5.3 选矿技术经济指标

选矿的技术经济指标在选矿厂设计中常用表格形式来表示。即将项目的主要经济指标和技术指标综合后，以数量或质量、实物量或货币的形式列于表中，如表8-9所示。它既完整概括了设计各有关专业的主要指标，又能简明扼要描绘出项目的概貌和特点。

表 8-11 选矿厂设计的主要技术经济指标

序号	指 标 名 称	单 位	数量	备 注
1	选矿厂设计规模：			
	年处理矿石量	10^4 t/a		
2	选矿工艺指标(正常年均)：			
	原矿品位	%		
	精矿品位	%		
	尾矿品位	%		
	选矿回收率	%		
	精矿产率	%		
	年产精矿量	10^4 t/a		
	选矿比			
3	尾矿输送量	10^4 t/a		
4	选矿主要设备及规格：			
	粗碎	台		
	中碎	台		
	细碎	台		
	磨矿	台		系列数、台数

续表 8 – 11

序号	指标名称	单位	数量	备注
	选矿	台		系列数、台数
	精矿脱水	台		系列数、台数
5	选矿主要设备效率			
6	选矿辅助材料及消耗量:			
	钢 球	t/a		
	衬 板	t/a		
	浮选药剂	t/a		
	滤 布	m^2/a		
	胶 带	m^2/a		
	其他	t/a		
7	供电:			
	设备容量	kW		
	需要容量	kW		
8	耗电量:			
	选矿耗电量	10^4 kWh/a		
	吨矿耗电量	kWh/t		
9	耗水指标:			
	新水量	10^4 m^3/a		
	吨矿耗水量	m^3/t		
10	选矿厂占地面积:			
	工业占地面积	m^2		
	民用占地面积	m^2		
	选矿厂建筑面积	m^2		
11	选矿厂基建三材消耗量:			
	钢材	t		
	木材	m^3		
	水泥	t		
12	年工作天数	d		
13	选矿厂职工定员:			
	全员	人		
	直接生产工人	人		
14	劳动生产率:			
	全员	t/(人·a)		

续表 8-11

序号	指标名称	单位	数量	备注
	直接生产工人	t/（人·a）		
15	选矿厂精矿成本	元/t		
16	选矿厂原矿加工费	元/t		
17	建设投资：			
	总投资	万元		
	固定投资	万元		
	流动资金	万元		
	每吨原矿建设投资	元		
18	经济效果指标：			
	基建投资内部收益率	%		
	基建投资回收期	a		
	基建投资利税率	%		
	基建投资利润率	%		
	借款偿还期	a		
	资产负债率	%		

思考题

8-1　设计人员加强经济观念的意义何在？

8-2　选矿厂的主要综合性技术经济指标有哪些？

8-3　基本建设中"三算"作何解释？

8-4　总概算由哪几项工程费用组成？

8-5　总投资由哪几部分构成，其用途何在？

8-6　生产成本由哪几部分构成？选矿精矿设计成本又由哪几部分费用组成？

8-7　税金一般包括哪些内容？

8-8　融资方案有哪几种，各有什么特点？

8-9　财务分析包括哪些指标，各自的意义和作用是什么？

8-10　盈亏分析和敏感性分析各自的特点和内容是什么？

第9章　工程项目咨询与设计管理

内容提要　本章学习内容包括：项目与工程项目的基本概念；工程项目咨询（咨询服务对象、咨询公司等）；工程项目设计管理；工程设计招标与投标和涉外工程设计。

9.1　项目与工程项目

项目是由一组有起止时间和相互协调的受控活动所组成的特定过程，该过程要达到所要求的目标，如时间、成本和资源约束条件等。项目都具有以下共同特征：

①项目的特定性。即项目的单件性或一次性，是项目最主要的特征。每个项目都有特定过程、目标和内容，只能进行单独处置，不能批量生产，不具备重复性。

②项目具有明确目标和一定约束条件。项目目标有成果性目标和约束性目标两种。成果性目标指项目应达到的功能性要求。如建设一座选矿厂，其处理矿石种类、生产规模、产品方案和技术经济指标等。约束性目标指对项目的约束条件。只有满足约束条件的项目才能成功，因而约束条件是项目成果性目标实现的前提。

③项目具有特定生命周期。每个项目都具有自己的生命周期，包括产生、发展和结束的时期，且在不同阶段都有特定的任务、程序和工作内容。如建设项目的生命周期包括项目建议书、可行性研究、设计工作、建设准备、建设实施、竣工验收与交付使用等。

④项目管理的整体性。一个项目是一个整体的管理对象，其中的一切活动相互关联，构成一个整体。在按项目需要配置生产要素时，必须以提高总体效益为目标，达到数量、质量和结构的总体优化。

⑤项目的不可逆性。项目按照一定的程序进行，其过程不可逆转，必须一次成功，失败了便不可挽回。因而项目的风险很大，与批量的重复生产过程有本质区别。

按项目最终成果或专业特征不同，项目可划分为：科学研究项目、开发项目、工程项目、维修项目、咨询项目和设计项目等。

工程项目是项目中占有比例最大的一类。按专业可分为建筑工程、公路工程和水电工程等。按管理者不同可分为建设项目和施工项目等。凡最终成果是"工程"的项目，均可称为工程项目。

一个建设项目就是一个固定资产投资项目。主要包括基本建设项目（含新建、扩建项目）和技术改造项目。建设项目的含义是：具有一定数量投资，按照一定程序，在一定时间内完成，符合质量要求，以形成固定资产为明确目标的特定任务就称为建设项目，其具有以下基本特征：

①在一个总体设计或初步设计范围内，建设项目是由一个或若干个互相有内在联系的单项工程组成，在建设中实行统一核算和统一管理的建设单位。

②建设项目在一定的约束条件下，以形成固定资产为特定目标。其约束条件包括：时间约束，即合理的建设工期目标。资源约束，即有一定的投资总量目标。质量约束，即有预期的生产能力、技术水平或使用效益目标。

9.2　工程咨询

9.2.1　概述

（1）工程咨询概念

工程咨询是咨询业的一个重要分支，是受客户委托，在规定时间内，运用科学技术、经济管理和法律等多方面知识，为经济建设和工程项目决策、实施和管理提供智力服务。工程咨询者是为项目及其投资决策和实施提供智力服务的专家、专家集体和单位。

（2）工程咨询应遵循的基本原则

①独立原则。是工程咨询的第一属性，即咨询专家应独立于客户展开工作。是社会分工要求咨询行业必须具备的特性，是其合法性的基础。

②科学原则。指以知识和经验为基础，向客户提供解决问题的方案。工程咨询需要多种专业知识和大量的信息资料，多种知识的综合应用是咨询科学化的基础。同时，经验是实现工程咨询科学性的重要保障。

③公正原则。指工程咨询应维护全局和整体利益，要有宏观意识，坚持可持续发展的原则。在调查研究、分析问题、做出判断和提出建议的时候要客观、公平和公正，遵守职业道德，坚持工程咨询的独立性和科学态度。

（3）工程咨询的业务范围

根据国家计委颁布的《工程咨询业管理暂行办法》的规定，我国工程咨询的业务范围包括：①为国家、行业、地区、城镇和工业区等的经济和社会发展，提供规划和政策咨询或专题咨询；②为国内外各类工程项目提供全过程或分阶段的咨询；③为现有企业的技术改造和管理提供咨询；④为国内外客户提供投资选择、市场调查、概预算审查和资产评估等咨询服务。

（4）工程咨询的特点

①工程咨询服务是完成客户委托的任务。因为建设项目本身也是一项任务，工程建设完成，建设项目也就结束了。

②咨询任务弹性很大，可以就全过程或某一项工作进行咨询。完成者可以是个人或团体，或一个咨询单位，或若干咨询单位合作完成。

③每项咨询任务都是一次性、单独的任务，不可能批量生产。因建设项目具有唯一性。项目只有类似性，而无重复性。

④咨询的时效性很重要，时间是构成质量要求的一部分。

⑤咨询过程以智力活动为中心。咨询质量的优劣，取决于信息、知识和经验的集成与创新。

⑥咨询工作牵涉面比较广，包括政治、经济、技术、自然与文化环境等各方面。影响质量的不确定因素多，变数较大。

⑦建设项目受有关条件的约束性较大。咨询工作必须充分分析、研究各方面的约束条件

和风险。咨询产品的质量，特别是建设前期咨询工作的质量，在很大程度上取决于对各项约束条件分析的深度和广度。

⑧咨询成果是预测性的，要经受历史的考验。对咨询质量的评价，除企业本身的及时评价外，还要接受业主的验收评价，项目实施过程中的跟踪评价，项目投产后的后评价。

⑨咨询工作的程序，有的可以固定操作程序，有的不固定操作程序，允许有一定工作弹性。

⑩不同于一般的物质产品，咨询产品没有批发环节，产销直接见面，适应客户的个性化要求。

9.2.2　工程咨询服务对象与方式

（1）工程咨询的服务对象

工程咨询服务的对象主要指项目投资的出资者、项目业主和工程承包商等。

①为投资项目出资者服务。包括政府投资、贷款银行和国际组织贷款项目服务。其中，为政府投资服务时，一般是决策性质的，包括规划咨询、项目评估、项目绩效评价、项目后评价（通过项目竣工验收，重点评价目标、效益和项目可持续能力，总结经验教训）、宏观专题研究等。

为贷款银行服务时，一般是受银行聘请作为顾问，对申请贷款的项目进行评估。咨询评估侧重于项目的工艺方案、系统设计的可靠性和投资估算的准确性，并对项目的财务指标再次核算或进行敏感性分析，重点是投资效益和风险的分析。

为国际金融组织提供的咨询服务，包括咨询公司或个人作为本地咨询专家，受聘参与在华贷款及相关的技术援助。投标参与这些机构在国际上其他地区或国家贷款及技术援助项目的咨询服务。

②）为项目业主服务。项目业主是工程咨询服务的主要对象之一。当工程咨询公司的客户为项目业主时，工程咨询公司常被称作该项目业主的工程师。

业主工程师是工程咨询公司承担咨询服务最基本、最广泛的形式之一。业主工程师的基本职能是提供工程所需的技术咨询服务，或者代表业主对设计、施工中的质量、进度和造价等方面的工作进行监督和管理。

业主工程师所承担的业务范围既可以是全过程咨询，也可以是阶段性咨询。全过程咨询服务包括投资机会研究→初步可行性研究→可行性研究→设计→编制招标文件→评标→合同谈判→合同管理→施工管理（监理）→生产准备（人员培训）→调试验收→总结评价。阶段性咨询服务指业主在一个工程项目的实施过程中，有时只是在部分工作阶段聘请咨询公司。常见的是项目的可行性研究、设计和施工监理阶段，多以单独的合同形式出现。

③为承包商服务。对于大中型项目，一般设备制造厂和施工公司都和工程咨询公司合作参与工程投标。此时，工程咨询公司是作为投标者的设计分包商为之提供技术服务，直接服务对象是工程的承包商或总承包商，咨询合同只在咨询公司和承包商之间签订。

④承包工程。业主可以将工程项目的全部建设任务交给一个承包商或承包商联合体，并由承包者承担相应的责任与风险的建设方式，即称为设计、采购、施工（EPC）项目和交钥匙工程。

工程咨询公司可以作为总承包商，承担项目的主要责任与风险。联合其他公司承担 EPC

项目和交钥匙工程，或者作为总承包商，工程咨询公司的服务内容与作为承包商的设计分包商时基本相似，主要的区别在于承担的项目风险不同。

⑤为项目融资服务。为了降低项目的风险和融资成本，业主往往需要工程咨询公司参与项目的决策和实施过程。由于工程咨询公司不牵涉到项目有关当事方的内部政策和偏向，可以对项目作出比较客观和公正的评价，因此银行对项目的风险判断和贷款意向在很大程度上取决于业主是否聘请了咨询公司参与项目。

(2)工程咨询方式

工程咨询的方式主要以合同协议为契约，根据客户要求，提供咨询服务。工程咨询合同可以通过公开招标、邀请招标和直接委托等形式获得。工程咨询的承担方式以公司方式和个人咨询专家方式为主，还有联合咨询方式和分包方式以及施工和咨询联合方式等。

投资项目的工程咨询，不同类型项目关注的重点不同，咨询评价方法有所不同。其中：①竞争性项目。项目财务效益明显，投资资金来源完全由资本市场筹集，一般无需动用预算资金或政府财政资金，主要依靠资本市场融资。因此需关注的重点是项目的财务效益。②基础性项目。项目财务效益不明显，一般不能为政府提供税收和积累，但社会效益显著。项目的资金来源主要是预算和政府其他资源。因此，应关注重点是项目的国民经济效益和社会效益。③公益性项目。这类项目属于非营利性行业，项目的效益主要是社会效益。因而应该关注项目的社会效益。

9.2.3 工程咨询公司概述

(1)登记注册

工程咨询公司作为企业，需要到公司所在地的工商管理部门注册登记。按照工商管理部门管辖范围的规定，分级登记注册。设立工程咨询企业法人的一般程序包括：名称预先核准→银行开立入资专户→入资验资→资产评估→准备登记材料→申请登记注册→领取营业执照。

申请工程咨询企业名称预先登记需提交的文件和证件有：企业名称预先登记申请书；组建单位的资格证明或股东、发起人的法人资格证明及自然人身份证明；指定(委托)书。

申请设立工程咨询有限责任公司登记需提交的文件和证件包括：公司董事长签署的设立公司登记申请书；指定(委托)书；公司章程；具有法定资格的验资机构出具的验资证明；股东的法人资格证明或自然人身份证明；公司法定代表人任职文件和身份证明；公司名称预先核准通知书；公司住所证明。

(2)工程咨询公司的营业范围

①项目决策管理层次的咨询服务。包括规划咨询，即重点研究地区或行业的投资规划等；项目评估、项目绩效评价、项目后评价等；宏观专题研究，从宏观上研究政府的地区或行业的发展目标、投资政策、产业结构、规模布局等问题等。

②项目执行层次的咨询服务。包括项目前期策划阶段的编制投资机会研究报告；编制项目初步可行性研究报告(项目建议书)；编制项目可行性研究报告；对前期立项有关问题进行专题研究等。项目准备阶段的资金筹措和融资咨询；进行工程的勘察和设计；采购和招标准备和评标；代表业主参加合同谈判和签订合同；编写项目开工报告等。项目实施阶段，代表业主实施项目管理、合同管理；以合同承包商的形式实施项目管理；担任项目工程监理；帮

助业主建立项目管理信息系统，对项目进行监测评价等。项目完工阶段，编制开车运营方案，制订运营管理的规章制度；进行竣工验收准备；进行项目运营效益测算，项目总结评价，包括项目诊断评价等。

在项目执行层次的咨询服务还包括项目周期各个阶段，项目法人根据需要委托的 各个方面的专题研究，如市场调查、厂址选择、技术论证、融资研究、概算调整、项目诊断等。

（3）工程咨询公司的资质

1997 年国家计委颁布了《工程咨询单位持证执业管理暂行办法》。该办法规定：工程咨询单位必须以《工程咨询资格证书》为执业依据，并参照《证书》认定的资格等级、专业和服务范围从事相应的工程咨询业务。甲级和乙级工程咨询单位持证执业的《工程咨询资格证书》由国家计委审定签发，丙级资格证书由省级计委（计经委）审定签发。

甲级工程咨询单位按资格证书规定的专业和咨询服务范围，承担全国范围内的经济建设规划或专题咨询以及大中型基本建设或技术改造项目的工程咨询业务。乙级工程咨询单位按资格证书规定的专业和咨询服务范围，承担所在地区内规划或专题咨询以及中小型项目的工程咨询业务。丙级工程咨询单位按资格证书规定的专业和咨询服务范围，承担所在地区内的小型项目的工程咨询业务。

（4）工程咨询公司的组织和管理

①工程咨询公司的组织机构。工程咨询公司的组织形式主要由公司的发展目标和项目组织管理要求来决定，遵循一般公司在组织上的精简、效能原则。

②工程咨询公司的管理。最高管理层包括董事会或执行董事会的董事，公司的总裁、副总裁、总工程师、总会计师等高级职员。最高管理层的职责是制定公司的长远目标、发展战略，并评价整个公司的业绩。

中间管理层包括公司的部门经理、部门总工程师等。主要负责市场开发，组织项目的技术服务，协调控制项目的进度以及日常的业务建设，还包括人员培训、公司财务管理等，并向最高管理层报告工作。

作业管理层主要包括各专业负责人，如主任工程师等。在部门内对其他技术人员的具体工作予以指导、监督和检查。专业负责人直接参加项目组，担任项目经理或项目组专业负责人。

9.3　工程项目设计管理

项目设计的管理实行的是项目经理制。项目经理作为项目的全面领导者，是公司法人在工程项目上的全权委托代理人、合同履约负责人、项目计划制定和执行监督人、项目组织指挥者和项目协调工作的纽带及控制中心。在项目的质量、进度和费用控制方面，对公司和业主全面负责。在项目经理之下还设立主管设计的项目经理，负责组织完成合同项目的工程设计工作，这里主要指主管设计的项目经理。

9.3.1　项目经理与专业室的关系

工程项目一般由项目经理组织各有关专业共同配合完成。项目经理的工作从始至终贯穿项目的各个阶段。专业室根据项目设计各阶段的不同要求，提供人员、技术、质量保证和服务，从而形成如图 9 – 1 所示的矩阵式结构。

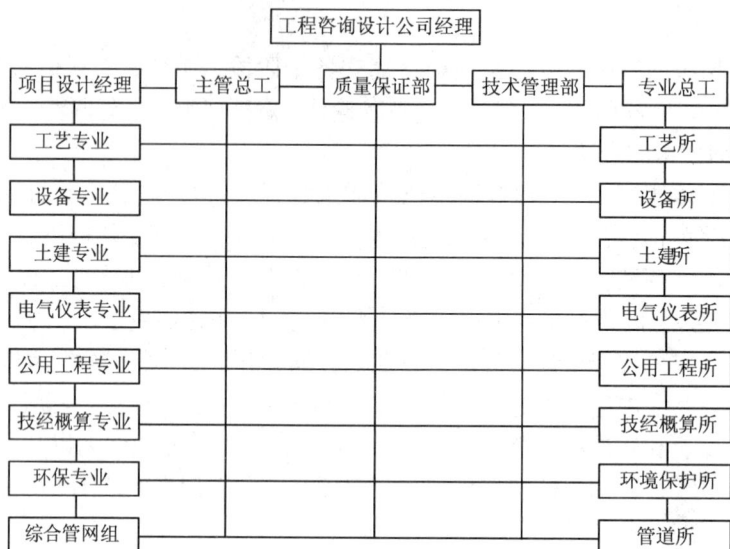

图 9 – 1　典型设计工作矩阵式管理系统

项目设计的各项工作均由设计人员来完成，因此，矩阵式管理的基点是对专业设计人员的管理。无论设计单位的管理模式是采用以专业室为基础，还是采用综合分院的形式，只要是综合性项目都存在矩阵式管理关系。

项目设计组（工程组）是为完成某一项目设计而组建的，是完成该项目设计任务的具体实施组织，具有相对临时的性质。专业室是管理专业设计人员的常设组织，同时为多个项目服务，是公司的基层组织。应在公司职能部门的指导下，按项目要求做好人力资源的分派和调度，以保证各个项目的进度都能按要求完成。项目组成员在执行计划、进度、满足项目总体要求，提供专业方案及专业设计成果，完成施工服务等方面接受项目经理的领导，同时，也要向所属专业室报告项目进展、专业质量标准和方法的执行情况。

项目设计过程中，项目经理负责项目的组织和领导工作。专业室围绕项目这个中心，在提供人员、技术、质量、服务等方面起好基础保证作用。

9.3.2　项目经理的主要职责

在各设计阶段，项目经理的主要职责包括：

①组织做好设计策划的各项工作。制订项目综合性及总体性方案，组织项目总体方案的比选并推荐最佳方案，提交设计单位分管负责人主持评审和确认。

②指导和参与专业室确定各专业的主要技术方案，使之满足项目总体方案最优的要求。检查和确认各专业互提资料及时性和准确性。协调专业间的技术接口。

③当项目中有引进国外技术或设备时，组织或参加国外考察和技术谈判工作。

④按照有关技术规定和程序，组织检查各专业设计成品的校审情况并进行会审会签。编制和汇总设计阶段的设计文件，并在总体上保证项目设计文件的完整性与准确性。提供相关

质量记录，交质量管理部门检查和单位负责人审查后，再将产品提交给业主并组织归档。

⑤负责将项目设计情况向本单位有关部门、负责人、业主和主管部门做出汇报，以供审查。

⑥编制项目的图纸目录，组织各专业图纸及设计文件归档工作。项目完成后，负责提出该项目的综合技术经济指标和编写设计总结。

⑦组织设计后期服务，向业主进行施工交底。配合施工、参加安装调试、运转和竣工验收。做好设计修改控制，收集质量信息，提交相关服务报告和质量记录。

⑧对项目进行设计回访和总结，为改进设计质量提供依据。

⑨做好设计产值和费用的分配与控制，制订奖惩办法，做好项目设计成本控制。

⑩设计单位负责人授权时，参与或组织项目投标报价、合同洽谈及评审等工作。

项目经理的权限与各单位的管理模式有密切关系，项目经理一般应具有以下权限：①对人员的选择、聘用和管理权；②对质量控制与考核权；③对项目计划进度的拟定和管理权；④对现场施工服务的组织与领导权；⑤有一定的技术方案决定权；⑥项目产值分配、成本和费用控制与管理权。

9.3.3 对项目经理的要求

对项目经理的基本要求如下：

①熟悉国家有关经济建设的方针、政策、国家和行业的政策规定和基本建设程序，不断提高政策水平。

②树立市场经济和一切为业主服务的观点，正确处埋与业主的关系。坚持正确意见，不盲从和迁就，真正做到为业主负责。

③了解项目管理知识，熟悉设计过程和内在联系，具有总体策划能力。对复杂设计条件和因素善于综合分析，抓住重点和关键问题及环节，正确决策。能做好设计计划和安排，善于组织并做好内部与外部的协调工作。

④具有高度的质量意识，坚持质量第一的方针。要学习和掌握管理科学，用ISO9000国际质量管理及质量保证标准搞好质量管理。

⑤努力钻研技术业务，不断更新知识。掌握主体专业、技术经济专业、公用辅助专业的基本知识和发展动态，做到一专多能。

⑥对外要与有关单位保持密切联系。对内要组织和团结各专业人员，善于听意见。处理好与地质勘探、科研、勘察、施工、生产等单位的关系。对内对外保持良好的人际关系。

⑦在设计过程中，要深入实际调查研究，善于发现和解决问题。本着实事求是的原则，坚持真理，修正错误。

⑧在设计工作中，从全局出发，妥善处理工农、城乡和远近等各方面关系。积极采用先进技术，合理选用设计标准，认真贯彻对资源进行综合利用、节约能源、环境保护及安全卫生、消防、节约用地和合理使用劳动力等设计工作的若干原则，力求使项目在建成后取得多方面的效益。

⑨熟悉项目的建设条件和设计原始资料，为设计工作的顺利开展创造条件，保证设计成果建立在可靠基础之上。

⑩掌握计算机和信息技术的基本知识，具有一定的实际应用能力。

⑪具有较好的表达能力，力求文笔流畅、表达准确、书写快捷。项目汇报时，善于阐述，抓住重点。做到论点清楚、论据充分、说服力强。

9.3.4 项目设计管理要点

（1）设计计划及进度管理

合理的设计周期是保证设计质量的必要条件。在洽谈和签订设计合同时应予以注意和明确，争取必要的合理周期。根据业主要求、合同规定、原始资料及设计条件，按不同设计阶段特点安排各设计阶段进度计划。

对可行性研究和初步设计阶段，按工序先后和衔接要求选择好各专业设计人员。同时，对原始资料评审、项目开工、方案比选、互提设计条件、设计成果汇总、设计评审、设计验证、文印、成品最终完成和归档、成品发出等全过程做好安排。尤其要注意专业衔接、方案比选及提返条件过程中的交叉作业。

对施工图设计阶段，子项及其组成和划分必须完整和清晰，避免漏项和衔接不清。注意补勘、设备和补充试验资料等的落实以及必要的施工图补充方案的比较工作。对复杂车间的提返条件，协调好工艺一次条件、土建返回条件、工艺二次条件、公辅专业与土建提返条件之间的关系。

进度计划提交项目组讨论，统一意见并由专业负责人签字后，上报生产计划管理部门审核盖章下发实施。应强调计划的严肃性，项目经理要定期或不定期了解和检查执行情况。要有遇见性地抓好影响计划执行的关键专业和控制点，遇到问题要及时解决和协调。若周期允许，应预留机动时间供微观调整，保证项目设计按业主要求和合同规定的时间完成。

在计划执行中，若遇到特殊问题不得不调整计划的最终完成时间，要及时与业主协商，并经生产计划管理部门批准后进行调整。

（2）设计质量管理

设计质量是设计单位的生命线，决定项目建设效果的好坏，因此，"质量第一"置于一切工作的首位。项目经理要按照本单位质量管理体系的有关要求和实施要点组织项目设计。在每一个项目的设计全过程中，按质量手册和程序文件的规定做好质量管理工作，抓好设计质量控制点，使影响设计质量的全部因素处于受控状态。

①要重点抓好设计控制，即从设计策划和组织、技术接口、设计输入、设计输出、设计评审、设计验证、设计确认至设计更改为止的设计全过程控制。并做好设计后期服务、设计回访总结。

②要切实做好质量记录工作。在设计过程的各阶段，监督设计人员认真填报和保存好各类质量记录，以确保和证明设计过程和设计成品达到了规定要求。

③要认真做好质量考核工作，组织有关人员做好质量信息的收集与反馈工作。详细整理资料，为质量改进和考核提供依据。对考核中发现的问题及时组织处理。项目完成后，对本项目设计成品质量按专业汇总和评述，并进行登记评定。除对设计成品（图纸和文件）质量进行考核外，还要对项目在实施中和建成后的设计质量进行考核，并填写考核表。

（3）设计技术管理

项目设计包含对新技术、新工艺、新设备、新材料的推广和应用，是把科技成果转化为生产力的不可缺少的桥梁。根据项目实际情况，组织各专业把新成果有机地应用于项目设计，不断提高技术水平，从而使项目设计的产品质量、经济效益、环境效益、社会效益等提高到新的水平，达到或超过预期的目标。

要根据实际情况，在开工报告中对有关专业提出指导意见，组织好信息和资料收集、技术交流、考察和攻关工作。提出必需的技术资料、试验研究和业务建设课题，努力做好技术创新工作。

要重视标准化工作，积极采用和推广标准设计、工程建设标准、规范与定额，贯彻执行国家、行业、地方强制性标准及"中华人民共和国标准化法"的有关规定。

要认真组织好总体方案的拟定和比选，认真进行多方案比较工作，优化设计，推荐最优方案。

要处理好总体方案与专业方案的关系，遵循专业方案服从和保证总体方案最优，而总体方案的最优又建立在专业方案最优或合理可行基础上的原则。项目经理要从项目的各个方面和综合效果总体考虑，提出合理的指导意见。组织各专业积极采用专业的最佳方案来满足项目合理组合的要求。总体方案的确定应通过方案比选和设计评审来进行。若在重大原则方案或问题上存在分歧而通过商议仍难统一时，应提请专家委员会讨论，由单位负责人做出决定，并要主动与业主通气和协商，充分听取业主意见。

（4）设计人员管理

项目经理应根据实际需要提出参与专业，并通过与专业室协商及生产计划管理部门协调选定专业负责人（大型及复杂项目还应包括主要设计者），签订聘用协议。在设计过程中，专业负责人及主要设计者不应随意更换。当项目或项目与专业室发生人员安排上的矛盾时，应互相通气，协商解决。必要时，由生产计划管理部门进行协调。未经项目经理同意及做出妥善安排之前，正在进行设计的人员不能轻易离岗。项目经理应主动、及时向生产计划部门及专业室通报情况，预先做好安排。

（5）设计经营管理

市场经济条件下，项目经理不仅要完成项目设计的组织和领导工作，还要主动积极地做好项目经营管理工作。为做好设计经营管理工作，应注意以下几点：

①利用各种渠道了解项目信息，提供和配合经营计划部门跟踪项目、争取项目和开拓市场。

②参与项目设计招标，组织或参与招标及报价文件的编制并进行投标。

③参与合同洽谈、评审和签订，负责技术谈判。对项目设计条件、技术要求、设计范围及规模、设计难度、设计周期、质量要求和设计收费等提出意见。协调与业主的关系，对于超出合同规定范围的新增或额外设计内容及工作量，配合经营部门与业主协商调增设计费或增补合同。

做好各设计阶段产值（费用）的预安排或预分配。根据设计工作的进展，适时拨付各专业的产值（费用），保证项目设计的圆满完成。

④根据本单位的技术经济责任制，制定本项目的进度、质量、服务奖惩办法，与产值（费用）分配挂钩，做好成本和费用控制。

⑤积极创造条件做好项目设计的延伸工作，为业主提供前期、中期或后期咨询服务。配合经营部门进一步承揽采购、施工、试车投产、交钥匙的一条龙总承包（或部分承包）工作。

（6）设计信息管理

项目经理应该掌握计算机在项目设计管理中的应用技能，实现信息管理。计算机在项目设计管理中的应用一般包括：①充分利用计算机手段对市场、技术、设备、材料、价格、施工等方面的信息进行收集和分析。②了解项目设计全过程的控制系统，用以做好设计全过程管理和设计过程中信息的全方位管理。③对于设计延伸的工程总承包或工程公司来说，项目经理还需要能实现项目全过程管理的控制系统。④项目经理要在项目执行的全过程中，应用计算机项目管理系统对项目的进度、费用、技术、质量、人力资源等实施控制，实现对项目的管理，同时，通过与其他系统的紧密联系，实现项目管理的集成化。

9.4 工程设计招标和投标

9.4.1 招标和投标简介

（1）《招标投标法》适用范围

凡在中国境内进行的招标投标活动，不论招标主体的性质、招标采购的资金性质、招标采购项目的性质如何，都必须遵守《招标投标法》的有关规定。

从主体上说，包括政府机构、国有企事业单位、集体企业、私人企业、外商投资企业以及其他非法人组织等的招标。从项目资金来源上说，包括利用国有资金、国际组织或外国政府贷款及援助资金、企业自有资金、商业性或政策性贷款、政府机关或事业单位列入财政预算的消费资金等的招标。从采购对象上说，包括货物（设备、材料、产品、电力等）、工程（建造、改建、拆除、修缮或翻新以及管线敷设、装饰装修等）的招标采购。

（2）招标投标的特点

①程序规范。从招标、投标、评标、定标到签订合同，每个环节都有严格的程序和规则，这些程序和规则都具有法律的约束力，当事人不能随意改变。

②编制招标投标文件。招标人必须编制招标文件，投标人据此编制投标文件并参加投标。

③公开性。"公开、公平、公正"是招标投标的基本原则。招标人首先要发布招标公告或投标邀请书，以公开招标或邀请招标方式，邀请投标人参加投标。招标文件中说明拟采购的货物、工程或服务的技术规格，评价和比较投标文件以及选定中标人的标准。在提交投标文件截止时间后，同一时间公开开标。

④一次成交。投标人递交投标文件后，到确定中标人之前，招标人不得与投标人就投标价格等实质性内容进行谈判。投标人只能一次报价，不能与招标人讨价还价，并以此报价作为签订合同的基础。

（3）强制招标制

强制招标制是指法律规定某类的采购项目，且达到一定数额时，必须进行招标，否则采购单位要承担法律责任。

《招标投标法》规定，在我国境内进行的下列工程建设项目，必须进行招标：①大型基础设施、公用事业等关系社会公共利益，公众安全的项目；②全部或部分使用国有资金投资或者国家融资的项目；③使用国际组织或者外国政府贷款、援助资金的项目。

（4）招标方式

①公开招标。招标人在指定的报刊、电子网络或其他媒体上发布招标公告，吸引众多单位参加投标竞争，招标人从中择优确定中标人的方式。

此方式的竞争范围广，竞争性体现充分，招标人有绝对选择余地，容易获得最佳招标效果。但程序复杂，耗时较长，费用也较高。

②邀请招标。也称选择性招标，由招标人根据供应商、承包商的资信和业绩，向一般不少于3家的法人或其他组织发出投标邀请书，邀请他们参加投标竞争。

此方式中，招标人已了解潜在投标的法人或其他组织，招标投标时间大大缩短，招标费用也相应减少。但竞争范围有限，选择余地相对较小，有可能提高中标的合同价，或可能遗漏更具竞争力的供应商或承包商。

（5）招标投标的基本程序

①招标。招标人（购买者）为购买商品或者让他人完成一定的工作，通过发布招标广告或投标邀请书等方式，公布特定的标准和条件，公开或者书面邀请投标人参加投标，并按照规定程序从参加投标的人中确定交易对象（即中标人）的行为。

②投标。指投标人（供应商或承包商）按照招标人的要求和条件，提出自己的报价及相应条件，对采购方提供的招标要求和条件进行响应的行为。

③开标。按招标文件规定时间、地点和程序，以公开方式进行。由招标人或招标投标中介机构主持，邀请评标委员会、投标人代表和有关单位代表参加。检查投标文件密封情况，确认无误后，由有关工作人员当众拆封，验证投标资格，并宣读投标人名称、投标价格及其他主要内容。

投标人可以对唱标作必要的解释，但不得超过投标文件记载的范围或改变投标文件的实质内容。开标应做好记录，存档备查。

④评标与中标。按照招标文件的规定进行评标。招标人或招标投标中介机构负责组建评标委员会，由招标人的代表及聘请的专家组成。

评标委员会对所有投标文件进行审查，对与招标文件规定有实质性不符的，应决定其无效。评标委员会可以要求投标人对其投标文件中含义不明确的地方进行必要澄清，但不得超过投标文件记载的范围或改变投标文件的实质内容。评标委员会按照招标文件的规定进行评审，并向招标人推荐1－3个中标候选人。

招标人应从推荐的中标候选人中确定中标人。中标人应符合以下条件之一：①满足招标文件各项要求，并考虑各种优惠及税收等因素，在合理条件下所报投标价格最低；②最大限度地满足招标文件中规定的综合评价标准。

中标结果应书面通知所有投标人。招标人和中标人自中标通知书发出之日起三十日内，按招标文件的规定和中标结果签订书面合同。并不得再行订立背离合同实质性内容的其他协议。此外，除采用议标程序外，招标人或招标投标中介机构不得在定标前与投标人就投标价格、投标方案等进行协商谈判。

（6）招标人和投标人

①招标人。必须是法人和其他组织。法人即指具有民事权利能力和民事行为能力，依法享有民事权利和承担民事义务的组织，包括企业、机关人、事业单位和社会团体的法人。法人应具备：是依法设立的；具有必要的财产（企业法人）或经费（机关、社会团体、事业单位法

人);有自己的名称、组织机构和场所;能够独立承担民事责任。其他组织是指不具备法人条件的组织。主要包括:法人的分支机构;企业之间或企、事业单位之间联营,不具备法人条件的组织;合伙组织;个体工商户;农村承包经营户等。

②投标人。响应招标,购买招标文件,参加投标竞争的法人或其他组织。投标人应具备:与招标文件要求相适应的人力、物力和财力;招标文件要求的资质证书和相应的工作经验与业绩证明;法律和法规规定的其他条件。

9.4.2 设计招标的准备工作

(1)投标信息

建立完善的信息网络,掌握市场动态,对获得建设项目的信息十分重要。建设项目信息主要有以下来源渠道:①我国国民经济建设的中长期规划和投资发展规模以及国家财政金融政策所确定的中央和地方各级重点建设项目、企业技术改造项目。②大中型企业新建、扩建或技术改造规划。③区域性经贸洽谈会上签约的工程项目。④国家及地方经济结构战略性调整、产业结构调整、优化升级所出现的一批新兴产业项目。⑤有关资源及项目的新闻报道,从有关行业管理部门及地方政府有关部门跟踪项目。⑥对已批准立项的建设项目,从投资管理部门或银行等获得有关信息。

(2)选择投标项目

获得招标信息后,对信息进行研究和筛选,选择投标项目,应注意以下几点:①持有的"工程设计证书"规定允许承接的任务范围与项目的专业性质相一致;②设计资质证书的级别需符合拟建项目要求的证书级别;③设计人员的技术力量,包括项目经理的资质能力、各类设计人员的专业覆盖面、数量、各级职称人员的比例以及开展正常设计工作所需的技术装备能满足完成项目设计任务的需要;④历年来,特别是近几年完成的设计项目应与招标项目在产品、技术装备、规模、形式等方面相适应;

若以上条件不完全具备或有所不足或准备参与新开拓的行业投标竞争,则应寻求具备条件的合作伙伴。

对项目设计投标而言,一般可能遇到的风险主要有:①决策错误风险。如信息不真实、项目资金不落实或未获批准等。②投标报价风险。分析不够、报价太低、漏报费用等。③合同履行风险。招标人往往要求的工期短。投标人要结合自身的能力和人员状态,分析能否在规定的时间内完成资格预审、编制投标文件、参加开标等一系列工作。

不同的项目和不同的经营目标决定了不同的投标策略,由此带来的投标风险也各不相同。对于风险的防范也不尽相同。防范风险需要注意以下方面:①认真研究与项目有关的文件资料;②了解招标人的财务状况和商业信誉;③认真考察项目现场,参加标前会议;④了解项目所在地的气候、水文、地质等情况,特别是要核对这些情况与招标人提供的报告是否相符;⑤对招标有关的图纸、数据进行复核,尽量减少差错;⑥认真研究合同,防止合同中有不合理的且可能影响自己利益的条款,增加自我保护的条款;⑦对国家的有关法律、法规要有所了解,必要时用于保护自己;⑧加强对项目的管理,在制度上、人员上给予必要的保障,防止项目执行过程中出现问题。

(3)投标组织

参加投标是竞争激烈的一种活动,投标能否成功,组织精干、高效、内行的投标班子至关重要。其中，最重要的是选好投标负责人，还要有具备经理管理、专业技术、合同谈判以及法律等方面的人才。要充分认识本单位的优势和不足，熟悉竞争对手情况等。

在投标负责人的组织和指挥下，制定投标阶段工作计划，及时准确地组织投标阶段的各项工作，合理可靠地编制投标文件，最大限度地争取中标。

9.4.3　投标阶段的工作程序

（1）报送投标申请书并参加资格预审

投标人决定参加投标时，需向招标人报送投标申请书，并在招标公告或投标邀请书规定的期间内送达招标人。申请书应包含以下内容：①投标人名称、地址、法人代表姓名、所有制类型；②营业执照、资质证书复印件；③单位简历、常丹过的项目情况、技术力量、技术装备等情况。以上资料如实提供，不能弄虚作假。只有通过了资格预审的投标人，才可正式投标。

（2）购买和研究招标文件

投标人资格审查合格后，由投标人持营业执照、资质等级证书等复印件、法人代表人授权书等，在招标公告规定的时间、地点购买招标文件。

招标文件是编制投标文件的依据，也是签订合同的基础。一般情况下，工程设计招标文件应包括以下内容。①投标须知；②项目名称、性质、产品方案、规模；③项目所在地的交通位置、自然条件、周围建设情况等条件；④已批准的项目建议书或可行性研究报告以及上级主管部门的批文。建设项目的技术装备及质量要求，技术经济要求；⑤规划管理部门确定的规划控制条件；⑥可供参考的工程地质、水文地质、工程测量等建设场地勘察成果报告；⑦原材料来源、供水、供电、供气、供热、环保、道路交通等方面的原始资料；⑧招标文件答疑、踏勘现场的时间和地点；⑨投标文件编制要求及评标原则，投标文件送达的截止时间；⑩拟签订合同的主要条款，投标保证金和未中标方案的补偿办法以及其他相关内容。

研究招标文件时，应着重注意以下几个方面：①对招标文件的各项要求要充分理解。对含糊不清或相互矛盾的地方，在投标截止日之前向招标人提出澄清要求。②对招标文件中有关投标报价方面的规定要认真研究，对要求投标报价的范围、阶段要明确，是否包括勘察或其他内容。③研究招标文件的技术及质量要求，是新技术、新工艺还是传统工艺，是新建还是改、扩建以及对装备水平标准的要求。

（3）调查研究和参加标前会

在研究分析招标文件后，投标人应对项目所在地进行考察。内容包括：自然条件、地理位置、地形、气象条件、水源、供电、通信条件、工程地质条件、周围建筑情况、运输条件、原材料供应条件、废弃物堆放对环境的影响、有无堆放及处理废弃物场地、周围生活、文化、医疗、卫生等社会服务条件等。

对招标人及投标竞争对手的情况调查，如资金来源、各项审批手续是否齐备、招标人的习惯做法和信誉以及投标竞争对手的情况等。为使投标书更具合理性和竞争性，投标人应对招标项目产品市场情况有所了解。以便进行方案比较筛选，寻求最具竞争力的工艺路线，或提出一些合理、有益的措施或建议。

投标人应积极参加招标人组织的标前会。应将在研究招标文件过程中发现的问题，以书面形式记录、整理，以备在会议上向招标人提出。仅对招标文件中范围不清、含义模糊或互相矛盾的内容提请招标人澄清、解释或说明。若是多个投标人同时参加的标前会，还要注意提问技巧，不要泄漏自己的秘密。

（4）投标文件的编制

由投标负责人组织完成投标文件的编制。不同于其他招标投标方式，设计招标投标的承包任务是承包人通过自己的智力劳动，将项目法人对建设项目的设想转变为可实施的蓝图。因此，设计招标文件对投标人提出的要求就不那么明确具体，只是简单介绍项目的实际条件、应达到的技术经济指标、投资限额、进度要求等。

鉴于设计任务的特点，设计招标一般采用设计方案竞选的方式选择中标人。与其他招标的主要区别如下：

①招标文件的内容不同。设计招标文件中仅提出设计依据、建设项目应达到的技术经济指标、项目限定的工作范围、项目所在地的原始资料、要求完成的时间等内容，而无具体的工作量要求。

②投标书的编制要求不同。投标人的投标报价不是按规定的工程量清单填报单价后算出的总价，而是首先提出设计初步方案，论述该方案的优点和实施计划，在此基础上再进一步提出报价。

③开标形式不同。开标时，不是由招标人按所公布的各投标书的报价高低排定次序，而是分别简单公布设计的基本构思和意图，不以报价排定次序。

④评标原则不同。评标时，不过分追求完成设计任务的报价额的高低，而是更多地关注所提供方案的技术先进性、所达到的技术经济指标及方案的合理性以及对项目投资效益的情况。

投标人应按照招标文件的要求编制投标文件，并对招标文件的实质性要求和条件做出响应。投标书一般包括投标人简介、设计方案、设计质量保证、设计进度和设计费报价等内容。

①投标人简介。包括投标人情况简介、资历、人员组成和人员结构等。设计资质证书和证书中规定的专业、级别以及允许承接任务的范围。派出的项目经理及主要专业设计人员的简历、从事设计工作年限以及承担过那些项目的设计工作、负责何种工作等。完成该项目设计任务的设备、器材配置情况。承接相同或相近项目设计的业绩，并附项目设计获奖情况等。

②设计方案。设计思想正确，总体布置合理，工艺流程先进成熟，设备选型适用，节能和"三废"治理方案有效可行。主要建（构）筑物符合建筑标准，投资控制在限额内，工艺流程先进合理，预期能获得良好的技术经济指标，有较强的抗风险能力。按招标文件要求，还应包括设计方案说明书及图纸。

③设计质量。必须满足招标人对项目的设计质量要求。所采用的技术标准必须是现行的国家和地方标准。工艺和设备能保证设计产品质量符合市场要求的质量标准，并具有市场竞争力。严格按照国际、国内通行的质量体系标准组织设计工作，严格把好设计质量关。在投标文件中，应明确组织设计所依据的质量体系标准。

④设计进度。设计进度计划必须能满足招标人制定的项目建设总进度计划要求。对于某些项目，招标人为了缩短项目的建设周期，往往在初步设计完成后就进行施工招标，在施工阶段陆续提供施工详图。此时，应调整设计进度计划，以保证不妨碍或延误施工的顺利进行。

⑤设计费报价。设计投标一般是设计方案的竞争，设计费应按照优质优价的原则确定。设计费报价应以国家制定的工程设计收费标准为依据，列清设计费总报价及各阶段收费依据，做到收费合理有据。

⑥其他注意事项。注意投标书的严格性、完整性和灵活性；招标文件的签字、加盖公章和密封等。

（5）投标文件的递交和接收

投标人在投标文件规定的截止时间前，将投标文件所要求的所有文件一起送达招标人。在递交投标文件后到投标截止时间之前，投标人可以对所递交的投标文件进行修改和撤回，但是所递交的修改或撤回通知必须按招标文件的规定进行编制、密封和标志。

在投标截止时间前，招标人要做好投标文件的接收工作。在接收中应注意对投标文件是否按招标文件的规定进行密封标记，同时做好接收时间的记录，并在接受记录上签字。投标人应索要接收记录回执，也可邀请公证部门对接收情况进行公证。在开标前，招标人应妥善保管投标文件、修改或撤回通知等资料。

9.4.4　国际工程的招标与投标

（1）招标方式

①公开招标。遵守"国际竞争性投标（ICB）"的程序和条件，招标活动处于公共监督之下进行。若项目所在国制定了公共招标法规，则应按照该法规的程序和条件进行。

②限制性招标。主要有：排他性招标，即指贷款国要求其贷款的项目向贷款国的承包商招标，其他在排除之列；指定性招标，即指出招标人指定某些其认为资信可靠和能力适应的承包商参加投标；邀请性议标，即指由招标人专门邀请少数承包商各自报价和分别议标；地区性招标，即指由于资金来源属于某一地区的组织，仅允许属于该组织的成员国家的承包商才能投标；保留性招标，即指仅允许本国承包商投标或保留某些项目给本国承包商。

（2）招标投标的基本程序

国际工程招标和投标的基本程序如图 9 - 2 所示。

（3）招标和投标工作中咨询设计的任务

作为招标人的咨询设计机构，需要完成设计前期设计工作，并协助招标人完成工程招标的各项工作，包括各个局可行性研究或基本设计编制招标文件，进行资格审查、技术咨询、审标、评标等工作。

作为工程承包商的咨询设计机构，主要协助承包商完成投标的各项工作，包括熟悉理解标书的内容，当好决策的参谋，进行现场考察和社会调查，计算标价，编制投标文件或完成报价建议书等。当承包商签订合同后，需进行若干工程及设备的分包时，还需协助承包商完成对分包商的招标工作。

（4）投标前的准备工作

①调查研究。对工程所在国的政治、经济、法律、自然条件和其他人文社会情况进行调查分析。对项目所在地区的自然条件、施工条件和当地生活条件及附近其他服务设施等方面进行调查。对项目相关管理人员的调查，落实建设费用的来源和支付的可靠性。调查竞争对手，了解可能参加投标竞争人的国别及其与当地合作的公司名称、投标竞争人的能力、过去几年内工程承包的业绩等。对相关市场情况进行广泛调查，包括造价资料、当地劳务价格水

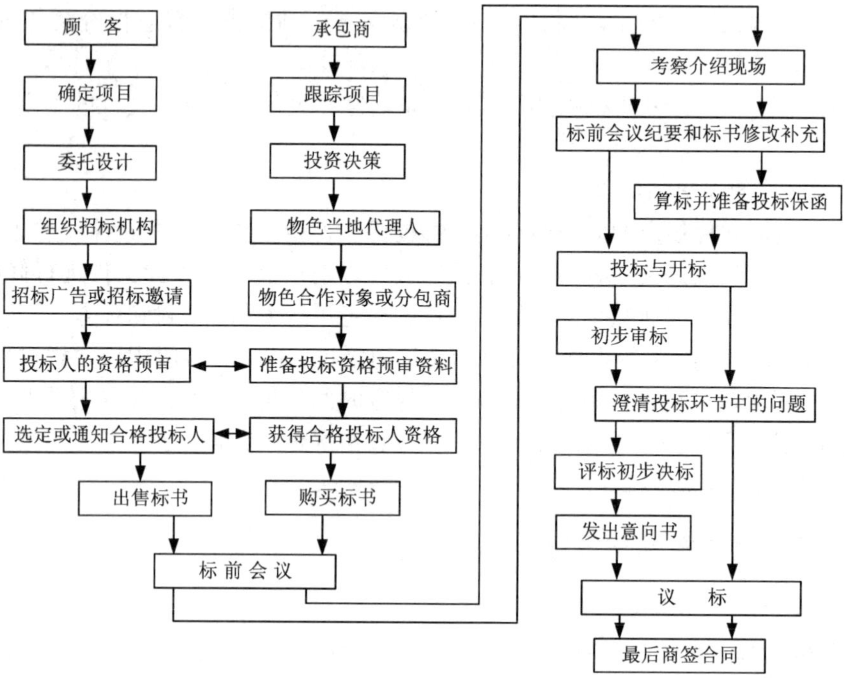

图9-2 国际工程招标与投标基本程序

平、电力、水和其他动力燃料的价格水平、当地生产各种材料价格等情况。

②熟悉和研究标书内容。研究项目基本情况及建厂条件，认识项目技术上的可行性和承包商兑项目的适应性，为拟定经济适用的建设方案做准备（基本内容同前）；研究项目报价范围及要求，报价范围及界区必须明确，不能含糊其辞（需注意的问题同前）；研究项目对设计、材料及设备、施工技术上的要求。了解设计标准、技术条件、验收规范、施工要求、特殊的材料及设备、材料代用的要求等；研究影响标价的条款。包括计价方式、支付方式、付款条件、保函、税收、保险等；研究承包商的责任及制约条款。研究对工期提前的奖励和可能的补偿及违约罚款、赔款等条款，以减少风险。

③参加标前会。了解工程投标状况和向招标人质疑、澄清含糊不清的条款。请求说明招标文件中不清楚或矛盾之处，并要求招标人有书面答复。标前会议上不要提出修改设计方案和设计标准，若确有好方案能促进中标时，一般在投标致函时提出并有相应报价。

④组织投标小组。投标小组在负责整个工程的项目经理领导下工作，由在项目经理下设置的设计、控制、采购经理和专家组成。

⑤选定合作伙伴。

（5）投标报价

①投标报价。投标报价的基本过程如图9-3所示。

②补充设计。在国际工程招标中，一般投标文件中的设计方案已由招标人委托的咨询公司完成，内容比较详细和完整，不需进行补充设计。在招标人有要求，承包商认为有新的建议或核实工程量时，需进行局部方案比较。在承包商以统包方式或议标方式投标大型而复杂

图 9 − 3　投标报价的基本过程

的工程时,标书文件的设计方案一般很不完整,需要补充设计并计算其工程量。

③标价计算。内容和过程包括:

核实工程量。一般由招标人提供工程量表,没有工程量表时,由承包商的咨询设计机构按招标图纸计算。任何情况下都需要核实工程量。

计算工程单价。招标人一般按承包商完成的工程量付款,必须计算工程单价和投资支付百分比。工程单价内容包括人工及有关费用、材料货物及有关费用、机械设备费用、临时工程费用、简洁费用、利润等。并应注意对工程单价有重大影响的基础价格、工程定额和摊入系数的选取。

④标价汇总。汇总各直接费用和简介费,编制承包工程初步报价。

⑤标价分析及报价决策。其内容包括标底分析、盈亏预测和风险分析。标底分析要根据当地类似工程造价和自身的优势综合分析。盈亏分析要核实标价高低,利润多少和承包商承受能力,并研究降低成本的可能性和措施。风险分析是为了消除、转移和减少风险。

经标价分析后,就可以进行报价决策。在国际投标中,能否中标取决于能否发挥承包商自身的和所在国的优势,能否追逐最少的利润和承担最大的风险,能否有优秀的施工方案、最低的管理费用和报价技巧的运用。

⑥编制工程报价书。在国际招标工程中,工程报价书完全按"投标者须知"中的规定编制。在由承包商统包(交钥匙)或一些议标的工程项目中,承包商承担整个项目的从总体规划到竣工投产的工作,此时需要向招标人提交拟建工程项目的报价建议书。内容包括:建议书致函、总论、工程技术概要、工程建议进度计划、企业组织及劳动定员、费用估算等。

(6)投标文件的编写

①投标语言。规定一种主导语言(Ruling Language),正式投标文件及对其的解释以此主导语言为准。由投标人提供的证明文件等(如营业执照)可以用其他语言,但应将有关段落翻译成主导语言。

②投标的文件(Document Comprising the Bid)。投标书由以下文件组成:投标书及其附件;投标保证金;标价的工程量表;辅助资料表;有关的资格证明;提出的替代方案;按"投标者须知"所要求提供的其他各类文件。

为招标目的发出的所有文件,包括各种修改通知、回答质询问题的信函等均被认为是招标文件的组成部分。

③投标报价(Bid Price)。合同价格是指以投标人提交的单价和总价为依据计算得出的工程总价格。一切关税、税收均有承包商支付并包含在投标报价中。

④投标和支付的货币(Currencies of Bid and Payment)。在投标报价和后续工程实施过程中,结算支付所用的货币种类可以有两种方式:一是投标报价时,采用工程所在国的货币表示,但是由于预计到要在工程所在国以外的国家进行采购,因此,可以要求支付一定数量的

其他国家的货币或国际建议货币(International Trading Currency),如美元。二是采用两种报价,即对于在工程所在国应支付的费用以当地货币报价,而对在工程所在国境外采购所需费用则以外币或一种国际贸易货币报价。

⑤投标保证(Bid Security)。为了对招标人进行必要的保护,招标文件中应该规定"投标必须提供投标保证金"的条款。投标保证金一般不支付现金,而采用保函的形式。

投标保函(或担保)是由招标国的一家银行(或保险公司)在当地的分支机构,代表投标人向招标人出具的一封保函。保证在投标人不按规定履行其职责时,向招标人支付其因此而受损害的补偿金。

投标保证的金额通常为投标总额的1%~2%。比较好的办法是招标人规定固定金额为投标人的投标保证金额,以避免一些投标人探听对手的投标保证金额,从而估计其投标报价。

未按规定提交投标保证的投标书,招标人可视为不合格投标而予以拒绝。宣布中标人后,应尽快将投标保函退还未中标的全部投标人。对中标人而言,必须用履约保证来换回投标保函。

⑥替代方案投标(Alternative Tender)。招标人在招标文件中可要求投标人除按原有招标文件及各项规定进行投标外,还允许投标人按照招标要求提出自己的替代方案。一般规定只允许提一个替代方案,减少评标工作量。替代方案要单独装订成册,并应向招标人指明,对招标文件的原有方案仍然需要投标。

⑦投标文件的格式与签署(Format and Signing of Bid)。招标文件中应规定投标需提供的正本(Original)和副本(Copy)的份数。正、副本的每一页均应有投标人正式授权的全权代表签署确认,授权证书应一并提交。对错误之处进行删减,增加或修改时,同样要进行签署。

(7)投标文件的递交

投标文件编制完成后,其文件的正本和副本都应分别用内、外两层信封包装盒密封。外信封上写明送达招标人地址、注明工程名称及开标日期和不得启封等字样。内信封是准备将投标文件退还投标人时用的,要写明投标人的地址和姓名。投标文件应该按投标邀请书规定的投标文件截止日期和时刻之前递交招标人。

(8)开标与评标

招标人按照投标邀请书规定的时间和地点,在投标人代表在场的情况下公开开标。同时,检查投标文件的密封、签署及完整性,包括是否提交了投标保函等。

评标前,招标人将首先确定每份投标文件是否完全符合招标文件中的全文、条件和规范,而且对招标文件不能有重大修改和保留条件。对那些符合招标文件要求的投标文件才能进行平等的评价和比较。

评标过程中将对与此工作无关的人员和投标人严格保密。任何投标人如果企图对评标施加影响将会导致被拒绝投标。必要时,招标人有权个别邀请投标人澄清其投标文件,包括单价分析。对要求澄清的问题及其答复均应采用书面公函或电报、传真进行。

国内投标人在符合下列所有条件,可享受7.5%的优惠。主要包括:在工程所在国内注册的;工程所在国公司所有权占大多数者;分包给外国公司的工程量不大于合同总价的50%者。

对于工程所在国承包商与外国承包商组成的联营体,在具备以下所有条件时,可享受

7.5%的优惠。主要包括：工程所在国国内合作者已单独满足了国内投标人要求的3个条件（如前述）；本国承包商至少应实施50%的合同工程量。

评标时，将投标人分为享受优惠与不享受优惠两类，在不享受优惠的投标人投标报价上加7.5%，然后再统一排队和比较。

9.5　涉外工程设计

涉外工程设计是指我国承担国外工程建设项目（包括我国投资在国外建设的项目）的工程设计，或我国承担的国外投资、中外合资，并按照国际惯例在国内的工程项目设计。

9.5.1　工程建设基本程序

国内工程建设项目与涉外工程建设项目的基本程序没有原则的区别。大致可分为3个时期：投资前期、投资实施（工程实施）期和生产运营期，详见表9-1。其中，每个时期又可以划分为若干不同的阶段。国内项目、涉外项目和国外项目在各个时期和各个阶段的内容和做法也不尽相同。

表9-1　投资项目建设周期

时　期	阶　段
1.投资前期	投资机会研究
	初步可行性研究
	技术经济可行性研究
	投资决策（评价报告）
2.投资实施（工程实施）期	招标投标并签订合同
	工程设计
	工程施工建设
	培训（与工程建设同时进行）
3.生产运营期	试生产
	生产运营
	投资后评价

9.5.2　涉外工程项目组织机构

国外工程咨询设计的组织和管理采用项目经理负责制。即以工程项目为中心，咨询设计单位内部的专业所为基础，由项目经理负责，实行设计质量、设计进度和费用承包机制的制度。

工程公司典型的组织机构如图9-4所示。仅分包工程设计时，项目经理制的组织机构可以适当简化。项目经理负责制典型设计工作矩阵式管理系统如图9-1所示。

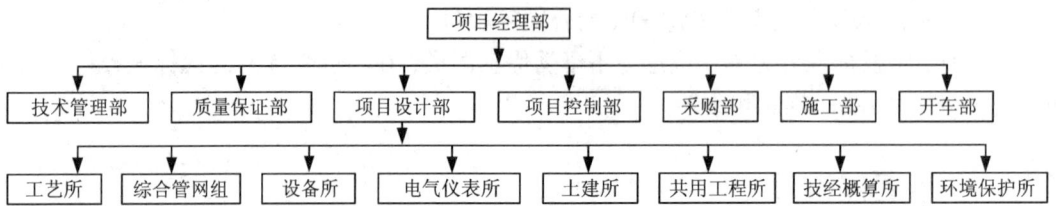

图 9 - 4　工程公司典型的组织机构

9.5.3　设计前期的准备工作

项目设计经理必须充分了解工程项目设计工作开展之前需进行的准备工作。

（1）现场调查

设计工作开展之前，必须进行现场调查，其目的是：①进行现场踏勘，充分了解现场地形、地貌、建设条件和自然条件等；②收集与核定设计原始资料，如地形图、地质勘察报告和选矿试验报告等；③核定合同项目的界区内外接口条件；④核实基建及生产所需的地方原料、燃料及辅助材料的供给情况和质量要求；⑤收集技术经济资料，如材料和产品的市场及价格等；⑥了解所在区的政治、经济、法律及人文社情；⑦根据工程项目的特点，收集需要的其他特殊资料等。

进行现场调查前所需要进行的准备工作包括：①由项目设计经理组建包括各专业负责人和专家参加的现场调查组。对于大型复杂的工程项目，应由工程咨询设计单位的主管领导带队赴现场调查；②由项目设计经理负责组织编制完整的调查提纲。提纲由各专业负责人在投资前期研究工作基础上提出，由项目设计经理汇总、修改和完善；③围绕工程项目的投资情况，组织人员深入了解国内类似企业现状、工艺及技术水平、设备制造情况及技术经济指标；

现场调查的基本形式包括：①调查组收集资料，提交投资者确认；②向投资者直接索取资料，这些资料的清单应在调查之前根据合同要求提交给投资者（它是合同的附件之一）；③调查组在收集资料的基础上经过分析和归纳，形成指导设计的原始资料，并投资者签字或盖章认可；④召开承包公司和投资者的双方协商会议，以会议纪要形式明确如下问题，即由投资者提供的资料限期，共同确定并由投资者承担责任作为设计依据的资料，界区接口的技术条件等；⑤其他能满足设计工作要求的形式。

项目经理必须根据现场调查结果，组织编写调查报告，内容要求具体和详细，汇编成册归档，并纳入基本设计的原始资料篇中（对于篇幅较大的地形图、地质图也需汇编成册）。

（2）协调合同项目的界区内外关系

大型的涉外工程，不仅有投资者和总承包公司，往往还有多个分承包公司，因此，协调各公司项目界区内外的关系十分重要。由于这项工作涉及经济、技术合同关系及各种因素，因此，往往需要多次会议磋商才能达成协议。作为项目设计经理，需要注意总承包公司、分承包公司所属合同界区内的项目及性质。各界区间在设计、施工、生产中的联系与利害关系。界区各坐标点、界区间连接方式、连接时间、接口条件、界区间的责任与义务、界区间的资料和设计条件的周转时间及方式等。

（3）设计队伍的组织及人员配备

推选项目经理，建立项目经理部。项目经理部经理必须有相应的资质，有较全面和较高的技术水平，有涉外工程报价、管理和从事涉外工程工作的经验。有较强的组织能力和经济意识，应具有相应的政治素质和协力同心的工作精神。必要时，项目经理部应设立联络员协助项目经理工作，联络员应有较强的工作能力，有较高的外语水平并熟悉所在国的情况。由项目设计经理负责选配有关专业的工程师担任专业负责人、主要设计者和审核人员。专业负责人应是技术水平、外语水平和独立工作能力很强的复合型人才，以适应设计技术工作及对外交流和现场工作需要。

咨询设计单位应委派项目设计主管工程师，对项目总体的技术质量决策负责。委派专业总工程师对本专业的技术质量决策负责。共同把好设计方案关，以保证方案质量。在有专业所的咨询设计单位中，要明确主管该项目的专业所长和所总工程师对本专业的设计质量负责，确保专业的设计质量。

（4）编制统一的设计标准和规定

根据所在国的情况及项目的特点，咨询设计合同的规定和投资者及承包公司的要求组织编制统一的设计标准和规定，以便使所有设计文件与国际惯例一致，确保所有输出文件的一致性，获得投资者和各施工人员的认可。主要内容包括：

①工程项目设计的统一规定。对基本设计说明书的内容及深度，基本设计及详细设计的图纸规格及图标，输出文件的图例及符号，共同使用的原始资料及数据，设备订货的技术说明等统一规定。

②技术标准及规范的统一规定。包括统一采用国际或国家标准，具体标准规范，型材规格、计量单位和制图标准等。采用中国标准时，需注明标准名称和标准号。

③通用技术要求的统一规定。如防腐、保温、设备涂装、管道分级和涂色等。

④专业名词、术语及译文的统一规定。

⑤其他统一规定。如所在国有关法令和法规，也应统一规定和明确。

在编制统一设计标准和规定时，由于多数发展中国家没有完整的标准规范，而国际上较为通用的标准又很多，因此，必须有具体而明确的规定，使承包公司、监理公司和咨询设计单位等在同一技术文件指导下工作。

9.5.4　工程项目设计文件及要求

（1）基本设计

基本设计是涉外工程项目设计中最为重要的一个环节，其内容和深度要求高，与我国三段设计中的技术设计深度基本相同。目前，虽然涉外工程项目基本设计的内容和深度尚未有明确的统一规定，但基本设计必须满足项目投资控制、工程招标、材料、设备订货和施工准备的要求。因此，基本设计的文件要求达到：建设条件充分和落实；建设方案经过充分优化，方案先进可靠；设备选型及设备数量恰当；总体布置及配置合理；工艺及设备计算正确和详细；投资概算准确；技术经济指标先进合理。

基本设计文件应能指导详细设计，其大部分图纸将是详细设计中的一次条件，无论对合同要求、经济效益和时间而言都不允许在详细设计中作重大修改。

基本设计文件必须齐全和完整，内容应包含正文、附表、附图、附件。涉外工程项目基本设计的设备表和材料表的内容与国内工程项目设计相同。设备订货可由咨询设计单位承担，也可以由专门的设备公司分包，按我国目前情况，往往采用后一种方式。要求编写设备订货技术说明书，说明书要求统一格式，统一应填写的内容。说明书内容应包括订货范围、技术性能、重量、标准、材质要求、颜色、包装及运输要求、供图及供货时间、供货地点、备品备件数量、零部件等特殊要求、使用环境等。

说明书首页要注明工程代号、设备名称、设备编号等，并要求与设计文件一致。设备订货说明书应根据设备类型在设计过程中分期分批提供，一般可将设备分为以下3类：

①A类设备。包括制造周期长的大型设备、引进设备和供图制造的大型设备。订货技术说明书一般在基本设计初期提交。其中，供图制造的部分设备尚未完成设计时，也应先提交设备清单、设备外形和重量。

②B类设备。指通用机电设备，其订货技术说明书应在基本设计中期提出。

③C类设备。指小型机电设备，如有执行控制机构的阀门、小型风机、无电动机传动的设备等。订货技术说明书在基本设计完成时一并提出。

涉外工程项目基本设计文件采用中、外两种文本。文本中的中、外文的名词、术语必须准确且统一，对基本设计的图纸要求与详细设计相同。

（2）详细设计

涉外工程项目详细设计的内容和深度与国内工程项目的施工图设计相同。但必须遵从该项目统一的设计标准和规定，并注意以下事项：①详细设计的每张图纸均采用中、外文两种文字按规定方式书写，便于中外人员识图和施工。②所有图纸中的术语、设备名称、图例、符号、计量单位等应符合国家惯例并统一，且应与基本设计保持一致。③图纸规格要加以限制，尽量用1.0规格的图纸。④除咨询设计单位的总图标、相关图标和汇签图标外，还应有投资者图标，以便于投资者对重要图纸进行确认。在组织详细设计时，应有参加该项目基本设计的工程师参加，以保持设计工作的连续性。

9.5.5 涉外工程项目设计管理

（1）投资控制

投资控制是涉外工程项目能否成功并获得预期效益的关键，贯穿于咨询设计工作的全过程（包括投资前期准备工作）直至项目建设完成。项目设计经理必须高度重视投资控制，工作要点包括：

①做好投标报价。在投标报价时，技术方案要做到技术先进和经济合理，符合所在国的国情。对提出的方案做到工程量准确、工料分析详细、优化措施得力、报价调整和决策稳妥。

②实施限额设计。在可行性研究中，要抓设计方案的优化。在基本设计中，要科学地、实事求是地对设计各子项、各环节进行多方案的技术经济比较，使基本设计的工程总量和投资总额控制在合同范围内。在详细设计中，要严格按基本设计确定的工程量和投资额进行设计。为此，一般可采取投资分块包干的办法，如采场、选厂、冶炼厂等，各块设计及每个专业的设计都不能突破包干的投资限额。具体运作时，可采取一次条件交概算核准并及时反馈给各专业的做法。超过投资包干限额的设计方案要重新调整。因技术问题必须增加投资时，需全工程综合平衡，并控制在限额之内。供图制造的设备应根据经验、类比法等限定设备的重量，使设备投资控制在规定的范围内。此外，在基建施工时，也要做好施工成本的控制。

（2）进度控制

设计进度直接影响工程项目建设进度和效益，做好设计进度控制是项目设计经理的主要工作之一。一般，涉外工程项目设计周期比较短，计划性比较强，设计进度在工程项目建设网络计划中占重要位置，因此，必须保证按工程项目建设网络计划进度的要求完成设计工作。

项目开展设计的初期，经常会遇到设计资料不全的情况，可采取"动态设计"方式提前工作，争取时间。"动态设计"即指咨询设计单位根据经验拟定设计条件，先行设计，待设计资料完整后，对先行完成的设计文件进行详细校核并修改、补充和完善。这就要求咨询设计单位必须有很强的技术实力和丰富工程项目设计经验，才能在保证设计进度的情况下高质量地完成设计工作。否则会弄巧成拙，不但不能争取时间，反而会带来大量的返工，拖延设计进度。

供图制造设备的设计周期较长，是影响工程项目设计进度的关键环节。因此，再不影响工艺设计进度的前提下，应提前开展这类设备的设计工作。

一般应分期分批地向施工单位提交图纸，以满足现场施工需要。安排设计进度时，根据施工要求，先提交急需的图纸，如基建剥离图、平基图和深基开挖图等。

（3）质量控制

涉外工程项目设计的质量是设计的生命线，直接关系着工程项目的社会效益和经济效益，是项目设计经理的重点工作。为保证设计质量，必须使设计在受控状态下进行，按ISO9000系列标准建立质量保证体系。如果承担涉外工程项目设计的单位已经通过ISO9000系列标准的认证，涉外工程项目设计就应按已建立的质量保证体系的规定，并使该质量体系有效运行。

此外，在涉外工程项目设计过程中，设计质量的控制还要特别注意以下方面：

①必须自始至终抓好质量教育，使每个设计人员都树立高度的质量意识。

②做好设计策划并认真执行，必要时，要编制质量策划书并贯彻落实。

③通过建厂调查，获取足够、准确的原始资料。

④抓好设计方案的评审和验证工作，除进行多方案比较和优化设计方案外，还必须进行有关科学试验验证，如岩石力学试验和选矿补充试验等。积极采用国内先进成熟的技术，或根据实际情况从第三国引进。不能为降低设计投资而将国内落后的技术、装备提供给国外，也不能片面追求技术先进，脱离实际。此外，设计应与生产结合，将实践经验纳入设计中。为此，咨询设计单位应与生产承包公司共同探讨设计指标和考核指标等，保证各项指标既先进又稳妥。

⑤抓好标准化管理。收集并消化合同规定的设计标准、规程和规范，编制必要的统一规定并贯彻执行。

⑥抓好重点工序质量管理和设计人员的自检和互检工作，自检和互检工作，要对照"统一规定"进行。

⑦配备和提供良好的设计转杯和计算机软硬件环境，如配备先进的计算机、计算机网络协同设计系统、必要的数据库、应用软件（如矿山设计时，应有建立矿山模型和采矿设计优化的软件）等。

思考题

9-1　建设项目的含义是什么?

9-2　工程咨询的目的和意义是什么?

9-3　项目设计管理的基本要点包括哪些?

9-4　简述工程设计招标与投标的基本程序。

9-5　涉外工程设计的特点是什么?

附录一　常用 AutoCAD 的 DXF 接口函数 HTHSK. C

细实线绘制：void line(char s[ ] ,float XS ,float YS ,float XE ,float YE)

```
{   fprintf( fp ," % d\n" ,0) ;
    fprintf( fp ," \r% s\n" ,"SECTION" ) ;
    fprintf( fp ," \r% d\n" ,2) ;
    fprintf( fp ," \r% s\n" ,"ENTITIES" ) ;
    fprintf( fp ," \r% d\n" ,0) ;
    fprintf( fp ," \r% s\n" ,"LINE" ) ;
    fprintf( fp ," \r% d\n" ,8) ;
    fprintf( fp ," \r% s\n" ,s) ;
    fprintf( fp ," \r% d\n" ,10) ;
    fprintf( fp ," \r% f\n" ,XS) ;
    fprintf( fp ," \r% d\n" ,20) ;
    fprintf( fp ," \r% f\n" ,YS) ;
    fprintf( fp ," \r% d\n" ,11) ;
    fprintf( fp ," \r% f\n" ,XE) ;
    fprintf( fp ," \r% d\n" ,21) ;
    fprintf( fp ," \r% f\n" ,YE) ;
    fprintf( fp ," \r% d\n" ,0) ;
    fprintf( fp ," \r% s\r\n" ,"ENDSEC" ) ;
}
```

粗实线绘制1：void trace(char s[ ] ,float x1 ,float y1 ,float x2 ,folat y2 , float x3 , float y3 ,float x4 ,float y4)

```
{    fprintf( fp ," % d\n" ,0) ;
    fprintf( fp ," \r% s\n" ,"SECTION" ) ;
    fprintf( fp ," \r% d\n" ,2) ;
    fprintf( fp ," \r% s\n" ,"ENTITIES" ) ;
    fprintf( fp ," \r% d\n" ,0) ;
    fprintf( fp ," \r% s\n" ,"TRACE" ) ;
    fprintf( fp ," \r% d\n" ,8) ;
    fprintf( fp ," \r% s\n" ,s) ;
    fprintf( fp ," \r% d\n" ,10) ;
    fprintf( fp ," \r% f\n" ,x1) ;
    fprintf( fp ," \r% d\n" ,20) ;
```

```
                fprintf( fp," \r% f\n" ,y1) ;
                fprintf( fp," \r% d\n" ,11) ;
                fprintf( fp," \r% f\n" ,x2) ;
                fprintf( fp," \r% d\n" ,21) ;
                fprintf( fp," \r% f\n" ,y2) ;
                fprintf( fp," \r% d\n" ,12) ;
                fprintf( fp," \r% f\n" ,x3) ;
                fprintf( fp," \r% d\n" ,22) ;
                fprintf( fp," \r% f\n" ,y3) ;
                fprintf( fp," \r% d\n" ,13) ;
                fprintf( fp," \r% f\n" ,x4) ;
                fprintf( fp," \r% d\n" ,23) ;
                fprintf( fp," \r% f\n" ,y4) ;
                fprintf( fp," \r% d\n" ,0) ;
                fprintf( fp," \r% s\r\n" ,"ENDSEC") ;
            }
```

粗实线绘制 2：void pline(char s[ ] ,float x1 ,float y1 ,float w ,float x2 ,float y2)

```
            {    fprintf( fp,"% d\n" ,0) ;
                fprintf( fp," \r% s\n" ,"SECTION")
                fprintf( fp," \r% d\n" ,2) ;
                fprintf( fp," \r% s\n" ,"ENTITIES")
                fprintf( fp," \r% d\n" ,0) ;
                fprintf( fp," \r% s\n" ,"POLYLINE") ;
                fprintf( fp," \r% d\n" ,8) ;
                fprintf( fp," \r% s\n" ,s) ;
                fprintf( fp," \r% d\n" ,66) ;
                fprintf( fp," \r% d\n" ,1) ;
                fprintf( fp," \r% d\n" ,40) ;
                fprintf( fp," \r% f\n" ,w) ;
                fprintf( fp," \r% d\n" ,41) ;
                fprintf( fp," \r% f\n" ,w) ;
                fprintf( fp," \r% d\n" ,0) ;
                fprintf( fp," \r% s\n" ,"VERTEX") ;
                fprintf( fp," \r% d\n" ,8) ;
                fprintf( fp," \r% s\n" ,s) ;
                fprintf( fp," \r% d\n" ,10) ;
                fprintf( fp," \r% f\n" ,x1) ;
                fprintf( fp," \r% d\n" ,20) ;
                fprintf( fp," \r% f\n" ,y1) ;
```

```
                    fprintf( fp, " \r% d \n" ,0 ) ;
                    fprintf( fp, " \r% s \n" , "VERTEX" ) ;
                    fprintf( fp, " \r% d \n" ,8 ) ;
                    fprintf( fp, " \r% s \n" ,s ) ;
                    fprintf( fp, " \r% d \n" ,10 ) ;
                    fprintf( fp, " \r% f \n" ,x2 ) ;
                    fprintf( fp, " \r% d \n" ,20 ) ;
                    fprintf( fp, " \r% f \n" ,y2 ) ;
                    fprintf( fp, " \r% d \n" ,0 ) ;
                    fprintf( fp, " \r% s \n" , "SEQEND" ) ;
                    fprintf( fp, " \r% d \n" ,0 ) ;
                    fprintf( fp, " \r% s \r\n" , "ENDSEC" ) ;
                }
圆的绘制: void circle( char s[ ] ,float x ,float y ,float r)
            {   fprintf( fp, " % d \n" ,0 ) ;
                    fprintf( fp, " \r% s \n" , "SECTION" ) ;
                    fprintf( fp, " \r% d \n" ,2 ) ;
                    fprintf( fp, " \r% s \n" , "ENTITIES" ) ;
                    fprintf( fp, " \r% d \n" ,0 ) ;
                    fprintf( fp, " \r% s \n" , "CIRCLE" ) ;
                    fprintf( fp, " \r% d \n" ,8 ) ;
                    fprintf( fp, " \r% s \n" ,s ) ;
                    fprintf( fp, " \r% d \n" ,10 ) ;
                    fprintf( fp, " \r% f \n" ,x ) ;
                    fprintf( fp, " \r% d \n" ,20 ) ;
                    fprintf( fp, " \r% f \n" ,y ) ;
                    fprintf( fp, " \r% d \n" ,40 ) ;
                    fprintf( fp, " \r% f \n" ,r ) ;
                    fprintf( fp, " \r% d \n" ,0 ) ;
                    fprintf( fp, " \r% s \r\n" , "ENDSEC" ) ;
                }
弧的绘制: void arc( char s[ ] ,float x ,float y ,float r ,float as ,float ae )
            {   fprintf( fp, " % d \n" ,0 ) ;
                    fprintf( fp, " \r% s \n" , "SECTION" ) ;
                    fprintf( fp, " \r% d \n" ,2 ) ;
                    fprintf( fp, " \r% s \n" , "ENTITIES" ) ;
                    fprintf( fp, " \r% d \n" ,0 ) ;
                    fprintf( fp, " \r% s \n" , "TEXT" ) ;
                    fprintf( fp, " \r% d \n" ,8 ) ;
```

```
        fprintf( fp ," \r% s \n" ,s ) ;
        fprintf( fp ," \r% d \n" ,10 ) ;
        fprintf( fp ," \r% f \n" ,x ) ;
        fprintf( fp ," \r% d \n" ,20 ) ;
        fprintf( fp ," \r% f \n" ,y ) ;
        fprintf( fp ," \r% d \n" ,40 ) ;
        fprintf( fp ," \r% f \n" ,h ) ;
        fprintf( fp ," \r% d \n" ,1 ) ;
        fprintf( fp ," \r% f \n" ,str ) ;
        fprintf( fp ," \r% d \n" ,0 ) ;
        fprintf( fp ," \r% s \r \n" ," ENDSEC" ) ;
    }
```

附录二　主要工艺设备技术性能参数表

2.1　破碎设备

附表 2 - 1　颚式破碎机技术参数*

类型	型号规格	给料口尺寸/mm 宽	给料口尺寸/mm 长	最大给料尺寸/mm	排矿口范围/mm	产量/(t·h⁻¹)	主轴转速/(r·min⁻¹)	配套电动机 型号	功率/kW	转速/(r·min⁻¹)	电压/V	机器质量(不带电动机)/t	外形尺寸(长×宽×高)/(m×m×m)
复摆型	PEF250×400	250	400	200	20~80	10~20	300	Y180L-6	17	970	380	2.80	1.4×1.3×1.4
	PEF400×600	400	600	320	40~100	20~80	250	Y250M-8	30	730	380	6.5	1.7×1.75×1.65
	PEF600×900	600	900	480	60~200	56~192	250	JR117-8	80	730	380	18.5	2.7×3.8×2.5
	PEF900×1200	900	1200	750	100~200	150~300	225	JR126-8	120	730	380	48	4.8×4.5×3.3
	PEF1200×1500	1200	1500	850	150~250	180~350	180	JR136-8	180	730	380	118	8.1×7.9×3.4
	PEF1500×2100	1500	2100	1250	300~450	350~620	150	JR138-8	245	730	380	152	9.51×9.2×4.5
简摆型	PEJ900×1200	900	1200	750	100~180	120~200	180	JR126-8	110	730	380	62	7.3×7.2×3.3
	PEJ1200×1500	1200	1500	850	130~180	130~200	135	JR137-8	180	735	380	128	8.2×8.1×3.6
	PEJ1500×2100	1500	2100	1250	170~220	400~600	100	JRQ158-12	260	490	3000	220	9.51×9.2×4.5
复摆细碎型	PEX150×750	150	750	120	10~50	8~25	320		15		380	2.6	1.17×1.58×1.08
	PEX250×750	250	750	210	15~50	13~35	300		30		380	4.97	1.4×1.69×1.41
	PEX250×1000	250	1000	210	15~50	15~50	330		37		380	7.3	1.53×1.99×1.38
	PEX250×1200	250	1200	210	15~50	18~60	330		45		380	8.0	1.53×2.19×1.38

注：中国第一重型机械集团公司(PEF、PEJ)和中信重型机械公司(PEX)

附表 2-2 旋回破碎机技术参数*

类型	型号规格	给矿口尺寸/mm	排矿口尺寸/mm	最大给料尺寸/mm	排料口范围/mm	生产能力/(t·h⁻¹)	破碎圆锥底部直径/mm	主电机 型号	功率/kW	转速/(r·min⁻¹)	电压/V	润滑站规格/(L·min⁻¹)	冷却水耗量/(m³·h⁻¹)	机器质量/t	外形尺寸(长×宽×高)/(m×m×m)
液压重型	PXZ0506	500	60	420	60~75	140~170	1200	JR128-10	130	585	380	40	3	44.1	2.48×2.48×3.38
	PXZ0710	700	100	580	100~130	310~400	1400	JR128-8	155	730	380	40	3	91.2	3.40×3.40×4.32
	PXZ0909	900	90	750	90~120	380~510	1650	JR137-8	210	735	380	63	3	141	4.00×4.00×5.13
	PXZ0913	900	130	750	130~160	625~770	1650	JR137-8	210	735	380	63	3	141	4.00×4.00×5.13
	PXZ0917	900	170	750	170~190	815~910	1650	JR137-8	210	735	380	63	3	141	4.00×4.00×5.13
	PXZ1216	1200	160	1000	160~190	1250~1480	2000	JRQ158-10	310	590	6000	125	6	228.2	4.60×4.60×6.26
	PXZ1221	1200	210	1000	210~230	1560~1720	2000	JRQ158-10	310	590	6000	125	6	228.2	4.60×4.60×6.26
轻型	PXQ0710	700	100	580	100~120	200~240	1200	JR128-10	130	585	380	40	3	45	2.74×2.74×3.69
	PXQ0913	900	130	750	130~150	350~400	1400	JR128-8	155	730	380	40	3	86.7	3.51×3.51×4.67
	PXQ1215	1200	150	1000	150~170	720~815	1650	JR137-8	210	735	380	63	6	144	4.53×4.53×5.83

注：沈阳重型冶矿机械制造公司

附表 2-3 弹簧圆锥破碎机技术参数*

类型	型号规格	给矿口尺寸/mm	最大给料尺寸/mm	排矿口调整范围/mm	生产能力/(t·h⁻¹)	破碎圆锥底部直径/mm	偏心套转速/(r·min⁻¹)	主电动机				弹簧组数	润滑粘规格/(L·min⁻¹)	冷却水耗量/(m³·h⁻¹)	机器质量/t	外形尺寸(长×宽×高)/(mm×mm×mm)
								型号	功率/kW	转速/(r·min⁻¹)	电压/V					
标准型	PYT-B0607	75	65	12~25	40	600	355	Y250M-8	30	730	380	8	16	1.2	5.57	2760×1330×1690
	PYT-B0913	135	115	15~50	50~90	900	333	Y315s-8	55	740	380	8	16	1.2	10.4	3150×3295×2900
	PYT-B1217	170	145	20~50	110~168	1200	300	JS126-8	110	735	220/380	10	63	3	23.6	4020×2270×3115
	PYT-B1725	250	215	25~60	280~430	1750	245	JS128-8	155	735	380	12	125	6	50	6020×5200×5900
	PYT-B2235	350	300	30~60	590~1000	2200	220	JSQ1510-12	280	490	6000	16	125	6	78.9	12800×4700×4100
中型	PYT-Z0907	70	60	5~20	20~65	900	333	Y315S-8	55	740	380	10	16	1.2	10.4	3150×3295×2900
	PYT-Z1211	115	100	8~25	42~135	1200	300	JS126-8	110	735	380	10	63	3	23.4	4020×2270×2980
	PYT-Z1721	215	185	10~30	115~320	1750	245	JS128-8	155	735	380	12	125	6	50	6020×5200×5900
	PYT-Z2227	275	230	10~30	200~580	2200	220	JSQ1510-12	280	490	6000	16	125	6	80.6	12800×4700×4100
短头型	PYT-D0604	40	36	3~13	12~23	600	355	Y250-8	30	740	380	8	16	1.2	5.57	2760×1330×1470
	PYT-D0905	50	40	3~13	15~50	900	333	Y315S-8	55	740	380	10	16	1.2	10.5	3150×3295×2900
	PYT-D1206	60	50	3~15	18~105	1200	300	JS126-8	110	735	380	12	125	6	24.3	4020×2270×2980
	PYT-D1710	100	85	5~15	75~230	1750	245	JS128-8	155	735	380	12	125	6	49	6020×5200×5910
	PYT-D2213	130	100	5~15	120~340	2200	220	JSQ1510-12	280	490	6000	16	125	6	80.5	12800×4700×4100

注:沈阳重型冶矿机械制造公司

附表2-4 液压圆锥破碎机技术参数*

类型	型号规格	给矿口尺寸/mm	最大给料尺寸/mm	排矿口调整范围/mm	生产能力/(t·h⁻¹)	破碎圆锥底部直径/mm	偏心套转速/(r·min⁻¹)	主电动机				冷却水耗量/(m³·h)	机器质量(不含电机)/t	外形尺寸(长×宽×高)/(mm×mm×mm)
								型号	功率/kW	转速/(r·min⁻¹)	电压/V			
标准型	PYY-B0913	135	115	15~40	40~100	900	335	Y315S-8	75	740	380	63	8.40	
	PYY-B1219	190	160	20~45	90~200	1200	300	Y315L2-8	110	740	380	100	8.30	
	PYY-B1628	285	240	25~50	210~425	1650	250	JS137-10	155	590	380	200	8.30	
	PYY-B2235	350	300	30~60	450~900	2200	220	JSQ1510-12	280	490	6000	250	17.9	
	PYY-B3041	415	350	35~60	980~1680	3000	185		525				17.6	
中型	PYY-Z0907	75	65	6~20	17~55	900	335	Y315S-8	75	740	380	63	17.6	
	PYY-Z1215	150	130	9~25	45~120	1200	300	Y315L2-8	110	740	380	100	17.5	
	PYY-Z1623	230	195	13~30	120~280	1650	250	JS137-10	155	590	380	200	35.8	
	PYT-Z2229	290	230	15~35	250~580	2200	220	JSQ1510-12	280	490	6000	250	35.7	
	PYT-Z3034	340	290	18~40	610~1225	3000	185		525					
短头型	PYY-D0906	60	50	4~12	15~50	900	335	Y315S-8	75	740	380	63	35.6	
	PYY-D1208	80	70	5~13	40~100	1200	300	Y315L2-8	110	740	380	100	74.5	
	PYT-D1610	100	85	7~14	100~200	1650	250	JS137-10	155	590	380	200	73.7	
	PYT-D2213	130	110	8~15	200~380	2200	220	JSQ1510-12	280	490	6000	250	73.4	
	PYT-D3015	150	130	10~20	473~945	3000	185		525					

注:沈阳重型冶矿机械制造公司

附表 2-5　美卓 HP 型圆锥破碎机技术参数*

类型	型号规格	给矿口尺寸 /mm	排矿口调整范围 /mm	生产能力 /(t·h⁻¹)	偏心套转速 /(r·min⁻¹)	电机总功率 /kW	机器质量（不含电机）/t	外形尺寸（长×宽×高）/(m×m×m)
标准型	HP200	95,125,185	14,17,19	100~275	750~1200	132	10.4	2.32×2.32×1.63
	HP300	107,150,211,233	13,16,20,25	125~485	700~1200	200	15.81	2.69×2.69×1.865
	HP400	111,198,252,299	14,20,25,30	155~700	700~1000	315	23.0	3.29×3.29×2.05
	HP500	133,204,286,335	16,20,25,30	195~880	700~950	355	33.15	3.52×3.52×2.29
	HP800	219,267,297,353	16,25,32,32	285~1320	700~950	600	64.10	4.45×4.45×3.335
短头型	HP100	20,50,70,100,150	6,9,9,13,21	45~140	750~1200	90	5.4	1.9×1.9×1.29
	HP200	25,54,76	6,6,10	90~253	750~1200	132	10.4	2.32×2.32×1.63
	HP300	25,53,77	6,8,10	115~440	700~1200	200	15.81	2.69×2.69×1.865
	HP400	30,40,52,92	6,6,8,10	140~630	700~1000	315	23.0	3.29×3.29×2.05
	HP500	35,40,57,95	6,8,10,13	175~790	700~950	355	33.15	3.52×3.52×2.29
	HP800	33,92,155	5,10,13	260~1200	700~950	600	64.10	4.45×4.45×3.335

* 美卓矿机有限公司

2.2　筛分设备

附表 2-6　SZZ 自定中心振动筛技术参数*

型号	筛面					给料粒度/mm	处理量/(t·h⁻¹)	振次/min⁻¹	双振幅/min	电动机		总重/kg	外形尺寸（长×宽×高）/(mm×mm×mm)
	层数	面积/m²	倾角	筛孔尺寸/mm	结构					型号	功率/kW		
SZZ400×800	1	0.29	15°	1~25	编织	≤50	12	1500	6	Y90S-4	1.1	120	1363×797×1250
SZZ2400×800	2	0.29	15°	1~16	编织	≤50	12	1500	6	Y90S-4	1.1	149	1363×797×1250
SZZ800×1600	1	1.30	15°	3~40	编织	≤100	20~25	1430	6	Y100L1-4	2.2	498	2167×1653×1100
SZZ2800×1600	2	1.30	15°	3~40	编织	≤100	20~25	1430	6	Y100L2-4	3.0	822	1935×1678×1345
SZZ1250×2500	1	3.10	15°	6~40	编织	≤100	150	850	2~7	Y132S-4	5.5	1021	2569×2110×1006
SZZ21250×2500	2	3.10	15°	6~50	编织	≤150	100	1200	2~6	Y132M2-6	5.5	1260	2635×2376×1873
SZZ1250×4000	2	5.0	15°	3~60	编织	≤150	120	900	2~6	Y130M-4	7.5	2500	4184×2468×3146
SZZ1500×3000	1	4.50	20°	6~16	编织	≤100	245	800	8	Y130M-4	7.5	2234	2866×2342×1650
SZZ1500×4000	1	6.0	20°	1~13	编织	≤75	250	810	8	Y130M-4	7.5	2582	3951×2386×2179
SZZ21500×3000	2	4.5	15°	6~40	编织	≤100	245	840	5~10	Y130M-4	7.5	2511	2050×2524×1855
SZZ21500×4000	2	6.0	20°	6~50	编织或冲孔	≤100	250	800	7	Y130M-4	7.5	4022	4155×2754×2656
SZZ1800×3600	1	6.48	25°	6~50	编织或冲孔	≤150	300	750	8	Y180M-4	18.5	4626	3750×3060×2541

*鞍山矿山机械有限公司

附表 2-7 ZKX 型直线振动筛技术参数*

型号	筛面					给料粒度/mm	处理量/(t·h⁻¹)	振次/min⁻¹	双振幅/min	振动方向角	电动机		总重/kg	外形尺寸(长×宽×高)/(mm×mm×mm)
	层数	面积/m²	倾角	筛孔尺寸/mm	结构						型号	功率/kW		
ZKX1500×3600	1	5.4	0°	0.5~13	条	≤300	35~55	890	8.5~11	45°	Y132M-4	7.5	5307	3936×2238×1917
2ZKX1500×3600	2	5.4	0°	上(3~80)(下0.5~13)	上编下条	≤300	35~55	890	8.5~11	45°	Y160M-4	11.0	7215	3936×2238×2609
ZKX1500×4800	1	7.0	0°	0.5~13	条	≤300	42~70	890	8.5~14.5	45°	Y160M-4	11.0	6611	5156×2238×2089
2ZKX1500×4800	2	7.0	0°	上(3~80)(下0.5~13)	上编下条	≤300	42~70	890	8.5~14.5	45°	Y160M-4	11.0	8022	5156×2238×2611
ZKX1800×3600	1	3.0	0°	0.5~13	条	0~100	20~35	890	8.5~11	45°	Y132M-4	7.5	4998	3936×1628×2049
2ZKX1800×3600	2	3.0	0°	上3~80(下0.5~3)	上编下条	≤300	20~35	890	8.5~11	45°	Y132M-4	7.5	5486	3936×1628×2597
ZKX1800×4800	1	8.5	0°	0.5~13	条	0~100	60~100	890	8.5~11	45°	Y160M-4	11.0	6919	5156×2543×2137
2ZKX1800×4800	2	8.5	0°	上(3~80)(下0.5~13)	上编下条	0~150	60~100	890	10	45°	Y160L-4	15.0	10074	5156×2543×2668
ZKX2100×4800	1	10.0	0°	0.5~13	条	0~100	70~110	890	9~11	45°	Y160M-4	11.0	8738	5156×2848×2174
2ZKX2100×4800	2	10.0	0°	上(3~80)(下0.5~13)	上编下条	0~150	70~110	890	10	45°	Y180L-4	22.0	14085	5156×2848×3033
ZKX2100×6000	1	13.0	0°	0.5~13	条	≤300	90~150	890	8.0~11	45°	Y180L-4	22.0	10439	6388×2848×2478
2ZKX2100×6000	2	13.0	0°	上(3~80)(下0.5~13)	上编下条	≤300	90~150	890	8.0~11	45°	Y200L-4	30.0	13788	6388×2848×3222

* 鞍山矿山机械有限公司

附表 2-8　YA 型圆振动筛技术参数*

型号	层数	筛面 面积/m²	倾角	筛孔尺寸/mm	结构	给料粒度/mm	处理量/(t·h⁻¹)	振次/min⁻¹	双振幅/min	电动机 型号	功率/kW	总重/kg	外形尺寸（长×宽×高）/(mm×mm×mm)
YA1500×3000	1	4.5	20°	6~50	编织	≤200	80~240	845	9.5	Y160M-4	11.0	4675	3184×2670×2280
YA1500×3600	1	5.4	20°	6~50	编织	≤200	100~350	845	9.5	Y160M-4	11.0	5137	3757×2670×2419
2YA1500×3600	2	5.4	20°	6~50	上、下编织	≤400	100~350	845	9.5	Y160L-4	15.0	5624	3757×3715×2437
YA1500×4200	1	6.5	20°	6~50	编织	≤200	110~385	845	9.5	Y160M-4	11.0	5515	4331×2670×2655
2YA1500×4200	2	6.5	20°	6~50	上、下编织	≤200	110~385	845	9.5	Y160L-4	15.0	6098	4331×2715×2675
YA1500×4800	1	7.2	20°	6~50	编织	≤200	120~420	845	9.5	Y160L-4	15.0	5918	4904×2715×2854
2YA1500×4800	2	7.2	20°	6~50	上、下编织	≤200	120~420	845	9.5	Y160L-4	15.0	6321	4904×2715×2861
YA1800×3600	1	6.5	20°	30~150	编织	≤200	140~220	845	9.5	Y160M-4	11.0	5205	3757×2975×2419
2YA1800×3600	2	6.5	20°	30~150	上、下编织	≤200	140~220	845	9.5	Y160L-4	15.0	5946	3757×2975×2419
YA1800×4200	1	7.6	20°	6~150	编织	≤200	140~490	845	9.5	Y160L-4	15.0	5829	4331×3020×2675
2YA1800×4200	2	7.6	20°	6~150	上、下编织	≤200	140~490	845	9.5	Y160ML-4	15.0	6437	4331×3020×2700
YA1800×4800	1	8.6	20°	6~50	编织	≤200	150~525	845	9.5	Y160L-4	15.0	6289	4904×3020×2861
2YA1800×4800	2	8.6	20°	6~50	上、下编织	≤200	150~525	845	9.5	Y160L-4	15.0	6624	4904×3023×2861
YA2100×4800	1	10.0	20°	6~50	编织	≤210	180~630	748	9.5	Y180M-4	18.5	9033	4945×3423×3515
2YA2100×4800	2	10.0	20°	6~50	上、下编织	≤210	180~630	748	9.5	Y180L-4	22.0	10532	4945×3463×3515

* 鞍山矿山机械有限公司

2.3 磨矿设备

附表 2－9　湿式格子型球磨机技术参数*

型号规格	筒体直径/mm	筒体长度/mm	有效容积/m³	旋转方向	介质装入量/t	处理量/(t·h⁻¹)	主电动机 型号	主电动机 功率/kW	主电动机 转速/(r·min⁻¹)	主电动机 电压/V	机器重量(不含电机)/t	外形尺寸(长×宽×高)/(m×m×m)
MQG1530	1500	3000	4.4	左、右	10.0	2.8~9.00	JR125－8	95	725	380	17.40	7.6×3.3×2.7
MQG2122	2100	2200	6.5	左、右	15.0	5~29	JR128－8	155	730	380	42.2	8.0×4.7×4.4
MQG2130	2100	3000	9.0	左、右	20.0	6.5~36	JR137－8	210	735	380	45.0	8.8×4.7×4.4
MQG2721	2700	2100	10.1	左、右	23.0		JR147－8	260	735	3000	62.0	9.28×5.5×4.5
MQG2727	2700	2700	14.0	左、右	29.0		JR148－8	310	735	3000	66.0	9.9×5.5×4.4
MQG2736	2700	3600	18.5	左、右	39.0	12~145	TDMK400－32	400	187.5	6000	77.0	11.9×5.7×4.5
MQG3230	3200	3000	21.8	左、右	46.0		TDMK500－36	500	167	6000	107.7	12.7×6.76×5.1
MQG3236	3200	3600	26.2	左、右	58.0	95~100	TDMK630－36	630	167	6000	114.7	13.7×6.76×5.2
MQG3245	3200	4500	31.0	左、右	65.0	95~110	TDMK800－36	800	167	6000	126.0	14.3×7.2×5.7
MQG3639	3600	3900	36.0	左、右	75.0	170	TDMK1000－36/3600	1000	167	6000	145.0	15.0×7.2×6.3
MQG3645	3600	4500	41.0	左、右	90.0	31~170	TDMK1250－40	1250	150	6000	159.7	15.2×7.75×6.3
MQG3650	3600	5000	45.0	左、右	96.0	40~190	JM1400－40/3250	1400	150	6000	158.0	17.6×7.75×6.3
MQG3660	3600	6000	57.0	左、右	120.0	45~230	TDMK1600－40	1600	150	6000	189.0	17.0×8.8×6.5

注：沈阳重型冶矿机械制造公司

附表 2-10 湿式溢流型球磨机技术参数*

型号规格	筒体直径/mm	筒体长度/mm	有效容积/m³	旋转方向	介质装入量/t	处理量/(t·h⁻¹)	主电动机				机器重量(不含电机)/t	外形尺寸(长×宽×高)/(m×m×m)
							型号	功率/kW	转速/(r·min⁻¹)	电压/V		
MQY1530	1500	3000	4.4	左、右	8.0		JR125-8	95	725	380	16.28	7.44×3.34×2.76
MQY2130	2100	3000	9.0	左、右	18.0		JR137-8	210	735	380	43.2	8.8×4.7×4.4
MQY2136	2100	3600	10.8	左、右	20.0		JR137-8	210	735	380	66.8	9.3×4.7×4.4
MQY2721	2700	2100	10.4	左、右	24.0		JR1410-8	280	740	380	63.9	9.4×5.6×4.7
MQY2736	2700	3600	18.5	左、右	39.0	根据工艺条件确定	TDMK400-32	400	187.5	6000	70.0	11.4×5.7×4.5
MQY2740	2700	4000	20.6	左、右	38.0		TDMK400-32	400	187.5	6000	78.8	11.85×5.67×4.5
MQY3245	3200	4500	32.8	左、右	61.0		TDMK630-36	630	167	6000	112.0	14.6×6.7×5.2
MQY3254	3200	5400	39.3	左、右	73.0		TDMK1000-36/2600	1000	167	6000	121.0	15.8×6.7×5.1
MQY3645	3600	4500	41.0	左、右	76.0		TDMK1000-36/2600	1000	167	6000	135.0	15.0×7.2×6.3
MQY3650	3600	5000	44.0	左、右	86.0		TDMK1250-40/3250	1250	150	6000	145.0	17.16×7.75×6.32
MQY3660	3600	6000	55.0	左、右	102.0		TDMK1250-40/3250	1250	150	6000	154.0	17.0×7.7×6.3
MQY5064	5000	6400	113.0	左、右	218.0		TM2600-30	2600	200	6000	290.0	14.0×8.3×9.0

注：沈阳重型冶矿机械制造公司

附表 2－11 湿式溢流型棒磨机技术参数*

型号规格	筒体直径/mm	筒体长度/mm	有效容积/m³	旋转方向	介质装入量/t	处理量/(t·h⁻¹)	主电动机 型号	功率/kW	转速/(r·min⁻¹)	电压/V	机器重量(不含电机)/t	外形尺寸(长×宽×高)/(m×m×m)
MBY0918	900	1800	0.9	左,右	2.5	0.62－3.2	Y225M－8	22	730	380	5.7	4.98×2.37×2.02
MBY0924	900	2400	2.2	左,右	3.55	0.81－4.30	Y250M－8	30	730	380	5.88	5.67×3.28×2.02
MBY1530	1500	3000	5.0	左,右	8.0	2.4－7.5	JR125－8	95	725	380	17.14	7.6×3.2×2.77
MBY2130	2100	3000	9.0	左,右	25.0		JR137－8	210	735	380	42.18	8.7×4.8×4.4
MBY2136	2100	3600	10.8	左,右	27.0		JR137－8	210	735	380	45.0	9.0×4.7×4.4
MBY2736	2700	3600	18.5	左,右	51.0		TDMK400－32	400	187.5	6000	69.7	11.9×5.7×4.7
MBY2740	2700	4000	20.6	左,右	51.0		TDMK400－32	400	187.5	6000	72.0	12.3×5.7×4.7
MBY3245	3200	4500	32.8	左,右	50.0		TDMK630－36	630	167	6000	109.0	14.6×7.0×5.3
MBY3645	3600	4500	43.0	左,右	110.0		TDMK1000－36	1000	167	6000	150.0	15.2×8.8×6.8
MBY3654	3600	5400	50.0	左,右	124.0		TDMK1250－40	1250	150	6000	159.9	15.9×8.9×6.7

注:沈阳重型冶矿机械制造公司

附表 2－12 湿式自磨机技术参数*

型号规格	筒体直径/mm	筒体长度/mm	有效容积/m³	给矿粒度/mm	主电动机 型号	功率/kW	转速/(r·min⁻¹)	电压/V	机器重量(不含电机)/t	外形尺寸(长×宽×高)/(m×m×m)
MZ02409	2400	900		≤250	Z1- -11	55	600	220	27.5	—
MZ4014	4000	1400	16	<350	JR138－8	245	735	380	63.94	7.650×6.002×5.444
MZ5518	5500	1800	41	<400	TDMK800－36	800	167	3000/6000	159.5	11.60×6.10×6.50
MZ7525	7500	2500	102	<400	TM2500－16/2150	2500	375	6000	454.9	16.20×10.50×7.80
MZ7528	7500	2800	115	<400	TM2500－16/2150	2500	375	6000	463.82	16.50×10.50×7.80

注:沈阳重型冶矿机械制造公司

2.4 分级设备

附表 2-13 螺旋分级机技术参数*

型号规格	螺旋直径 /mm	螺旋个数	螺旋转速 /(r·min⁻¹)	水槽 长 /mm	水槽 宽 /mm	水槽 倾斜角	溢流堰高度 /mm	螺旋提升高度 /mm	溢流量 /(t·d⁻¹)	返砂量	电动机 提升用	电动机 传动用	总重量 /t	外形尺寸 (长×宽×高) /(mm×mm×mm)
FG-12	1200	1	5,6,7	6500	1372	14°~10°30′	290	1000	155	1170~1600	Y00L1-4,2.2kW	Y132M2-6,5.5kW	8.54	8180×1570×3130
Fc-12	1200	1	2.5,4,6	8400	1372	14°~10°30′	1100	1400	120	1170~1630	Y00L1-4,2.2kW	Y160M-6,7.5kW	11.1	10371×1534×3912
2FG-12	1200	2	5,6,7	6500	2600	14°~18°30′	400	1000	310	2340~3200	Y00L1-4,2.2kW	Y132M2-6,5.5kW	15.84	8230×2787×3110
2Fc-12	1200	2	3.8,6	8400	2600	14°~18°30′	1100	1400	240	1770~2800	Y00L1-4,2.2kW	Y160M-6,7.5kW	19.61	10371×2787×3912
FG-15	1500	1	2.5,4,6	8265	1664	14°~18°30′	500	1000	235	1140~2740	Y00L1-4,2.2kW	Y160M-6,7.5kW	11.68	10410×1920×4052
Fc-15	1500	1	2.5,4,6	10500	1664	14°~18°30′	1300	1800	185	1140~1810	Y00L1-4,2.2kW	Y160M-6,7.5kW	15.32	12670×1810×4888
2FG-15	1500	2	2.5,4,6	8265	3200	14°~18°30′	500	1000	470	2280~5480	Y00L1-4,2.2kW	Y160M-6,7.5kW	21.11	10410×3392×4070
2Fc-15	1500	2	2.5,4,6	10500	3200	14°~18°30′	1300	1800	370	2280~5480	Y00L1-4,2.2kW	Y160M-6,7.5kW	27.45	12670×3368×4888
FG-20	2000	1	3.6,5.5	8400	2200	14°~18°30′	700	1300	400	3890~5940	Y100L2-4,3.0kW	Y160L-6,11.0kW	20.45	10788×2524×4486
Fc-20	2000	1	3.6,5.5	12000	2200	14°~18°30′	1800	2100	320	3890~5940	Y100L2-4,3.0kW	Y160L-4,15.0kW	29.06	15398×2524×4486
2FG-20	2000	2	3.6,5.5	8400	4280	14°~18°30′	700	1300	800	7780~11880	Y100L2-4,3.0kW	Y200L2-6,22.0kW	36.34	10995×4595×4490
2Fc-20	2000	2	3.6,5.5	12900	4280	14°~18°30′	1800	2100	640	7780~11880	Y100L2-4,3.0kW	Y200L-4,30.0kW	50.0	15760×4595×5635
FG-24	2400	1	3.64	9130	2600	14°~18°30′	715	1300	580	6800	Y100L2-4,3.0kW	Y160L-4,15.0kW	25.65	11562×2910×4966
Fc-24	2400	1	3.64	14130	2600	14°~18°30′	2000	2300	455	6800	Y112M-4,4.0kW	Y180M-4,18.5kW	37.27	16700×2926×7190
2FG-24	2400	2	3.67	9130	5100	14°~18°30′	600	1300	1160	13600	Y100L2-4,3.0kW	Y200L-4,30.0kW	45.87	12710×5430×5690
2Fc-24	2400	2	3.67	14130	5100	14°~18°30′	2000	2300	910	13700	Y112M-4,4.0kW	Y2258-4,37.0kW	65.28	17710×5430×7995
2FG-30	3000	2	3.2	12500	6300	14°~18°30′	400~850	1500	1785	23300	Y112M-4,4.0kW	Y225M-4,45.0kW	73.03	16020×6640×6350
2Fc-30	3000	2	3.2	14300	6300	14°~18°30′	2200	2600	1410	23300	Y112M-4,4.0kW	Y225M-4,45.0kW	84.87	17820×6640×8680

*沈阳矿山机械集团公司

附表 2－14　水力旋流器技术参数*

型号	内径/mm	给矿口径/mm	溢流管径/mm	沉砂口径/mm	锥角/(°)	最大给料粒度/mm	给料压力/MPa	处理能力/(m³·h⁻¹)	分离粒度/μm	重量/kg	外形尺寸(长×宽×高)/(mm×mm×mm)
FX－100	100	23	20,25,30,40	8,10,12,14,,16,18	8,15,20	1	0.05~0.4	5~12	10~100	6~8	257×210×525
FX－125	125	26	25,30,35,40	8,10,12,14,16,18	8,17	1	0.05~0.4	8~15	20~100	10~12	250×240×617
FX－150	150	36	30,35,40,45	8,10,12,14,16,18,20,22	8,15,20	1.5	0.05~0.4	11~20	20~74	20~60	280×295×899
FX－200	200	48	40,50,55,65	16,20,24,28,32	15,20	2	0.05~0.4	25~40	30~100	36~64	320×307×1114
FX－250	250	55,74,80	60,75,80,100,120	16,18,20,25,30,35,40	10,15,20	3	0.05~0.4	40~65	30~100	63~123	548×415×1380
FX－300	300	64,75	65,80,100,120	20,25,30,35,40	15,20	5	0.03~0.4	45~90	40~150	88~169	563×410×1490
FX－350	350	80	80,90,105,115,120	30,35,40,45,50,60,70	15,20,25	6	0.03~0.4	60~105	50~150	135~230	530×413×1674
FX－500	500	120,130	130,140,160,180,220	35,45,50,65,70,80,90,100	10,20,25	10	0.03~0.4	140~220	74~200	416~516	951×718×2228
FX－660	660	187,167	180,200,220,240	80,110,150	20	10	0.03~0.4	250~360	74~220	950	1215×850×2720

* 威海市海王旋流器有限公司

2.5 浮选设备

附表 2-15 浮选机技术参数

类型	型号	容积/m³	叶轮直径/mm	叶轮转速/(r·min⁻¹)	刮板转速/(r·min⁻¹)	吸入空气量/(m³·min⁻¹)	单槽处理能力/(m³·min⁻¹)	搅拌电机 型号	功率/kW	刮板电机 型号	功率/kW	电动闸门电机 型号	功率/kW	基本槽数	质量/kg	单槽尺寸(长×宽×高)/(mm×mm×mm)	外形尺寸(长×宽×高)/(mm×mm×mm)
机械搅拌吸气式浮选机	XJ-1	0.13	200	593	17.5	0.25	0.05~0.16	Y90L-4	1.5	Y80L-4	0.55			4;6	见附表2-15	500×500×500	见附表2-15
	XJ-2	0.23	250	504	17.5	0.35	0.12~0.28	Y90L-4	1.5	Y80L-4	0.55			4;6		600×600×650	
	XJ-3	0.35	300	483	20	0.5	0.18~0.4	Y100L2-4	3	Y80L-4	0.55			4;6		700×700×710	
	XJ-6	0.62	350	400	16	1.0	0.3~0.9	Y132S-6	3	Y90L-6	1.1			2;4;6		900×820×850	
	XJ-11	1.1	500	330	26	1.1	0.6~1.6	Y132M2-6	5.5	Y90S-6	1.1			1;2;4		1100×1100×1000	
	XJ-28	2.8	600	280	16	2.8	1.5~3.5	Y160L-6	11	Y90L-6	1.1			1;2		1750×1600×1100	
	XJ-58	5.8	750	240	17	5.8	5~7	Y200L2-6	22	Y100L-6	1.5			1;2		2200×2200×1200	
	XJQ-20	2	320	352	16	0.1~1	1~2.5	JO2-52-6	7.5	Y90L-6	1.1				见附表2-16		见附表2-16
	XJQ-40	4	400	290;315	16	0.1~1	2~5	Y160L-6	11	Y90L-6	1.1	Y80L-4	0.55			1600×2100×1350	
	XJQ-80	8	560	205;225	20	0.1~1	4.2~10	Y200L-6	22	Y90L-6	1.1	Y80L-4	0.55			2200×3000×1400	
	XJQ-160	16	700	170;180	16	0.1~1	8~20	Y250M-8	30;37	Y100L-6	1.5	Y80L-4	0.55			2800×3800×1700	
	XJQ-280	28	760	166;185	16	0.1~1	14~35	—	55	—	—	—	—			3000×4150×2400	

续表

类型	型号	容积/m³	叶轮直径/mm	叶轮转速/(r·min⁻¹)	刮板转速/(r·min⁻¹)	吸入空气量/(m³·min⁻¹)	单槽处理能力/(m³·min⁻¹)	搅拌电机 型号	搅拌电机 功率/kW	刮板电机 型号	刮板电机 功率/kW	电动闸门电机 型号	电动闸门电机 功率/kW	基本槽数	质量/kg	单槽尺寸(长×宽×高)/(mm×mm×mm)	外形尺寸(长×宽×高)/(mm×mm×mm)
机械搅拌吸气式浮选机	JJF-4	4	410	305	16	1.0	2~6	Y160L-6	11	Y100L-6	1.5				单槽2.48	1600×2150×1250	
	JJF-5	5	410	305	16	1.0	2~6	Y160L-6	11	Y100L-6	1.5				单槽2.4	1600×2150×1550	
	JJF-8	8	540	233	16	1.0	4~12	Y200L2-6	22	Y100L-6	1.5	—	—		单槽4.7	2200×2900×1400	
	JJF-10	10	540	233	16	1.0	4~12	Y200L2-6	22	Y100L-6	1.5				单槽4.82	2200×2900×1700	
	JJF-16	16	700	180	16	1.0	5~16	Y280S-8	37	Y100L-6	1.5				单槽8.5	2850×3800×1700	
	JJF-20	20	700	180	16	1.0	5~20	Y280S-8	37	Y100L-6	1.5				单槽9.76	2800×3800×2000	
机械搅拌充气式浮选机	XJC-40	4	700	190	18		3~6	Y160L-6	11	Y90L-6	1.1					1700×1700×1600	
	XJC-80	8	900	170	18		4~8	Y200L2-6	22	Y90L-6	1.1	Y80L-4	0.55			2200×2200×1800	
	XJC-160	16	1000	160	25.4		8~20	Y250M-8	30	Y90L-6	1.1	Y80L-4	0.55			2800×2800×2200	
	CHF-X3.5	3.75	750	180	18		2~7	Y180L-8	11	Y90L-6	1.1					1700×1700×1300	
	CHF-X7	7	900	150	18		3~10	Y225S-8	18.5	Y90L-6	1.1					2000×2000×1800	
	CHF-X14	14	900	150	25.4		6~15	Y250M-8	30	Y90L-6	1.1					2000×4000×1800	

续表

类型	型号	容积/m³	叶轮直径/mm	叶轮转速/(r·min⁻¹)	刮板转速/(r·min⁻¹)	吸入空气量/(m³·min⁻¹)	单槽处理能力/(m³·min⁻¹)	搅拌电机 型号	搅拌电机 功率/kW	刮板电机 型号	刮板电机 功率/kW	电动闸门电机 型号	电动闸门电机 功率/kW	基本槽数	质量/kg	单槽尺寸(长×宽×高)/(mm×mm×mm)	外形尺寸(长×宽×高)/(mm×mm×mm)
机械搅拌充气式浮选机	KYF-1	1	340	281	18	2	0.2~1	Y132M1-6	4	Y90S-4	1.1					1000×1000×1100	
	KYF-2	2	410	247	18	2	0.4~2	Y160M2-8	5.5	Y90S-4	1.1					1300×1300×1250	
	KYF-3	2	480	219	16	2	0.6~3	Y160L-8	7.5	Y90L-4	1.5					1600×1600×1400	
	KYF-4	3	550	200	16	2	1.2~4	Y180L-8	11	Y90L-4	1.5					1800×1800×1500	
	KYF-8	8	630	175	16	2	3~8	Y200L-8	15	Y90L-4	1.5	Y80L-4	0.55			2200×2200×1950	
	KYF-16	16	740	160	16	2	4~16	Y250M-8	30	Y90L-4	1.5	Y80L-4	0.55			2800×2800×2400	
	KYF-24	24	800	150	16	2	4~24	Y250M-8	30	Y90L-4	1.5					3100×3100×2900	
	KYF-38	38	1000	138	16	2	10~38	Y280S-8	37	Y90L-4	1.5					3600×3600×3400	

＊沈阳矿山机械集团公司(XJ、XJQ、XJC)；江苏保龙机电制造有限公司(JJF、KYF)；张家港市机械厂(CHF)

附表 2-16　XJ 浮选机长度与重量

型号	2槽 长度/mm	2槽 质量/kg	4槽 长度/mm	4槽 质量/kg	6槽 长度/mm	6槽 质量/kg	8槽 长度/mm	8槽 质量/kg	10槽 长度/mm	10槽 质量/kg	12槽 长度/mm	12槽 质量/kg	14槽 长度/mm	14槽 质量/kg	16槽 长度/mm	16槽 质量/kg	18槽 长度/mm	18槽 质量/kg	20槽 长度/mm	20槽 质量/kg
XJ-1			2200	1205	3208	1757	4220	2283	5228	2855	6236	3257	7248	3953	8256	4625	9264	5096		
XJ-2			2680	1455	3888	2096	5096	2820	6304	3450	7512	4088	8720	4810	9928	5445	11136	6125		
XJ-3			3012	1720	4420	2565	5828	3360	7236	4200	8644	5035	10052	5830	11460	6675	12868	7500		
XJ-6	2282	1701	3934	3020	5586	4326	7244	5676	8896	6989	10548	8304	12206	9653	13858	10954	15510	12275	17168	13590
XJ-11	2791	2893	4991	5540	7191	8067	9391	10650	11591	13245	13791	15954	15991	18950	18191	21082	20568	23678	22768	26320
XJ-28			4795	8453	10995	12526	14495	16600	17995	20714	21800	24965	25300	29079	28800	33063	32300	37306	35800	41974
XJ-58	4672	7066	9072	13597	13472	20122	17872	26651	22442	33474	26842	39498	31242	46533	35642	55189				

附表 2-17　XJQ 浮选机长度与重量

型号	2槽 长度/mm	2槽 质量/kg	4槽 长度/mm	4槽 质量/kg	6槽 长度/mm	6槽 质量/kg	8槽 长度/mm	8槽 质量/kg	10槽 长度/mm	10槽 质量/kg	12槽 长度/mm	12槽 质量/kg	14槽 长度/mm	14槽 质量/kg	16槽 长度/mm	16槽 质量/kg	18槽 长度/mm	18槽 质量/kg	20槽 长度/mm	20槽 质量/kg
XJQ-40			4382	6150			7606	11123			10830	16097			14054	21070			17278	26044
XJQ-80	3420	4985	5640	9170	7860	13208	10030	17247	12300	21286	14520	25324	16740	29363	18960	33402	21180	37422	23400	41458
XJQ-160	4264	9469	7170	16702	9996	23935	12822	31167	15648	38400	18474	45634	21300	52866	24126	60099				

2.6 搅拌设备

附表 2-18 搅拌槽技术参数*

| 类型 | 型号 | 槽子 | | 容积/m³ | 搅拌装置 | | | | 质量/kg | | 外形尺寸(长×宽×高)/(mm×mm×mm) | | | 备注 |
		直径/mm	深度/mm		电机型号	电机功率/kW	叶轮直径/mm	叶轮转速/(r·min⁻¹)	平底	锥底	平底	锥底	
矿用普通搅拌槽	XB-1500	1500	1500	2.2	Y132S-6	3.0	400	320	1083	1108	1752×1692×2186	1752×1692×2381	
	XB-2000	2000	2000	5.46	Y132M2-6	5.5	550	230	1671	1842	2405×2372×2930	2405×2372×3150	
	XB-2500	2500	2500	11.2	Y200J1-6	18.5	650	200	3438	—	3036×2716×3543	—	
	XB-3000	3000	3000	19.1	Y225S-8	18.5	700	210	4613	—	3604×3216×4250	—	
	XB-3500	3500	3500	22	Y225M-8	22	850	230	—	7282	—	3940×3766×5306	
	XB-4000	4000	4000	45	Y280S-8	37	1000	210	12510	—	4520×4520×5567	—	
矿用提升搅拌槽	XBT-1000	1000	1266	0.9	Y132M2-6	5.5	300	460	—	—	—	—	提升高度980mm
	XBT-1500	1500	1930	2.5	Y160M-4	11.0	450	443	1497	—	1636×1768×2785	—	提升高度1500mm
	XBT-2000	2000	2000	6.0	Y180L-6	15	550	362	2369	—	2180×2220×3015	—	提升高度1500mm
药剂搅拌槽	BJW-1000	1000	1000	0.58	Y100L-6	1.5	240	530	420	—			
	BJW-1500	1500	1500	2.2	Y132S-6	3.0	400	320	1310	—			
	BJW-2000	2000	2000	5.46	Y132M2-6	5.5	550	230	1720	—			

* 沈阳矿山机械集团公司(XB);辽源重型机械厂(XBT);烟台鑫海矿山机械有限公司(BJW)

2.7　磁选设备

附表 2-19　永磁筒式磁选机技术参数*

型号	圆筒尺寸（直径×长度）/(mm×mm)	筒表面磁感应强度/mT			处理能力		电动机		筒体转速/(r·min⁻¹)	重量/kg	说明
		扫选区平均值	磁极几间中心值	最高感应强度平均值	干矿量/(t·h⁻¹)	矿浆量/(m³·h⁻¹)	型号	功率/kW			
(CTS, CTN, CTB)-69	600×900	145	—	170	8~15	24	Y90L-6	1.1	40	780~910	
(CTS, CTN, CTB)-612	600×1200	145	—	170	10~20	32	Y112M-6	2.2	40	960~1050	
(CTS, CTN, CTB)-618	600×1800	145	—	170	15~30	48	Y112M-6	2.2	40	1330~1340	
(CTS, CTN, CTB)-712	750×1200	155	120	180	15~30	48	Y132S-6	3.0	35	1500	
(CTS, CTN, CTB)-718	750×1800	155	120	180	20~45	72	Y132S-6	3.0	35	2100	永磁和电磁
(CTS, CTN, CTB)-918	900×1800	165	148	190	25~55	90	Y132M1-6	4.0	28	—	
(CTS, CTN, CTB)-924	900×2400	165	148	190	35~70	110	Y132M1-6	4.0	28	—	

* 沈阳矿山机械集团有限公司

附表 2-20　SLon 立环脉动高梯度磁选机技术参数

型号	转环直径/mm	背景磁感应强度/T	激磁功率/kW	驱动功率/kW	脉动冲程/mm	脉动冲次/min	给矿粒度/mm	给矿浓度/%	矿浆流量/(m³·h⁻¹)	干矿处理量/(t·h⁻¹)	重量/t	外形尺寸（长×宽×高）/(mm×mm×mm)	备注
SLon-1500	1500	0~0.4	0~16	1.5+4	0~40	0~450	0~1.3	10~45	75~150	30~50	15	3600×2580×3000	中磁
SLon-1500	1500	0~1.0	0~38	3+4	0~30	0~300	0~1.3	10~45	50~100	20~30	20	3600×2900×3200	
SLon-1750	1750	0~0.6	0~38	4+4	0~40	0~300	0~1.3	10~45	75~150	30~50	28	3900×3240×3530	中磁
SLon-1750	1750	0~1.0	0~62	4+4	0~30	0~300	0~1.3	10~45	75~150	30~50	35	3900×3300×3800	
SLon-2000	2000	0~0.6	0~42	5.5+7.5	0~30	0~300	0~2.0	10~45	120~200	50~80	40	4200×3550×4100	中磁
SLon-2000	2000	0~1.0	0~74	5.5+7.5	0~30	0~300	0~2.0	10~45	100~200	50~80	50	4200×3500×4200	
SLon-2500	2500	0~1.0	0~94	11+11	0~30	0~300	0~2.0	10~45	200~450	80~150	105	5550×4900×5300	

* 赣州金环磁选设备有限公司

2.8 重选设备

附表 2-21 隔膜跳汰机技术参数*

类型	型号	跳汰室截面形状	跳汰室 长×宽/mm	单室面积/m²	列数	总室数	总面积/m²	冲程系数	隔膜 冲程/mm	隔膜 冲次/(次·min⁻¹)	最大给矿粒度/mm	生产能力/(t·h⁻¹)	耗水量/(t·h⁻¹)	电动机 型号	电动机 功率/kW	总重/kg
旁动型	LTP－34/2	矩形	450×300	0.135	1	2	0.27	0.58	0~25	320~420	12	2~6	4~10	Y90S1－B3	1.1	745
下动型	LTA－1010/2	矩形	1000×1000	1.0	1	2	2.0	0.5	3~26	250~350	5	5~15	10~20	Y112M－6	2.2	1693
	LTC－69/2	矩形	900×600	0.54	1	2	1.08	0.56	0~50	220~350	12	6~9	40~60	Y100L－6	1.5	1420
	2LTC－79/4	矩形	900×700	0.63	2	4	2.52	0.48	0~50	160~250	12	5~15	20~90	Y112M－6	2.2	2450
侧动型	2LTC－912/4	矩形	1200×900	1.08	2	4	4.32	0.49	0~50	160~250	12	7~25	60~120	Y132S－6	3.0	3500
	2LTC－366/8T	梯形	600×(300~600)	0.2~0.34	2	8	2.16	0.68~0.4	0~50	120~300	5	3~6	20~40	Y90S1－B3	1.1×2	1600
	2LTC－6109/8T	梯形	900×(600~1000)	0.58~0.86	2	8	5.76	0.52~0.35	0~50	120~300	5	10~20	80~120	Y112M－6	2.2×2	4650

* 南宁重型机械厂

附表 2-22　摇床技术参数*

型号		床面面积/m²	最大给矿粒度/mm	给矿量/(t/d·台)	给矿浓度/(%)	床面 冲程/mm	床面 冲次/(次·min⁻¹)	床面 清洗水量/(t·t⁻¹)	床面 横向坡度/(°)	床条断面形状	传动电机 型号	传动电机 功率/kW	床面尺寸 (长×宽)/mm	外形尺寸 (长×宽×高)/(mm×mm×mm)	重量/t
云锡摇床	粗砂	7.4	2~0.5	20~30	25~30	16~22	270~290	80~150	2.5~4.5	矩形	Y90L-6	1.1	4395×1825	5446×1825×1212	1015
云锡摇床	细砂	7.4	0.5~0.074	10~20	20~25	11~16	290~320	30~60	1.5~3.5	锯齿形	Y90L-6	1.1	4395×1825	5446×1825×1227	1030
云锡摇床	矿泥（刻槽）	7.4	0.074~0.019	3~10	15~20	8~11	320~360	15~30	1~2	刻槽	Y90L-6	1.1	4395×1825	5446×1825×1203	1065
云锡摇床	细泥	7.4	0.038~0.019	5~15	15~20	5~7	480~520		1~1.15		Y90L-6	1.1	4395×1825	5446×1825×1203	1065
6S摇床	矿砂	7.6	3~0.074	15~30	20~30	18~24	250~300	17~24	2~3.66	矩形			4520×1832		1326
6S摇床	矿泥	7.6	~0.074	5~15	15~25	8~10	300~340	10~17	1~2	三角形			4520×1832		1326
弹簧摇床	4500×1800（四层）	每层7				10~12	290~360								
悬挂摇床	9YC 三层	19.95	0.5	0.6~3.5t/h		8~22	270~340		0~8		Y100L-6	1.5	3500×(1800~2000)	5725×2020×2950	2140
悬挂摇床	8YC 四层	26.6	0.5	0.9~4.5t/h		8~22	270~340		0~8		Y100L-6	1.5	3500×(1800~2000)	5725×2020×3150	2470

* 云南锡业机械制造有限责任公司

2.9 脱水设备

附表 2-23 浓缩机技术参数*

类型	型号规格	浓缩池 内直径/m	浓缩池 池深/m	浓缩池 斜度	沉降面积/m²	耙架每转时间/min	处理能力/(t·d⁻¹)	提耙高度/m	辊轮轨道中心圆直径/m	齿条中心圆直径/m	传动电动机 型号	传动电动机 功率/kW	提升电动机 型号	提升电动机 功率/kW	重量/t
中心传动	NZS-9	9	3		63.6	4.34	140	0.35			Y132S-6	3.0			5.10
	NZS-12	12	3.5		113	5.28	250	0.25			Y132S-6	3.0			8.51
	NZ-15	15	4.4		1176	10.4	350	0.40			JTC752-31	5.2	Y112M-6	2.2	21.757
	NZ-20	20	4.4		314	10.4	960	0.40			JTC752-31	5.2	Y112M-6	2.2	24.504
周边齿条传动	NT-15	15	3.5	8°11'	177	8.4	390		15.36	15.568	Y132M2-6	5.5			11
	NT-18	18	3.5	8°4'	255	10	560		18.36	18.576	Y132M2-6	5.5			12.12
	NT-24	24	3.4	8°30'	452	12.7	1000		24.36	24.8816	Y160M-6	7.5			28.27
	NT-30	30	3.6	8°30'	707	16	1570		30.36	30.88	Y160M-6	7.5			31.3
	NT-38	38	4.9	8°	1134	24.3	1600		38.383	38.629	Y160L-8	7.5			59.82
	NT-45	45	5.06	7°30'	1590	19.3	2400		45.383	45.629	Y160L-6	11.0			58.64
	NT-50	50	5.05		1964	21.7	3000		51.779	52.025	Y160L-6	11.0			65.92
	NT-53	53	5.07		2202	23.18	3400		55.16	55.406	Y160L-6	11.0			69.41
周边辊轮传动	NG-15	15	3.5	8°11'	177	8.4	390		15.36		Y132M2-6	5.5			9.12
	NG-18	18	3.5	8°4'	255	10	560		18.36		Y132M2-6	5.5			10
	NG-24	24	3.4	8°30'	452	12.7	1000		24.36		Y160M-6	7.5			24
	NG-30	30	3.6	8°30'	707	16	1570		30.36		Y160M-6	7.5			26.42

* 辽源重型机器厂(NZS); * 沈阳矿山机械集团有限公司(NT, NG)

附表 2-24　外滤式筒形真空过滤机技术参数*

型号	过滤面积/m²	筒体尺寸/mm 直径	筒体尺寸/mm 长度	生产能力/(t·h⁻¹)	筒体转速/(r·min⁻¹) I组	筒体转速/(r·min⁻¹) II组	搅拌次数/(次·min⁻¹)	筒体电机 型号	筒体电机 功率/kW	搅拌电机 型号	搅拌电机 功率/kW	重量/t	外形尺寸(长×宽×高)/(mm×mm×mm)
GW-3	3	1600	710	1.2	0.133,0.335		23	Y90L-4	1.5	Y802-4	0.75	2.36	1727×1938×1290
GW-5	5	1600	1120	2	0.1~2							3.76	2657×2400×2050
GW-8	8	2000	1400	3.2	0.1~2							4.877	3243×2945×2370
GW-12	12	2000	2000	4.8	0.1~2							5.6	3843×2892×2370
GW-20	20	2500	2650	3~8	0.14,0.19,0.27,0.38,0.54			YD132M-8/4	3.0/4.5	Y122M-6	2.2	10.6	4480×4085×2890
GW-30	30	3350	3000	4.5~12	0.12,0.16	0.11,0.14	25,45	YD160M-8/6/4	3.3/4/5	Y132S-6	3.0	17.2	5200×4910×3743
GW-40	40	3350	4000	6~16	0.23,0.29	0.21,0.26						19.5	6200×4910×3743
GW-50	50	3350	5000	7.5~20	0.34,0.56	0.34,0.50				Y132M1-6	4.0	21	7200×4960×3743

*沈阳矿山机械集团有限公司

附表 2-25　内滤式筒形真空过滤机技术参数*

型号	过滤面积/m²	筒体尺寸/mm 直径	筒体尺寸/mm 长度	筒体转速/(r·min⁻¹) 低速	筒体转速/(r·min⁻¹) 中速	筒体转速/(r·min⁻¹) 高速	给料方式	生产能力/(t·h⁻¹) 磁选精矿	生产能力/(t·h⁻¹) 浮选精矿	筒体电机 型号	筒体电机 功率/kW	卸料电机 型号	卸料电机 功率/kW	重量/t	外形尺寸(长×宽×高)/(mm×mm×mm)
GN-8	8	2956	1020	0.34,0.47	0.49,0.69	0.72,1.0	固定溜槽或中心皮带运输机	6~12	2.4~5	Y112M-6	2.2	YD15-100-5032	1.5	6.90	3328×3176×3367
GN-12	12	2956	1370	0.68	0.93	1.43		9~10	3.5~7					7.60	
GN-20	20	3668	1920	0.12,0.17	—	0.42,0.56	中心皮带运输机	15~20	6~12	YD160 M-8/6/4	3.3/4.5/5	YD22-100-5040	2.2	12.70	5270×3900×4050
GN-30	30	3668	2720	0.25,0.31		0.84,1.04		24~45	9~18					14.4	6230×3900×4050
GN-40	40	3668	3720	0.42,0.66		1.4,2.18		30~60	12~24			YD30-100-5050	3.0	16.6	6925×3900×4050

*沈阳矿山机械集团有限公司

附表2-26　折带式真空过滤机技术参数*

型号	过滤面积/m²	筒体尺寸/mm 直径	筒体尺寸/mm 长度	筒体转速/(r·min⁻¹)	需真空度/kPa	冲洗水压/kPa	给矿浓度/%	滤饼水分/%	搅拌次数/(次·min⁻¹)	生产能力/(t·h⁻¹)	筒体电机 型号	筒体电机 功率/kW	搅拌电机 型号	搅拌电机 功率/kW	重量/t	外形尺寸(长×宽×高)/(mm×mm×mm)
GD-1.7	1.7	914	650	0~0.488					0~46.8	0.68	XZWD-1500	1.5	—	—	2.60	1940×2160×1290
GD-5	5	1600	1120	0.1~2					23	2	AIX-10-4.5	1.5	XWD0.8-4	0.8	4.36	2640×2940×2050
GD-12	12	2000	2000	0.1~2	53~80	>200	>60	10~12	23	4.8	AIX-10-4.5	1.5	XWD0.8-4	0.8	5.80	3865×3510×2370
GD-20	20	2500	2770	0.075, 0.105, 0.149, 0.15, 0.209, 0.29					47	8	YD132M-8/4	3.0/4.5	Y112M-6	2.2	11.1	4480×5025×3190
GD-30	30	3350	3015	0.1~6					25	12	Y100I2-4	3.0	Y132S-6	3.0	17.8	4905×5545×3740
GD-40	40	3350	4015	0.11, 0.14, 0.21, 0.26, 0.34, 0.50					25	16	YD160M-8/6/4	3.3/4/5.5	Y132S-6	3.0	20.3	6220×5610×3755

* 沈阳矿山机械集团有限公司

附表 2-27　盘式真空过滤机技术参数*

型号	过滤面积 /m²	过滤盘直径 /mm	过滤盘数	过滤盘转速 /(r·min⁻¹)	搅拌器转速 /(r·min⁻¹)	真空泵 型号	真空泵 台数	生产能力 /(t·h⁻¹)	主电机 型号	主电机 功率 /kW	搅拌电机 型号	搅拌电机 功率 /kW	重量 /t	外形尺寸（长×宽×高）/(mm×mm×mm)
PG9-2	9	1800	2	0.135~0.607	60	SZ-2	1		Y90L-6	1.1	Y90L-6	1.1	—	2020×2335×2295
PG18-4	18	1800	4	0.135~0.607	60	SZ-3	1		Y90L-6	1.1	Y90L-6	1.1	3.5	2820×2335×2295
PG27-6	27	1800	6	0.135~0.607	60	2YK-27	1		Y90L-6	1.1	Y90L-6	1.1	4.5	3820×2335×2295
PG39-4	39	2700	4	0.15~0.67	60	SZ-4	1		Y100L-6	1.5	Y100L-6	1.5	6	3015×3275×3275
PG58-6	58	2700	6	0.15~0.67	60	SZ-4	2		Y112M-6	2.2	Y112M-6	2.2	8	3930×3355×3275
PG78-8	78	2700	8	0.15~0.67	60	SZ-4	2		Y112M-6	2.2	Y112M-6	2.2	9	4730×3355×3275
PG97-10	97	2700	10	0.148~0.66	60	2YK-110	1		Y132M1-6	4	Y132M1-6	4	10	5530×3355×3275
PG116-12	116	2700	12	0.148~0.66	60	2YK-110	1		Y132M1-6	4	Y132M1-6	4	12	6330×3355×3275

*淮北市中苏矿山机器有限公司

附表 2 – 28　陶瓷盘式真空过滤机技术参数*

型号	过滤面积 /m²	过滤盘数	陶瓷板数 /(块·盘⁻¹)	滤盘转速 /(r·min⁻¹)	装机功率 /kW	主轴电机 型号	主轴电机 功率/kW	重量 /t	外形尺寸（长×宽×高）/(mm×mm×mm)
TT – 4	4	2	24		8	Y90L – 6	1.0	1.2	2000×1500×1400
TT – 8	8	4	48		10	Y100L – 6	1.5	1.8	2900×2250×2120
TT – 12	12	6	72		11	Y100L – 6	1.5	2.7	3200×2250×2120
TT – 16	16	8	96		14	Y112M – 6	2.2	4.2	4250×2250×2120
TT – 20	20	10	120		16	Y132S – 6	3.0	5.4	4570×2250×2120
TT – 24	24	8	96	0.5 ~ 1.5	16	Y132S – 6	3.0	6.8	5200×2800×2600
TT – 30	30	10	120		18	Y132S – 6	3.0	8	5800×2800×2600
TT – 36	36	12	144		20	Y132S – 6	3.0	9.3	6400×2800×2600
TT – 45	45	15	180		24	Y132M1 – 6	4.0	10.6	7300×2800×2600
TT – 60	60	15	180		32	Y132M1 – 6	4.0	12	7300×3110×2760
TT – 80	80	20	240		43	Y132M2 – 6	5.5	15	8800×3110×2760
TT – 100	100	25	300		54	Y160M – 6	7.5	18	10300×3110×2760

* 安徽铜都特种环保设备股份有限公司

参考文献

［1］周龙廷. 选矿厂设计. 长沙：中南工业大学出版社，1999

［2］周忠尚. 选矿厂设计. 北京：冶金工业出版社，1984

［3］王耀华. 选矿厂设计. 北京：冶金工业出版社，1981

［4］《选矿设计手册》编委会. 选矿设计手册. 北京：冶金工业出版社，1988

［5］孙时元. 中国选矿设备手册（上、下册）. 北京：科学出版社，2006

［6］张钺. DTⅡ（A）型带式输送机设计手册. 北京：冶金工业出版社，2003

［7］史学谦. 有色金属工程设计项目经理手册. 北京：化学工业出版社，2002

［8］国家发展改革委，建设部发布. 建设项目经济评价方法与参数（第三版）. 北京：中国计划出版社，2006